教育部高职高专制浆造纸技术专业教学指导分委员会规划教材

制浆技术

（第三版）

陈向斌　主　编
郑荣辉　副主编

中国轻工业出版社

图书在版编目（CIP）数据

制浆技术/陈向斌主编 . —3 版 . —北京：中国轻工业出版社，2023.2
教育部高职高专制浆造纸技术专业教学指导分委员会规划教材
ISBN 978－7－5019－9473－1

Ⅰ.①制…　Ⅱ.①陈…　Ⅲ.①制浆—高等职业教育—教材　Ⅳ.①TS74

中国版本图书馆 CIP 数据核字（2013）第 230507 号

责任编辑：林　媛　　责任终审：滕炎福　　封面设计：锋尚设计
版式设计：王超男　　责任校对：燕　杰　　责任监印：张　可

出版发行：中国轻工业出版社（北京东长安街 6 号，邮编：100740）
印　　刷：三河市万龙印装有限公司
经　　销：各地新华书店
版　　次：2023 年 2 月第 3 版第 4 次印刷
开　　本：787×1092　　1/16　　印张：18.5
字　　数：460 千字
书　　号：ISBN 978－7－5019－9473－1　定价：48.00 元
邮购电话：010－65241695
发行电话：010－85119835　传真：85113293
网　　址：http://www.chlip.com.cn
Email：club@chlip.com.cn
如发现图书残缺请与我社邮购联系调换
230276J1C304ZBW

前　言

本书是教育部高职高专制浆造纸技术专业教学指导分委员会规划教材。

结合当前职业教育的发展形势，在制浆造纸技术专业教学指导分委员会的具体指导下，编委会在以前各版《制浆造纸工艺与设备》（上册）的基础上，为高职高专制浆造纸技术专业编写了本书，以作为《制浆技术》（第三版）教材。

本教材围绕制浆造纸行业的岗位要求，力求突出职业性与实用性，在追求职业教育特色的同时，尽量反映当前制浆技术发展的新方向、新工艺、新设备。由于教材涵盖面较广，各学校可根据服务区域经济的需要、学生培养方向的不同合理选用。本书作为高职制浆造纸技术专业的教材，也可供中职等其他职业教育使用。

本教材分为十一章，其中绪论、第九章由陈向斌编写；第一章、第二章、第十一章由郑荣辉编写；第三章、第四章由叶健蓉编写；第五章、第六章、第七章、第八章由刘一山编写；第十章由伍安国编写。全书由陈向斌任主编，郑荣辉任副主编。

在本教材编写过程中参考了大量有关书籍和资料，在此向各位作者表示衷心感谢！

由于编者水平所限，教材中缺点、错误难免，敬请读者批评指正。

编者
2013.02

目　录

绪　论

一、造纸术的发明

在东汉和帝时期，宦官蔡伦吸取前人和作坊中能工巧匠的生产经验，总结出了用树皮、麻头、破布和鱼网作为原料制浆造纸，成为世界上公认的造纸术的发明者，时至今日，他的制浆造纸总路线仍被人们所沿用。

造纸术的发明是我国古代劳动人民智慧的结晶，是对人类最伟大的贡献之一。在近两千年的人类文明史上，制浆造纸工业为人类文化、科学、工业、农业和商业等各方面的发展发挥了极其重要的作用。

二、制浆造纸的原料

制浆作为造纸工业的基础环节，其原料在世界各国目前仍以植物纤维为主，由于各国植物纤维原料资源的不同，各国使用原料的情况也不甚一样。一般来说，造纸工业发达的国家，主要是使用木材作为原料，或大量进口木浆造纸。木材资源不足的发展中国家，则较多地利用本国的非木材原料资源。我国的制浆原料，既有木材，也有草类等非木材原料。

随着人类对资源节约和环境保护的日益重视，废纸的再生利用得到越来越广泛的研究。

三、制浆的基本流程

制浆过程是利用化学方法或机械方法或两者相结合的方法使植物纤维原料离解成浆的过程。根据产品用途不一样，可以生产本色浆也可以生产漂白浆。一般制浆的流程如图0-1。

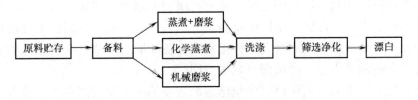

图0-1　一般制浆流程

除了这样一个基本过程外，制浆厂常常还会包括诸如药液准备、三废处理等一些辅助性生产过程。

四、浆种及制浆方法分类

从上述流程中可以看出，将原料离解成浆有化学、机械、化学加机械三大方法。具体可细分为（图0-2）：

纸浆由于所选用的原料和制浆方法的不一样，其生产过程和成浆性能各有不同。化学法制浆是采用化学的方法，除去植物纤维原料中的某些成分而使之离解成浆，机械法制浆是借助机械的摩擦作用使原料离解成浆，化学机械浆是采用轻度的化学处理与机械磨浆相结合的方式。化学浆得率低、三废处理麻烦，但强度好；机械法浆得率高、污染小，但强度较差；化学机械

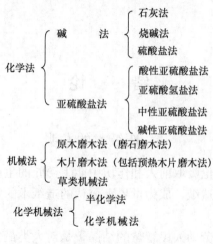

图 0-2　浆种及制浆方法分类

浆的性能介于两者之间。目前一般按制浆方法和原料名称来对纸浆品种命名。如硫酸盐法苇浆、磨石磨木浆等。

五、我国制浆造纸工业的发展趋势

1. 制浆造纸企业规模日益大型化

我国造纸工业近年来发展迅速，2012 年纸及纸板的产量突破 1 亿 t。"十一五"期间平均每年以 10% 左右的速度递增，其增速甚至高于国民经济发展速度。快速发展的制浆造纸工业一改过去年产数千吨或万吨左右的基本企业规模，急剧向大型和特大型规模发展。那些没有特色、不能达到环境保护要求的小土群制浆造纸企业，将逐渐被淘汰出局。

2. 制浆造纸工业原料日益多元化

造纸原料主要有木材纤维和非木材纤维两大类。针叶木由于其生长周期长，在制造书写印刷纸和白纸板所需的漂白纸浆领域，已逐渐为生长迅速、价格较低的阔叶木所取代。而由于南方木材的生长速度远高于北方，我国造纸工业重心南移的趋势已成定局。在非木材纤维原料方面，北方（如河南、山东）地区历来以麦草为主，但目前麦草资源日益枯竭，价格上涨，纷纷改以进口或本地的废纸为原料。同时大量种植杨木已逐渐取代麦草。南方地区的非木材纤维原料以芦苇、竹子和蔗渣等为主，目前仍有发展空间。

值得注意的是，废纸的再利用已成为全球造纸行业的一个发展热点，这与当前全球范围内的资源节约和环境友好方面的要求是分不开的。

3. 制浆造纸工业新技术不断被采用

我国近年来新投产的和将要投产的大型制浆造纸厂，大多引进国外先进技术——新设备、新工艺、新技术。它们的相继投产，不仅大大增强我国造纸工业的生产实力，而且也将给我们带来国外先进的管理经验和无污染（或极少污染）低能耗的科学发展理念。

第一章　植物纤维原料

知识要点： 植物纤维原料的分类、植物纤维原料的细胞形态、细胞结构及微细结构、植物纤维原料的主要化学组成。

学习要求： 掌握制浆造纸用植物纤维原料的分类方法，并了解各类原料的造纸适用性，了解各类植物纤维原料的细胞结构、形态及微细结构，熟悉植物纤维原料的主要化学组成，明确工业分析中有关名词的含义。为进一步学习制浆造纸原理，理解制浆造纸生产过程中每个环节上的机理和实施的工艺条件，及对制成纸张品质的分析，奠定专业知识基础。

造纸用的原料主要是自然界中的植物纤维原料，但并不是所有的植物纤维原料都可以作为造纸原料，这主要取决于植物的来源、组成和其细胞形态等因素。其他种类的纤维，如动物纤维、矿物纤维、合成纤维、金属纤维等也可以用作造纸原料，主要是用于某些特殊用途的纸张的制造。人们生活中大量需求的书写、印刷、包装等用纸的主要原料是植物纤维原料。

第一节　造纸植物纤维原料的分类

造纸植物纤维原料的分类不同于自然界植物的分类，它只简单地分为两大类：木材纤维原料和非木材纤维原料。

一、木材纤维原料

木材纤维原料又可以分为针叶木和阔叶木。

1. 针叶木

绝大部分的叶状是尖细的，故称针叶木。其质地较软又称为软木。如云杉、冷杉、落叶松、红松、马尾松、柏木等。

2. 阔叶木

阔叶木叶状较阔宽，故称阔叶木，质地较硬又称为硬木。如白杨、桦木、枫木、桉木等。

二、非木材纤维原料

非木材纤维原料是指除木材外的所有造纸用植物纤维原料。

（1）竹类：如毛竹、慈竹、白夹竹、楠竹等。

（2）禾草类：如稻草、麦草、芦苇、甘蔗渣、高粱秆、玉米秆、棉秆等。

（3）韧皮纤维类：大麻、亚麻、黄麻、汉麻、桑皮、构树皮、檀皮等。

（4）叶纤维类：龙须草、剑麻等。

（5）种子毛：如棉花、棉短绒等。

上述非木材原料中，除种子毛外通常称草类原料。我国的森林资源缺乏，造纸用林的规划起步比较晚，目前用于造纸的主要原料仍是草类原料。一般而言，作为造纸原料，木材原料优于草类原料，木材原料中针叶木又优于阔叶木。

第二节　植物纤维原料细胞的分类

植物细胞是构成植物体的结构单元。一个活的细胞是由外表面很薄的细胞壁和包围在它里面的原生质体组成。植物之所以能生长是靠细胞数目和体积的增大。活细胞数目增大是靠细胞的分裂分生能力。细胞分裂首先是细胞核分裂，然后是细胞质分裂并生成新壁。细胞体积增大主要是原生质生命活动的结果。

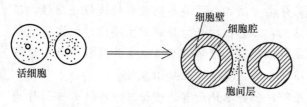

图 1-1　植物细胞生长变化示意图

另一方面，活细胞生长的结果是变成一个死细胞，此时，细胞核和原生质消失，其代谢的产物是加厚的细胞壁，如图 1-1 所示。

这样，一个死的细胞是中空而壁厚的细胞。纸浆中各种形态的细胞均是死细胞。细胞与细胞之间的存在部分为胞间层。

不同种类的细胞，或同一种类的细胞，但处于不同的植物及植物的不同部位，其细胞的形态是不同的，即细胞的直径及长度大小不同，这将导致所抄造的纸的性质不同。因此，必须从造纸的角度把原料的细胞分类。

一、纤 维 细 胞

纤维细胞是指两端尖锐、细长呈纺锤状的一类细胞，纤维细胞常简称为纤维。纤维在纸张的成形过程中，具有较好的交织能力。所以纤维细胞含量越多，纤维细胞越细长质量越好，越有利于交织成纸张。

二、杂 细 胞

杂细胞是一类非纤维状细胞的总称，其形态特征是壁薄、腔大、长度短。壁薄易受化学、机械作用的破坏；腔大易吸收液体，使滤水性下降；长度短，交织能力差，成纸性能差。因此在备料及生产过程中应尽量除去。

但因上述参数（壁、腔、长度）是相对而言的，故纤维细胞和杂细胞之间没有截然的分界，因而有某些细胞其形态和性质会介于上述两种细胞之间，如图 1-2 （c）所示。

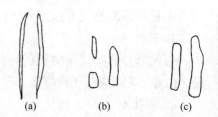

图 1-2　各种细胞形态
(a) 纤维细胞　(b) 杂细胞
(c) 介于 (a) 和 (b) 形态之间的细胞

第三节　植物纤维原料主要化学组成

不管是木材还是非木材造纸植物纤维原料，其主要化学组成皆是纤维素、半纤维素及木素。纤维素和半纤维素是碳水化合物，木素是芳香族化合物。除此之外，还有少量其他组分对制浆造纸也有一定的影响。

一、纤 维 素

纤维素是不溶于水的均一聚糖，它是由 $\beta-D$ 葡萄糖基构成的链状高分子化合物。纤维素大分子中的葡萄糖基之间按照纤维素二糖连接（$1-4\beta$ 甙键）的方式连接。纤维素是构成植物细胞壁的主要成分，组成每个纤维素大分子的葡萄糖基数目称为纤维素的聚合度。天然纤维素的聚合度接近 10000，草类原料的纤维素平均聚合度稍低些。经过蒸煮漂白等制浆过程，纤维素会降解，其聚合度降至 1000 左右。从造纸的角度来看，纤维素是在制浆过程应尽力保护的部分，以提高浆的得率和纸的强度。

二、半 纤 维 素

半纤维素是指除纤维素和果胶、淀粉以外的碳水化合物，它也是聚糖，但不同于纤维素：

（1）半纤维素是不均一聚糖　构成半纤维素的单糖，是两种或两种以上不同的糖基。

（2）半纤维素聚合度低　其聚合度比纤维素低得多，天然半纤维素大约只有 $200\sim500$。

（3）半纤维素链状分子上有支链　主链的单糖主要有木糖、葡萄糖和甘露糖。支链的糖基主要有木糖、葡萄糖、阿拉伯糖、葡萄糖醛酸、半乳糖酸等。

（4）半纤维素存在部位不同　半纤维素主要存在于细胞壁和胞间层间。

（5）半纤维素是一群物质的总称　各种植物纤维原料的半纤维素含量，组成和结构均不同，就是同一植物原料的半纤维素一般也含有多种结构。

半纤维素也是组成细胞壁的主要成分之一，它的存在对打浆性能和成纸性质有一定的影响，在制浆过程中也是应尽量保存的部分。

三、木　　素

木素是芳香族高分子化合物，是由苯基丙烷结构单元通过碳-碳键和醚键连接而成的具有三维空间结构的高分子聚合物。不同原料木素分子的化学结构不同，同一原料的不同部位甚至同一部位或同一细胞，木素的结构也有差异。因此，木素一词不是代表单一物质，而是代表植物中具有某些共同性质的一群物质。

木素存在于细胞壁和胞间层，在细胞壁中的含量不大，但木素存在的绝对量多；在胞间层的存在量不多，但其含量很高。所以木素是存在于胞间层中的最主要物质，它使细胞互相黏合而固结。因此要分离纤维细胞，就必须溶解木素或是撕裂木素的这种黏结作用，这就是化学法制浆或机械法制浆的实质。化学浆中，按照被保留在纸浆中木素的含量，可将浆区分为软浆和硬浆。软浆残余木素含量较低，在 2% 左右；硬浆残余木素含量较高，在 8% 左右。半化学浆中木素含量高达 15%。而纸浆的漂白是在化学蒸煮的基础上尽可能少损伤纤维素和半纤维素的情况下，进一步处理残留在纸浆中的木素。

四、其 他 组 分

以上所述是组成植物细胞壁和胞间层的三大主要组成部分。除此以外，尚有其他少量组分。

（1）树脂、脂肪　一般原料中树脂、脂肪的含量较少，都在 1% 以下，但在松属木材中含量较多。它们的黏性较大容易黏结成团，黏在铜网、压辊和毛毯等部件上，对纸的抄造不利，留在纸中则易形成透明的树脂点，影响成纸质量。树脂和脂肪易与碱生成皂化物而溶于水中，所以树脂多的松木一般宜采用碱法制浆，若采用机械法和酸法制浆，则易造成树脂障碍。

（2）果胶、淀粉　淀粉易溶于水，果胶常以果胶酸盐的形式存在，被认为是灰分的载体，易被稀碱液溶出，因此它们对制浆造纸基本上不产生什么危害。

（3）单宁、色素　单宁含量也很低，且主要存在于树皮。色素是指原料中除木素、单宁等有色物质外，存在的极少量色素物质。

（4）灰分 造纸植物纤维原料都含有一定量的矿物质，燃烧后产生灰分。木材与草类的灰分含量和组成有较大的差别。一般来说，木材灰分含量较低，多在1%以下。灰分的主要成分是 CaO、K_2O、Na_2O。树皮的灰分含量稍高。木材中灰分常以果胶为载体。

草类原料的灰分含量较高，多在2%以上，稻、麦草灰分高达10%，且其主要组成为 SiO_2。SiO_2 对燃烧法碱回收相当不利，会产生多种危害，常称为硅干扰。

五、工业分析中有关名词

以上所述是构成植物纤维原料的化学组成，是从纯化学的观点来进行分析的。在工业生产中有时采用工业分析的方法来表示植物纤维原料的组分。

1. 综纤维素

综纤维素是指植物纤维原料中全部的碳水化合物的总量（不含果胶、淀粉），即纤维素和半纤维素之总和，又称全纤维素。

测量综纤维素含量的原理，是先将原料中的少量组分用有机溶剂抽提除去，得到无抽提物的原料，然后用一定的方法将木素除去，这样剩下残渣就是综纤维素。

测定综纤维素的方法有：

（1）氯化法 经粉碎并抽提过的纤维素原料样品，先用氯气处理，然后用乙醇胺的乙醇溶液抽提，将氯化木素溶出，残渣就是综纤维素。

（2）亚氯酸钠法 用酸化的亚氯酸钠处理无抽提物的粉碎原料样品，使木素氯化而除去，得到的有少部分降解的碳水化合物产物就是综纤维素。

（3）二氧化氯法 用二氧化氯加碳酸氢钠的饱和溶液处理无抽提物的粉碎原料样品，把其中的木素氧化除去，得到的残渣就是综纤维素。

（4）过醋酸法 在醋酸溶液中加入醋酸酐和过氧化氢形成过醋酸溶液，用它处理无抽提物试样，将木素氧化除去。

上述方法中，除去木素的同时，往往有一部分综纤维素也被溶出，而保留的综纤维素残渣中又会保留少部分木素。制备综纤维素方法不同，残留木素的量和溶出的综纤维素程度也不尽相同，为便于进行比较，在报告综纤维素含量时，必须注明所采取的分析方法。表1-1为若干国产造纸原料的综纤维素含量。

表1-1   用亚氯酸钠法测定各原料的综纤维素含量   单位：%

原料	产地	综纤维素	原料	产地	综纤维素
鱼磷云衫	小兴安岭	73.0	麦草	河北	71.3
红松	小兴安岭	69.6	甘蔗渣	广东	75.6
大关杨	河南	81.6	龙须草	广西	76.7
绿竹	浙江	69.5	高粱秆	河北	66.4
丹竹	广东	67.2	玉米秆	河北	84.9
芦苇	湖北	75.4	枳机草	宁夏	79.8
芒草	湖北	76.6	小叶樟	黑龙江	74.9
棉秆	江苏	75.1	芭毛壳	四川	84.3
稻草	河北	64.0			

2. 克-贝纤维素

这是英国人克劳斯（Cross）和贝文（Bevan）提出分离纤维素的方法，故称克-贝纤维素或简称 C.B. 纤维素。该法用氯气处理润湿的无抽提物试样，使木素转化为氯化木素，然后用亚硫酸溶液和 2% 的亚硫酸钠溶液洗涤，以溶出木素，反复处理直至加入亚硫酸钠溶液仅显淡红色为止。

此法对综纤维素中的半纤维素降解稍多，因此，其测量结果的数值略低于综纤维素，但与工业中纸浆的纤维素比，其降解程度较小。克-贝纤维素中均有 0.1%～0.3% 的残余木素。

3. 硝酸乙醇法纤维素

此法用 20% 硝酸（相对密度为 1.42）和 80% 无水乙醇的混合液，在加热沸腾的条件下，回流抽提已抽提的原料样品，使木素变为硝化木素而溶于乙醇中，反复处理至试样颜色洁白为止，所得残渣即为硝酸乙醇纤维素。

测定中，原料中的半纤维素大部分被水解，甚至个别纤维素链分子也被降解，所得的结果比克-贝纤维素低，但此法测定快速，故较多被采用。

4. α-纤维素、β-纤维素，γ-纤维素、工业半纤维素

用 17.5% 的 NaOH 或 24% 的 KOH 溶液在 20℃ 下处理综纤维素或漂白化学浆 45min，不溶的部分称为综纤维素的 α-纤维素或化学浆的 α-纤维素；所得的溶液部分用醋酸中和，沉淀出来的部分称为相应的 β-纤维素；不能沉淀的部分称为 γ-纤维素。

α-纤维素包括纤维素和少量抗碱的半纤维素，α-纤维素已接近纯净的纤维素，其含量越高表明浆的纯度越高。化学工业用浆（人造丝、胶片等）的 α-纤维素含量在 90%～94% 以上。

β-纤维素为降解的纤维素和半纤维素，其聚合度在 50～200。

γ-纤维素为低聚合度的半纤维素，其聚合度约为 10～30。

β-纤维素和 γ-纤维素合称为工业半纤维素。

显然，工业半纤维素有别于天然半纤维素，它还包含了 β-纤维素中的一小部分降解的纤维素。

5. 有机溶剂抽提物

有机溶剂主要用于抽出树脂、脂类、蜡质。常用的有机溶剂有乙醚、乙醇、苯和苯-乙醇混合液等。

乙醚能很好地溶解树脂、脂肪、蜡质，又能与水部分互溶，因此能渗入植物组织中，抽提较完全。

苯也能很好地溶解树脂、脂肪、蜡质，但不溶于水，且渗透性不好。乙醇的溶解力弱，但渗透性和溶水性强，所以常同苯组成苯-乙醇混合液进行抽提，得到苯-乙醇抽提物。

6. 热水抽提物

主要是淀粉、单宁、色素、可溶性盐类和少部分低分子量的糖类。

7. 1%NaOH 抽提物

主要是抽出果胶、树脂、酸溶物等物质。原料在备料贮存过程中，腐烂变质的程度越高，1% NaOH 抽出物越多，因此这一指标除反映上述物质的含量外，还常用于反映原料贮存变质的情况。

8. 木素

通常用 72% 的硫酸或 40%～42% 的发烟盐酸处理已抽提过的样品，使碳水化合物溶出，剩下的残渣就是木素。

9. 聚戊糖

主链结构单元主要为木糖的聚糖称聚戊糖，它是半纤维素的主要组分，尤其是草类原料和阔叶木原料。一般而言，草类原料聚戊糖含量多于木材原料，而阔叶木又多于针叶木。

聚戊糖的测定原理是将植物纤维原料试样（或纸浆试样）与 12%（3.5mol/L）HCl 溶液煮沸，使样品中的多戊糖水解，生成戊糖，戊糖进一步脱水生成糠醛，并蒸馏出所生成的糠醛，测定糠醛含量，由此再换算成多戊糖。

六、主要功能基

纤维素和半纤维素分子主要有羟基、乙酰基和羧基。木素分子上有羟基和甲氧基。这些功能基的存在一定程度上反映了纤维原料的化学和物理性质。

七、各种原料的化学组成及组成特性

（一）树木的化学组成和组成特性

1. 木材的化学组成和组成特性

木材的化学组成由于品种和产地不同其化学组成有较大差别。

以无抽提物的干木材为基准，针叶木平均含 43% 的纤维素、28% 的半纤维素和 29% 的木素；阔叶木平均含 45% 纤维素、34% 半纤维素和 21% 木素。由此可见，阔叶木的半纤维素含量高于针叶木，它们的纤维素含量接近，木素含量则针叶木明显高于阔叶木。就半纤维素而言，阔叶木比针叶木含有更多的聚木糖，而针叶木则含有较多的聚甘露糖，还含有较多的聚半乳糖和聚阿拉伯糖。

边材与心材的比较：在针叶木，心材比边材有较多的抽提物和较少的木素和纤维素。在阔叶木，心材与边材差异不大。

早材和晚材的比较：晚材比早材含较高的纤维素与较低的木素。

还应指出的是，在树干不同高度，木材的化学组成也有差异。同一材种，产地不同，生产条件不同，木材的化学组成也有一些差别。

2. 树枝与树干化学组成区别

树枝与树干的化学组成差异很大，不论是针叶木或是阔叶木的树枝，其纤维素含量少，木素多，聚戊糖多，热水抽提物多。从这个特性看，树枝的造纸利用价值不如树干。

3. 树皮化学组成

树皮平均占树木整个地面以上部分的 10% 左右。树皮又可分为韧皮和在韧皮之外的外皮，其化学组成也不相同，树皮的灰分多，热水抽提物多，木素含量与木材差异不大，但纤维素和半纤维素含量太低，尤其是纤维素。显然树皮不宜作为造纸原料（韧皮纤维原料除外）。

（二）非木材原料的化学组成和组成特性

1. 禾本科植物原料的化学组成和组成特性

禾本科植物纤维原料的木素含量除竹子与针叶木差不多外，大多数都比较低，接近阔叶木的低值。其中稻草秆木素含量最低，但其草叶、草节、草穗的木素含量却相当高。其聚戊糖含量比针叶木高得多，相当于阔叶木的高值。纤维素含量大多接近木材原料水平，但稻草、玉米秆、高粱秆等原料偏低。

热水抽出物以及 1%NaOH 抽出物含量均比木材高，以稻草、麦草、玉米秆为最高。

灰分含量均高于木材，其中稻草、麦草、龙须草，特别是稻草最为突出，草叶、草穗又远高于草秆，灰分中以 SiO_2 为主。

2. 韧皮纤维原料的化学组成和组成特性

韧皮纤维原料的麻类、檀皮、构皮、桑皮等是造纸的优质原料，麻类纤维原料均含有较多的纤维素，除少数麻如黄麻、青麻外，其木素含量较少，而含有较多的果胶质，所以麻类的化学制浆主要是脱胶的过程。

韧皮纤维原料类中的檀皮、构皮、桑皮的组成特性是果胶质、木素、灰分含量均较麻类高，但其木素含量又较一般草类的低，这些韧皮纤维原料的化学制浆既要脱胶又要脱木素。鉴于果胶质易被碱溶出，故多用于碱法制浆。

3. 棉纤维的组成和组成特性

造纸工业中用到的棉纤维主要是棉短绒、纺织厂和服装厂的废料。

棉纤维的化学组成主要是纤维素，其含量在95%以上，几乎是由纯纤维素组成，只含少量的果胶质、脂肪，极少灰分，几乎不含木素和多戊糖，化学制浆时只需用少量药品脱胶和脂。

八、常用植物纤维原料的选择

（一）选用纤维原料的一般原则

一种植物原料是否适于造纸，可从如下方面考虑：

1. 纤维原料的化学组成

一般来说，含纤维素越多的原料质量越好，一般认为，纤维素含量应在40%以上，否则不经济。木素含量则越低越易制浆，化学蒸煮时耗化学药品越少。

半纤维素含量要适宜，半纤维素含量高的原料易打浆，有利于纤维之间的结合，但含量过高给抄造和纸的质量会带来一些弊端。

2. 纤维形态

纤维形态是指纤维长度、宽度、长宽比、壁腔比等，它对成纸质量有较大影响。一般认为，长度应有1mm以上，越长越有利于纤维间的结合，长宽比则越大越好。

3. 其他

纤维原料除满足上述要求外，还要资源丰富、集中、收集方便、运输成本低、价格合适。

（二）我国纤维原料的使用情况

我国土地辽阔，地处热带、亚热带，适合于造纸的植物纤维原料种类繁多，但相对森林面积较少，因此，目前草类原料仍占有相当大的比例，这是我国与世界范围的原料差距。

我国的草类植物原料比较丰富，在充分利用草类植物原料造纸的基础上，因地制宜培育速生材，建立造纸专用林，实施林纸扶持和结合，增大木材在造纸工业中的使用比例，是我国造纸原料的发展方向。

目前我国"造纸产业发展政策"提出，提高木浆比例、扩大废纸回收利用、合理利用非木浆，逐步形成以木纤维、废纸为主，非木纤维为辅的造纸原料结构政策。

我国是贫林国，木材不足严重阻滞我国造纸工业的发展。但我国有丰富的竹材资源，早在"八五"期间，就曾提出以竹代木，兴起竹子制浆热，但之后并没有取得很好的发展，竹材在造纸工业的利用率很低，有较大挖掘潜力。重视竹材基地的建设，加强对竹材的制浆造纸开发利用研究，对加速解决我国造纸植物纤维原料的短缺难题，发展我国造纸工业能够起到一定积极作用。

第四节　植物纤维原料的生物结构和细胞形态

一、植物细胞与纤维

植物细胞是构成植物体的最基本单元，一个活细胞由较薄的胞壁和包围在它里面的原生质体所组成，这种细胞借助分裂而繁殖，分裂的结果是形成两个新的子细胞。子细胞可以是具有分生能力的，也可以是不具有分生能力的永久细胞。

分裂是活细胞生长的一个方面，另一方面是生长而变成死细胞，这时原生质体消失，转化为细胞壁物质，而形成中空壁厚的死细胞。死细胞如其形状细长，便是植物纤维，或称纤维细胞。纤维细胞的最主要部分是永久细胞。

细胞腔是指细胞内中空的部分。而胞间层是指细胞之间的部分。细胞壁上存在着大量细小的孔洞，它称为纹孔。

二、木材原料的生物结构和细胞形态

（一）树木的生物结构

树干由树皮、形成层、木质部、髓心等组成。木材通常是指树干的主要部分——木质部。木质部的细胞和组织特征可用树干的横向、弦向和径向 3 个切面完全反映出来。

1. 树皮

除少数韧皮纤维原料外，大多数树皮的纤维素含量都相当低，不宜用于造纸。

2. 形成层

位于树皮和木质部之间，树木能逐年加粗，正是由于形成层活细胞不断分生的结果。在每年的生长季节，树木形成层的活细胞向内分裂产生木质细胞，向外产生树皮细胞。

3. 木质部

位于髓心和形成层之间，是树干的最主要部分，也是造纸原料最主要部分，木质部是树木主要的输导组织和机械组织，在木质部可以看到：

（1）年轮、早材和晚材　在树干横切面的木质部，可看到很多围绕髓心一圈圈的同心圆层，这就是年轮。每年的春夏季树木开始迅速生长，到夏末和秋季生长减慢，冬季休眠，因而形成明显的年轮。年轮的宽窄与树种、生长条件有关。热带树没休止期，因而年轮不明显。年轮一般由两层构成，向着髓心的内层和外层。内层是形成层每年活动的春夏季形成的，称为早材或春材；外层相应叫晚材或秋材。早材看起来质松、色浅；而晚材细胞细小、腔小、壁相对厚，这一层较窄小，材质紧密，颜色较深。

年轮中，早材与晚材的比率，可用晚材率表示：

$$晚材率 = \frac{年轮中晚材宽度（mm）}{年轮总宽度（mm）} \times 100\%$$

常用造纸材种的晚材率大约在 $10\% \sim 40\%$。晚材率的大小对造纸有一定的影响，因为早材细胞相对而言腔大、壁薄，所以早材纤维具有弹性和柔韧性，容易打浆，能制出强度较高的纸张。晚材腔小壁厚，纤维硬挺，不易打浆，成纸除撕裂度外，其余强度指标均小于早材。因此，晚材率低的林种造纸性能较好。

（2）木射线　在横切面上，可以看到径向的窄条纹，这就是木射线。由髓心到树皮的射线称韧木射线，由木质部到树皮的称次木射线。木射线是由木射线薄壁细胞组成，它贮藏营养物质，还有横向运输的功能，木质部的营养物质就是经木射线从树皮输送来的。

（3）心材与边材　在某些树种的横切面上可以看到树干中心的部分比边缘部分颜色深些，颜色深些的木材中心部分称心材，颜色浅的靠近树皮的部分称边材，显然心材是在生长过程中由边材转变过来的。心材之所以色深是因为有渗透物质色素、树脂、树胶等。从制浆角度来说，心材不如边材，因边材色浅、密度低，药液易渗透。

（4）髓心　位于树木中心，髓心主要由薄壁细胞组成，所占比例相对小，在横切面上看到它细小的面积，在径切面上可看到它构成的深色的窄条。

（二）针叶木的生物结构和细胞形态

针叶木主要有松、杉、柏3种植物，造纸常用的为松、杉科。图1-3为红松在显微镜下的3个切面的放大图结构，图1-4为云杉在一个年轮中的一部分放大图。由图1-3和图1-4可见，针叶木结构较简单，主要由管胞组成，管胞占木质部总体积的90%～95%。管胞是优良的造纸纤维细胞。管胞是纵向生长细长的管状细胞，其两端呈钝圆形或钝

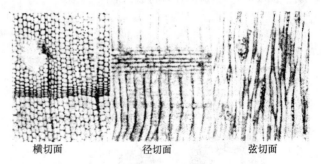

横切面　　　　径切面　　　　弦切面

图1-3　红松木质部结构图

尖形，似纺锤状，见图1-5。管胞大多与植物体器官长轴平行排列，上下排列的管胞是以其倾斜末端互相衔接的，管胞壁上有纹孔，管胞长度随材种树龄及早晚材不同而异，一般长度在2.0～3.2mm、宽度在0.03～0.075mm。在横切面上还可看到比较明显的年轮、早晚材界限，早材管胞的横切面较大。在横切面上有窄条状的木射线，木射线宽度为一个木射线细胞的宽度，称为单列，这是针叶木的一个特征。在径切面上可看到木射线由上、下多列木射线薄壁细胞构成。因此在弦切面上所看到木射线细胞的切面呈纺锤状，宽度为单列，而高度为几个细胞。木射线细胞约占木质部总体积的5%～10%，主要由木射线管胞和木射线薄壁细胞组成，其长度甚短，故在造纸过程中易随白水流失。

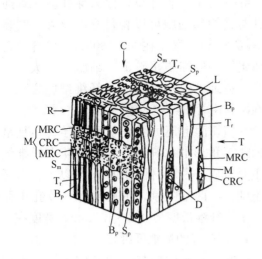

图1-4　云杉木材的一个年轮的一部分放大图

C—横切面　R—径切面　T—弦切面　D—树脂道　S_p—早材
S_m—晚材　T_r—管胞　B_p—具缘纹孔　L—胞间层
M—木射线　CRC—中央木射线细胞　MRC—边缘木射线细胞

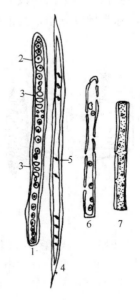

图1-5　针叶木细胞类型

1—早材管胞　2—具缘纹孔　3—单纹孔　4—晚材管胞
5—裂纹孔　6—木射线管胞　7—木射线薄壁细胞

除此之外，在横切面上还可以看到纵向树脂道，在弦切面上看到木射线内的横向树脂道（见图1-6）。组成树脂道的均是薄壁细胞。

（三）阔叶木生物结构和细胞形态

阔叶木的生物结构比针叶木的复杂，主要由导管、木纤维、木射线细胞与薄壁细胞等组成。图1-7为杨木结构的放大图。

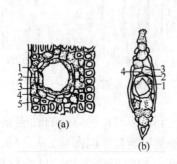

图1-6　树脂道放大图
1—泌脂细胞　2—死细胞　3—伴生薄壁细胞
4—细胞间隙　5—管胞

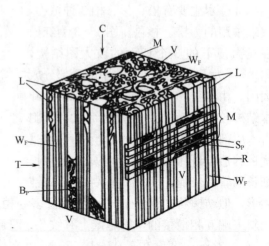

图1-7　杨木木材放大图
C—横切面　R—径切面　T—弦切面　W_F—木纤维
V—导管　L—胞间层　M—木射线细胞
B_P—具缘纹孔　S_P—单纹孔

在横切面上，可以看到一些较大的管孔，这些是导管的横切面，故此阔叶木又称孔材。导管是由许多管状细胞纵向连接而成，与一根多节的管子相似，从树根到树枝时断时续，其中的一个细胞，称为导管分子，其形状如图1-8所示。

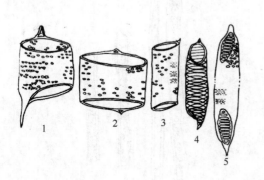

图1-8　导管分子形态
1、2—鼓状——柞木、榆木　3—圆柱状——东北杏
4、5—纺锤状——色木、白桦

导管两端各有开口，称为穿孔。导管通过纹孔与其相邻细胞可以相贯穿。导管长度多在0.3～0.8mm，宽度在40～80μm。尽管导管是厚壁组织，但细胞仍较薄，细胞腔较大，形体短小，造纸工业将其列入非纤维细胞之列，导管在木材中含量约在30%～36%。

在横切面上还可看到切面比导管小且呈四角形或多角形的木纤维，它是阔叶木纤维细胞的主要组成，占木材体积的50%以上。木纤维细胞细长，两端尖削，细胞壁厚，纹孔小而稀疏，平均纤维长度为0.7～1.7mm，宽度在20～40μm，是良好的造纸纤维。

阔叶木的木射线与针叶木的不同，没有木射线管胞，由木射线薄壁细胞组成。在阔叶木中还有一种纵向排列的薄壁细胞，它分布在木纤维之中，也属非纤维细胞之列。

（四）针叶木与阔叶木生物结构的对比

将针叶木与阔叶木生物结构加以比较总结，如表1-2所示。对造纸有用的纤维细胞，针叶木的管胞比阔叶木中的木纤维要多得多，并且管胞明显比木纤维细胞细长，而非纤维细胞，阔叶木却比针叶木多，从这一角度上看，针叶木优于阔叶木。

表 1－2　　　　　　　　　　针叶木与阔叶木生物结构的主要区别

项目	针叶木	阔叶木
年轮	在横切面上年轮明显，早材与晚材管胞有明显差别	在横切面上，除环孔材外年轮不如针叶木明显
纤维细胞的排列	在横切面上管胞有规则地呈辐射状排列	在横切面上木纤维不规则排列
木射线	在横切面及弦切面看到的木射线一般为单列	在横切面与弦切面看到的木射线多为双列或多列，有单列延伸，也有部分单列的木射线
树脂道	在横切面上可见纵向（垂直）树脂道，在弦切面可见横向树脂道	常用于造纸的阔叶木，无树脂道
细胞类型	结构简单，主要为管胞，占细胞总容积的 90%～95%，无导管，有少量木射线及薄壁细胞	结构较复杂，有木纤维、导管、木射线细胞及纵向薄壁细胞等

三、非木材原料的生物结构和细胞形态

（一）禾本科植物茎秆的生物结构和细胞形态

在禾本科植物的横切面上，用光学显微镜可以见到有 3 种组织：表皮组织、基本薄壁组织和维管组织。

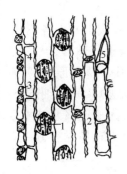

图 1－9　禾草类植物茎秆（右）和叶子（左）的表皮组织

1—气孔器　2—长细胞　3—栓质细胞
4—硅质细胞　5—表皮毛

表皮组织：是植物茎秆最外面的一层细胞，通常是 1 个长细胞与 2 个短细胞交替排列，如图 1－9 所示。长细胞边缘多呈锯齿状，故称锯齿细胞。短细胞分为两种，一种几乎充满 SiO_2 称为硅质细胞，另一种则具有栓质化的胞壁，称为栓质细胞。

基本薄壁组织：此组织在茎中占较大比例，它们均由薄壁细胞组成。禾本科茎秆中心的基本薄壁组织在发育过程中往往破裂，这便是稻草、麦草、芦苇、竹子等形成中空的道理。

维管组织：在茎秆横切面上可看到，维管束散布于基本组织中，如图 1－10 所示。维管束是由木质部和韧皮部组成的束状维管系统。维管束在茎秆横切面的分布情况大约如图 1－11 所示，一类是维管束排成两圆圈，里圈的大而疏，外圈的小而密，一类是星散分布，茎秆有实心的，也有空心的。

禾本科植物原料种类繁多，但其细胞种类却基本相同，所不同的只是其形态和数量。

1. 纤维细胞

纤维细胞两端尖削，胞腔较小，常不明显。细胞壁上有单纹孔，也有无纹孔的，但有横节纹。除竹类、龙须草和甘蔗的纤维比较细长外，其他的禾本科植物纤维都比较短、小，其平均长度在 1.0～1.5mm，平均宽度在 10～20μm。纤维细胞含量约占细胞总量的 50%～60%（按面积法测定）。总的来说，草类原料中的纤维细胞比木材原料，尤其是针叶木纤维细胞的含量要低得多，而非纤维细胞含量则高得多。

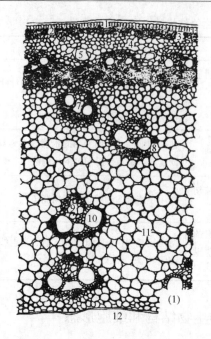
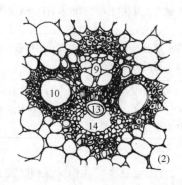

图 1-10 （1）芦苇茎秆横切面（局部）（2）单个维管束放大图

1—表皮层 2、3—皮下层 4—薄壁组织 5—气室 6—纤维组织带 7—维管束 8—维管束鞘

9—韧皮部 10—后生木质部导管 11—基本薄壁组织 12—髓腔 13—原生木质部导管 14—原生木质部腔隙

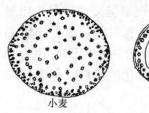

小麦　　　　高粱

图 1-11　禾本科植物茎秆维
管束分布情况

2. 薄壁细胞

分布在基本薄壁组织中的薄壁细胞形状、大小各不相同。通常有杆状、长方形、正方形、椭圆形、球形、桶形、袋形、枕头形等，胞壁上有纹孔或无纹孔。草类原料薄壁细胞含量较高，如稻草高达 46%（面积法）。薄壁细胞壁很薄，在制浆造纸过程中易破碎，一部分随洗涤水流失。薄壁细胞滤水性差，如含量太多，在抄造时易黏辊断头，使操作困难，并使纸页物理强度下降。

3. 表皮细胞

表皮细胞有长细胞和短细胞，长的多呈锯齿状。一般来说，经制浆后保留在浆中的表皮细胞含量较少，对造纸影响不大，这是因为短细胞中硅细胞和木栓组织密度较大，易被除砂器除去的缘故。

4. 导管与筛管

导管形状较多，有环纹、螺纹、网纹及孔纹导管等。筛管存在于韧皮部，是运输营养物质的组织细胞，它们都是沿茎秆纵向排列。所不同的是，筛管的壁比较薄，一般还没有木质化，主要是由纤维素组成，筛管数量较少，加之制浆过程中的流失，一般浆中不易找到。

5. 石细胞

为非纤维状的厚壁细胞，尺寸短小，易在制浆中随洗涤水流失。竹类石细胞较多。

禾本科植物的非纤维细胞含量较大（40%～60%），这对制浆造纸产品的质量和生产操作会带来不利的影响。

（二）常用禾本科原料的茎秆生物结构和细胞形态

1. 稻草

稻草是一年生草本植物，秆直立，丛生，高 1m 左右（矮秆稻 50～60cm），秆直径 4mm 左右，秆壁厚 1mm，髓腔较大。

茎的横切面构造如图 1-12 所示。表皮下面由 4～6 层厚壁的纤维细胞组成纤维组织带。向内为基本组织的薄壁细胞。在基本组织有花朵状的维管束，维管束鞘由 1～2 层的纤维细胞组成。

稻草细胞形态如图 1-13 所示。稻草纤维平均长度为 1mm 左右，宽度为 $8\mu m$，稻草中不定形的细小细胞较多，这是稻草突出的特征。

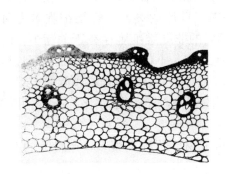

图 1-12　稻草茎横切面

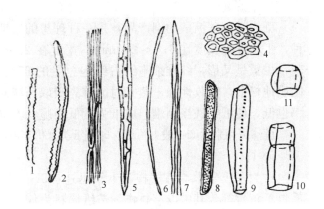

图 1-13　稻草细胞形态示意图

1、2—表皮细胞　3、5～7—纤维细胞
4—纤维横切面　8～11—薄壁细胞

稻草非纤维细胞含量很大，约占细胞总面积的 54%，其中以细碎不完整的薄壁细胞最多，这是稻草浆滤水差、质量差的主要原因。草叶、草节、草穗中的非纤维细胞比茎部多，纤维也短。稻草茎秆壁薄，结构疏松，木素含量少，蒸煮时药液易渗透，容易煮成浆，也易漂白。草节组织坚实，不易蒸解，是漂白草浆中尘埃的主要原因。

2. 麦草

麦草指小麦茎秆，其秆高 1m 以上，茎秆直径 4mm，秆壁厚 0.3～0.4mm，髓腔很大。

小麦茎的横切面构造如图 1-14 所示。

麦草纤维较稻草长而粗，其平均长度 1.5mm，宽度 $14\mu m$，壁厚 $3\mu m$。麦草与稻草比，没有不定形的细小细胞，非纤维细胞的量也少些。

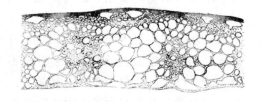

图 1-14　小麦茎的横切面

麦草的木素含量比稻草稍高，故比稻草难蒸煮些，麦草节和稻草节一样，不易蒸解，但麦草节密度更大些，可考虑采用风选办法除去，以提高纸浆质量。

3. 芦苇、荻、芒草

它们是一些类似的多年生植物。芦苇和荻常生于河边、池塘边及沼泽地等，在盐碱地也能生长，产于全国各地，是我国一种重要的造纸原料。

芦苇纤维长度、宽度介于稻、麦草之间，平均长度为 1.12mm，宽度为 $9.7\mu m$。芦苇的细胞形态和稻草很相似，但非纤维细胞比稻草少，非纤维细胞中有较多的秆状薄壁细胞。芦苇中的穗、鞘、节、膜上的表皮细胞、薄壁细胞较多，是增加浆中尘埃，造成纸面黄斑点、亮点、掉毛等纸病的原因，因此备料时应设法除去。

荻纤维比芦苇的略长而粗，平均纤维长度为 1.36mm，宽度为 17.1μm。非纤维细胞较芦苇少，但体积大，细碎不整者很少见，这是荻与苇的区别之一。荻的表皮细胞较少，薄壁细胞及石细胞多为秆状、球形。

由于荻纤维较长，非纤维细胞较少，组织结构疏松，蒸煮、漂白都比芦苇容易。因荻和苇经常混生，收割时不易分开，故常是混合蒸煮制成纸浆。

芒秆细胞形态和荻极为相似，纤维稍长些。

4. 甘蔗渣

蔗渣是甘蔗糖厂的副产品，是一种理想的造纸原料。蔗渣纤维是草类原料中较长而宽的一种，平均纤维长度在 1.7～2.0mm，宽度在 22μm 左右，壁厚约 2μm。纤维细胞多为两端尖削，少数呈叉形，纤维细胞约占细胞总量的 65%。35% 的非纤维细胞存在于蔗髓中，由于蔗髓质地松散，吸收性强，蒸煮时能首先吸取药液并发生反应，不仅消耗化学药品，而且粗浆得率也低，使纸浆洗涤困难，成纸强度低而脆，不透明度低，因此，蒸煮前必须除髓。

蔗渣可用来生产一般书写纸、印刷纸类。但半纤维素含量较高，打浆时易水化，成纸透明度高。

5. 竹

竹为多年生禾本科植物，生长迅速，3～5 年便可成材。竹种类繁多，产量大的有慈竹、毛竹、黄竹等，其中以慈竹作为造纸原料为佳。

竹类细胞主要有纤维细胞、薄壁细胞、导管、石细胞、表皮细胞。纤维细胞约占细胞总面积的 60%～70%，低于针叶木，高于阔叶木和一般草类、竹类。纤维细长，呈纺锤状，两端尖锐，平均长度在 1.5～2.0mm，平均宽度为 15μm 左右，壁厚 5μm。

竹材茎秆皮层组织紧密，密度大，而且细胞中有大量空气存在，所以不利于蒸煮液的渗透。竹类石细胞较多，含硅量 2.5%～3.5%，在黑液回收过程中，对蒸发和苛化易产生硅干扰现象。

竹纤维可以抄造各种文化用纸，也可以抄造水泥袋纸、强韧纸板等。

（三）禾本科植物纤维原料的化学组成和纤维形态比较

禾本科植物纤维化学组成特征是多戊糖含量高，一般都在 20% 左右，NaOH 抽出物含量高，木素含量除竹材外都较低，尤其是稻草，这表明制浆容易。灰分含量较木材高，稻草灰分最高，灰分中主要为 SiO_2，在碱回收中会生成 Na_2SiO_3，易结垢而造成蒸发困难。从纤维形态上看，稻草纤维最短最细，纤维壁虽不厚但胞腔小，因而造成不透明度小；相反，蔗渣纤维最宽，纤维壁厚与稻草相似，但其腔大。竹类纤维较长，而宽度又较蔗渣小，壁厚，纤维细长，交织能力强，在生产中易出现纤维的絮聚现象。从纤维形态看，竹浆适于生产强度高的薄纸。

（四）其他非木材原料的纤维形态特征

1. 麻类纤维

麻类纤维为纺织工业的主要原料，所以造纸使用的是纺织工业的废料，如麻屑、废麻布、废麻袋等。

麻类纤维的特征是长度大，往往超出一般造纸需要的纤维长度，虽经一系列的机械加工过程（切断、打浆等），仍可得到较长的纤维，因而适合做高强度的纸张，如钞票纸、证券纸、保险信封纸等。且由于麻类纤维燃烧时无臭味，常用于做卷烟纸。

麻类韧皮部的纤维不但细长，且壁薄、腔大，因而柔软性好，木质部纤维长度在 0.5～0.8mm，属短纤维原料范围。韧皮部和木质部质量比为（33～41）：（59～67），全麻制浆长纤维含量却占 50%～60%。所以既可全麻制浆，又可分制长纤维和短纤维浆。目前全麻制浆已成功应用于生产新闻纸。

2. 树皮纤维

树皮纤维和麻类纤维均属韧皮纤维类，树皮纤维虽没有麻类那么长，长宽比也没有那么大，但仍属长纤维原料的范围。

3. 叶类纤维

可用于造纸的叶类纤维有龙须草和剑麻。

龙须草是一种野生草，以四川、湖北产量最高，龙须草纤维细长、均整、杂细胞少，长宽比高达 200 以上，是草类中少见的，龙须草纤维素含量高，木素含量低，容易蒸煮成浆，从化学组成和纤维形态看，龙须草是优质的造纸原料，可用于生产薄页纸和印刷纸，如打字纸、胶版纸、复写原纸等。

剑麻为热带植物，我国海南省、云南省等地都有，木素含量低，纤维素含量高，它一般用来织麻袋和麻绳，造纸可用其废料。

4. 棉纤维

棉纤维长度 10～50mm，平均 18mm；宽度 12～37μm，平均 18μm；长宽比 1250。通过合理控制打浆工艺可制取强度高、质量好的纸张。常用于生产高级纸张，如钞票纸、证券纸和高档餐巾纸、卫生纸等。

第五节 植物纤维细胞的微细结构

一、细胞壁的结构和纹孔

细胞壁根据其形成的先后可分为胞间层、初生壁和次生壁 3 个部分。两相邻细胞之间有一层物质为胞间层。胞间层把各个相邻细胞黏结起来，使植物体具有机械强度。制浆就是克服胞间层的这种黏结力，使纤维细胞彼此分离的过程。

初生壁紧贴胞间层，它们彼此很难分开，因此将胞间层和其相邻的两个初生壁称为复合胞间层。

在细胞停止生长以后，细胞壁仍在不断加厚，这部分便是次生壁。次生壁比初生壁厚得多，它是纤维细胞壁的主体。

在细胞壁的形成过程中，有的地方形成空穴，这便是纹孔。纹孔在制浆中，是蒸煮液进入横断切面的细胞腔后，向胞间层或相邻细胞腔渗透的途径之一。

二、细胞壁的微细结构

纤维素是链状高分子化合物，存于细胞壁中的纤维链分子呈有规则平行的线状排列，平行的链分子之间存在着强的横向连接力，因而趋于形成带状结构。由大约 100 个左右的纤维素分子平行定向排列而形成的带状物称为微细纤维，它能用电子显微镜鉴别出来。微细纤维长度比单个纤维素链分子要长很多倍，在微细纤维的大部分区域中，纤维素分子排列得很紧密，很整齐，呈现出纤维素晶体的特征，称为结晶区。而在少数区域中，纤维素分子排列得较疏松，称为无定形区。两区域在整个微细纤维中交替出现，如图 1-15 所示。结晶区比链分子要短许多，也就是说一个长链纤维素分子可以跨越

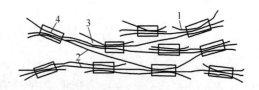

图 1-15 微细纤维示意图

1—短链分子 2—长链分子 3—无定形区 4—结晶区

几个结晶区和无定形区。细胞壁中的纤维素约有 $60\%\sim70\%$ 是以结晶区形式存在的。

无定形区的链分子排列之所以疏松，是因为有非纤维素物质半纤维素和木素存在的原因。因此，原料的半纤维素含量越高，无定形区越多，液体的可及度越高，越易吸水润胀。

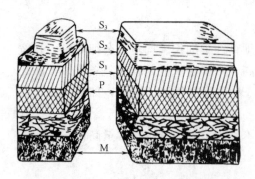

图 1-16　木材纤维细胞微细结构

微细纤维倾向于聚集成更大的带状聚集体，称为细纤维，它比微细纤维大得多。在打浆时，细纤维分裂、帚化，在纤维表面游离出来，增加了纤维的比表面积，使纤维之间的结合面积增大，结合节点增多，提高了纸的强度。

细胞壁的微细结构，一方面是指微细纤维排列情况，另一方面把次生壁分得更细，它们是次生壁外层 S_1、中层 S_2 和内层 S_3。现以木材为例，介绍细胞壁的微细结构，如图 1-16 所示。

在胞间层（M）中没有微细纤维组织。初生壁（P）微细纤维稀疏，呈网状不规则排列，微细纤维的走向对于纤维轴向（长度方向）近乎于横向绕缠。初生壁内微细纤维之所以稀疏，是因为被半纤维素、木素和果胶所填充分隔，所以它的性质脆，且这一层的厚度也比较薄。

次生壁的外层（S_1）也非常薄，由 $4\sim6$ 个微细纤维层组成。S_1 层内微细纤维与纤维轴呈左右螺旋排列，微细纤维的这种排列方式使 S_1 层对纤维的吸湿润胀有极大的约束力和抵抗力，因此在打浆时，如要做到真正的分丝细化，必须将 S_1 层破碎除去。

次生壁的中层（S_2）是细胞壁中最厚的一层。它的结构决定了纤维的性质。S_2 层中，微细纤维为单一取向，并且几乎与纤维轴向平行，使纤维吸湿后主要在横向产生润胀。同时由于微细纤维的轴向排列，使纤维在轴向上有最大的抗张强度，细胞壁越厚，纤维本身的抗张强度越高。

次生壁内层（S_3）是细胞壁的最内层，再里面是细胞腔，这一层也相当薄，其微细纤维几乎横向环绕，与纤维轴向成 $90°$。不同植物原料 S_3 层的厚度相差较大，如鱼鳞松无明显的 S_3 层，而落叶松的 S_3 层则较厚。

禾本科植物纤维细胞的微细结构与木材近似，也由 M、P、S_1、S_2 和 S_3 层构成。但 S_1 层较厚，并且其微细纤维的取向更加偏离纤维的轴向而更接近横向，加上 S_1 和 S_2 层间的连接很紧密，因而使 S_1 层不易破碎脱落，S_1 层就像一个套筒紧套在 S_2 层，妨碍了 S_2 层微细纤维的裸露和细化，所以禾本科植物纤维较难做到 S_2 层细纤维的分丝和细化，并且禾本科植物的纤维长度小，故不宜追求高度分丝的打浆。

三、主要化学组分在细胞壁中的分布

胞间层主要含木素，有少量半纤维素；初生壁中仍是木素含量最高，有少量半纤维素和纤维素；次生壁中，主要含纤维素，其次是半纤维素，木素含量较少，尤其是 S_2 层。但因次生壁体积大，所以植物纤维原料中木素的总量还是大部分存在于细胞壁中的。

第六节　植物纤维形态对纸张性能的影响

一、纤维长度、宽度、均一性和长宽比

纤维长度与纸页的撕裂度成直线正比关系，而其他强度，在纤维长度不小于一定值的前提

下，纤维较长的强度指标都较高，如抗张强度、耐破度、耐折度等。因此，纤维长度是衡量纤维原料优劣的最重要的指标。

在纤维长度一定的前提下，宽度大，长宽比就小；宽度小，长宽比就大。一般而言，长宽比大的纤维生产的纸强度高，结合强度大，但并不能单用长宽比去衡量纤维原料的优劣，针叶木原料纤维长宽比小于草类原料，但针叶木优于草类原料，这是纤维长度起了决定性作用。

在考虑了纤维长度和宽度时，单方面去考虑平均长度和宽度也是不够全面的，还必须考虑它们的不均一性问题，纤维长度对于一定的纸种有一个最小的长度极限，如小于这一极限就要影响纸的质量。

二、细胞壁厚度和壁腔比

细胞壁越厚，理论上可以推断纤维本身的抗张强度越大，但纸张的强度更多依赖的是纤维之间的结合力。这就是说，纤维本身的强度一般而言是相当大的。因此细胞壁的绝对厚度与纸张的性能关系不大，而影响到纸张性能的是细胞壁厚和胞腔直径的比值——（2×壁厚）/胞腔直径，它称为壁腔比。一般认为壁相对薄，腔相对大的纤维抄成的纸张强度大，这是因为壁薄腔大的纤维更具柔软性，彼此之间的交织能力好，结合面积大。相反，纤维比较僵硬，制成的纸张强度低，纸张疏松，吸水性强。

对于木材而言，壁腔等于1的是中等原料，小于1的是较好原料，大于1的是较差原料，对非木材原料，这一结论不能套用，但壁腔比的基本道理仍包含其中。非木材原料中的很多草类原料，其细胞壁相对太薄了，因而其纤维本身的强度差，尽管其柔软性好，但成纸的强度仍不高。

三、非纤维细胞含量

鉴别植物纤维原料质量的优劣除化学组成、纤维形态和纤维的微细结构等之外，非纤维细胞的含量也是评价原料好坏的重要依据，纤维细胞含量高，非纤维细胞含量少的，则是比较好的原料。

非纤维细胞不但本身无强度，且形态短小，几何形状不规则，结合力差，吸水性强，滤水性差，给抄纸过程造成困难。一般草类纤维原料杂细胞相当多（稻草高达54%），阔叶木比草类少，但比针叶木多。因此，从非纤维细胞含量的多少来看，针叶木优于阔叶木，阔叶木优于草类原料。

第二章 植物纤维化学概述

知识要点：植物纤维原料各个组分的化学组成、分子结构、物理及化学性质，以及它们对制浆造纸生产过程及产品性质的影响。

学习要求：了解植物纤维原料的化学组成、分子结构、物理化学性质，掌握纤维素、半纤维素、木素及其他与制浆造纸过程有着密切关系的化学组成的分子结构、化学性质、分离及测定方法，为分析、解决制浆造纸生产过程的相关问题打下基础。

第一节 木 素

一、木素的分离和测定

（一）木素的分离

要对木素性质进行研究测定，首先必须将木素从植物纤维原料中分离出来，目前还没法找到分离很完全、结构又与原本木素完全一致的方法。一般将木素分离的方法分成两大类：一类是木素以残渣的形式分离的方法，这种方法所得的木素的改性较大；另一类是木素被溶解，以溶液的形式分离的方法，这种方法所得的木素作为溶质而溶于不起反应的溶剂中被抽提出来，或先形成可溶性的衍生物，再被适当的溶剂抽提出，这种方法往往得不到全量。

现将分离木素的一些方法介绍如下。

1. 乙醇木素

或称"布劳斯木素"（Brauns 木素），先用冷水和乙醚分别先抽提出木粉中的冷水可溶物及树脂、脂肪等物质后，再用乙醇在室温下抽提，最后把可溶于乙醇的木素加乙醚使之沉淀出来。由于采用的条件缓和，被称为"天然木素"。但这只能抽出少量木素且是分子中较低的部分，没有代表性。

2. 磨木木素

用一种振动球磨在无润胀的溶剂中处理粉状纤维原料，然后用含水的二氧六环抽提。这种方法很多人认为是到目前为止最接近天然木素的木素，所以磨木木素是很有参考价值的。

3. 酵素木素

用棕色腐败菌处理木材，使木材中的碳水化合物受到腐蚀，然后用乙醇抽提木素，这样可得到总量20%左右的木素，其性质非常类似于天然木素。

4. 不溶木素

用浓硫酸或浓盐酸等无机酸溶解纤维原料中的碳水化合物，分离出来的黑色残渣称为酸木素。这种分离方法条件剧烈，木素在分离过程中失水缩合，严重降低了木素的反应能力，但分离得到的木素量大。

（二）木素的测定

木素的测定包括对其含量和结构的测定。

1. 木素的含量测定

造纸业中，一是对植物纤维原料的木素含量测定，二是对浆中的残留木素含量进行测定。前者常用硫酸木素的测定方法进行，后者常用 $KMnO_4$ 在酸性溶液中进行，并称为测纸浆的硬度。

2. 木素结构的测定

木素结构的测定手段及其作用主要如下：①模型方式；②电子光谱方法；③红外光谱方法（IR 光谱）；④合成研究。

在木素结构研究上，光谱的应用较多，除上述的两种光谱外，还有紫外光谱、氢质子核磁共振光谱（^1H-NMR）、$^{13}C-$核磁共振光谱（$^{13}C-NMR$）、电子旋转共振吸收光谱（ESR）等。

二、木素的化学结构

（一）木素的结构单元

木素是芳香族多聚物，是三维空间网状结构的高分子化合物，其结构单元为苯基丙烷。式 2-1 是苯基丙烷结构单元和其中碳原子的标记法：苯环上的 6 个碳称为 $C_1 \sim C_6$，侧链上的 3 个碳称 $\alpha-C$，$\beta-C$ 和 $\gamma-C$。苯基丙烷又有 3 种基本的形式，如式 2-2 所示（其中 G—愈创木基；S—紫丁香基；H—对羟苯基）。

式 2-1　苯基丙烷中碳原子　　式 2-2　木素 3 种结构单元

3 种结构单元在不同的植物原料中，其含量不相同。针叶木主要含有愈疮木基（G）和含少量的对羟苯基（H），基本不含紫丁香基（S）。阔叶木除含有 G 型木素，还有一定量（20%～60%）的 S 型木素及极少量的 H 型木素。草类原料除含有 G 型木素外，还有较多的 S 型和 H 型木素。另这 3 种结构单元在蒸煮过程中脱除的难易和快慢不同，紫丁香基（S）型木素较易较快脱去，这是阔叶木比针叶木易蒸煮的原因之一，也是细胞壁中的木素先脱除的一种理论依据。

（二）木素分子的官能基

木素分子中存在多种官能基，如甲氧基、羟基、脂肪族双键等。通过对云杉的磨木木素进行官能基分析，得到如下结果（以 C_9 苯丙烷基为基准）：

甲氧基大约为每个结构单元一个，甲氧基在高温的蒸煮反应中，易断开脱落。

羟基有酚羟基和醇羟基，前者连接于苯环中，其大多数都已高度醚化，只有小部分是以游离的酚羟基形式存在。酚羟基的化学活性大。醇羟基分布在 $\alpha-C$，$\gamma-C$ 和 $\beta-C$ 上，有游离的，也有被醚化的。不游离的羟基会对木素的化学活性产生较大的影响。

羰基主要存在于结构单元的侧链上，一部分为酮基，一部分为醛基。侧链上的不饱和双键和羰基一样，易发生氧化还原反应，它们是纸浆中发色或助色基团的来源之一。

（三）结构单元间的化学连接键

结构单元之间的化学连接键，有醚键和碳碳键。

醚键有：烷基-烷基醚；烷基-芳基醚；芳基-芳基醚。同理，碳-碳键也有 3 种类型。

式 2-3 是研究人员对云杉木素提出的结构模型式。

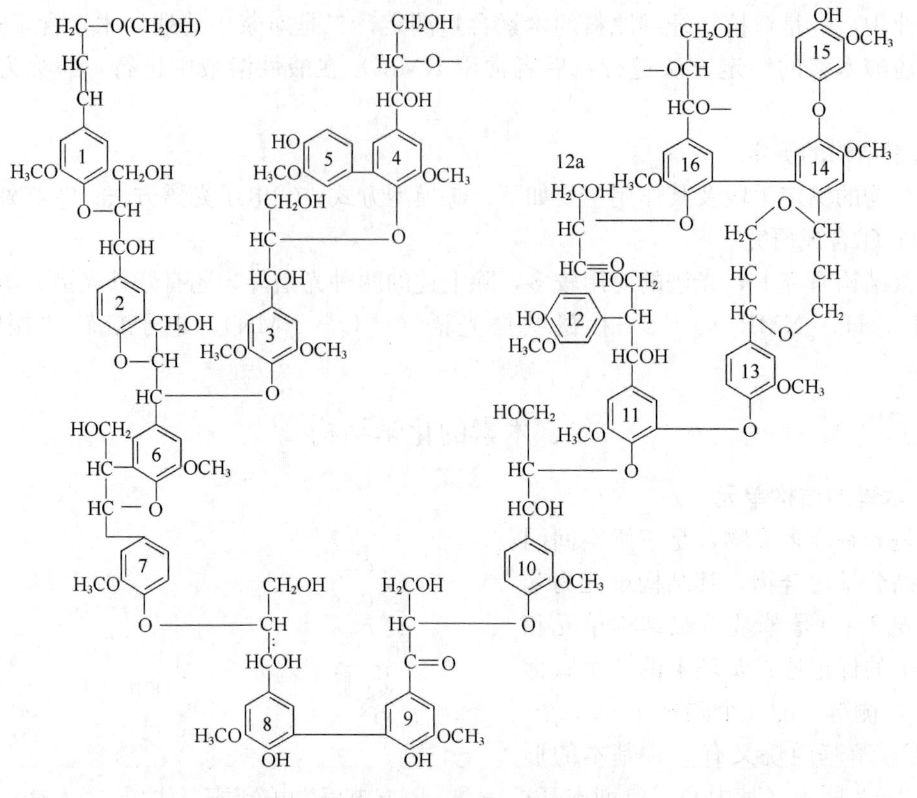

式 2-3 云杉木素结构模型

在这些连接键中，C—C 键是相当稳定的，二芳基醚键也比较稳定，只有 α 和 β 醚键活性较大，易断裂，这是蒸煮时脱木素的主要反应。尤其是 β 醚键，数量大，它的断裂对木素大分子的裂解最有积极意义。

阔叶木木素和禾本科植物的木素也有这样的结构模型图。一般将山毛榉木素结构模型图作为阔叶木木素的代表，禾本科中以由 25 个结构单元构成的甘蔗木素结构模型图为代表。阔叶木木素结构模型图表明，它与针叶木木素结构的不同处在于除了其结构单元有愈创木基外，还含有较多的紫丁香基结构单元，而甘蔗木素的结构模型图表明，其结构单元除有愈创木基外，还含有较多的紫丁香基结构单元和小部分对羟苯基单元，与阔叶木木素似乎没有大的差别，比较相似。

（四）木素的无定形和不均一性

木素大分子是以苯基丙烷为结构单元，彼此间以 C—C 键或是醚键连接而成的三维空间的网状高分子化合物。但是结构单元不均一，化学键也存在差异，分子质量（聚合度）也可大可小，因此，木素是无定形的，它是一群符合上面结论的一类物质的总称。木素的不均一性还反映在植物的种类、生长期长短、植物不同部位等，甚至同一部位的木素结构都存在着不均一性。这也是天然高聚物的特点之一。

三、木素的物理性质

1. 相对分子质量

在分离过程中，会或多或少地引起木素的变化，使木素分子质量发生改变。研究结果表明：大多数分离木素的相对分子质量在 2000～12000，相当于聚合度在 15～80。工业木素的分子质量很不均一，硫酸盐木素的分子质量较大，这证明硫酸盐法蒸煮对木素的裂解作用不大。

2. 溶解度

原本木素本身几乎不溶于任何溶剂，但分离木素溶于部分有机溶剂而不溶于水。化学制浆使木素得以溶出是通过裂解大分子，降低分子质量，并引进亲水性基团实现的。

3. 折射率

从云杉的分离木素中测定其折射率为 1.61，这是木素芳香族的性质，它已接近一般的填料折射率的数值，但低于钛白的折射率（2.62），因此它赋予机械浆抄造的新闻纸有较高的不透明度。

4. 软化点

常温下木素是硬而脆的，但加热会使其软化，软化温度会随水分含量的变化而变，水分含量升高，软化温度降低。各种分离木素的软化温度在 77～125℃，软化温度实际上是木素由硬的玻璃态转化为软的橡胶态的温度，因此也叫玻璃态转移温度，这一原理被广泛地应用于机械浆生产中。

5. 其他

木素本身几乎像纤维素一样白，但木素分离过程的化学作用使其带色，木素分离方法越温和，得到的木素颜色越浅。

木材中木素的分子形状为毛细状凝胶，比表面积相当大（约 180 ㎡/g），因而对化学药品和气味有很大的吸收性。机械浆制成的新闻纸有较好的油墨吸收性，就是一种例证。

木素具有一定的燃烧性，其燃烧值约为 108.7J/g。碱回收时，黑液中的木素、纤维素、半纤维素等固形物便似燃料一样在碱回收炉里燃烧。

木素的相对密度大，为 1.36～1.65。

四、木素在制浆过程中的化学反应

木素在制浆过程中参与化学反应的环节主要是蒸煮和漂白。蒸煮是通过化学反应将木素变为可溶物溶出。而漂白是通过反应溶出，或通过反应改变木素大分子的结构，以达到漂白的目的。

在蒸煮和漂白的反应过程中，从键的角度上分析，单元之间的 C—C 键和芳基醚键是比较稳定的，这一点已用其模型物的蒸煮得到证明。α 和 β 醚键的数量大，而且易于断开和参与化学反应，是有代表性的研究对象。除此以外，脱甲氧基反应，苯环侧链上官能基团的变性反应，和苯环本身的裂开反应，都是蒸煮漂白时主要的化学反应。反应过程中，也有副反应的产生，如木素的缩合反应。

（一）木素结构单元的化学反应性能

木素的反应性能，不单与结构单元间的键型有关系，与木素结构单元的结构形式也有很大关系。

1. G、S、H 型木素结构单元

一般而言，S 型木素结构单元较易反应溶出，因为这种木素结构单元中有 2 个甲氧基。甲氧基脱除，形成两个具有活化作用的新的酚羟基，使其化学活性增加。

2. 酚型和非酚型结构单元

在式 2-4 中，如 R＝H 为酚型结构，它的特点是结构单元上有游离的酚羟基，这种酚型结构单元的化学反应活性较大。如 R≠H，是以酚醚键连接到相邻单元上，称为非酚型结构单元，其反应能力也会比酚型的小得多。

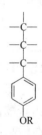

式 2-4　木素结构单元

3. 结构单元在碱性、中性、酸性介质中的基本反应

在碱性介质中，木素酚型结构单元（Ⅰ）引起的基本反应如式 2−5 所示。在碱性介质下，酚单元中的酚羟基极易离子化，而以酚的阴离子形式（Ⅱ）存在。酚的阴离子通过诱导效应使得对位侧链上的 α−碳位上的醚键极易断裂，形成亚甲基醌结构（Ⅲ）。这样便形成了 α−碳位上碳的正离子中心，它易被亲核试剂所攻击。

式 2−5　酚型结构单元在碱性
介质中变化（ALK 为烷基，Ar 为芳基）

亚甲基醌是一个极化基团，式 2−6 为亚甲基醌互变的 4 种形式。

在中性介质中也会有这种亚甲基醌生成，造成 α−碳位上的碳的正离子中心，但程度比碱性低，因没有碱性介质对酚的阴离子形成的一种促进作用。

在酸性介质中，不论是酚型

式 2−6　亚甲基醌互变的 4 种形式

或是非酚型的结构单元均能生成上述的 α−碳正电中心的亚甲基醌结构，但与碱性介质中形成的过程不同。

（二）木素在碱法制浆中的反应

碱法制浆主要包括烧碱法和硫酸盐法。前者主要是与 NaOH 的反应，后者除了 NaOH 外，还有 Na_2S 的催化反应。

1. 酚型结构单元的 α−芳基、烷基醚键的断裂

酚型结构单元，在碱性条件下会离解成酚的阴离子形式，通过诱导效应，使其对位侧链的 α−醚键（包括芳基和烷基醚）断裂，这一机理在式 2−5 已述。

酚型结构单元可以是反应前原有的，也可是反应过程中产生的。因此 α−醚键断裂有时可以直接依赖原有的酚型结构造成对木素一定的降解，有时要靠反应过程中生成的酚羟基造成的更进一步的反应才能降解。在烧碱法和硫酸盐法中这一反应是一样的。

2. β−醚键（主要是芳基醚键）的断裂

（1）烧碱法中 β−醚键的断裂情况　在烧碱法中，酚型的 β−醚键基本稳定，而非酚型的 β−醚键，如在其 α−碳位上有醇式 β−芳基醚，在烧碱法蒸煮中遇反应羟基（—OH）时，可以断裂。如式 2−7 所示。

（2）硫酸盐法中 β−醚键的断裂　除了上述中烧碱法（NaOH）引起的 β−醚键断裂外，在硫酸盐法中，还有 SH^- 和 S^{2-} 引起的酚型结构中的 β−醚键的断裂，其机理如式 2−8 所示。

反应步骤如下：

a. 在碱性介质中，α−醚键裂开，形成亚甲基醌结构（Ⅱ）。

b. 比 OH^- 亲核性更强的 S^{2-} 和 SH^- 优先进攻 α−碳位形成结构（Ⅲ）。

c. β−芳基醚不稳定，芳基以酚阴离子形式脱去，并生成环硫化合物（Ⅳ）。

d. 由于酚阴离子上氧原子的电子给予的诱导，导致硫环打开（Ⅴ）。

e. 在较高温度下（170℃）脱硫，最后侧链也断开分解。

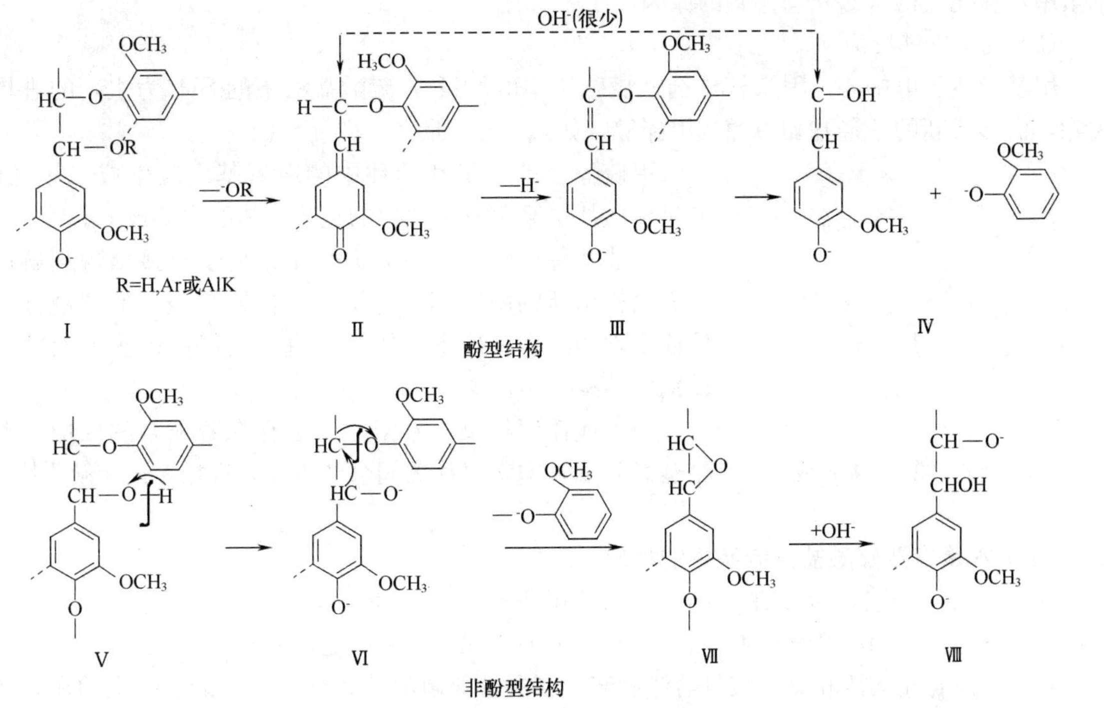

式 2-7　烧碱法中 β-醚键断裂情况

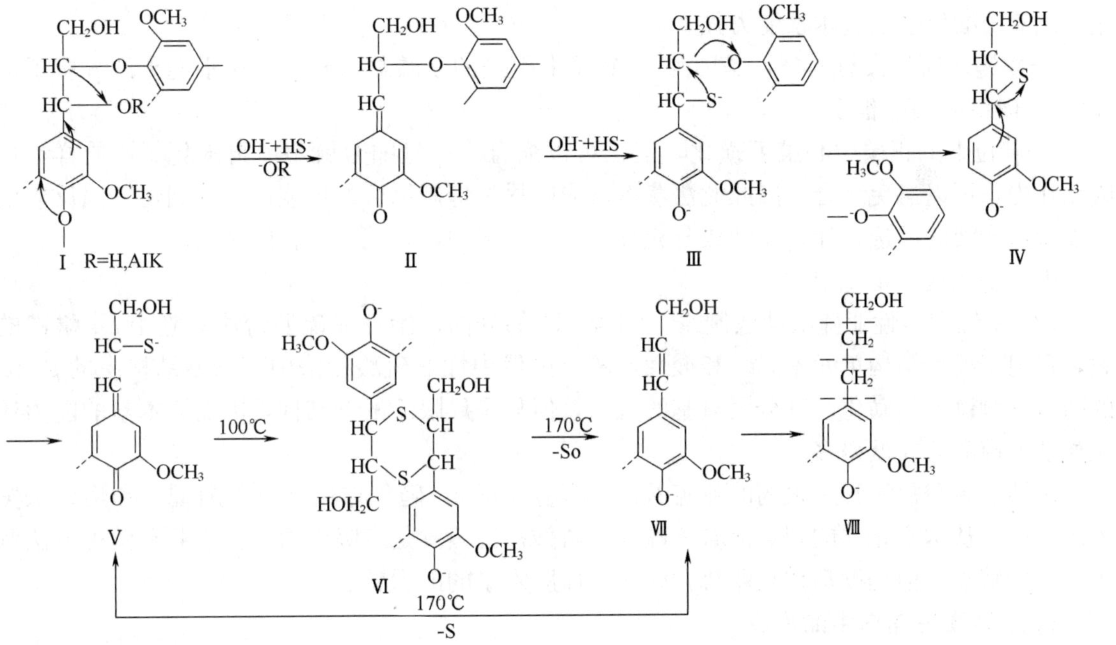

式 2-8　酚型 β-醚键在硫酸盐法蒸煮中的反应

由上可见，烧碱法蒸煮中不能断开的酚型 β-醚键，在硫酸盐法蒸煮中能断开。β-醚键是木素大分子中主要的连接形式，它的断裂对木素的降解溶出，有极大的作用。因此，硫酸盐法蒸煮脱木素的能力比烧碱法大，速度快。从反应中还可看到，SH⁻ 或 S²⁻ 实际上起催化的作用，参加反应后，又析出硫，析出的硫又进一步参与反应，在这系统中被循环使用，这就是硫酸盐木素中含硫比较低（2%~3%）的原因。

（3）脱甲氧基反应

甲基形成正电中心，因亲核试剂（烧碱法中的 OH^-，硫酸盐法中的 SH^- 为主）的进攻而脱除，而形成新的酚羟基和甲醇或甲硫醇，如式 2-9 所示。

甲硫醇会进一步和苯环中的甲氧基反应生成二甲硫醚，它是硫酸盐法浆蒸煮时放出的臭味气体的主要成分。

上述几种反应中，一方面是木素分子直接出现裂解；另一方面析出新的酚羟基，它增加了木素大分子的亲液性，并促使木素的降解反应继续下去，直至出现抵抗蒸煮液中亲核试剂的结构为止。

与上述作用相反，木素之间也存在着缩合的反应，尤其是蒸煮后期，木素碎片之间会产生缩合现象，使溶解受阻。

式 2-9　脱甲氧基反应

（三）木素在亚硫酸盐法制浆中的反应

亚硫酸盐法制浆，可以在不同 pH 的情况下进行。在不同的 pH 下存在不同的亲核试剂，在 α-碳位上的磺化程度有一定差异。

（1）酸性亚硫酸盐和亚硫酸氢盐法制浆　在酸性亚硫酸盐条件下，不论是酚型的还是非酚型的 α-醚键都能断裂而形成 α-碳位上的正碳离子中心，因而被 SO_3^{2-} 或 HSO_3^- 进攻磺化。虽然 α-醚键的含量不大，但它的断开引起对木素大分子一定程度的降解作用和由此引起的亲液性基团，就是此法蒸煮木素得以溶出的主要途径。酸性越大，这一作用越强，因此酸性亚硫酸盐法比亚硫酸氢盐法脱木素能力强。

β-醚键之所以没有断裂，是因为 α-碳位上引进的磺酸盐，其性能还不能导致 β 质子消除和使 β-醚键断裂的程度。

α-碳位上的正碳中心虽可磺化，但也可以缩合。一旦缩合就不能再磺化了，同样，如果磺化在先，可以避免缩合。因此此法蒸煮反应应尽量抑制缩合的可能性。在到达高温反应前十分强调蒸煮液的渗透，让蒸煮液成分充分布满于原料中，是减少缩合的做法。

甲氧基在这里是稳定的。

（2）中性和碱性亚硫酸盐法制浆　随着 pH 的升高，中性亚硫酸盐法蒸煮中 α-醚键的断裂，只限于酚型结构单元木素。和酸性比较，虽然中性亚硫酸盐法中有酚型结构中的 β-醚键的断裂，侧链上的磺化，部分甲氧基的脱除，但只是局限于酚型结构，因而脱木素的能力还是比酸性亚硫酸盐要低得多。

碱性亚硫酸盐法具有很弱的亚硫酸盐法蒸煮中的 α-磺化作用（只限酚型）和烧碱法蒸煮中的反应，从木素化学的观点上看，碱性亚硫酸盐法蒸煮是有吸引力的，它兼有两种方法制浆脱木素的特点，但程度都比较弱势，因而整体脱木素的能力较弱。

（四）木素在漂白中的反应

从反应机理讲，木素在漂白中的反应主要是属于亲电取代、氧化和还原反应。

1. 氯化反应

（1）苯环上的亲电取代反应　木素苯环上存在的 $-OCH_3$、$-OH$ 是邻、对位定位基，因此，氯的亲电取代往往发生在苯环的 C_5 和 C_6 上，形成氯化木素，如式 2-10 所示。

（2）侧链上的亲电取代反应　主要是发生在木素苯环羟基对位的碳原子 C_1 上。亲电取代的结果是取代了脂肪族侧链，导致苯环与侧链断开，使木素大分子碎片化。如式 2-11 所示。

式 2-10　苯环上氯的亲电取代反应

式 2-11　木素结构单元侧链的亲电取代反应

（3）侧链降解产物的再氧化　上述被亲电取代而置换出来的侧链会进一步受到氧化而形成相应的羧酸，如式 2-12 所示。

式 2-12　侧链降解产物再氧化

（4）苯环的氧化裂解　苯环的氧化裂解主要是生成醌型结构，小部分进一步被氧化为二羧酸衍生物，如式2-13所示。氧化生成的邻醌是一种发色基团，使纸浆呈橙红色，它不易溶于水，经热碱液处理后转变为羟氯醌结构，而易溶于水中。这是多段漂白中CE组合漂白的基本原理。

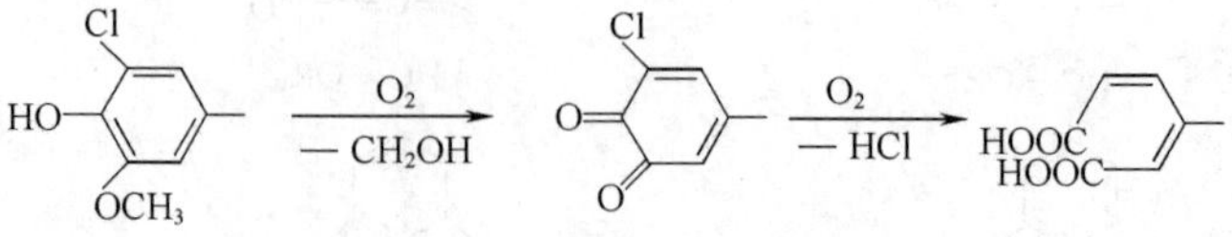

式2-13　苯环上的氧化裂解

2. 次氯酸盐漂白中木素的反应

木素和次氯酸盐的反应，开始是氯的亲电取代，继而是氧化裂解。其反应如式2-14所示。

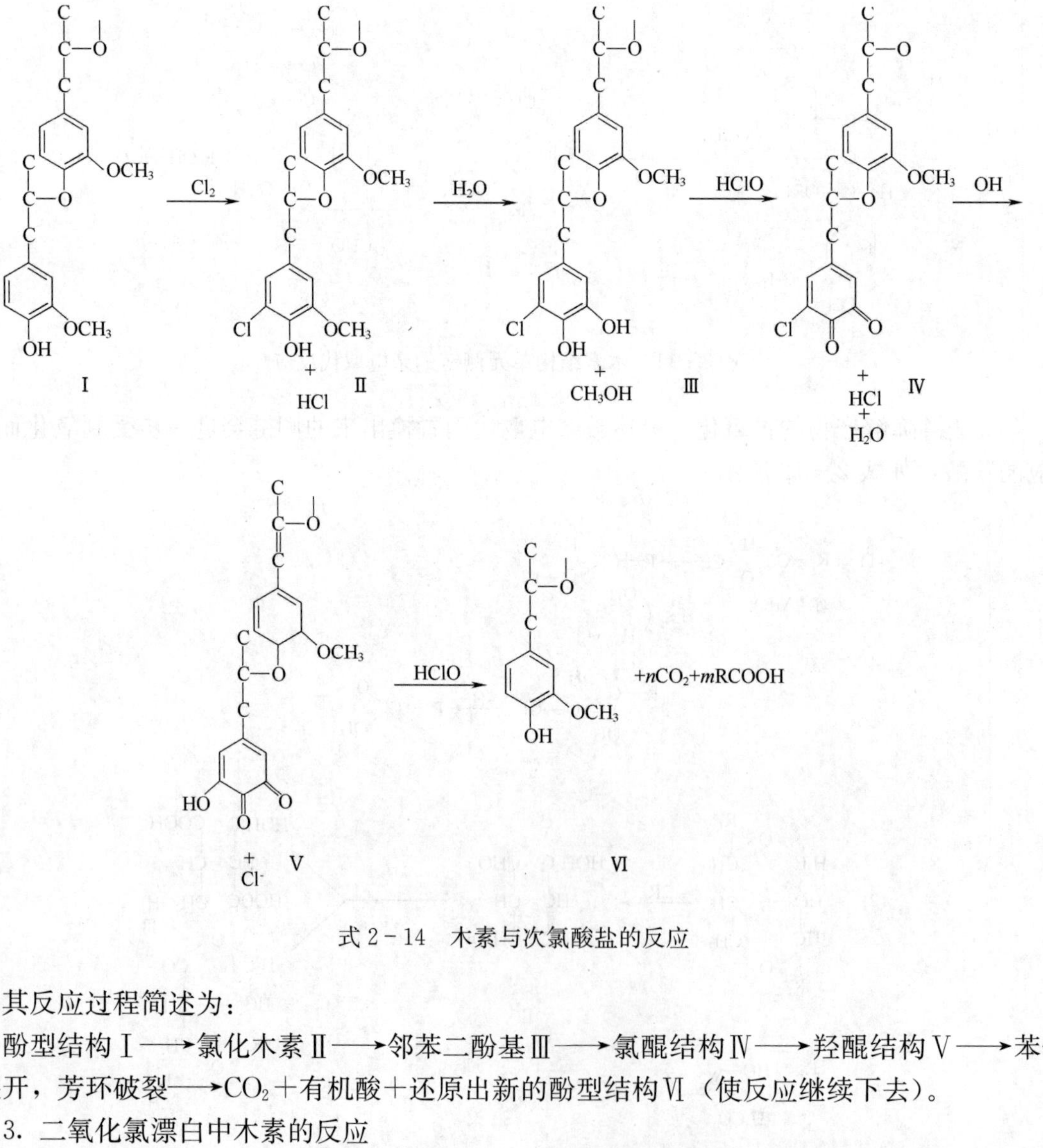

式2-14　木素与次氯酸盐的反应

其反应过程简述为：

酚型结构Ⅰ──→氯化木素Ⅱ──→邻苯二酚基Ⅲ──→氯醌结构Ⅳ──→羟醌结构Ⅴ──→苯-醚键裂开，芳环破裂──→CO_2＋有机酸＋还原出新的酚型结构Ⅵ（使反应继续下去）。

3. 二氧化氯漂白中木素的反应

从化学反应特性上看，二氧化氯和饱和脂肪族化合物很难起反应，但对不饱和的脂肪族化合物则很易起反应。因此它能够选择性的氧化木素和色素并将它除去，而对碳水化合物却很少损伤，所以它漂白的白度高且浆的强度也高。

木素和二氧化氯反应过程，用模型物的分析结果，得到如下要点：

①在二氧化氯的氧化下，苯环成为苯醌结构，苯醌进一步氧化，裂解为二氧化碳和有机酸。

②苯环受氧化而断开。

③脱甲氧基，并形成新的酚羟基，进一步被氧化成醌。

④有氯的亲电取代作用。

上述反应特征，可归纳为式 2 - 15 所示。

式 2 - 15　二氧化氯和木素反应示意图

4. 过氧化物和木素的反应

过氧化物漂白剂主要有 H_2O_2 和 Na_2O_2，还有处于实验研究中的过乙酸等。这些过氧化物和木素反应，具有一个相同的特点：氧化木素时，并不改变其分子结构的骨架，只和发色基团如 α、β - 醛、酮基等起氧化反应而使之脱色。因此，这类漂白常常被用于高得率浆或机械浆的漂白，可使浆得率基本不下降，保持了浆的基本特性。

漂白的主要反应归纳如式 2 - 16 所示。

5. 还原漂白剂和木素的反应

还原漂白剂主要有连二亚硫酸盐和硼氢酸钠，反应时它们都能释放出 H^+，将木素中的有色基团还原成无色或低色结构，如将醌基还原为氢醌，将 α、β 之不饱和的醛或酮基还原为醇基，而苯环和大分子骨架结构并无破坏。

式 2 - 16　过氧化物和木素的主要反应

6. 氧漂白、臭氧漂白中木素的反应

（1）氧漂白　主要是对酚型结构在碱性介质下形成的阴离子形式的结构起氧化作用，生成一种过氧化物的中间体，再氧化使木素裂解溶出。

氧漂脱木素选择性差，因此要加保护剂（$MgCO_3$ 等）将碳水化合物保护起来，以防浆黏度下降。

（2）臭氧漂白　臭氧漂白对纤维素、木素的氧化无选择性。木素结构破坏的同时，纸浆黏度下降，但几乎不影响成纸强度。这是因为臭氧对纤维表面的改性作用给浆中引入了大量的亲水基团，使纤维润胀，加之木素的溶出，整饰纤维表面，出现许多细小纤维素，客观上起到"化学打浆"的效果。因此，臭氧漂白对高得率浆和机械浆有增强作用。

臭氧和木素反应时，臭氧（O_3）作为两性离子（O^+—O—O^-）参与反应，但主要是亲电反应，有选择性地分解发色基团，对醌型结构不发生作用。所以单纯从漂白作用看，臭氧能力不大。

臭氧和木素的反应，主要为：苯环的开环反应；和不饱和键反应，生成 H_2O_2，这是臭氧能够提高浆白度的主要原因；使 β-醚键断开，侧链断裂的反应。

第二节　纤　维　素

纤维素是造纸所选用植物原料中的主要成分，其含量越高越好，它是植物原料细胞壁中主要的组成成分，是蒸煮和漂白中应极力保护的部分。

一、纤维素的分离和测定

从木材或其他植物原料中提取纤维素，必须考虑尽可能除去半纤维素和木素，并使纤维素尽量维持天然状态和高的提取率，常用的方法有两类。

1. 自植物原料分离纤维素的方法

这类方法有 Cross 和 Bevan 提出的克贝纤维素和硝酸-乙醇纤维素等。

2. 从综纤维素中分离纤维素的方法

从得到的综纤维素中再用碱抽提，得到纤维素。

二、纤维素的化学结构

1. 纤维素大分子的基本结构单元

纤维素结构单元的分子式是 $C_6H_{10}O_5$（失水葡萄糖基），且已经证明是 β-D 葡萄糖基（或称 D-吡喃环葡萄糖基），相对分子质量是 162。

葡萄糖基结构式如式 2-17 中（1），式中 6 个碳原子的标记号为 C_1～C_6。（1）是开链式，在水溶液中常成为环状结构（2），环状结构又常用哈瓦式（3）表示，哈瓦式（3）是书面表达最常见的方式。

式 2-17　β-D 葡萄糖基

2. 单元之间的化学键

纤维素大分子是由 β-D 葡萄糖基以 1-4 糖甙键连接而成的链状高分子化合物，其分子式为 $(C_6H_{10}O_5)_n$，n 为聚合度，通常聚合度用 DP 表示。

3. 纤维素分子中的官能基

纤维素分子中每个结构单元中有 3 个羟基，C_2、C_3 的为仲醇羟基，而 C_6 上的为伯醇羟基。这些羟基可以进行氧化、酯化、醚化等反应，视氧化程度可成为醛、酮和羧酸。分子间的羟基还可形成氢键，这是成纸结合力的主要方面，这些羟基又是纸张易吸水渗透的原因。

纤维素分子上的两个末端基，其性质是不同的。如式 2 - 18 中的三糖结构，左端的 C_4 仲醇羟基，而右端 C_1 上的羟基会因环式结构变为链式结构时成为醛基，具还原性，称之为还原性末端基，因此纤维素分子具有方向性。

式 2 - 18　纤维素二、三糖结构

三、纤维素的分子质量和聚合度

1. 分子质量和聚合度

纤维素的分子式为 $(C_6H_{10}O_5)_n$，纤维素相对分子质量为 $162DP$（聚合度）。目前测出的平均聚合度为 $1000\sim15000$，相应的相对分子质量为 $162000\sim2430000$。上限为棉、麻等天然纤维素的聚合度，木材的平均聚合度约为 5000，蔗渣约为 3000，有的更低。

2. 纤维素的多分散性

纤维素大分子链虽然是由均一糖基聚合而成，但其聚合度却不同，链分子有长有短，这种现象称为纤维素的多分散性。纤维素的多分散性对反应性能和纤维强度有一定影响。纤维素的多分散性主要表现在两个方面，第一，不同原料的聚合度不同；第二，同一种原料中，聚合度也有大有小。

3. 纤维素的聚合度及均一性对纤维、纸张性质的影响

（1）聚合度的影响　纤维素溶液的黏度与分子质量成正比，即在样品浓度一定时，聚合度越高则溶液黏度越大。

聚合度对纤维强度的影响，聚合度降至 800 以前，纤维的强度下降较少，没多大影响；但当聚合度降至 700 以下时，纤维强度迅速下降，降至 200 以下时，纤维几乎成粉末，失去本身强度和不具纤维特性。

一般的化学浆，经过蒸煮或漂白处理后，木材纤维的聚合度降至约 1000，而草浆可能会低些。因此，在制浆过程中，应尽量减少纤维素的降解作用，以保持纤维的强度。

聚合度对成纸的影响，通过对同一浆种、同一打浆度，但不同聚合度（400～1400）条件下抄造的纸页，测定其撕裂度、耐折度、裂断长、耐破度等强度指标，发现随聚合度升高，这些强度指标均升高。由此可得出这样的结论：纤维素聚合度大，则纤维的强度大，所抄造的纸张强度也大。

（2）均一性的影响　均一性与纤维的多分散性是相反的概念，均一性有助提高纤维的强度，但对制浆造纸生产来说，一般不对纤维素分子的多分散性加以控制，因为纤维在客观多分散性状态下，它的强度已经足够。

四、纤维素间氢键结合与纤维素超分子结构

纤维素的聚集状态，即纤维素链分子在纤维细胞壁中定向排列的状态，称之为纤维素的超分子结构。它包括纤维素的结晶度、晶区大小、结晶单元沿纤维轴的走向等。纤维素的超分子结构对纤维的机械性质和化学性质有很大的影响。

如前所述，纤维素大分子是以 $\beta-D$ 葡萄糖基以 $1-4$ 甙键连接而成的链状分子，这个分子沿轴是对称的，每个糖基在 2、3、6 碳位上都有 3 个游离羟基。由于羟基是极性基，当相邻分子间羟基中的氢和氧原子之间的距离足够近，达到小于 0.3nm 时，就可以形成氢键。如图 2-1 所示。

氢键的能量虽然远比主价键低，但纤维素是高分子直链状化合物，沿轴有大量的游离羟基，所形成氢键的数量巨大，因此它的能量是相当大的，甚至超过主价键的能量，这两种键力就是构成纤维素链分子强度和纤维素聚集物强度的主要方面。

纤维素的超分子结构就是由结晶区和无定形区交错组成的二相体系结构。由于纤维素链分子很长，约 5000～7500nm，虽有折叠情况，但一个纤维素链分子仍可以穿过若干结晶区和无定形区，二区的比例以及结晶的完整程度，在以结晶区为主的前提下，随纤维种类而异。一般来说，结晶度越大，纤维的强度、化学稳定性越高，延伸性、吸水性、韧性和对染料的吸收能力越差。天然纤维的单位晶胞结构见图 2-2。

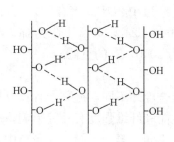

图 2-1　纤维素分子间的氢键

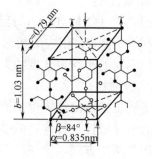

图 2-2　天然纤维素单位晶胞结构

五、纤维素的物理性质和物理化学性质

1. 纤维素的相对密度、比热容

纤维素的相对密度为 1.50～1.56，但天然棉花纤维素相对密度只有 0.78～1.05。这是因为纤维中有很多微孔隙，含有空气，故密度较小。

纤维素比热容为 $(1.34～1.38)\times10^3 J/(kg\cdot K)$。纸浆中杂质越多，比热容就越大。

2. 电学性质

纤维素的导电性非常小，故可用做绝缘材料，但纸的绝缘性能与水分和灰分的含量有关。天然纤维素（如棉花）或工业纸浆都含有少量羧基（糖醛酸），不同的纤维素材料含有不同的羧基，其来源除了天然存在外，部分是纤维素在制浆过程中形成的，羧基在水中离解而使纤维素具有负电性。另一种观点认为纤维素分子中的羟基具有吸附负离子的正价剩余力，因此在溶液中吸附了负离子而带负电，这是纤维素带负电的原因。

纤维素带负电，导致植物纤维表面带负电，因此在水中会吸附一层正离子。由于热运动，随着距离界面的远近，正离子有一定的浓度分布，如图 2-3 所示。纤维表面的这种电化学性质对造纸过程中的施胶、加填、染色，以及其他化学添加剂和网部的留着有很大指导的作用。

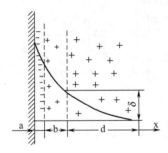

图 2-3　双电层导电离子分布示意图

a—吸附层内层　b—吸附层外层　d—扩展层

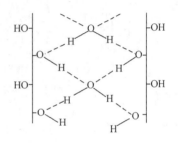

图 2-4　纤维素与水分子之间的氢键

3. 机械性质

就单根纤维来说，它的机械性质与纤维素的聚合度和定向程度等有关。纤维素会受到热降解和机械降解作用。热降解导致纤维素聚合度下降，最后成木炭和挥发性气体产品。机械降解是指受到磨碎或强烈的机械剪切等作用。这两个降解作用会导致纤维素的破坏和纤维强度下降，在制浆造纸过程中主要表现在原料切片、打浆和纸页的烘干干燥上。

纸张的强度，与纤维强度有关，但更主要的是取决于纤维间结合力的大小。

4. 物理化学性质

（1）纤维素纤维的吸湿与解吸　纤维素分子的每个葡萄糖基上的 3 个羟基都是极性基，对可及的极性溶剂或溶液有强的吸引力。水分子是一种极性分子，因此在水分子可及的表面、无定形区内游离的未形成氢键的羟基都能和水分子以氢键的力互相作用，如图 2-4 所示。凡与纤维素（及半纤维素）有氢键结合的水，称为结合水。如把纤维浸泡于水中，纤维的胞腔和各孔隙中可吸收纤维本身质量 $200\% \sim 300\%$ 的水，这部分水只是存在于微孔隙结构和细胞腔中，与纤维素分子并无氢键结合，称为游离水。纤维在水中的润胀不能进入结晶区内。

将吸湿的纤维素进行解吸，发现解吸时会出现滞后现象，就是说在任何一相对湿度下，解吸时水含量比吸湿时的水含量稍高。这种现象由于纤维素与水分子之间的氢键不能全部可逆地打开，这也说明除去游离水，阻力小一些，但要除去结合水，阻力大一些。

（2）纤维的润胀与溶解　纤维素纤维的润胀分有限润胀和无限润胀。有限润胀有两种情形：①结晶区间的润胀。②结晶区内的润胀。无限润胀是指润胀剂可以达到纤维素纤维内的任何区域，润胀剂无限量侵入，最后的结果就是溶解，最终成为溶液。润胀和溶解在造纸打浆、钢纸制造、仿羊皮纸制造、丝光纱和丝光布制造中都得到广泛应用。

六、纤维素的化学性质

纤维素的化学活性主要表现在 C_2、C_3、C_6 上的 3 个羟基、葡萄糖基之间的连接甙键以及还原性末端基上。其次结晶区和无定形区的存在情况，也有一定的影响作用。

（一）纤维素的降解反应

降解反应使纤维素的聚合度下降，导致纤维强度下降和得率下降。因此，在制浆过程中应极力避免纤维素的降解反应。

纤维素在制浆造纸过程中主要的降解反应如下：

1. 酸性水解

酸性水解发生在酸性条件和较高的温度下，如在酸法蒸煮中。酸性水解主要发生在（无定形区中）糖基之间连接的糖甙键上，其反应如式 2-19 所示。

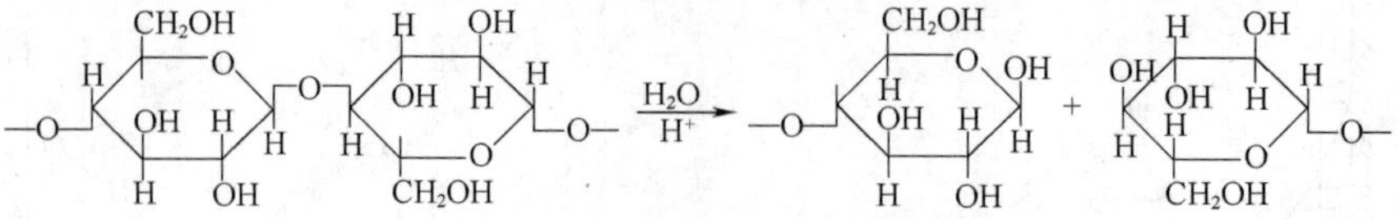

式 2-19　纤维素酸性水解反应

　　酸性水解后，聚合度下降，溶解度增大，使得率降低；强度下降；还原性末端基数目增大，还原性增大。

　　2. 碱性降解

　　与在酸液中相比，葡萄糖甙键在碱液中要稳定得多，但在高温和碱液浓度较高时，也会对纤维素产生降解作用，主要为：

　　(1) 剥皮反应　所谓剥皮反应，是指在碱的影响下，纤维素具有还原性末端基的葡萄糖会一个一个脱落下来，直到发生终止反应。剥皮反应和终止反应如式 2-20 所示。

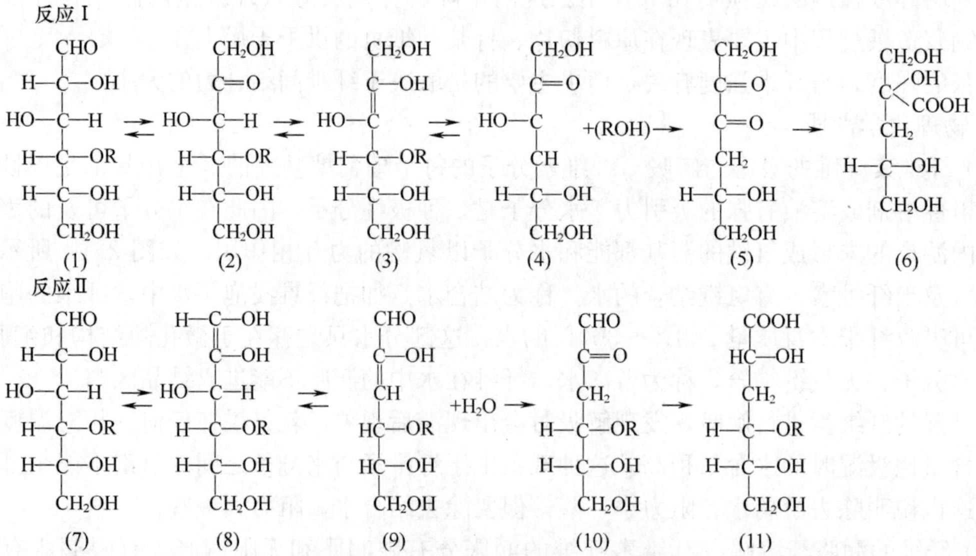

反应 I

（1）　　　（2）　　　（3）　　　（4）　　　（5）　　　（6）

反应 II

（7）　　　（8）　　　（9）　　　（10）　　　（11）

式 2-20　纤维素的碱性降解反应

反应 I—剥皮反应；反应 II—终止反应（R 为纤维素链分子）

　　上述反应过程中，（3）→（4）β-分裂，导致糖基甙键打开，这样脱下一个端部糖基，此称剥皮。剥皮后的纤维素分子仍具有还原性末端基（式 2-21），会继续发生剥皮反应。

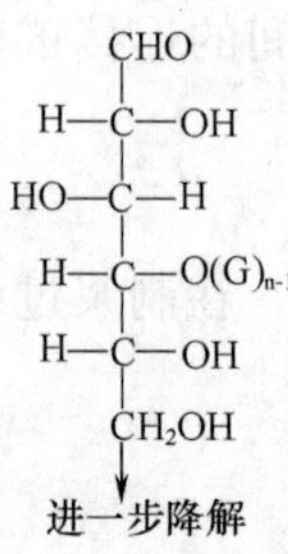

　　若反应如（7）→（11），至（11）酮式加水，生成二醇后分子重排，最后成为偏变糖酸，纤维素分子中已不具有还原性末端基，因而不会再发生剥皮反应，故称终止反应。剥皮反应和终止反应的速度是不相同的，前者较后者大，所以碱法蒸煮中易发生剥皮反应，大致单根纤维素链分子要损失 50 个糖基左右，才会出现终止反应。剥皮反应不但使浆得率下降，强度降低，而且生成的有机酸大量地消耗碱液，所以应尽量避免和抑制，比如添加某些蒸煮助剂，保护还原性末端基，避免或减轻剥皮反应。

进一步降解

式 2-21　含还原性末端基的纤维素分子

（2）**碱性水解** 碱性水解的机理和下述的氧化降解作用相似，主要是通过 β-烷氧基消除反应而使甙键断开。碱性水解不仅直接造成聚合度下降和使水解生成的碎链分子溶出，而且生成新的还原性末端基会加速剥皮反应。因此，在蒸煮后期温度高，木素已基本脱除的情况下，应注意防止碱性水解。

3. 氧化降解

与上述两种降解不同，氧化降解主要发生在氧化漂白过程中。氧化主要发生在 C_2、C_3、C_6 和还原性末端基 C_1 上，式 2-22 中是氧化使甙键的断裂，从而降低聚合度，另一种情况则是氧化成糖酸，影响 pH。

式 2-22 甙键的氧化裂开（R—纤维素，P—氧化产物）

4. 微生物降解

纤维素受微生物的作用后，会引起降解，使纤维素的聚合度下降。引起纤维素降解最有效的酶是纤维素酶，它能使 1-4 甙键断裂，使木材、棉花和纸的纤维素降解。

5. 热降解

纤维素的热降解就是纤维素在受热（升高温度）的作用时产生的聚合度下降，严重时还产生分解，甚至发生碳化和石墨化反应。通常认为在 150℃纤维素糖基开始脱水，240℃以上时甙键断裂，400℃以上时发生石墨化反应。

（二）纤维素的还原反应

纤维素的还原反应是指已经受到一定氧化作用而形成的醛糖或酮糖，在还原剂的作用下，还原为醇的结构。在还原漂白中，木素会受到还原作用而退色。纤维素也会受到这种还原作用。

（三）纤维素的酯化和醚化

酯化和醚化发生在纤维素分子的 3 个醇羟基上，通过酯化和醚化，可以改变纤维素的性质，从而能制造出许多有价值的纤维素衍生物。

1. 纤维素酯化

（1）**纤维素黄酸酯** 纤维素与 CS_2 作用，在碱溶液中变成纤维素黄酸酯的钠盐，溶于稀碱液中制成黏胶液，通过喷丝成为人造丝，如果是喷膜则成为玻璃纸。

（2）**纤维素的醋酸酯** 纤维素的醋酸酯是用醋酸酐与纤维素作用并加入硫酸作催化剂而制得的。低酯化度和中等酯化度的纤维素醋酸酯，用作喷漆、塑料和人造纤维。酯化度高的用作电影胶片。

（3）**纤维素的硝酸酯** 纤维素的硝酸酯，是用浓硝酸和浓硫酸的混合液与纤维素作用而得，高聚合度和高酯化度的纤维素硝酸酯，即硝化火棉用作炸药。中等聚合度和中等酯化度的，用作薄膜和人造漆。中等聚合度、低酯化度的，用作塑料。纤维素硝酸酯易燃，不适于用作电影胶片。但它易溶于丙酮、醚等有机溶剂中，可用喷漆及各种水剂包装的封瓶之用。

2. 纤维素的醚化

纤维素的醇羟基与烷基卤化物或其他醚化剂在碱性条件下起醚化反应，生成相应的纤维素醚。如甲基纤维素与乙基纤维素可用作塑料、清漆、涂料、胶黏剂和胶料等的原料。

工业上常用的另一种纤维素醚是羧甲基纤维素（简称 CMC），它是由一氯乙酸与碱纤维素作用而得。

（四）纤维素的化学改性

纤维素的化学改性主要是通过纤维素上的羟基，特别是具有乙二醇结构的羟基的交联与接枝共聚反应。纸浆或纸中纤维素接枝共聚后，由于纤维素大分子结构有了改变，羟基变少，增加了合成高分子的枝链，因此，使它的物理性质和化学性质有了很大改善。因此，纤维素通过化学改性，可取得更广泛的应用。

1. 纤维素的接枝共聚

纤维素接枝共聚使纤维素改性，其范围很广，包括增强（湿强与干强）、防火耐燃、抗热、导电性、电绝缘性、耐微生物、耐磨、耐酸、染料吸收等。在一般纸浆中加入部分接枝共聚的纸浆，可大大改良纸浆性能，如加入部分用丙烯酰胺接枝的棉绒浆或亚硫酸盐浆，可大大改善高得率浆的机械性能。

2. 纤维素的交联

纤维素的交联是对纤维素的一种重要改性，通过交联反应，可用于提高纸板的挺度和防潮性，也可以增加纸和纸板的裂断长、耐破度和形稳性等。例如脲甲醛是一种造纸湿强剂，它是通过和纸中的纤维素的交联起增强作用的。

第三节　半　纤　维　素

一、半纤维素的分离与测定

1. 半纤维素的分离

半纤维素存在于各种植物原料中，由于半纤维素与木素之间有化学键连接，此复合体简称 L.C.C.，与纤维素虽没化学键连接，但结合紧密，性质近似，所以半纤维素的分离是比较复杂的。

分离提取半纤维素有两种方法，一是直接抽提法，二是制成综纤维素后再提取。直接抽提法适用于阔叶木和草类原料，不适用于针叶木。直接法所得的半纤维素量少，且杂质也多，给提纯工作增加困难。因此，大多数是制备综纤维素，再从综纤维素中抽提半纤维素。

2. 半纤维素的测定

对半纤维素的测定研究，自 20 世纪 60 年代以来，所用方法日趋完善。现在除用部分水解法、高碘酸盐氧化法及甲基化法外，又增加了 Smith 降解法，并且用色谱和质谱联用鉴定技术等。

二、半纤维素的化学结构

1. 结构单元

一般认为半纤维素的结构单元有如式 2-23 所示的 6 种。

(1) α-D-木糖
(2) α-D-葡萄糖醛酸
(3) L-阿拉伯糖
(4) α-D-葡萄糖
(5) α-D-甘露糖
(6) α-D-分解乳糖

式2-23　半纤维素的结构单元

从式2-23可以看出，半纤维素结构单元有六碳糖基，也有五碳糖基。

2. 单元之间的化学键

半纤维素和纤维素相似，也是链状分子结构，但链较短，且有支链，形如"┯┬┴┴"。支链的数量用分支度表示，分支度的高低对半纤维素的物理和化学性质有很大的影响。例如在相同条件下用相同的溶剂，同一类半纤维素，分支度高的溶解度较大。

单元之间的化学键和纤维素一样也是甙键。但通常主键是1-4甙键，个别是1-3甙键，而支链可以是1-2、1-3、1-6甙键。每个半纤维素分子含有两个或两个以上不同的糖基，因此半纤维素是由两个或两个以上结构单元以1-4等甙键组成的复合多糖。

3. 半纤维素的命名

主要有两种方法：

第一种，将所有的不均一聚糖基都列出，支链糖基在前，主链糖基在后，并在最前面加"聚"字，以下式为例，这半纤维素可称为聚C糖-A糖-B糖。

$$（C）支链$$
$$|$$
$$—（A）—（A）—（B）—（B）—\quad……主链$$

这种命名比较全面，目前应用较广。

第二种，用"聚"字为首，后加主链糖基名称，支链的糖基不予写上。这种方法简单但有点含糊。

4. 半纤维素的分类

从上述可知，半纤维素的糖基不均一，因此它是一群物质的总称。一种植物中半纤维素有多种结构，不同原料的差异更大。半纤维素可大致分为2类。常见的有以下几种结构：

（1）聚戊糖　以木糖为线状分子的主链，其他的单糖基、糖醛酸，甚至乙酰基以支链形式存在，聚戊糖中的戊即"五碳"的意思。

如聚4-氧-甲基糖醛酸-木糖（如式2-24所示）、聚4-O-甲基葡萄糖醛酸-阿拉伯糖-木糖。

（2）聚己糖　这是一类以六碳糖基为主链组成的半纤维素，己在这里是"六碳"的意思。

如聚葡萄糖-甘露糖、聚分解乳糖-甘露糖等。

（3）聚阿拉伯分解乳糖　主链是分解乳糖，以1-3β甙键连接。支链上阿拉伯糖和分解乳糖与主链以1-6β甙键连接。支链上的阿拉伯糖之间则以1-3β甙键连接。其聚合度在200～600，但由于具有高度的分支，易溶于水中，仅在落叶松中发现有较大的含量。

式 2-24　聚 4-O-甲基葡萄糖醛酸木糖分子结构式

5. 各类原料半纤维素比较

一般来讲，针叶木半纤维素的平均含量为 20%，阔叶木为 20%～30%，草类原料为 20%～30%，草类和阔叶木半纤维素的含量比较高。半纤维素的组成情况，各类原料也是不同的，针叶木中半纤维素主要是聚甘露糖类；阔叶木主要是聚木糖类；草类也是聚木糖类，但其支链与阔叶木的情况有所不同，而且不同植物中半纤维素分子的特性也不同。

三、半纤维素的物理性质

1. 溶解度

半纤维素中有一小部分易溶于水，大部分不溶于水。一般情况下，聚合度越低，分支度越大的越易溶于水。某些半纤维素易溶于碱液中，而某些则易溶于酸液中。

2. 聚合度

半纤维素的平均聚合度在 200 左右，一般分布在 100～300，比纤维素的小得多，并且半纤维素有支链，这是半纤维素和纤维素的主要区别。

四、半纤维素的化学性质

从半纤维素的组成特征来看，基环间的连接是甙键，含还原性末端基，基环上也具有羟基，因此，与纤维素相似，易发生酸性水解、剥皮反应，也可以进行氧化、还原、酯化和醚化等反应。由于半纤维素的聚合度低，且有支链，支链不能形成紧密的结合，而使无定形区增大，试剂可及度增大，因而溶解度、化学活性、化学反应速度都比纤维素大。

半纤维素中存在着多种组成和结构，其化学性质也存在着一定的差异，因而不同的制浆方法浆中残留的半纤维素的组成也不同。例如，葡萄糖醛酸抗酸水解但易碱裂解，因而在酸法制浆中残留有较多的葡萄糖醛酸，而碱法浆中则没有。相反，五碳环的阿拉伯糖易被酸水解，因而酸法浆中残留的半纤维素中没有阿拉伯糖，而碱法浆中却存在。甙键在酸中易水解，所以酸法浆中残留的半纤维素比碱法浆的要低。

浆中残留的半纤维素组成不同，对纸浆性质有不同的影响。酸性亚硫酸法浆比碱法浆易打浆，其原因之一就是因为含有较多的糖醛酸和半纤维素聚合度较低。

五、半纤维素与制浆造纸的关系

从造纸的角度上看，在制浆的过程中应尽量保留纸浆中的半纤维素，这样不仅可以提高浆的得率，而且可以缩短打浆时间，减少打浆电耗，提高成纸的物理强度。半纤维素含量适当提高有利于纤维结合，对提高纸张的裂断长、耐破度和耐折度等有利。

　　另一方面，由于半纤维素上述的性质，使半纤维素含量高的草类原料纸浆的保水值高，滤水性差，给浆料洗涤和网部脱水带来一定的困难；打浆度升得快，会妨碍纤维分丝帚化；成纸的紧度大、透明度大，纸质硬而脆。所以半纤维素含量太高也有不利的一面，半纤维素在增加纤维结合上的积极影响在一定程度上会被纤维本身强度降低的不利因素所降低或抵消。因此从理论上讲，半纤维素含量有一个比较适宜的最佳值。

　　有研究认为作为针叶木半纤维素主要成分的聚己糖对纸浆打浆性能及纸张性质的影响，比作为阔叶木半纤维素主要成分的聚戊糖的作用更大，这是因为聚甘露糖与聚木糖相比，每个甘露糖基上多了一个羟基。这个多出来的羟基与所有其他的羟基相比，对水具有更大的活性，因此，正是聚甘露糖保证了纤维间的结合强度更大，并认为这是针叶木浆制得的纸张比阔叶木纸浆制得的纸张有较高强度的又一原因。

　　半纤维素的化学性质不如纤维素稳定，长期贮存易受空气中的氧氧化而使纸张返黄。因而需长期保存的纸张，则需用半纤维素含量低，甚至是不含半纤维素的棉麻制造。

　　半纤维素是无定形的，在纸张烘干干燥时易发生角质化，使水和一般溶剂不易达到。因此用烘干的浆板可增加纸的不透明度和松厚度，但结合强度低。这一角质化作用，在废纸制浆中，是使废纸浆强度下降等劣化的原因之一。

　　在制造纤维素衍生物时，如硝化纤维素、人造丝等，半纤维素比纤维素更快地发生化学反应。这不仅增加制造困难，而且也增加化学药品消耗，使成品质量下降，因而必须尽量除去半纤维素，要求 α-纤维素含量大于 90%，这种情况常采用亚硫酸盐法或预水解硫酸盐法制浆。

第三章 备 料

知识要点:

(1) 备料基本概念与原料场的要求。

(2) 木材植物纤维原料的备料工艺技术及设备知识简介。

(3) 稻麦草、芦苇、蔗渣、竹子、棉麻等植物纤维原料的备料工艺技术及设备知识简介。

学习要求:

(1) 掌握备料的基本过程和要求;理解原料贮存的目的和要求。

(2) 掌握木材备料的各种流程,能制定木材备料的工艺参数,会操作各备料设备。

(3) 掌握各种非木材的备料流程,能制定各种非木材的备料工艺参数,会操作各设备。

第一节 概 述

造纸厂的化学制浆过程与其他的化工过程一样,也包含着原料预处理过程、反应过程和反应产物后处理过程等三个基本环节。如图3-1所示,木材"备料"阶段为原料预处理过程,化学蒸煮阶段为反应过程,由初筛开始到漂白、抄造浆板为该制浆过程的反应产物后处理过程。

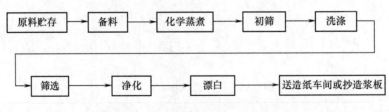

图3-1 典型的木浆生产流程图

一、备料过程的目的与要求

造纸行业的备料指原料预处理过程,包括对植物纤维原料进行必要的贮存和加工,以使原料在质量上和数量上满足制浆造纸生产和产品质量的需要。

备料的基本过程:原料的贮存,原料的加工处理,所得料片的输送和贮存。由于造纸原料品种的不同或产品质量要求的不同,备料的方法不尽相同,但备料工段所应达到的要求是一致的。

1. 储备原料,满足生产连续性的需要

制浆造纸是连续性的生产过程,生产1t纸浆,要耗用2~3t植物纤维原料。而植物纤维原料的生长与收割,大都是有季节性的。木材的砍伐无季节性,但需运输周转时间。

2. 贮存原料,稳定和改进原料质量

原料在适当的条件下贮存,可使原料的水分降低并趋于一致。同时植物纤维原料中含有的果胶、淀粉、蛋白质、脂肪、糖分、单宁、树脂等物质,对造纸是不利的;在贮存期间,由于挥发和自然发酵,这些不利组分含量将下降,使制浆药品消耗降低和产品质量获得改善。

3. 去掉杂质

纤维细胞主要存在于植物的茎秆中（少数原料除外）。木材的树皮、木节，草类的根、叶、穗、节等部位纤维含量较少，杂质较多，这些成分的留存不但过多消耗化学药品和能源，而且影响生产过程和产品质量。例如：木节中的树脂存留浆中，易造成树脂障碍；稻麦草的根、叶、穗和烂草等存留浆中，成纸后在纸中形成黄色斑点；芦苇中的苇膜等会使成纸产生亮点和淡黄点；蔗渣中的髓细胞会使纸强度降低且发脆。另外，原料在收集、运输和贮存过程中也容易混入泥沙等杂质。因此，在原料预处理时，应尽量除去草根、草穗、树皮、木节、污物、腐朽部位等，减少对生产过程和产品质量的影响。

4. 加工造纸原料

为使蒸煮药液渗透均匀或为满足磨解的要求，需将原料切断或削片成为一定规格的料片，并对料片进行净化和筛选，以除去料片中的杂质和不合格部分。

二、原料场的基本要求

贮存原料遵循好料好用的原则，即质量较好的原料用于生产质量较高的纸张。原料需按品种选别分类，在原料场内堆垛贮存。堆垛时，应尽量预先除去根、叶、穗、污物、腐朽部位等。

原料场分为厂内原料场和厂外原料场，厂内原料场的占地面积往往等于或大于生产区的占地面积。大中型厂除设厂内原料场外，一般需在原料产地收购点附近设一个或多个厂外原料场。原料场一般应符合下列基本要求。

（一）防火安全要求

植物纤维原料是可燃物，往往因原料含水分高，堆放时微生物的迅速繁殖而产生发酵，并放出大量的热量而升温自燃；或因雷、电、明火等引起着火。

1. 防止自燃失火

为了避免自燃现象的发生，在原料堆垛之前，必须控制其水分含量。如稻草堆垛时水分不得超过 15%；麦草、芦苇不得超过 20%。水分过高的原料，需在预留场地翻晒，待水分降下后才堆垛。

当草垛水分高发热自燃时，垛顶部外观会有塌陷、低落、变形现象，清晨垛顶会有雾气升起等。此时应及时测垛温或拆垛投入生产，拆垛时要配有消防监护，不能在大风天拆垛，以免扩大事故。

2. 防止雷击失火

为了避免雨天雷击失火，原料场必须具有有效的避雷设施，使各个原料垛置于避雷保护范围。避雷装置与原料堆垛、电气设备、地下电缆等之间的安全距离，要保持在 3m 以上。

此外，原料场需设有充足的消防水源，规定的防火隔离带，及建立严格的防火制度。防火带的宽度视原料种类、贮存量及主导风向而定。大中型草类原料场与生产区之间的防火带宽度为 100～200m，与住宅区之间的防火带宽度应在 200m 以上。原木贮存场的防火带宽度可在 50m 以上。

（二）运输要求

生产 1t 纸，进出原料场地的原料有 2～3t（木材约 3～6m³），原料场的运输量约为全厂总运输量的 50% 以上。因此往来运输通道应尽量减少交叉，原料堆垛之间要有一定的间距（1.5～5.0m），较大的原料场还应划分为几个垛区，垛区间应留 10～25m 的中间通道作为消防运输主干道，以便于运输、堆垛、拆垛和安全防火。

原料场内运输原料的方式和设备应根据原料场的规模和原料种类来决定。

1. 大型贮木场

一般采用拉木机运送原木，龙门吊或桥式吊车进行原料贮存的堆垛与拆垛；木片贮存场则采用气流输送或胶带运输机输送木片原料。

2. 小型贮木场

贮存的原料多为短原木、枝丫材、板皮、锯材废料和梢头木等，多采用人工运送。

3. 大型草类原料场

草类原料的特点是体积大、重量轻，宜采用有轨运输工具，以节省动力，提高运输效率。原料自火车、船只卸下后用有轨平车装运，柴油机车牵引，运至原料场。原料拆垛后送到备料工段也采用同样的运输方式。

4. 中小型原料场

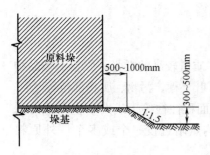

图 3-2　垛基的构造形式

多采用无轨运输，即胶带平板车或斗车装运，拖拉机牵引或人力牵引。

（三）排水通畅

为了防止底层原料霉烂变质，堆放原料的垛基应高于周围地面，垛基四周留有水沟，垛基面层与水沟有适当坡度，以保证排水沟畅通。技术要求如图 3-2 所示。

稻麦草原料常用土垛基、炉渣垛基或毛石垛基，蔗渣原料常用三合土垛基或混凝土垛基，原木常用原木垛基或条石垛基。

（四）通风要求

植物纤维原料在贮存过程中可获得降低水分、均匀水分等作用，良好的通风条件还可使发酵产生的热量容易发散。消防运输主干道和堆垛间距同时起到通风作用，但须注意垛基（堆垛）的长度方向应与常年主导风向成 45°角，如图 3-3 所示。

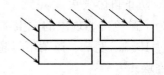

图 3-3　堆垛方向与常年主导风向

（五）照明要求

原料场夜间工作和安全保卫都需要良好的照明，场内照明路线宜架空，最好是埋设电缆或采用照明灯塔。

三、备料常用术语

1. 绝干原料

指不含水分的植物纤维原料。

2. 风干原料

指含一定风干水分的植物纤维原料。如未明确指出风干水分为多少时，习惯上指水分含量为 10% 的植物纤维原料。

原料水分含量的计算式：

$$原料水分 = \frac{烘前原料质量 - 烘后原料质量}{烘前原料质量} \times 100\% \qquad (3-1)$$

3. 切料合格率

$$切料合格率 = \frac{合格料片质量}{料片试样质量} \times 100\% \qquad (3-2)$$

4. 备料损失

$$切料损失率 = \frac{切料尘埃量}{切前原料总质量} \times 100\% \qquad (3-3)$$

$$筛选损失率 = \frac{筛出尘埃量}{筛前原料总质量} \times 100\% \qquad (3-4)$$

$$备料损失率 = 切料损失率 + 筛选损失率 \qquad (3-5)$$

第二节　木材的备料

木材作为造纸原料可生产化学浆或机械浆，用于制浆的木材原料很多，如原木、木片、枝丫材、废材（边材、板皮、削头、刨花、锯末）等。树木在林地砍伐之后，一般先去掉树尖和树枝，并锯成一定长度的原木（约6m），有的还剥去外皮，然后运到纸厂。也有将采伐的树木在伐木现场或靠近伐木现场进行全树削片，直接为制浆造纸厂提供木片原料。

一、木材备料流程

经过贮存的木材原料用于生产时，根据制浆的要求，原木在备料工段被加工成为一定长度的木段，或者被切削成为一定规格的木片。备料产生的废料，如树皮、锯末等通常进行热能回收利用。锯末数量大时，也可作为木材原料使用，用于蒸煮制浆。

我国常用的原木备料流程如图3-4所示，图3-5为国外某制浆厂的备木流程。

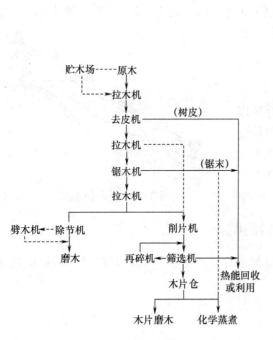

图3-4　备木生产流程示意图

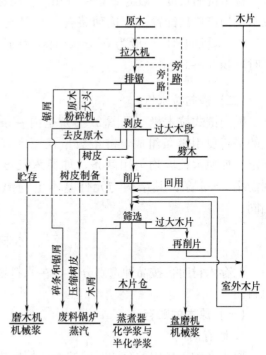

图3-5　备木流程图（加拿大）

二、原木的运送

拉木机是贮木场和备料间的主要运输工具，拉木机的形式有纵向和横向两种。纵向拉木机适用于运送长短不同的原木，也可从水中将原木拉上岸来。横向拉木机多用于运送较长原木。

（一）纵向拉木机

纵向拉木机的形式有环链（见图3-6）、板链和钢丝绳式等3种。环链式拉木机常用于南方，板链式拉木机多用于北方，钢丝绳式拉木机多用于车间外的原木长距离运输。

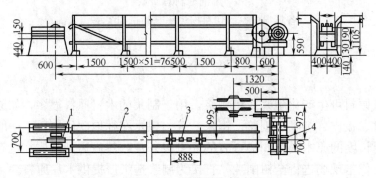

图3-6　环链纵向拉木机

1—尾轮张紧装置　2—机架　3—链齿　4—传动装置

纵向拉木机具有单根或双根链，在链上每隔1.3～1.5m装有凸齿起固定作用，以防止原木与链条相对滑动，使原木顺利前进。该机的链条由电动机通过皮带传动装置和减速器所带动，当链条沿台架向前移动时，即可将原木一根一根地向斜上或水平运送。

拉木机的长度一般为200～250m。若运送原木的距离较长，可采用几台拉木机串联，每台拉木机均应单独配置一套传动装置。升曳安装倾斜角度一般不超过25°～30°（通常为15°左右）。拉木机的速度一般为0.5～1m/s，生产能力为每小时堆积30～50m³。

（二）横向拉木机

横向链式拉木机（见图3-7）是由一条或两条以上的平行曳引链条组成，链条数量视原木直径和长度而定。如原木长度均匀用两条，如原木长度规格不一则需用3～4条，其结构与元件基本上与纵向拉木机相同。

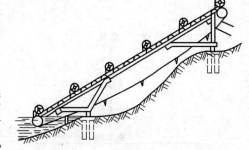

图3-7　横向拉木机

三、木材原料的贮存

贮存木材时，按品种选别分类，在原料场内堆垛贮存，便于生产时以好料好用的原则选用原料。

（一）原木的贮存

1. 贮存时间

原木在贮木场中贮存的时间按原料的性质、种类，产品的质量要求，制浆方法，以及生产规模等决定，一般3～6个月，多则8～10个月，而对质量要求比较严格的化学木浆来说，贮存时间还要长些（10～12个月）。

2. 贮存方式

原木的贮存有水上贮木和地上贮木两种方式。我国南方因气候温暖、潮湿，木材易腐，大都采用水上贮存；而北方因气候干燥，木材不易腐烂，木浆厂大都采用地上贮存。

3. 原木的堆积方法

水上贮木通常有散放、单层木排、双层木排、多层木排、扎捆等方式。地上贮木的原木堆积方法有层列式、平列式与散堆式 3 种。散堆式不利于生产操作，已较少采用。

图 3-8 中（1）为层列式，系将原木纵排和横排交替堆积成垛。其特点是通风良好，木材干燥比较均匀，原木洁净。但实积系数低（0.46～0.52），占地面积大，且堆垛工作效率低。层列式是适合长原木或需长期贮存的原木的堆垛方式。

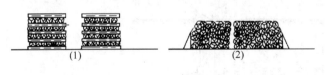

图 3-8 中（2）为平列式，系将原木紧密顺堆成垛。其特点是实积系数高（0.6～0.7），占地面积小。但通风条件差，干燥效率不高，且不均匀。平列式堆垛方式长短木均适合，以短期存放为好。

图 3-8 原木堆垛方式

（二）原木的堆垛机械

1. 龙门起重机

如图 3-9 所示，龙门起重机具有分别向前后伸出的两个悬臂和沿悬臂移动的吊车。木垛在起重机的两个脚架之间，起重机可沿木垛中线在木垛两边的铁轨上移动。起质量 10t，提升高度 15m，门架跨距 11m，此外也有跨距为 18m、32m 或 39m 的。当一个堆垛完成后，可通过调轨台车转到另一对铁轨上，进行另一个木垛的堆垛工作。

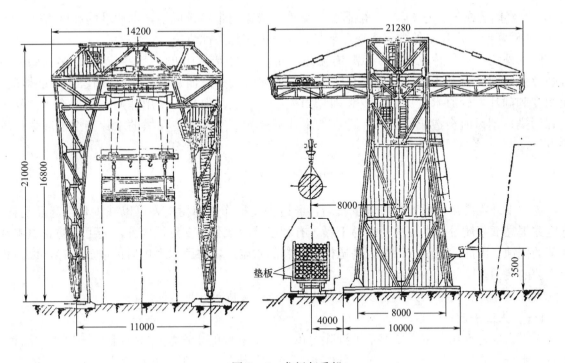

图 3-9 龙门起重机

2. 缆索式堆垛机

如图 3-10 所示，缆索式堆垛机具有两座高塔，其间张有钢丝索。一塔（机械塔）内装有绞车，可以操纵起重机，而另一塔（平衡塔）则可进行张紧缆索。两塔可沿铁轨移动，升降原木的吊车也可沿索移动。缆索堆垛机的起重能力为 5～10t，每小时生产能力可达 150～170 堆积 m^3，堆垛高度达 15m，适于大型企业中平列法堆垛之用。

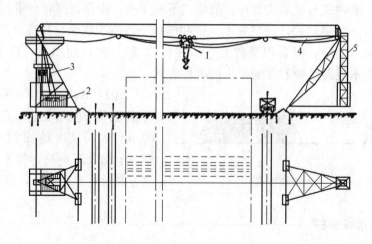

图 3-10　缆索式堆垛机
1—吊车　2—绞车　3—起重机操作室　4—缆索　5—塔架

（三）木片的贮存

20 世纪 50 年代以来，国外的许多浆厂以木片形式贮存木材原料。我国也有一些厂部分使用外购木片。

木片经船运或车运进场后，一般通过气流输送或运输带输送成堆，木片堆的高度可达 20～30m。实践表明，木片室外贮存优缺点参半，需根据实际条件慎选。

使用外购木片代替原木生产纸浆有搬运经济、节约劳动力和减少备料费用、多树脂的原木削片后贮存，有利于树脂分的降低、不致因备料发生事故而影响生产、新伐原木在林场就地剥皮和削片，较原木运厂后剥皮和削片损失小等优点。但是，使用外购木片也有木片易于受到污染、刮风时会造成周围环境污染、木片易变质，容易出现发黑的木片甚至引起燃烧等缺点。

四、去　皮

树皮中纤维含量较低而杂质含量较高，通过去皮操作除掉树皮，可以减少化学药品消耗，稳定并提高纸浆质量。去皮的原木易干燥，有利于减少水分和挥发性成分，还可以防止虫害和细菌的侵蚀。因此我国南方一些以马尾松为原料的木浆厂，将原木去皮后再堆放贮存，以防止蓝变菌的侵蚀。

去皮操作通常可分为人工去皮、机械去皮和化学去皮等 3 种方法。

（一）人工去皮

人工去皮是操作工用去皮刀手工剔除树皮。人工去皮的生产能力主要取决于原木的品种、性质、水分、直径、长短以及工人的熟练程度等，一般每人每班可处理原木 $3～5m^3$，损失率约为 $1\%～4\%$。

人工去皮的特点是，去皮干净，损失率低，但劳动强度大，生产率低，成本高，所以不适于大规模生产，目前多做补充去皮。

（二）原木的机械剥皮

利用机械设备的切削或摩擦作用去掉树皮称为机械剥皮。机械剥皮的设备类型很多，常用于原木剥皮的机械有滚刀式剥皮机、圆筒剥皮机和圆环式剥皮机等。

1. 滚刀式剥皮机

我国东北地区的木浆厂大多采用国产的滚刀式剥皮机，其结构见图 3-11，主要由滚刀剥皮装置和翻楞装置两大部分组成。滚刀剥皮装置有一圆柱型刀辊，在刀辊架上装有两到三把剥皮刀，刀辊安放在可以沿架空轨道移动的活动机架的一端，机架的另一端安放一电动机，通过传动装置带动刀辊转动，机架中部有支点，使电动机和刀辊绕支点摆动并相互平衡。翻楞装置有一对齿型托轮和一对平托轮，两对托轮把原木支托起来。齿型托轮由电动机通过减速器带动转动，当需要翻转原木时，启动电动机经减速器减速，使连接齿型托轮的主轴转动，从而带动原木翻转。

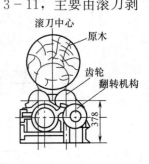

图 3-11　滚刀式剥皮机

滚刀式剥皮机的工作原理是，原木放在翻楞装置上，按下旋转的滚刀接触原木并沿其纵向削除一道树皮，然后翻动原木，再削除一道树皮，这样直至把整根原木的树皮削干净为止。

滚刀式剥皮机适用于处理直径在 150～500mm、长度不超过 4～6m 的各种原木，不分材种、形状、弯曲程度，长短不限，带有大包、大节、大树枝的都适用，原木外朽部分也可削除。该机械劳动强度低，生产率较人工剥皮可提高 1 倍，且结构简单，维修方便，操作简便，应用较好。但剥皮损失率高（高 3%～4% 或更高）。

2. 圆筒剥皮机

圆筒剥皮机是利用摩擦作用去皮，这种摩擦作用可能来自于原木与金属之间，也可能来自于原木与原木之间。圆筒剥皮机又称鼓式剥皮机或剥皮鼓，是木浆厂常用的剥皮机，有连续式和间歇式两种，通常采用的是连续式。连续操作的圆筒剥皮机可分为长原木剥皮机和短原木剥皮机。

短原木剥皮机又称翻滚式圆筒剥皮机，圆筒的直径应大于原木的长度，使原木能够在圆筒内作无规律的任意翻动。该剥皮机适用于弯曲度比较大的原木，和因长度不足而不适宜在长原木剥皮机中剥皮的原木，以及树皮难以剥落的原木。去皮效果好，剥净度可达 98%，且结构简单，管理维修方便。缺点是设备笨重噪声大，占地面积大，原木两端因碰撞损伤后易夹带泥沙而影响纸浆质量。长原木剥皮机又称平行式圆筒剥皮机，原木在圆筒内沿着筒体轴线方向移动，同时绕自身轴线滚动。在相同圆筒容积和转速下，长原木剥皮机较短原木剥皮机的生产能力提高 30%，且原木两端损伤少。连续操作的圆筒剥皮机由圆筒体、滚圈及支承、传动装置、水槽和进出料闸板等组成，如图3-12所示。

圆筒体的内壁沿纵向设置数目不等的断面呈尖角或圆弧等形状的钢梁（称为提升器），使原木随圆筒旋转而提升，如图 3-13 所示。

连续式圆筒剥皮机按操作条件又可分为湿法和干法两类。

3. 圆环式剥皮机

又称旋刀撕裂式剥皮机，如图 3-14 所示。原木的剥皮是逐根进行的，原木从水平方向喂入，垂直方向安装着环形空心转子，在它的内圆周上安装有好几个带有刮铲刀片的支臂（剥皮刀），剥皮刀随着空心转子一起旋转，当原木通过圆环时，对它施加径向和切向的压力。喂料和转子的速度可以变动，以适应原木直径和树皮粘牢度的大范围变化。

（三）枝丫材剥皮

枝丫材剥皮常用的是 LB 型干法连续式滚筒剥皮机，结构类似于圆筒剥皮机，与其不同之处是在筒体内壁装有山形刀来代替半圆形钢条，并设有贯穿筒体中心的中心刀轴装置，刀轴上设有螺旋刀，工作时筒体与刀轴作同向不同速度的转动。

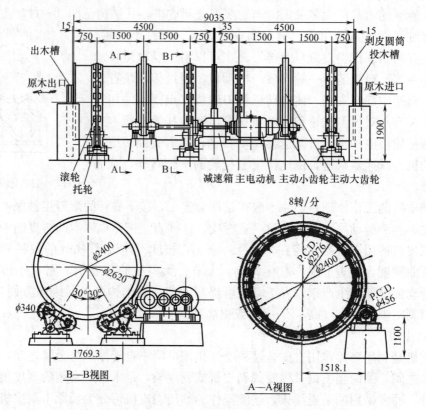

图 3－12　配置托轮的圆筒剥皮机

图 3－13　圆筒体内壁结构

图 3－14　圆环式剥皮机剥皮刀操作简图

LB 型干法连续剥皮机的工作原理是，枝丫材先锯断成 1m 以下的木段，然后投入剥皮机。随着筒体及刀轴的转动，枝丫材在筒体内呈不规则的翻动，当枝丫材随筒体转动到一定高度时，由于重力作用自由落下，这样枝丫材在落下和翻动过程中相互碰撞、摩擦而去皮。筒体内壁的山形刀不仅有助于枝丫材的翻动，也能直接对枝丫材进行有效的剥皮与去朽。剥皮刀刃口对筒体的轴线呈一定的倾斜度，促使枝丫材沿螺旋线方向缓慢移动。

直径为 20～200mm 的枝丫材、小径材和板材均可使用 LB 型干法连续剥皮机，平均剥皮率达 85％以上。这种干法连续剥皮机无污染，生产效率高，为缓解我国木材资源紧张度、扩大枝丫材在造纸业的利用做出了贡献。

（四）化学去皮

利用化学药品处理木材，使其以后便于去皮。方法是：在距地面 1.2m 左右的树干上剥掉一圈树皮，一般规定圈宽于材径相等，在这一圈木材上涂刷 20％～40％的砷酸钾溶液，经过这样处理以后的木材，1～2 周后死去，秋后易于剥皮，如果延至第二年春夏则剥皮更为容易。

上述化学处理方法对于鱼鳞松、铁杉、白杨、桦木等最为有效，但在南方潮湿地区和对其他一些材种，则不适用。

五、锯　木

磨木机一般要求原木长度为 0.6m 或 1.2m，普通削片机要求原木长度为 2.0～2.5m。故需将原木锯成一定长度的木段，此外，大径原木和腐朽木也要锯断，以便于劈木和去朽。

原木的锯断可采用单圆锯或多圆锯。

（一）单圆锯

单圆锯结构较为简单，操作维护方便，一般用于中小型厂和原木长度变动较大的场合。所锯原木直径限制在 400mm 以内。单圆锯有立式与卧式之分，由于卧式单圆锯使用方便，国内应用较多。

卧式单圆锯是将锯片安装在具有平衡锤的机架上，结构如图 3-15 所示。

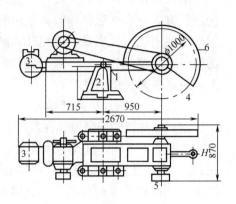

图 3-15　卧式单圆锯
1—摆架　2—支架　3—平衡锤　4—锯片
5—皮带轮　6—罩盖

（二）多圆锯

多圆锯一般用于大型厂，适合长度大致相等的、直径小于 300mm 的原木。多圆锯又称排锯，由 2～6 个锯片和横式拉木机组成，如图 3-16 所示。原木由横式拉木机逐步拖过圆锯片而被锯成数段，拉木机的链条上装有钩齿，使原木在锯木时不致滑动。圆锯片前后交叉地配置在倾斜的拉木机上，各锯片之间的距离相等，这个距离应与所需木段的长度一致。

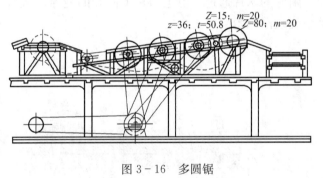

图 3-16　多圆锯

六、除节与劈木

（一）除节

树节较为坚硬且含有较多的树脂等杂质，在磨木时易损害磨石表面。因此送往磨木机的木段如果带有节子，必须先除节才能使用。

通常使用电钻或类似钻床的除节机给原木除节。对小树节可将钻头直接对准树节钻除，对大树节则先沿树节周围钻孔，最后将整个树节敲掉。也有利用小圆锯除节的。

（二）劈木

直径过大的原木，必须劈开后才能送磨木机或削片机。劈木的同时还可除去朽材和树节。

劈木机有立式和卧式两种，常用的为立式，立式劈木机又分为单斧式和双斧式。卧式劈木机则有固定斧子移动原木和固定原木移动斧子两种。

七、削　片

木材原料生产化学浆、化学机械浆或木片机械浆，需要将原木、枝丫材和板皮等削成木片。为使纸浆质量均匀，要求削出的木片均整度高，尽量减少大片和碎末。木片的规格与浆种有关，一般为：长度 15～25mm，厚度 3～7mm，宽度 5～20mm，木片合格率在 90％以上。

（一）削片机的种类

削片机按结构型式一般可分为盘式削片机（或圆盘削片机）、鼓式削片机和螺旋削片机等。按进料方式分水平进料和倾斜进料两种型式；按安装型式又可分为固定式和移动式两类。盘式削片机削出的木片质量一般比鼓式削片机好，所以造纸业一般采用盘式削片机，但盘式削片机的原料适应范围较小，一般只能切削通直的大径规格材。鼓式削片机的切削刀装在圆柱形鼓上，对木料品种适应性广。

（二）盘式削片机的结构

盘式削片机的切削刀装在圆盘上，是制浆造纸厂常采用的形式。用于原木削片时，根据圆盘上刀片的数目不同，盘式削片机又分为普通圆盘削片机（4～6 把刀）和多刀圆盘削片机（8～12 把刀）。由于普通圆盘削片机和多刀圆盘削片机的喂料部分结构及刀盘基本结构是相同的，故以下分别按照普通圆盘削片机、多刀圆盘削片机、喂料部分结构及刀盘基本结构加以介绍。

1. 普通圆盘削片机（简称普通削片机或盘式削片机）

盘式削片机由刀盘、机壳、喂料槽（俗称喂料虎口）以及传动装置等部分组成。盘式削片机结构如图 3－17 所示。

刀盘 1 和传动皮带轮 2 同装在主轴 3 上，主轴支承在 3 个轴承 4 上，刀盘的边缘装有风叶 5。工作时，电动机通过皮带轮带动主轴和刀盘回转，利用刀盘上的刀片与喂料虎口的底刀、旁刀产生的切削作用，将喂进的原木切削成木片。削好的木片通过刀盘上刀片下面开的缝隙，从另一面落下，然后由风叶推动从风管吹出，送至旋风筒除尘。

圆盘削片机刀盘结构如图 3－18 所示。

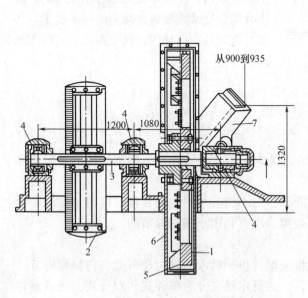

图 3－17　普通圆盘削片机结构示意图

1—刀盘　2—传动轮　3—主轴　4—轴承

5—风叶　6—外壳　7—喂料槽

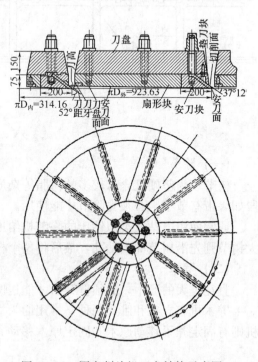

图 3－18　圆盘削片机刀盘结构示意图

2. 多刀圆盘削片机（简称多刀削片机）

多刀削片机的刀片数为8～12片，刀的安装方式不像普通削片机装在盘面上，而是装在刀盘的缝隙里面，如图3-19所示。采用下卸料，即切削下来的木片通过刀盘缝隙，进入刀盘的另一面，自由落在运输机上。因此刀盘边缘不需要风叶，切削的木片借本身的重力，由刀盘外壳下部卸料口卸出，然后由皮带运输机或斗式提升机送至筛洗系统。下卸料可以避免木片被风叶击碎而增加筛选损失。

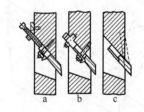

图3-19 多刀圆盘削片机刀片在刀盘上安装方式

多刀削片机可以实现连续切削，消除了木材在虎口中的跳动现象，降低了碎片和大片的生成率，提高了木片的合格率。

3. 盘式削片机的喂料部分

盘式削片机的喂料方式有水平喂料（或平口喂料）和倾斜喂料（或斜口喂料）两种，长原木削片一般采用平口喂料，短原木或板皮采用斜口喂料。喂料槽的横截面多为方槽形，也有圆弧形的，喂料槽截面积的大小及形状取决于该削片机可能切削原木的最大直径。在喂料槽的下方装有底刀，底刀承受很大的冲击力。底刀的刀刃角一般为80°～85°。在喂料槽的一个侧面也装有一把刀，称为旁刀，也承受一部分切削力。底刀、旁刀与飞刀的刃口距离为0.3～1mm。

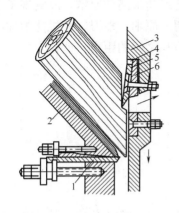

图3-20 斜口喂料示意图
1—喂料槽底刀 2—喂料槽 3—刀盘
4—调整垫块 5—飞刀片 6—楔形垫块

如图3-20所示为斜口喂料方式。

4. 盘式削片机的刀盘部分

刀盘直径为ϕ1600～4000mm，厚度为50～150mm。刀片（飞刀）安装在刀盘面向喂料槽的一面，刀片沿盘面辐射状安装，以其刀刃与刀盘的半径方向成8°～15°角向前倾斜布置。为了调整刀片刃口的位置，在刀片的底面有一块楔形垫块，它们一起被一组埋头螺钉固定在刀盘上。在普通削片机的刀盘上，沿着刀刃的方向开有一条宽约100mm的长缝，缝的长度与刀片的宽度相同。

刀片厚度为20～25mm，宽度不小于200mm，长度视削片机的直径而定。刀片的刀刃角一般为34°～42°。刀刃起切削原木作用的面叫切削面，其背面叫安刀面，安刀面与刀盘平行面的夹角叫安刀角（α）。刀刃突出刀盘的距离叫刀距，一般为11～14mm。在与刀片相对的缝口上安有与刀盘平齐的垫板（俗称刀牙），刀刃与刀牙间的垂直距离叫刀高，一般为18～20mm。如图3-21所示。

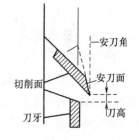

图3-21 刀片在刀盘上的安装情况

（三）盘式削片机的削片原理

1. 刀片切入原木和木片的形成（见图3-22）

在盘式削片机中，原木受到飞刀与底刀、旁刀的剪切作用，在切下一个圆饼的同时，由于削片刀刀刃有一定角度，木饼受到飞刀给予的沿纤维方向的挤压力，以及由于刀牙和刀盘的阻碍，木饼不断地沿木纹分裂成木片。

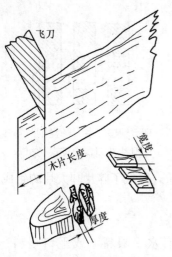

图3-22 原木分裂成木片

2. 刀片与安刀角的作用

刀片切入原木时起到两个作用，一是剪切木片（如上所述），二是由于安刀角的存在，牵引原木沿刀片的安刀面向刀盘移动。安刀角越大，拉力越大，原木移向刀盘的速度越大。但安刀角过大，将使原木过早到达圆盘面引起碰击而跳回。最好的安刀角是正好使原木在第二把刀切入时刚到圆盘面。普通削片机虽然也可使安刀角达到上述要求，但由于刀数少，刀间距大，原木经第一把刀切削后，在进入第二把刀切削前有一短暂的时间没有接触到刀片，因此，原木会在喂料槽中跳动，影响削片质量。多刀削片机则没有此问题，因为多刀削片机的第二把刀切入原木时，第一把刀尚未离开原木，故实现了连续切削。为了达到两把刀同时切入原木，多刀削片机能削片的原木最小直径不得小于相邻两刀片之间的距离，即：

$$\frac{2\pi R}{N} \leqslant \frac{D}{\sin\varepsilon} \tag{3-6}$$

式中　R——切削半径，mm

　　　N——刀片数，个

　　　D——原木直径，mm

　　　ε——投木角，水平喂料为 90°

3. 木片长度的决定

在具有适当的安刀角时，木片长度主要由刀距、投木角和投木偏角来决定，其关系式如下：

$$L = \frac{B}{\sin\varepsilon\cos\theta} \tag{3-7}$$

式中　L——木片长度，mm

　　　B——刀距，mm（一般为 11～14mm）

　　　θ——投木偏角，与投木角 ε 均是在削片机设计时确定的

由于 ε 和 θ 平时不能变动，因此只有通过刀距 B 来调节木片的长度。在实际生产中，由于原木在切削时尾端会翘起，这等于缩小了投木角 ε，结果是木片增长了。所以，一般所采取的刀距比计算出来的数值小 2mm 左右。

4. 木片厚度的决定

削片机的结构一般是不能随便变动的，木片的厚度主要由刀高来控制，其关系式为：

$$d = kh \tag{3-8}$$

式中　d——木片厚度，mm

　　　h——刀高，mm（一般为 18～20mm）

　　　k——经验常数，一般为 0.2～0.3

5. 木片斜度的决定

木片的斜度取决于投木角 ε 和投木偏角 θ，即：

$$\sin\omega = \sin\varepsilon\cos\theta \tag{3-9}$$

式中，ω 为木片斜角。可见，ε 和 θ 都一定的削片机，削出来的木片斜角是一致的。

（四）盘式削片机的操作和维修注意事项

1. 开车前的准备工作

在削片机开车前，应做好下列准备工作：

（1）仔细检查削片机和它的全部零件（包括喂料虎口、刀盘、刀片、外壳、轴承、传动装置等）有无毛病，是否准备妥当。

（2）用规板检查并校正刀片凸出的高度、研磨角和紧固情况，使其符合工艺技术规程的规定。

（3）检查底刀的紧固情况，检查并校正底刀刃口和刀片与底刀的间隙，使其符合工艺技术规程的规定。

（4）检查皮带的松紧程度。

（5）用手转动刀盘，检查刀片的位置是否正确。

（6）检查削片机周围（尤其是喂料虎口）有无妨碍其工作之物，并进行清理。

开车前的准备工作做好后，发出开车信号准备开车。

2. 操作时的注意事项

（1）削片前应先启动附属设备，包括运输带、筛选机等。

（2）削片时均匀喂料，原木头尾互相衔接。

（3）直径过大的原木不应送入虎口，防止发生阻塞。

（4）刀片应保持锋利。

（5）突然停机时应立即停止喂料。

3. 停车操作

（1）首先停止喂料，并待全部削完后才停车。

（2）削片刀刀片应定期及时更换。

（3）削片机每隔 30d 小修 1 次，每次约 8h。

（4）削片机每隔 6a 大修 1 次，每次约 120h。

（五）板皮削片机

专门用于处理木材加工后的板皮。板皮削片机和普通削片机的主要差别在于它装有特殊的喂料装置。其喂料虎口构造如图 3-23 所示，共分两组辊子，两组辊子紧密接触，同时上边的棘辊可以随着板皮进料的不均一性而上下移动，始终以一定的压力夹着板皮送去削片。由于板皮喂料速度均匀，消除了阻塞现象，因而显著提高了木片的合格率。

板皮削片机喂料系统的辊子是由专用的电动机经过三角皮带、减速器传动链进行传动。喂料辊磨损到一定程度，应研磨或更换新辊。

（六）鼓式削片机

鼓式削片机对原料的适应范围广，不仅可以切削原木、小径木等规格材，而且可以切削多种采伐和加工剩余物，以及竹材、棉麻秆等非木质禾本植物，并且结构紧凑、能耗低、安全可靠、操作简便。

1. 鼓式削片机的工作原理

鼓式削片机由机座、刀辊、上喂料辊、下喂料辊、进料输送系统、液压缓冲系统及电气控制系统等组成，工作原理见图 3-24。木料经输送系统和喂料口进入削片机，在高速旋转的飞刀与装在机座上的底刀形成的剪切副作用下，木料被削成了木片。削出的合格木片通过刀辊下方的筛网孔漏下，经出料系统输出。少许较大木片因不能通过筛网孔，则继续在旋转的刀辊带动下，撞击在碎料杆上得以再次破碎。

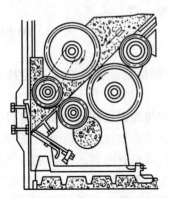

图 3-23 板皮削片机喂料虎口

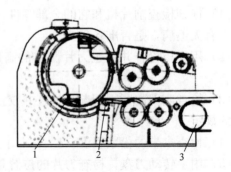

图 3-24 鼓式削片机工作原理图
1—飞刀 2—底刀 3—输送系统

2. 鼓式削片机的上、下喂料机构

（1）上喂料机构 上喂料机构（俗称"摆"）由上喂料辊座、2～4 个喂料辊、上喂料辊轴、摆轴、锁紧装置、链传动装置和减速器等组成。喂料辊直径较大，质量较大且表面带有粗齿，从而能压紧原料，使原料以均衡的速度进入切削位置，保证削片的长度和质量。上喂料辊通过锁紧装置与轴紧固，轴由球面滚子轴承支承，轴承座固定在上喂料辊上。上喂料辊座通过摆轴装在机座上，并能绕摆轴上下摆动，从而保证它能自动选择进料高度。

（2）下喂料机构 下喂料机构由 2 个喂料辊、喂料辊轴、支承辊、锁紧装置、链传动装置和减速器等组成。下喂料辊通过锁紧装置与轴承紧固，轴和支承辊分别由球面滚子轴承支承，轴承座固定在机座上。BX218 削片机有 2 个下喂料辊，减速器直接驱动其中 1 个喂料辊，通过链传动装置分别带动另 1 个喂料辊、支承辊和输送总成的驱动辊作相同方向转动，转动方向与刀辊转动方向相反。

3. 液压缓冲系统结构原理

液压缓冲系统由手油泵、大小油缸、蓄能器、单向节流阀、截止阀及其他元件组成。液压系统有两个功能：一是用来抬起机座的上罩盖和上喂料辊总成。前者是为了更换飞刀；后者是为了检查和清理卡在上、下喂料辊之间的木段或截头。另一个功能是通过蓄能器和大油缸给上喂料辊座一个向上的预顶力，用来调节上喂料辊的压力，以便在喂入木料（特别是厚度较大的木料）时，使上喂料辊比较容易抬起。

设备中设有一个皮囊作为蓄能器，其功能是：一是蓄压，二是缓冲。削片机作业前应先向蓄能器皮囊内充入一定压力的氮气，然后向大油缸充入一定的油压。当削片机工作时，喂入的木料将上喂料辊顶起，大油缸和油路中的压力下降，蓄能器内的气囊膨胀，把油液补充到大油缸里。当木料切完，上喂料辊下降时，大油缸活塞相应下降，使油缸内油压增高，把油液重新压回蓄能器中，这时蓄能器皮囊收缩，从而起到缓冲的作用。单向节流阀可调节摆的下降速度。

4. 鼓式削片机操作注意事项

（1）削片机作业中，手油泵和两个截止阀都应处于关闭状态，由蓄能器供油和储油。

（2）蓄能器皮囊里必须充氮气，决不能充氧气或空气。充氧气将会引起爆炸，充空气使皮囊易老化。

（3）蓄能器充入氮气压力值按使用说明书的规定。当氮气压力不足规定值时，应补充氮气。可用随机所带的充气工具检查压力和充气。当用氮气瓶直接充气时，氮气瓶上的开关应缓慢地打开，以免高压氮气突然充入而损坏皮囊。

（4）只有在蓄能器内油压全部释放的情况下，才能拆卸蓄能器。

（5）根据喂入的原料不同，调整充入的油压。一般切削小径木或大料时，油压可大些（为减小上喂料辊的压力，使原料容易顶起上喂料辊，便于进料）。反之，切削小料、板皮以致废单板时，油压要小些（为使上喂料辊的压力大一些），但不管哪种情况，油压一定要高于气压，蓄能器才能起缓冲作用。

（6）削片机安装调试时，应调节单向节流阀，使摆下降速度适中且无卡阻现象。

八、木片的筛选与再碎

从削片机出来的木片中，往往带有尺寸过大或过小的木片，如粗大片、长条、三角木、木节、木屑等。过大木片影响纸浆质量均匀性，是化学制浆中筛渣的主要来源；木屑降低纸浆得率和强度，并影响化学制浆蒸煮系统的药液循环。因此，必须通过筛选将过大和过小的木片分离出来。过大木片通常需要再削片，木屑可以作为树皮锅炉的燃料。

（一）筛选

筛选木片的设备有圆筛、摇动平筛、多边型筛片机和盘式筛片机等。圆筛、摇动平筛和多边型筛片机都是根据木片长度来筛分木片的，其中圆筛虽结构简单，易维修，但因占地面积大而筛选有效面积小及筛孔易堵塞已很少选用。

1. 摇动平筛

摇动平筛是常用的木片筛选设备，具有三层筛板，筛板平面的倾斜角度 3°～4°。木片经分配器均匀地分配到筛体上层，不能通过筛孔从上层出来的为大木片，能通过第三层筛孔的为木屑，其余为合格木片。

2. 多边型筛片机

多边型筛片机的特点是筛选有效面积大，因为筛子被划分成若干个三角形（扇形），随着筛选的进行，保留在筛子上面的木片数量逐步减少，筛板宽度趋向中心也相应地缩小，这样便充分地利用了筛板全面积。木片从筛板喂料边，即三角形的底边进入，逐渐移向三角形的顶部，即向筛板的中心移动而进行筛选。

3. 盘式木片筛

盘式木片筛有多根装有圆形或梅花形盘的转轴，由于轴与轴靠得很近，使盘面互相交错，所以盘与盘之间的缝即决定了通过此缝的合格木片厚度。轴与轴及盘片之间的间隙，可根据物料品种与筛选要求调整。

轴的中心线在同一倾斜平面内的称为平型盘式筛，轴的中心线所构成的平面成为 V 型交叉面时称为 V 型盘式筛（见图 3-25）。V 型和平型盘式筛可以组合成一套筛选系统，系统组成与流程如图 3-26 所示。

（二）木片再碎

从筛选系统出来的粗大木片有两种处理方式，用皮带机回送到削片机再削，或采用再碎机或者小型削片机复削。从生产角度讲，这些大片回到主削机后会增加木屑的排出量，但采用再碎机能耗会增加。因此应视产量选择合适的方式，产量较小的车间宜采用前者，即可降低能耗又可减少设备维护点。

小型削片机一般是具有转鼓和转子的刀式削片机，刀片安装在转鼓上，转子以较高于转鼓的转速把木片推向削片刀进行木片再削。

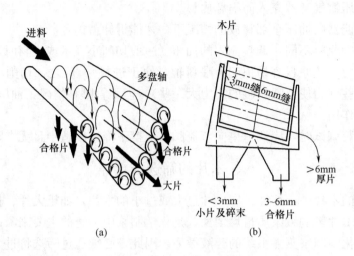

图 3-25　V 型盘式筛

(a) 原理示意图　　(b) 外貌图

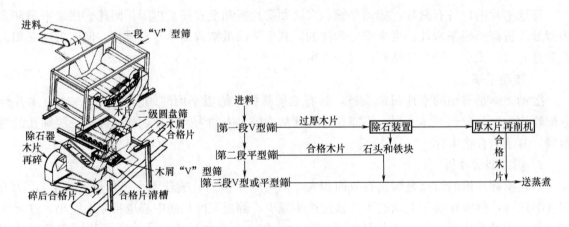

图 3-26　木片厚度筛选与再碎系统（Rader）

（三）木片的去皮

全树制浆与全树削片时，由于小的枝丫材和弯曲的原木去皮率低，所生产的木片中往往有一部分带有树皮。从木片中分离树皮尚未有高效而完善的方法，已提出的有浮选法、沉降法和挤压法等。无论哪种方法，目前都需采用两段或多段处理才能达到较好的效果，但段数越多，木片的损失也越大。

九、木片的输送、计量与贮存

（一）木片的输送

输送木片的机械一般有皮带输送机、斗式提升机，也有用气流输送机的。皮带输送机在输送木片时，倾斜角度一般不超过 $16°\sim18°$，工作速度约 $1.0\sim1.5m/s$。斗式提升机适于较大倾斜度或垂直运送，运行速度约为 $1.25\sim2.5m/s$，操作均较简单方便。气流输送的优点在于设备投资费用低，空间利用充分，密闭输送可以避免外界杂质掉入料片中，但动力消耗大，（约较带式或斗式输送机多耗 $30\sim80$ 倍），且管道易于磨损。同时，在输送过程中，由于速度很快，有一部分木片将被碎解，从而降低了木片的合格率，故已少用。

（二）木片的计量

木片量的计算一般以送入原木的数量进行推算，或以堆积在木片仓中的情况加以估算。新型大厂用装在带式输送机上的连续量重器，自动测出通过量，然后再测出木片水分。计算木片净重。

（三）木片的贮存

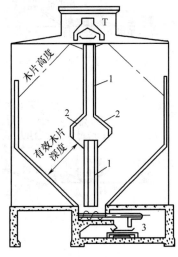

为了保证连续生产，通常需要设置贮片仓储备一定数量的木片，供蒸煮之用。

贮片仓一般设置在蒸煮器上面，其容积约为锅容的 1.5～2.0 倍，料仓下锥部的斜边与水平面的夹角一般不小于 55°。有的木片仓由于环境限制，可设在地面上，利用运输机输送木片进行装锅。

普通贮片仓虽然结构简单，但木片容易聚集在出口处，产生"搭桥"现象，影响连续装锅，甚至堵塞出口，所以现在多采用改良木片仓，如图 3－27 所示。

在贮片仓中加装垂直隔板，这样可以免除堵塞现象，同时贮片仓水平地被分为若干段或若干室，因而减少了上部木片加在底下木片的压力。设计时，主要是设法减少放料口和给料器上所承受的压力。

图 3－27　改良木片仓
1—垂直隔板　2—斜罩　3—给料器

贮片仓出口处常装有给料器，以助木片装锅顺利进行。给料器可以在轨道上沿着贮片仓的长度方向移动，由螺旋输送器将贮片仓中的木片按一定速度推上皮带输送机，送到蒸煮锅内蒸煮。

第三节　非木材植物纤维原料的备料

多年来在我国在非木材植物纤维原料造纸方面积累了丰富经验，草浆和其他原料纸浆配抄，可以生产出不同品种的高档次纸张，且具有较高的性价比。但稻、麦草制浆废液回收处理这一难题，却成为最大障碍。为减少废液含硅量，降低黑液黏度，在备料生产中加强原料除硅是有效的措施。

常用的稻、麦草制浆流程如图 3－28、图 3－29、图 3－30 所示。

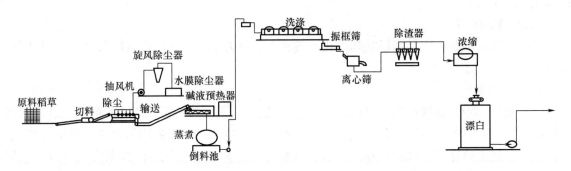

图 3－28　漂白稻草浆用于生产文化用纸的工艺流程

非木材植物纤维原料的种类很多，如稻草、麦草、芦苇、荻、蔗渣、龙须草、麻、竹等。由于原料性质和特点差异较大，备料过程需分类介绍。

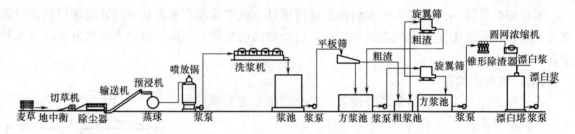

图 3-29　漂白麦草浆用于生产文化用纸的工艺流程

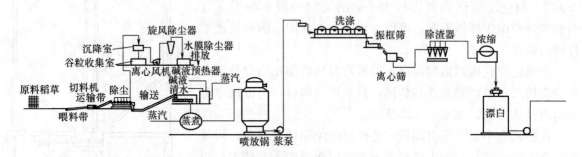

图 3-30　漂白稻草浆用于生产薄页纸的工艺流程

一、稻麦草原料的备料

（一）收集与贮存

稻草、麦草都是季节性收获的农副产物，收集时尽量在原地去除根、叶、穗和霉烂杂草等，就地就近收集并防止雨淋。为便于运输与贮存，应在原料水分 15% 左右时打成草捆，通常采用打包机械进行打捆，捆包规格有 1000mm×600mm×400mm 和 1000mm×350mm×350mm 两种，草捆质量 25～40kg。由于稻麦草的质量随品种和产地的不同差别较大，故应按不同品种和来源分别堆放成草垛贮存。为保证垛内通风良好，草垛中间应留有 1～3 层纵横相通的通风洞。草垛顶部呈 90°，用防雨的稻草被、草帘等将垛顶覆盖，防止雨水进入垛内。草垛长度 20～40m，宽度 10～12m，高度 9～13m，每垛可堆放200～400t。

草类原料的储备量依地理位置有所不同，南方可贮备 6～9 个月的原料，北方需储备 12～15 个月的原料。

（二）备料流程

稻麦草原料的备料主要是切断和净化。备料工艺分为干法备料、全湿法备料、干湿结合法备料 3 种。

1. 干法备料

（1）流程　干法备料在我国应用相当普遍，流程如图 3-31 所示。稻麦草可经过预处理，尽量除去根、叶、穗、霉烂部分、泥沙等。处理后的草料通过运输带均匀地喂入切草机切成草片，然后输送至筛选除尘设备，除去沙石、谷粒等较重杂质，并分离出细末尘土等较轻杂质，净化后的草片送至贮料仓或直接送去蒸煮。

切草时产生的尘土和筛选除尘的杂质，可由抽风机集中抽出，送至谷粒回收设备（旋风分离器、重力沉降室等）回收谷粒。尘土、草叶、穗等杂质进入集尘室，经除尘设备（水膜除尘器、水浴槽等）进行处理。

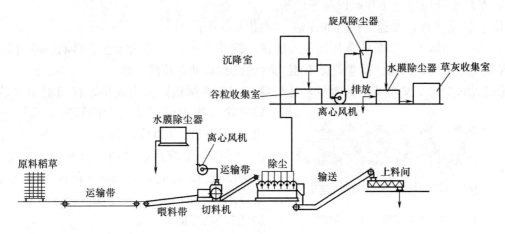

图 3-31 稻麦草干法备料流程

（2）切料

①切草机的结构。稻麦草切断设备有盘式切草机和辊式切草机两种，辊式较常用。如图 3-32 所示，辊式切草机由喂料、切草和草片输送 3 部分组成。喂料部分包括喂料胶带和两个喂料压辊，一般安装在可移动的钢架上。切草部分包括飞刀辊和底刀板，飞刀辊上安有 3~4 把飞刀，刀片安装时与刀辊母线呈 4°~7°角，其目的在于使飞刀与底刀的接触是渐进的，这样可避免出现瞬时动力负荷高峰。飞刀的刀刃角一般为 30°~45°，底刀较厚，其刀刃角为 80°~85°。切断的草片由底部的出料输送带送至筛选除尘系统，如图 3-32 所示。

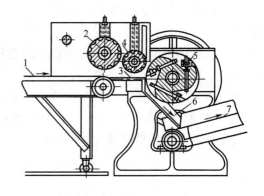

图 3-32 辊式切草机
1—喂料带 2—第一喂料压辊 3—底刀
4—第二喂料压辊 5—飞刀辊 6—挡板 7—出料带

②切料的质量要求。a. 草片长度：（25±5）mm；预浸渍装料的草片长度：30~50mm；供连续蒸煮的草片长度：50~80mm。b. 草片水分：不超过 20%；霉草及谷稗：不超过 0.1%；合格率：大于 85%。

③切料操作要点

A. 切料前必须对好刀口，使飞刀与底刀全宽间隙相同，此间隙一般需保持在 0.3~0.5mm。对刀后，旋紧紧固螺栓。

B. 刀床距离（指飞刀刀刃与最后一道压辊外缘的距离）应调节好，不能太大。否则，压紧了的草料又会松散，影响切草长度。

C. 刀片使用一段时间后会变钝，应定期更换，确保飞刀与底刀刃口锋利。飞刀每班换一次，底刀每周换 2~3 次。

D. 切料时捆草用的野藤条、麻绳、铁丝等必须在装到运输带后马上割断并抽出，不得混入草料中。

E. 均匀喂料，不得太厚，防止堵料，保证合格率，并避免发生"崩刀"、"夹刀"等事故，草料厚度 200~300mm。

F. 注意安全操作规程，严禁在运转时上皮带。

G. 草料水分应尽量小些，以利于切断。

H. 各转动部件，要经常检查和注油，以使转动灵活。

（3）筛选与除尘　切断的草片被送入筛选与除尘系统，以除去尘土、沙石、草叶、草穗、谷粒等杂质。常用的筛选、除尘设备有辊式除尘机和双锥草片除尘机。

①辊式除尘机。又叫羊角除尘机，是切草机配套的筛选、除尘设备，有四辊和六辊两种。

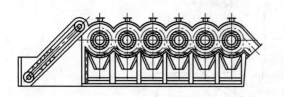

图 3-33　六辊式除尘机示意图

辊式除尘机由带"羊角"的转鼓、筛板、罩盖、机架和传动部分组成，如图 3-33 所示。转鼓上的"羊角"沿螺旋线排列，每个转鼓下均有圆弧状的筛板（8 目或 $\phi 5\sim 8mm$ 孔），上有罩盖，罩盖顶部开有抽尘孔。通过皮带和皮带轮，电动机带动转鼓转动。

草片由进料口进入，受到转辊上"羊角"的拨动，在筛板上曲折和翻腾向前运动。运动过程中，轻尘从上面抽尘孔由抽风机抽走，谷粒、尘土等重尘落入筛板下面的坑中，坑中的谷粒、尘土等在停机时由人工掏出，或者由风机连续抽送到旋风分离器集中处理，如图 3-31 所示。

辊式除尘机具有结构简单，制造容易，安装、操作与维修方便等优点，但除尘效率低，草片损失大。为了提高筛选、除尘效率，防止风机风量大时草片堵塞筛孔，新设计的"振动筛辊式除尘机"将固定的筛板改进成为振动的筛板，并将切草机出料口和除尘机进料口密封连接，使切草除尘机组的生产能力提高到 12t/h，不仅提高了筛选、除尘效率，还减少了飞尘污染。

②双锥草片除尘机。双锥草片除尘机由两个锥形筛鼓串联或并联而成，筛鼓固定，筛鼓的下半部有筛板，（筛孔 $\phi 5\sim 6mm$），中心轴上安装有沿螺旋线排列的搅拌叶或带有螺旋状叶片的锥鼓搅拌器。双锥草片除尘机（串联）的结构如图 3-34 所示。

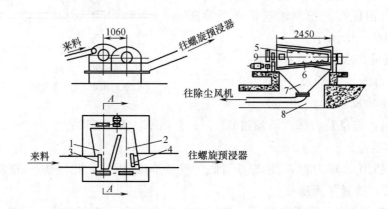

图 3-34　双锥草片除尘机（串联）结构示意图
1、2—锥形筛鼓　3—进料口　4—出料口　5—带螺旋叶片的
锥鼓搅拌器　6—筛板　7—接灰斗　8—地坑　9—两个锥形筛鼓的接口

双锥草片除尘机结构简单，制造容易，安装、操作与维修方便，适应性广，除尘效果好，草片损失少。图 3-35 为某厂采用双锥草片除尘机的筛选、除尘系统流程。

③含尘空气的净化。草片筛选、除尘系统产生的含尘空气经旋风分离器分离后，可送到集尘室，使灰尘自然沉降。沉降后的空气中还含有未分离出的细小灰尘，则随空气送到水膜除尘室或水帘除尘室或喷淋除尘室，使排空的尾气尽量清洁。

　　水膜除尘室等的作用原理是将清水喷散成膜状、雾状或帘状，以增大与带尘空气的接触面，从而把空气中的细小灰尘凝集起来随水排走。

　　（4）草片的输送与贮存

　　①草片的输送。输送草片的常用方法有气流输送、皮带输送机输送和刮板输送机输送。

　　气流输送的设备主要是鼓风机，鼓风机的风压决定于输送阻力与高度。气流输送设备结构简单，占地面积小，密闭条件好，可避免尘土飞扬和草片损失。但动耗大，管道磨损大，远距离输送或草片水分大时不宜采用。

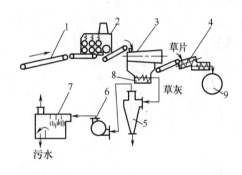

图 3-35　双锥草片除尘机筛选、除尘系统流程图
1—皮带运输机　2—切草机　3—锥形筛　4—螺旋预浸器
5—旋风谷粒回收器　6—风机　7—喷淋除尘室
8—螺旋输送机　9—蒸球

　　皮带输送机适于远距离或小坡度（不大于 20°）输送；刮板输送机则适于距离短、坡度较大的场合。

　　②草片的贮存。草片质轻而松散，堆积密度小，堆放空间大，且易搭桥，故草片仓向中小型、活底发展，常见的草片仓有链条刮板出料式活底料仓和往复振动料仓。图 3-36 是与连续蒸煮配套的草片活底料仓。往复振动料仓如图 3-37 所示。

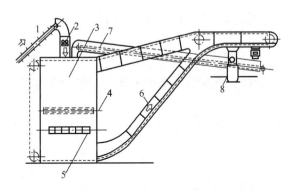

图 3-36　与连续蒸煮配套的草片活底料仓
1、6—刮板输送机　2—草片风选除尘　3—草片料仓
4—松散辊　5—输送链条　7—回草胶带输送机
8—草片计量器（去连续蒸煮器）

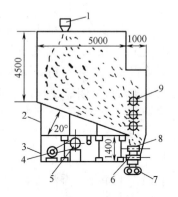

图 3-37　往复振动料仓
1—旋风分离器　2—底板机架　3—板弹簧
4—变速电动机　5—偏心轮机构　6—刮板运输机
7—双辊计量器　8—限料辊　9—松散辊

2. 全湿法备料

　　全湿法备料是将整捆草由运输带投进一个特制的碎草机中，如图 3-38 所示，是瑞典顺智（Sunds）公司设计的全湿法备料工艺。处理条件：草料浓度 5%～6%，NaOH 用量 1%，40℃，15min。

　　碎解机是一个球形壳体，底部安装有叶轮和筛板，如图 3-39 所示。在底刀和涡流作用下，草捆被打散、撕裂和切断，草片长度约 30mm，切碎的草片穿过筛孔由碎解机底部泵送至螺旋脱水机脱水，不能通过筛孔的杂质，由碎解机底部的排渣机连续排出。

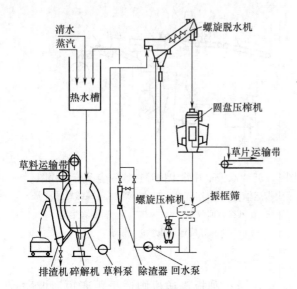

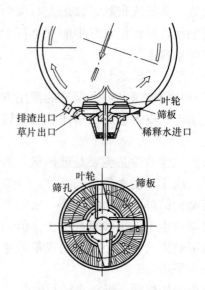

图 3-38　麦草全湿法备料工艺流程　　　　图 3-39　碎解机底部叶轮和筛板示意图

全湿法备料具有以下优点：

（1）可较彻底地解决干法备料存在的飞尘问题，改善了工作环境。

（2）草捆不经切断直接投入碎解机，降低了备料工段的噪声和劳动强度。

（3）提高了草片质量。一是除杂率高，净化效果好；二是草片灰分、苯醇抽出物等含量明显降低，尤其是 SiO_2 含量的降低有利于黑液碱回收；三是草片发生纵向分裂，草节部分被打碎，有利于药液的渗透；四是出压榨草片的水分含量稳定，有利于控制蒸煮液化。

（4）可减少蒸煮用碱量和漂白药品用量。

（5）纸浆得率高，强度好，易于滤水。

但全湿法备料也有明显缺点，主要是设备投资大，维修费用高，动力消耗大，生产成本高。

3. 干湿结合法备料

干湿结合法备料是干切料、湿净化，具有干法备料和全湿法备料的某些优点和特点，其代表流程有两种。

（1）干切、干净化、湿洗涤流程

（2）干切、湿净化流程

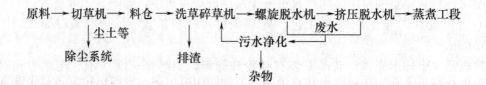

4. 备料流程的选择

选择何种备料流程一般根据原料的种类、特性，纸的品种和质量要求，以及生产规模的大小进行选定。对于纸的质量要求不高，原料纯净，原料水分在 15％以下，生产规模小时可选用干法备料。纸的质量要求较高，原料杂质多，原料水分在 20％以上，生产规模大最好选用全湿法或干湿结合法备料。

二、芦苇、荻、芒秆等原料的备料

芦苇、荻、芒秆等原料的贮存要求与稻麦草相似，芦苇在收购运输过程中水分降低较快，堆垛后自燃现象少，比稻麦草好保管。芦苇、荻、芒秆等的茎秆是可用来制浆的部分，而梢、节、穗、膜等因含有大量薄壁细胞和表皮细胞，成纸后易出现淡黄点、亮点或掉毛现象，故不宜存留浆中。由于芦苇、荻、芒秆等原料生长条件和收割季节的不同，进厂原料的质量常有很大差异，备料工艺可分为干法备料和干湿结合法备料两种。

（一）干法备料

芦苇类原料的干法备料流程如图 3－40 所示。

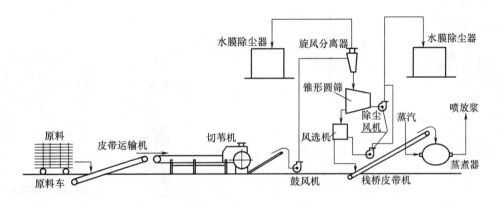

图 3－40　常规干法备料流程

1. 切料

（1）喂料与切料　采用人工或卸料台卸料，将原料车上的整捆芦苇卸到皮带运输机上，先在皮带运输机上剪断腰箍，然后通过电磁报警器以防铁器进入切苇机损坏刀片，再进入切苇机的喂料链带，由切苇机切料。

芦苇、荻、芒秆等原料的切断多用盘式切苇机，盘式切苇机的主要结构如图 3－41 所示。芦苇自胶带运输机送到喂料链条后，靠上下链将原料送入切苇机。切苇机有固定的底刀和回转的飞刀，ZCQ11 型有 4 片飞刀，ZCQ12 型有 5 片飞刀。底刀固定在机身上，飞刀固定在飞轮上利用其高速旋转产生的动能进行切断。

（2）切料技术条件　①料片长度：30～50mm（间歇蒸煮）；50～80mm（连续蒸煮）；②含杂率：

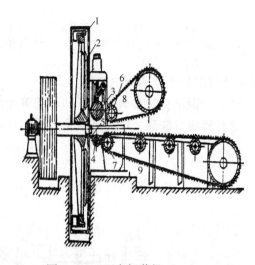

图 3－41　刀盘切苇机

1—刀盘　2—飞刀　3—上压辊　4—下压辊　5—底刀
6—上链轮　7—下链轮　8—上链带　9—下链带

不超过 5％；③合格率：大于 80％；④飞刀与底刀距离：0.1～2.0mm；⑤喂料厚度：200～230mm；⑥换刀周期：飞刀每切 25～30t 换 1 次；底刀每切 300～500t 换 1 次。

切苇机的操作与维护等其他注意事项参见切草机。

2. 筛选与除尘

（1）风选机　从切苇机出来的苇片通常先经旋风分离器初步除尘，除去细小的尘埃，再经圆筛进行筛选，除去质量和颗粒大的尘埃和部分苇末。接着利用风选机（结构如图 3－42 所示），在适当的风压、风量吹送下，使相对密度小的苇膜、苇穗、苇末及尘埃等越过山背进入集尘室由抽风机抽走，送到水膜除尘器进行处理。

（2）百叶式苇片除尘机　与风选机不同的是，百叶式苇片除尘机将正压吹送改为负压吸送，利用各组分相对密度、形状和受风面积的不同，从而使运动速度不同的原理，将苇叶、苇穗、尘埃等与苇片分离开。改善了周围环境和工人的劳动条件，除尘率可达 95％。结构如图3－43 所示。

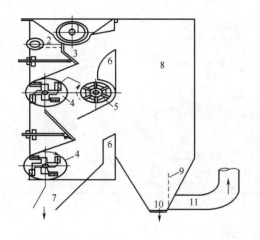

图 3－42　风选机示意图

1—螺旋推进器　2—插板　3—唇板　4—风扇
5—打料板　6—山背　7—苇片漏斗 8—集尘室
9—隔网　10—回收苇鞘出口　11—尘土吸出口

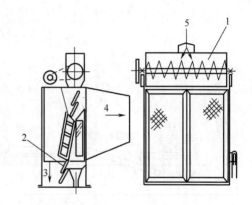

图 3－43　百叶式苇片除尘机

1—螺旋输送器　2—百叶
3—合格片　4—灰尘　5—苇片

（二）干湿结合法备料

干湿结合法备料工艺，即芦苇等原料干法切片后送水力碎解机或经圆筛后再送水力碎解机进行碎解和洗涤，以提高净化效果和蒸煮质量。图 3－44 为一种干湿结合法备料流程。

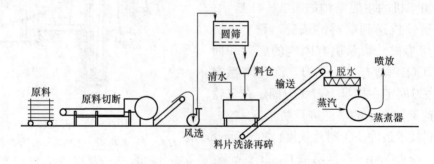

图 3－44　芦苇干湿结合法备料流程

三、甘蔗渣的备料

甘蔗渣是制糖业的副产品，量大、集中，较易收集，价格低廉。蔗渣纤维组织疏松，灰分较少，制浆性能良好，是一种重要的非木材纤维原料。

（一）蔗渣的贮存

蔗渣初榨水分在 46％～57％，含糖分 2％～6％。经 3 个月以上的贮存，蔗渣自然发酵后，水分降到 25％以下，含糖 0.5％以下，有利于制浆。

为便于运输和贮存，常将蔗渣打成包后堆垛贮存。由于蔗渣在贮存过程中糖分发酵产生大量热，垛内升温快，易引起纤维热解，烧焦变黑，据测蔗渣温度达 60℃就有自燃或炭化。因此蔗渣包的堆垛方式应特别注意水分和热量的及时散发，如图 3-45 和图 3-46 所示，通风井或通风道可构成良好的通风系统。蔗渣堆垛半个月左右，垛内升温发酵旺盛期基本结束，方可盖垛。盖垛材料可用稻草、山草、蔗叶、葵叶及棕榈叶等。堆放过程中，蔗渣的自然损失率一般为 5％～7％。

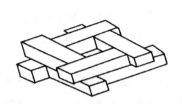

图 3-45　通风井口蔗渣包的排列

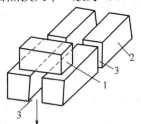

图 3-46　通风道蔗渣包的排列

1—横包　2—直包　3—通风道口

（二）蔗渣备料工艺

由于蔗渣原料含有 40％作用的杂细胞（统称蔗髓），所以蔗渣备料的重点是除髓。除髓的方法有半湿法（或称半干法）、干法、湿法 3 种。甘蔗在糖厂经过压榨取出糖汁后，留下的含有 50％左右水分的蔗渣，在糖厂立即进行第一次除髓，叫半湿法除髓。蔗渣经堆存后，水分降至 20％左右，此时对蔗渣进行除髓，称为干法除髓。

1. 半湿法、干法除髓设备

用于蔗渣半湿法除髓或干法除髓的除髓设备有锤击式除髓机和立式除髓机两种。

如图 3-47 所示，锤击式除髓机主要由转鼓、筛板及机壳组成，转鼓上装有许多沿螺旋线排列的活动飞锤。蔗渣由机壳上方进料，由高速旋转的转鼓带动飞锤把蔗渣打散，使蔗髓与纤

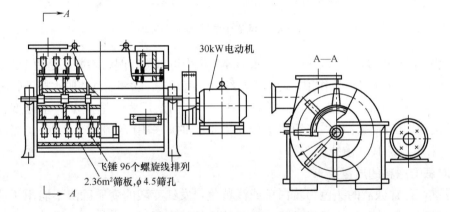

30kW 电动机

A—A

飞锤 96 个螺旋线排列

2.36m² 筛板，φ4.5 筛孔

图 3-47　锤击式蔗渣除髓机

维变得松散而分离，蔗髓借离心力从底部筛板排出，除髓后的蔗渣从末端排出。由于锤击式除髓机机械作用较强，易造成部分纤维损伤。

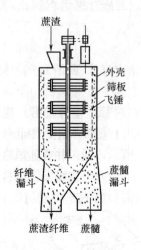

图 3-48　立式除髓机

近来国内外较多地使用立式除髓机，它有多种牌号，作用原理基本相同。图 3-48 是 Peadco 立式除髓机的示意图，由一个垂直悬吊的转子和筛鼓组成，转子上装有许多沿螺旋线排列的飞锤，由电机传动而高速运转。飞锤和筛鼓内壁的间隙较小，不仅可以加强纤维束之间的摩擦，又能防止堵塞筛孔。蔗渣依靠自身的重力进料和排料，在通过转子和筛鼓间的净化区时，蔗渣受到离心力和重力的共同作用，使纤维束趋向于定向直立排列，只能沿筛鼓旋转向下移动，不能通过筛孔排出，且与固定的筛鼓内壁之间产生摩擦作用，使纤维本身自转并相互摩擦，纤维束松散开来，有利于蔗髓与纤维分离，穿过筛孔排出。

比较相同设备在半湿法除髓和干法除髓时的效果得出，干法除髓时纤维与髓的分离效果较差，纤维损伤大。

2. 湿法除髓

蔗渣在水中呈悬浮状态（浓度 5% 左右），经机械作用把蔗髓分离出去，称为湿法除髓。湿法除髓不仅可分离出蔗髓，还可除去溶出物和其他非纤维物质，除髓效果好，纤维损失小。缺点是耗水量大，分离后的蔗渣和蔗髓水分含量较高。

3. 除髓流程

（1）干法除髓流程（见图 3-49）　双辊开包机将蔗渣包打开、破碎和松散。蔗渣除髓机采用锤击式除髓机或立式除髓机，也有用圆筛或平筛的。

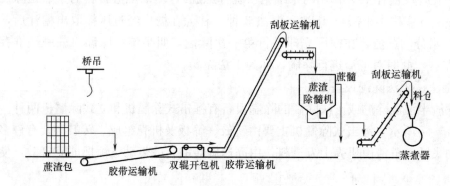

图 3-49　蔗渣干法除髓生产流程

（2）湿法除髓流程（见图 3-50）　在水力碎浆机中可以进行湿法除髓，是由于水力碎浆机转动叶片与固定叶片对蔗渣的摩擦作用，使蔗髓与纤维分离开来，除髓后蔗渣脱水挤干后送蒸煮。

（3）干、湿法两用的除髓流程（见图 3-51）　广西某厂为了适应蔗渣水分变化，采用灵活的干、湿法两用的除髓流程。当原料水分大于 40% 时，采用 A 流程（实线）；当原料水分小于 30% 时，采用 B 流程（虚线）。

（三）对蔗渣原料的质量要求

从外观看，正常蔗渣的颜色为黄白色或浅黄色，发红变酸的变质蔗渣不能用于造纸。蔗渣的形态最好是有一定长度的片状或丝状，粉状的比例越小越好。

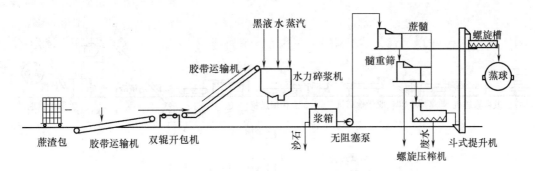

图 3-50 广东某厂黑液预煮湿法除髓流程

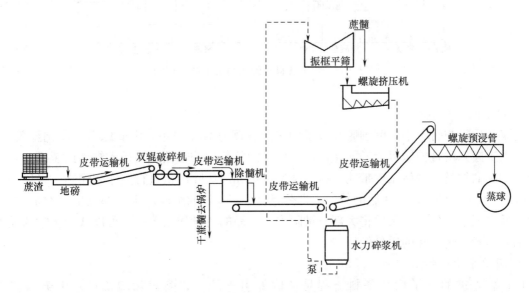

图 3-51 干湿法两用的除髓流程

四、竹子原料的备料

竹浆纤维的纤维素含量高，纤维细长结实，可塑性好，纤维长度介于针叶木与草类纤维之间，是良好的造纸原料之一。竹浆可单独或与木浆、草浆合理配比，生产出质优价廉的文化用纸、生活用纸和包装用纸。常用的竹子备料及碱法制浆流程如图 3-52 所示。

（一）竹子原料的贮存

竹子的砍伐和贮存工作一般从当年 10 月至来年 5 月，原竹自然水分约为 50%，一般竹材原料砍伐后半年可送入生产线使用。为了装卸方便，竹材砍伐后先进行加工，对于直径较大的毛竹、车筒竹等要进行破片，然后切断成约 2m 长的竹杆，捆成一捆，每捆不超过 40kg，按不同竹种分别打捆贮存。如果在 3～6 月内未能从林区运出来，竹材水分可能因干燥降低到 18%以下，这种竹捆以后在大型堆垛中保存也不会遭受虫蚀。

（二）备料工艺

竹子的备料要根据它的特性来选择备料方式，竹子的相对密度一般为 0.7～0.8g/cm³。竹子的直径随品种变化很大，除了竹节处中间都是空的，可以压裂。竹杆皮层坚硬，而且具有弹性，特别是鲜竹。

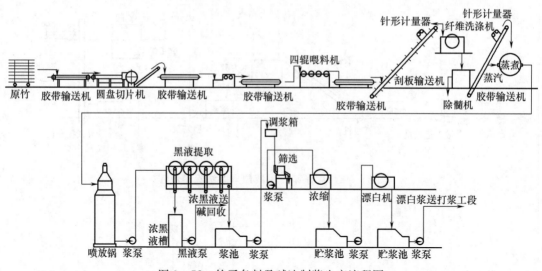

图 3-52　竹子备料及碱法制浆生产流程图

1. 竹子的备料过程

竹浆的质量与竹子中薄壁细胞和节子的去除程度有直接关系，因此原料的净化至关重要。竹子由人工搬到皮带输送机上送入切片机，切好的竹片由胶带输送机送入竹片撕裂机，竹片被撕成更细小的竹丝，然后用皮带输送机送至洗涤机和湿法除髓机进行洗涤和除髓。采用湿法备料能除去 30% 的 SiO_2，削片后的竹丝大部分是 2～3cm 长的细丝，末端部位呈分丝帚化形状，经洗涤后，泥沙、竹黄等杂质将大部分被除去。干净的竹丝送去蒸煮，可以减少化学药品的消耗，而且蒸煮均匀，浆的质量较好。

2. 撕丝除髓备料

国内较先进的竹子切片备料流程是从国外引进的。如撕丝除髓备料是由美国彼得柯(Peadco) 公司研究开发的，已在国外一些厂获得成功应用。该公司给我国某厂设计的日产 120t 漂白毛竹浆的备料流程如图 3-53。

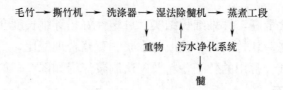

图 3-53　日产 120t 漂白毛竹浆备料流程

采用撕碎的方法，纤维束可以在几乎不损伤纤维的情况下沿轴线方向裂开，同时竹节也会被破碎。撕竹机的结构是根据矿山用锤式粉碎机的设计原理，经改造制成的，主要由机体、飞锤、齿板、齿条等构成。撕竹机的喂料方式、喂入量、飞锤转速、飞锤重量、撕碎区的大小、齿条的间隙以及竹子直径的大小等，都能影响到撕竹机的生产能力、撕碎程度、竹丝匀度及纤维的损失量等。

3. 切竹机

在竹子切片过程中，要求较少出现竹屑、细小竹片和过大竹片。小杂竹的切片可用一般的刀辊切草机。脱青竹或较大原竹可采用刀辊切竹机或刀盘切竹机，刀辊切竹机的结构与刀辊切草机相似，只是喂料部分有所不同，即在喂料辊前增加了一对轧竹辊，用以轧裂原竹，便于喂料。刀盘切竹机的结构与原木削片机相似，但喂料部分具有一对轧竹辊和一个喂料辊，一般都是水平喂料且与刀盘垂直，因此切出来的竹片没有斜度。

4. 切料技术条件

竹片长度：20～30mm（小径竹），15～25mm（老竹）；竹片厚度：3～5mm；

合格率：大于90%；竹片水分：小于20%。

5. 筛选

切好的竹片需经过筛选，国产筛选设备为双层圆筒式竹片筛，也可用双层摇振筛。

6. 备料过程注意事项

竹子外观应洁净，不含泥沙、灰渣，不应有黑斑、霉烂、虫蛀，以及冷脆、烧焦等质量问题。在操作时要注意以下几点：①如果竹子表面带有泥沙，切片前必须用压力水冲洗，或用洗竹机洗涤。②喂料不宜太厚，不超过300～400mm。ϕ150mm 以上的大原竹喂料时不应同时进料2根以上。③喂料应头尾搭接，送料均匀，避免发生空刀。④根据竹子直径大小调整刀距。⑤定期换刀、磨刀。⑥切片后最好进行分丝。⑦竹片、竹丝要筛选，并进行洗涤，以减少浆中的硅含量。

五、棉类原料的备料

与木材纤维、草类纤维相比，棉纤维有其独特之处。它具有含纤维素较纯，纤维细长而有弹性，坚韧耐折，柔软且吸收性能良好，高度的不透明性，可以经久保存等优点。所以某些工业用特种纸或高级纸张，采用100%棉纤维或配部分棉纤维制成，如：工业浸渍纸、过滤用纸、钞票纸、证券纸和高级卫生纸等。棉类纤维原料包括棉短绒和破布类等。

（一）棉短绒的备料

棉短绒是生产人造纤维用浆粕的主要原料之一。购进的棉短绒一般已在轧花厂用清花机除去大部分棉籽壳和尘埃等杂质，备料时再进一步除杂，一般备料流程如下：

棉短绒包→开包→开棉机→疏棉机→旋风分离器→蒸煮

疏棉机的作用是疏解除去棉短绒中棉子皮和棉桃壳等杂质，再经旋风分离器除去尘埃和杂质。用于蒸煮的棉短绒一般要求含杂率不超过3%。

（二）破布类原料的备料

破布类原料主要是依靠各地的废品收购站、物质回收部门、分散地收购，经过粗选分类后集中送到工厂。包括破布、棉麻织物、绳网、鞋帮、鞋底、旧棉絮、纺织厂和缝纫厂的下脚料等，一般按其洁净程度和色泽进行分类处理。

破布的备料流程一般如下：

破布→消毒干燥→初步除尘→选别分类→切碎→二次除尘→蒸煮

六、其他非木材原料的备料

制浆造纸用的植物纤维原料除上述原料外，还有韧皮纤维原料（如麻类），各种农作物的茎秆（如棉秆、麻秆等），其他草类纤维原料（如龙须草、芨芨草等），其备料方法、生产流程和所用备料设备，与前已述及非木材原料基本相同，故在此不作一一详述，只对生产中常见的需注意问题进行简要说明。

棉秆原料可采用与刀辊切草机切断和锤式粉碎机破碎、离解，经风选后送蒸煮。现在已有切断、破碎联合机，具有切断、破碎、筛选、除尘等功能，但备料损失大。

　　麻皮和秆芯性质差别较大，分别制浆更为合理。麻皮、桑皮和构皮等韧皮类纤维原料，主要经过切断和筛选除尘工序，切麻（皮）机与切草机基本相同，只是喂料辊为细横条圆辊，便于压送麻料、皮料等长纤维原料，避免缠辊。

思 考 题

1. 备料包括哪些过程？
2. 备料操作要达到什么要求？
3. 如何防止原料场发生火灾？
4. 如何选择合理的木材贮存方式？
5. 由什么来控制木片的长度和厚度？
6. 草类原料中干法备料和湿法备料各自的特点是什么？
7. 切草机切料时应注意哪些操作？
8. 如何对蔗渣进行除髓？
9. 贮存竹子如何预防虫害？
10. 试分别确定符合下列生产要求的原料备料流程：
（1）用长度差别较大的原木生产木片磨木浆。
（2）用枝桠材生产化学浆。
（3）用长度较为均一的原木生产原木磨木浆。

第四章　碱法制浆

知识要点：

（1）碱法制浆的分类与特点、碱法制浆常用术语。

（2）碱法蒸煮药液配制计算。

（3）碱法蒸煮原理、碱法蒸煮设备、碱法蒸煮操作要求。

（4）各种原料的碱法蒸煮工艺技术条件。

学习要求：

（1）掌握碱法制浆中各种方法的药液主要成分和原料适应性，了解碱法制浆的分类与特点，理解常用术语的含义。

（2）会进行蒸煮药液的计算及配制。

（3）能针对各类原料、不同产品选择蒸煮设备、制定蒸煮工艺参数；了解各种蒸煮设备的主要结构及适应性，明确蒸煮操作的注意事项，能进行蒸煮操作及设备维护。

（4）了解蒸煮技术改进方向，理解 RDH 制浆系统。

第一节　概　　述

化学法制浆，即利用化学药剂蒸煮植物纤维原料，使得将纤维黏结在一起的胞间层木素尽可能多地溶解脱除，并分离出单根纤维细胞而成为纸浆，这种方法称为化学法制浆。

按蒸煮所用的化学药剂不同可将化学制浆分为两类：碱法制浆和亚硫酸盐法制浆。碱法制浆在我国应用广泛，尤其在我国南方，几乎全部采用碱法制浆。

一、碱法制浆的分类与特点

传统的碱法制浆方法包括石灰法、烧碱法、硫酸盐法。近年来为了加速木素的脱除，保护纤维素和半纤维素少受降解，或者为了减轻环境污染，加入各种添加剂的碱法制浆发展迅速。如多硫化钠法、蒽醌法、氧碱法、绿液法、氨法等。有时碱法制浆也泛指蒸煮药剂为碱性的亚硫酸钠法、中性亚硫酸钠法或亚硫酸铵法。

1. 石灰法制浆

石灰法制浆的蒸煮剂有效成分是 $Ca(OH)_2$，碱性较弱，主要用于处理稻麦草、废棉、破布和麻类植物纤维原料，对于废棉、破布的脱色、脱脂、去油污和麻类脱胶，效果良好。如用于蒸煮稻麦草半化学浆（属高得率法），以制造黄板纸或瓦楞原纸；用于蒸煮破布（有时还加少量的 Na_2CO_3 或 $NaOH$）生产漂白棉浆、破布浆，以配抄打字纸和多种高级纸。

2. 烧碱法制浆

烧碱法又称苛性钠法或苏打法（因在回收过程中以 Na_2CO_3 作为补充药剂而得名）。蒸煮剂有效成分是 $NaOH$，并含有少量的 Na_2CO_3，主要用于处理棉、麻、草类等非木材植物纤维原料，也有用于阔叶木的蒸煮。烧碱法纸浆具有色浅、松软，成纸吸收性好、不透明度高的特点，但纸浆强度和得率较低。烧碱法棉、麻浆用于生产高级纸张和特种纸，而烧碱法草浆用于生产一般文化用纸。

3. 硫酸盐法制浆

硫酸盐法因碱回收时补充硫酸钠而得名，也叫 Kraft 法（KP），蒸煮剂的有效成分是 NaOH 和 Na_2S，采用烧碱与硫化钠的混合物作为蒸煮剂，提高了蒸煮速率、纸浆得率和纸浆质量，且对原料适应性强，如针叶木、阔叶木、锯末、竹子、芒秆等，并可生产多种纸浆。未漂硫酸盐法针叶木浆常用于生产纸袋纸、电容器纸、包装纸及工程技术用纸；漂白硫酸盐法浆常用于生产高级文化用纸及溶解浆等；硫酸盐法阔叶木浆及草浆多用于生产文化用纸或纸板等。

二、生 产 流 程

碱法制浆的生产流程基本相同，不同之处在于原料或产品质量要求以及碱回收系统所带来的各种差别。如图 4 - 1 所示为硫酸盐法木浆生产流程，木片自料片仓送入蒸煮器，在蒸煮器中由于高温高压蒸汽的加热，料片与药液发生化学反应，使原料离解成为粗浆，经喷放锅、筛选（除节）机，送至黑液提取与纸浆洗涤系统，与黑液分离后的纸浆再经过精筛、漂白送至抄纸车间。

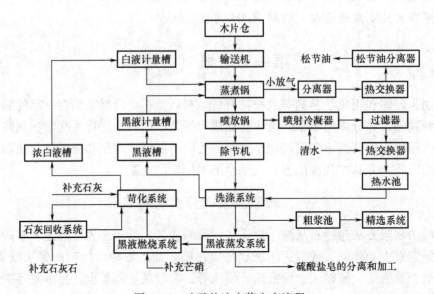

图 4 - 1 硫酸盐法木浆生产流程

三、碱法制浆常用术语

（一）碱法制浆药液循环

硫酸盐法制浆药液的循环如图 4 - 2 所示。碱回收系统的白液用作蒸煮药液；含有木素溶解产物的黑液在碱回收系统浓缩和燃烧，以获取碳酸钠和硫化钠的熔融物，熔融物被溶解成绿液，与生石灰（CaO）起作用而将 Na_2CO_3 转化成 NaOH，获得再生的白液。因此，碱法制浆操作中出现的术语也涉及碱回收系统的常用术语。

（二）常用术语

1. 绿液

绿液指从碱回收炉中出来的熔融物溶解在稀白液或水中，所得的并准备送往苛化的溶液。

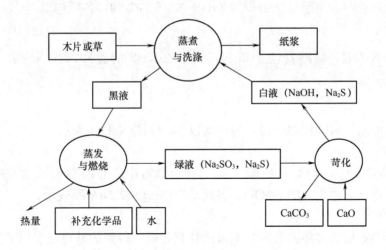

图 4-2　硫酸盐法蒸煮药液循环的简要流程图

2. 白液

白液指用 $Ca(OH)_2$ 苛化绿液所得的溶液，是碱回收系统收获的、可直接用于蒸煮的碱液。

3. 蒸煮液

蒸煮液指原料蒸煮时所用的碱液，通常由白液和一定量的黑液（或水）混合而成。石灰法的蒸煮液主要成分是 $Ca(OH)_2$。烧碱法的蒸煮液主要成分是 NaOH，此外尚含有一定量在碱回收过程中因反应不完全而残留下来的 Na_2CO_3，及一部分因 NaOH 吸收空气中的 CO_2 而生成的 Na_2CO_3。硫酸盐法的蒸煮液主要成分是 $NaOH+Na_2S$，此外尚含有一定量的 Na_2CO_3、Na_2SO_3、Na_2SO_4、$Na_2S_2O_3$ 及某些多硫化物。

4. 黑液

碱法制浆蒸煮所得的废液，因呈深褐色，故称黑液。黑液固形物（黑液中有机物和无机物的总称）中有约 30% 的无机物和约 70% 的有机物。有机物包括从原料溶出的木素、纤维素、半纤维素的降解物及有机酸等，这是产生热的重要来源。无机物包括游离的氢氧化钠、硫化钠、碳酸钠、硫酸钠及有机物的钠盐、二氧化硅等。

5. 黑液提取率

黑液提取率是指从蒸煮后的黑液中提取得到的固形物的比率。

$$黑液提取率 = \frac{每吨浆送往蒸发工段黑液中的固形物}{每吨浆所产生黑液中的固形物} \times 100\% \qquad (4-1)$$

或：

$$黑液提取率 = \frac{每吨浆送往蒸发工段黑液中的总碱量}{每吨浆蒸煮用的总碱量} \times 100\% \qquad (4-2)$$

6. 总碱（量）

烧碱法中，总碱指 $NaOH+Na_2CO_3$ 的总和。硫酸盐法中，总碱指 $NaOH+Na_2S+Na_2CO_3+Na_2SO_3+Na_2SO_4$ 的总和，各项均以 Na_2O 或 NaOH 表示。

7. 总可滴定碱

总可滴定碱指碱液中可滴定的总碱。烧碱法中指 $NaOH+Na_2CO_3$ 的总和，硫酸盐法中指 $NaOH+Na_2S+Na_2CO_3+Na_2SO_3$ 的总和，各项均以 Na_2O 或 NaOH 表示。

8. 活性碱

烧碱法中指 NaOH，硫酸盐法中指 NaOH＋Na₂S 的总和，各项均以 Na_2O 或 $NaOH$ 表示。

9. 有效碱

烧碱法中指 NaOH，硫酸盐法中指 $NaOH＋\frac{1}{2}Na_2S$ 的总和，各项均以 Na_2O 或 $NaOH$ 表示。

10. 活化度

活性碱对总可滴定碱的比率（％），各项均以 Na_2O 或 $NaOH$ 表示。

11. 苛化率

NaOH 对 $NaOH＋Na_2CO_3$ 的比率（％），并对绿液中原有的 NaOH 含量进行修正，以便只代表在实际苛化反应中生成的 NaOH，各项均以 Na_2O 或 $NaOH$ 表示。

12. 碱回收率

碱回收率指蒸煮用的碱经回收后（不包括补充芒硝）得到的碱对蒸煮用碱量的比率。

$$碱回收率＝\frac{蒸煮用碱量-补充碱量}{蒸煮用碱量}×100\% \tag{4-3}$$

13. 还原率

在绿液中，Na₂S 对全部钠硫化合物的比率（％），有时简化为 Na₂S 对 $Na_2SO_4＋Na_2S$ 的比率（％），各项均以 Na_2O 或 $NaOH$ 表示。

14. 补充化学品消耗量

为维持蒸煮液系统中恒定的钠含量，生产每吨风干浆加入到回收工序的新 Na_2SO_4（或其他含钠化合物，以 Na_2SO_4 表示）的质量（kg）。

15. 用碱量

用碱量指蒸煮时活性碱用量（质量）对绝干原料质量的比率（％）。

16. 硫化度

硫化度指硫酸盐法蒸煮时，在白液中，Na₂S 对活性碱的比率（％）；在绿液中，Na₂S 对总碱的比率（％），各项均以 Na_2O 或 $NaOH$ 表示。

17. 液化

液比指蒸煮锅内绝干原料质量（kg 或 t）与蒸煮总液量（L 或 m³）之比。

18. 纸浆得率

纸浆得率又称纸浆收获率。原料经蒸煮后所得绝干（或风干）粗浆质量对未蒸煮前绝干（或风干）原料质量的比（％），称为粗浆得率。粗浆经筛选后所得绝干（或风干）细浆质量对未蒸煮前绝干（或风干）原料质量的比（％），称为细浆得率。

19. 纸浆硬度

纸浆硬度表示残留在纸浆中的木素和其他还原性物质的相对量，可用高锰酸钾、氯或次氯酸盐等氧化剂测定，以高锰酸钾最为普遍。采用高锰酸钾作为氧化剂，在不同条件测定时，所测得的值不同，分别有卡伯价（或值）、高锰酸钾值和贝克曼价（或值）之称。

20. 粗渣率

粗渣率或称未蒸解率表示蒸煮浆的均匀程度，即：

$$粗渣率＝\frac{粗渣质量}{粗渣质量+细浆质量}×100\% \tag{4-4}$$

21. 碱自给率

碱自给率指从碱回收得到的碱量对蒸煮用碱量的比率（％）。

四、碱法制浆蒸煮药液配制的计算示例

（一）稀释水用量的计算

某厂用烧碱法蒸煮稻草，蒸球容积 $40m^3$，装球量 $150kg/m^3$，稻草水分为 12%，用碱量为 $11\%Na_2O$，液化 $1.0:2.8$，如碱液浓度为 $400g/L$。试求：①碱液用量多少？②用多少水量去稀释碱液？

解：①碱液用量：

每球绝干稻草量：$40\times150\times（1-12\%）=5280（kg）$

稻草含水量：$5280\times12\%=633.6（kg）=0.63（m^3）$

需用碱（Na_2O 计）：$5280\times11\%=580.8（kg）$

Na_2O 换算为 $NaOH$ 应乘上系数 $80/62=1.29$

则固体 $NaOH$ 用量：$580.8\times1.29=749.232（kg）$

碱液用量：$749.232/400=1.87（m^3）$

②稀释碱液用水量：

装锅应有总水量：$5280\times2.8=14784（L）=14.78（m^3）$

稀释碱液用水量：$14.78-0.63-1.87=12.28（m^3）$

答：本蒸煮需用碱液 $1.87m^3$；用 $12.28m^3$ 水稀释碱液。

（二）白液用量的计算

某厂用硫酸盐法蒸煮木片，蒸锅容积 $75m^3$，装锅量（绝干）$190kg/m^3$，用碱量 18%（Na_2O 计），硫化度 22%，液化 $1.0:2.5$。白液中活性碱含量 $100g/L$（Na_2O 计），白液的硫化度 14%，进厂固体硫化碱溶解后浓度为 $212g/L$。试求：①配制蒸煮液时应加白液多少 m^3？②应补充多少硫化碱？③如原料水分为 20%，用黑液配制蒸煮液，应加多少 m^3 黑液？

解：①应加白液量：

每锅绝干木片装锅量：$75\times190=14250（kg）$

每锅需用碱（Na_2O 计）：$14250\times18\%=2565（kg）$

其中：硫化碱（Na_2O 计）：$2565\times22\%=564.3（kg）$

烧碱（Na_2O 计）：$2565-564.3=2000.7（kg）$

白液中烧碱（Na_2O 计）浓度：$100-100\times14\%=86（g/L）$

应加白液量：$2000.7\div86=23.26（m^3）$

②应补充硫化碱量：

$23.26m^3$ 白液中含 Na_2S 的量：$23.26\times100\times14\%=325.64（kg）$

应补充固体 Na_2S 的量：$564.3-325.64=238.66（kg）$

折合浓度为 $212g/L$ 的 Na_2S 量：$238.66\div212=1.13（m^3）$

③应加黑液量：

每锅木片应加水量：$14250\times10^{-3}\times2.5=35.63（m^3）$

木片含水量：$14250\div（1-20\%）-14250=3.6（m^3）$

应扣除的碱液量：$23.26+1.13=24.39（m^3）$

应加黑液量：$35.63-3.6-24.39=7.64（m^3）$

答：本蒸煮需用白液 $23.26m^3$；应补充硫化碱 $1.13m^3$；需加黑液 $7.64m^3$。

第二节 蒸煮原理

碱法蒸煮是利用高温强碱的作用，使原料中的木素和杂质适当脱除、使纤维离解成浆的过程。在碱与木素发生化学反应的同时，不可避免地会使部分纤维素和半纤维素受到一定程度的降解。

碱法蒸煮过程包括：碱液向原料内部渗透的过程；碱液与原料起化学反应的过程；反应物从原料中溶出的过程。此3个过程既分阶段，又几乎同时交叉进行。

一、蒸煮液的浸透作用

蒸煮液一接触到料片，就开始向料片内部渗透，并发生一系列的化学反应。为了保证生产中蒸煮化学反应的顺利完成和提高蒸煮液向原料中渗透的速率，首先需了解蒸煮液在原料中的浸透过程和影响原料浸透的因素。

（一）蒸煮液向原料中渗透的方式

蒸煮液向原料中渗透的方式有毛细管作用和扩散作用。毛细管作用是指蒸煮液依靠外加压力或表面张力所产生的压力而进入料片内部结构中的渗透方式，毛细管的浸透速率与单跟毛细管半径的四次方成正比，与压力差成正比，而与蒸煮液的黏度成反比。当纤维原料水分低而又排除了原料毛细管内的空气之后，药液向料片的渗透以毛细管作用为主。扩散作用指依靠药液浓度差造成的离子浓度梯度为推动力，使蒸煮液中的离子扩散浸透入料片内部的渗透方式。当原料结构内的药液有效成分在制浆过程中消耗掉时，扩散是从周围液体向料片中输送药液有效成分的唯一方式。

（二）原料结构对药液渗透的影响

药液渗透入料片中的难易程度与原料结构关系密切。对针叶木来说，药液垂直位移是通过细胞腔渗透到木片中，而横向位移是通过相连管胞细胞壁上的纹孔从一根纤维迁移到另一根纤维中去。纹孔里有一个具有很多小眼起着毛细管作用的网状物，称为纹孔膜，是阻碍药液流过的主要阻力。对阔叶木来说，由于组织结构较为紧密，而且横向纹孔膜又是非多孔性的，故在横向几乎没有浸透，仅由其导管进行纵向浸透，所以阔叶木较针叶木难以浸透。

草类纤维原料的组织结构比木材疏松，毛细管系统发达。碱法蒸煮稻麦草原料时，纤维胞间层、细胞角隅和次生壁这3个微区的木素脱除速度几乎相同。加之在蒸煮初期，大量碱易溶木素、半纤维素和LCC（木素-碳水化合物复合体，简称LCC）的溶出，扩大了毛细管的直径和数量。因此用稻麦草原料制浆时，在蒸煮后期无需像木材那样深度的化学降解作用，木素即可从细胞壁内以较大分子碎片通过孔道扩散出来。

（三）影响毛细管作用与扩散作用的因素

药液在原料中的扩散速率既取决于离子浓度梯度，又与有效毛细管的截面积有关，而毛细管的截面积受到 pH 的影响。

当 pH 等于或大于 13 时，对纤维细胞壁的润胀作用大，使径向和切向的有效毛细管截面积接近纵向的 80%，因而3个方向的离子扩散速率也比较接近，这与亚硫酸盐法蒸煮液以纵向浸透为主的情况有很大区别。当 pH 降低时（小于 13），则纤维轴向的扩散作用将比横向的扩散作用大 10～40 倍。因此，在采用低 pH 蒸煮液蒸煮时，就不应进行快速升温。

（四）提高渗透速率的措施

在蒸煮药液渗透进入料片的过程中，毛细管作用比扩散作用强，毛细管作用是药液渗透到料片中去的主体渗透，毛细管渗透速率与温度、压力差、原料结构有关。生产中可以通过提高药液的温度来减小药液的黏度，以提高毛细管渗透速率，如蒸汽装锅、预汽蒸、预浸渍等。或者通过改变操作压力来增加压力差，如抽真空或变压蒸煮等。

二、碱法蒸煮化学作用的原理

在蒸煮过程中发生的化学反应很复杂，且很难完全弄清。总体而言，不仅有脱木素作用，也有碳水化合物的溶解，还有木素的缩合作用以及碱液对原料中其他成分的反应。其中碱与木素的作用是主要的化学反应。

造纸用浆并不需要完全脱除木素，视生产的浆种而定。在生产可漂浆时，一般浆内还含有 $2\%\sim5\%$ 的木素；生产硬浆时，浆内木素含量约 8% 左右；生产半化学浆时，浆内木素含量可达 15%。

（一）碱法蒸煮液的组成和性质

烧碱法蒸煮液的组成主要是 $NaOH$，此外还存在一些 Na_2CO_3。$NaOH$ 在蒸煮时主要是以强碱的性质（$pH=14$）起作用；而 Na_2CO_3 也能水解起到一定的作用。

硫酸盐法蒸煮液的组成主要是 $NaOH+Na_2S$，此外还有一些杂质如 Na_2CO_3、Na_2SO_4、Na_2SO_3 和 $Na_2S_2O_3$ 等。在硫酸盐法蒸煮中，除了 $NaOH$ 的强碱性起作用外，Na_2S 电离后的 S^{2-} 和水解后的产物 HS^- 也起着重要的作用。但 Na_2S 的水解情况又受 pH 的影响，如图 $4-3$ 所示，在 pH 为 14 时，硫化钠的水溶液是以 S^{2-} 为主；在 pH 为 13 时，则 S^{2-} 和 HS^- 各半；在 pH 为 12 时，则以 HS^- 为主；在 pH 为 10 时，几乎全部是 HS^-。pH 继续下降，HS^- 浓度降低，而 H_2S 浓度增加。

碱法蒸煮过程中，碱液主要消耗在：①与木素的反应；②与部分纤维素与半纤维素的反应；③中和原料中的有机酸以及在蒸煮过程中所生成的有机酸；④与原料中的树脂产生皂化作用；⑤少量碱液为纤维所吸附。其中碱与木素的作用为主要的化学反应。

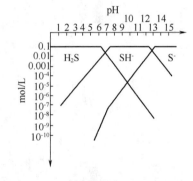

图 $4-3$　在不同 pH 时 Na_2S 的水解情况

（二）木素在碱法蒸煮中的化学作用原理

1. 脱木素的作用原理

木素是具有三维空间网络结构的高分子化合物，要使它溶解在水溶液中，需使木素分子降解，和在木素大分子中引进亲液性基团。可采用的方法有：①增加木素的脂肪族和（或）芳香族羟基或羧基的数量，来提高其亲水性；②降解木素的大分子为较小的能溶解在水中的碎片；③把亲水取代基与木素大分子相连接，使它的衍生物可溶入水中。

2. 酚型 β-芳基醚键的碱化断裂和硫化断裂（见图 $4-4$）

在木素的分子结构中，酚型 β-芳基醚键在木素的各种连接形式中占有非常重要的地位，在蒸煮过程中它的断裂与否，将直接影响到蒸煮的速率，特别是针叶木蒸煮时的脱木素速率。硫酸盐法蒸煮时，由于 HS^- 的电负性比 OH^- 大，因此 HS^- 的亲核攻击能力较大，能顺利地迅速地形成环硫化合物，促使木素分子中的酚型 β-芳基醚键断裂（称为硫化断裂）。而酚型 β-芳基醚键在烧碱法蒸煮时，由于其主要反应是 β-质子消除反应和 β-甲醛消除反应，因此多数不能断裂，只有少量这种键在通过 OH^- 对 α-碳原子的亲核攻击形成环氧化合物时才能断裂（称为碱化断裂）。这正是硫酸盐法较烧碱法蒸煮脱木素速率快的主要原因。

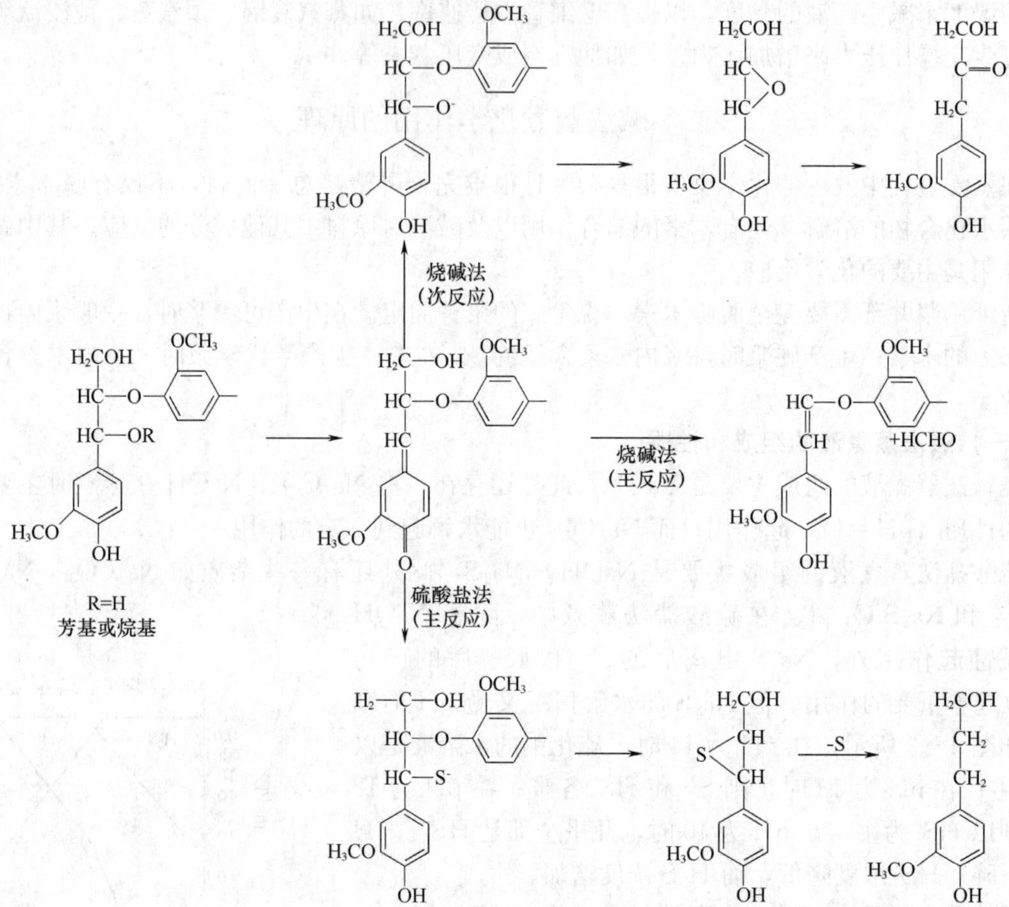

图 4-4　酚型 β-芳基醚键的碱化断裂和硫化断裂

3. 木素缩合的作用原理

脱木素作用所形成的已断裂木素，在缺碱升温的条件下，会产生相互间的缩合反应，结果是断裂了的木素又连接在一起变成了木素大分子。缩合木素一般较难溶解，但在高温强碱中仍可断裂而溶解。这与酸法制浆的缩合木素根本无法溶解有着本质的区别。

因此，木素的缩合作用是形成生片的主要原因之一。为了防止木素缩合，应保证在蒸煮后期仍有一定的碱度，实际生产中残碱浓度一般要求在 $4 \sim 10 \text{g/L}$。

（三）碱法蒸煮过程中脱木素的顺序

在碱法蒸煮中，首先溶出的是分子质量较小的、并含有较多的酚羟基和羧基，即含有较多的酸性基团的木素组分，因为酸性基团在碱性介质中离子化，使木素具有较强的亲水性。但由于不同纤维原料其物理结构和化学组成的差异，木材和非木材原料中的木素在蒸煮过程中脱除的顺序并不一致。

硫酸盐法蒸煮木材原料时，在蒸煮前期（总脱木素率50%以前），纤维胞间层的木素较次生壁中木素脱除的速率快。其原因是细胞壁木素中含有较多紫丁香基结构单元，容易溶出。在蒸煮后期，木素在高温下发生大量的降解反应，使木素大分子化为小分子溶出。因为木材蒸煮初期木素和半纤维素溶出较少，溶出物由细胞壁内向蒸煮液中的扩散受到毛细管孔道大小的限制，木素大分子必须降解至一定程度才能溶出。

（四）碳水化合物在碱法蒸煮中的变化

碳水化合物（主要是半纤维素和若干纤维素）在蒸煮过程中也受到化学侵袭，并一定程度地被降解。在一个典型的可漂浆蒸煮中，约有 50% 的半纤维素和 10% 左右的纤维素被降解。

碱法蒸煮时碳水化合物的降解反应，现在已认识到有两种。一种叫剥皮反应，在升温到 100℃时就开始了。另一种叫碱性水解，一般要升温到 160℃时才发生。温度越高，这两种反应就越剧烈。原料中的多糖在碱法蒸煮下起反应，可能降解成可溶的低分子质量产物，以多糖形式溶解到蒸煮液中；也可能聚合度降低了，但仍不可溶而留在纤维内。连接在原料半纤维素部分的乙酰基，对碱是不稳定的，在蒸煮的最初始阶段就分裂。

1. 碱对纤维素的作用

碱对纤维素的作用主要有剥皮反应、终止反应和碱性水解等。

（1）剥皮反应 剥皮反应从蒸煮升温就开始发生。它是指纤维素大分子的还原性末端基在高温、强碱的条件下，开始变成果糖末端基，然后形成异变糖酸，从分子链上脱落下来。脱落后分子链又产生新的还原性末端基继续反应，又再逐个脱落这种还原性末端基的过程就叫剥皮反应。

（2）终止反应 在剥皮反应的同时，还发生一种与其相对应的反应，就是纤维素分子链的还原性末端基，不是经重排转变为异变糖酸，而是转变为对碱稳定的偏变糖酸末端基，使剥皮反应不能继续进行，从而抑制了纤维素的降解作用，这个过程叫终止反应。

（3）碱性水解 碱性水解指纤维素的分子链在高温、强碱的作用下发生水解而断裂，从而产生新的还原性末端基，参与剥皮反应，使纤维素发生降解。碱性水解的结果是纤维素平均聚合度下降，纸浆强度和得率下降。

2. 碱对半纤维素的作用

半纤维素的共同特点是分子链短、有支链，碱对其中各个组分产生的作用不同，如多己糖在碱性条件下容易溶出，但多戊糖即使在剧烈碱性蒸煮条件下也难溶解。蒸煮中半纤维素比纤维素更易溶解和发生降解，其变化的有：

（1）与纤维素一样进行剥皮反应、终止反应和碱性水解；如果碳水化合物的末端基是糖醛酸基，则能在缓和条件下暂停剥皮反应，条件剧烈时仍能进行剥皮反应。

（2）氧化降解生成单糖（戊糖、己糖）和糖尾酸等；

（3）碱性降解使分子链断裂的部分半纤维素，可以再沉淀并被纤维所吸附。

3. 减少碳水化合物降解的方法

据研究认为，碱法蒸煮中的剥皮反应快，终止反应慢，剥皮反应大约脱掉 65 个葡萄糖基单元后，才会进行终止反应。蒸煮温度在 150℃以后，纤维素分子的糖甙键就会发生碱性水解而断裂。纤维素和半纤维素的降解产物，主要不是呈糖（单糖、多糖）的状态存在，而是生成含有 2~6 个碳原子的有机酸钠盐。如蒸煮条件控制不好，就会使大量纤维素与半纤维素受到破坏，导致纸浆得率减低、质量下降、碱耗增大。

为了减少碳水化合物的降解，尽量不要使用碱量过大，蒸煮时间过长，蒸煮温度过高，以减少剥皮反应和碱性水解。也可适量添加蒸煮助剂，如在硫酸盐法制浆的蒸煮液中，加入适量的硼氢化钠，对原料进行低温预处理（因为硼氢化钠在热碱液中易分解，升温至 135℃时完全失效），然后再升温蒸煮，可使碳水化合物的末端基还原成对碱稳定的伯醇基，从而抑制剥皮反应的进行，可明显提高纸浆得率。

（五）其他成分在碱法蒸煮过程中的变化

植物纤维原料中的其他成分如树脂、脂肪、淀粉和果胶等物质，在蒸煮过程中均将与碱发生化学反应。树脂、脂肪类物质与碱作用，会生成皂化物而溶于黑液中；淀粉、果胶、单宁等物质均属于碱溶性物质，在高温与碱作用，生成棕褐色物质而附着于纤维表面，使纸浆色泽加深，增加了纸浆漂白的困难。

在针叶木中，与树脂同时存在的松节油，在蒸煮时不发生任何反应，由于容易挥发，可在蒸煮放气时排出，并经冷却后分离而予以回收。

（六）碱法蒸煮化学反应历程

碱法蒸煮总的化学反应历程大致可分为 3 个阶段。第一阶段是碱液与原料接触到升温初期和中期。当原料与蒸煮液接触之后，碱液就通过细胞腔和穿过细胞壁向内部扩散，以进入到胞间层，首先与其中的果胶、半纤维素作用并使其溶解，接着与胞间层的木素发生作用，使其不断溶于蒸煮液中。在这期间溶出的物质约占原料量的 20% 左右，其中主要是果胶和半纤维素，木素的溶出量只占原料中原有木素含量的 20%。第二阶段包括升温末期和保温初期。由于当时蒸煮温度的不断升高（在 150～170℃），木素溶出速度逐渐增加，随后超过了半纤维素的溶解速度，木素大量溶出。这时溶出物质的量约占原料量的 25%～28%，其中主要是木素，其溶出量约占原料中原有木素含量的 60%～65%。第三阶段包括保温中期和后期。此时胞间层木素已大量溶出，纤维细胞壁表面已大部分裸露在碱液中，产生强烈的作用，以溶解细胞壁中的木素。同时，在高温条件下，随着细胞壁内木素的进一步溶出，纤维细胞壁内的纤维素与半纤维素也会受到不同程度的降解，其溶解速度也逐渐增加，超过木素的溶解速度。此段时间过长必将导致纤维素严重降解，引起纸浆强度与得率的下降。在烧碱法和硫酸盐法蒸煮中原料的变化规律基本相似，只是由于药液成分不同，去除木素的情况也有所不同。在同一原料以及蒸煮条件相同的情况下，硫酸盐法脱木素的速度较快，当蒸煮至纸浆中木素含量相同时，硫酸盐法所需的蒸煮时间较短。由于木材与草类原料的组织结构、微观结构、化学组成以及木素分子结构等均有差异，因此，在蒸煮中脱木素反应历程也有很大的差别。如图 4-5 表示马尾松硫酸盐法蒸煮脱木素的情况。对于草类原料碱法蒸煮脱木素反应历程如图 4-6 和图 4-7 所示。

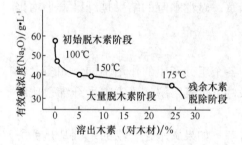

图 4-5 马尾松硫酸盐法蒸煮脱木素的 3 个阶段

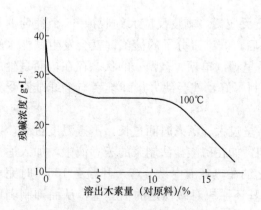

图 4-6 芦苇硫酸盐法蒸煮升温过程中脱木素的 3 个阶段

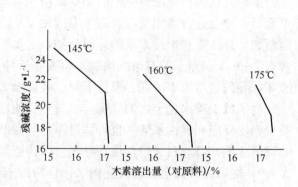

图 4-7 保温阶段木素溶出量与碱液浓度的关系

由此而知，草类原料共同特点是木素的脱除较为容易，而与木材原料相比，木素大量溶出的温度提前较多，在100℃以前，已有过半木素溶出，其中稻草、蔗渣等脱木素速率比荻苇、芒秆更快。竹子硫酸盐法蒸煮大量脱木素阶段约在升温到140℃以前，木材（如马尾松）硫酸盐法蒸煮大量脱木素阶段是在升温到150℃以后至170℃以前。造成这些原料在碱性蒸煮大量脱木素阶段不同的原因，除了与原料的生物结构有关之外，还与原料蒸煮时的局部化学作用有关。如木材硫酸盐法蒸煮时是细胞壁中的木素较先脱除。这是由于细胞壁木素中含有较多紫丁香基结构单元，容易溶出；同时在蒸煮初期部分半纤维素就已溶出，形成孔道，有利于药液向木片中继续渗透和反应后木素的溶出。木材纤维胞间层的木素所以难溶，有人认为是由于胞间层木素主要是由愈疮木基结构单元组成，而且密度较大所致。但是草类原料硫酸盐法蒸煮时，就发现次生壁木素、复合胞间层和细胞角木素都在蒸煮一开始就都同时进行脱除，况且开始时各部位脱木素速率基本是相同或接近的。草类原料一般含有较多的半纤维素和较少的木素，而且半纤维素主要存在于细胞壁里，这就有助于蒸煮脱木素的过程。此外，草类原料中的木素还含有以酯键连接的木素结构单元，在硫酸盐法蒸煮时特别容易断裂而溶出。草类原料的脱木素过程可以表明在升温阶段就能达到充分脱木素的目的，而保温阶段可以大大地缩短直至取消。关键在于加强料片与药液的均匀混合；同时，碱法蒸煮的最高温度可以不必太高，一般采取145～155℃即可成浆。

第三节　碱法蒸煮设备

碱法蒸煮的主要设备有间歇式蒸煮器和连续式蒸煮器两大类。间歇式蒸煮器是传统的蒸煮设备，有回转式和固定式两种，其优点主要表现在操作灵活可靠，松节油的回收更有效。连续式蒸煮器于20世纪50年代开始投入生产运行，目前新建厂多采用连续式蒸煮器。其优点主要表现在降低能耗，减少污染，生产效率高，用电用汽没有高峰负荷，容易实现自动化，劳动强度低等。

一、间歇蒸煮器

目前在我国的中、小型纸厂中，间歇蒸煮器因投资少、易操作、故障少等原因，仍然是主要的蒸煮设备。回转式的间歇蒸煮器有蒸球，固定式的间歇蒸煮器有立锅。

（一）蒸球

蒸球球体是一个球形薄壁压力容器（见图4-8），有的在蒸球内壁焊接若干根三角铁或金属棒，以利料片与碱液均匀混合。在蒸球外壁，通常都敷上50～60mm厚的用石棉和碳酸镁混合成的保温层，外面再包以铁皮或铁丝网，避免保温层脱落。

球体上有一个椭圆形的装料孔，供装料和送液用，若采用无压倒料，则装料孔又同时是卸料孔。装料孔有球盖，装料、送液后，可用紧固螺栓将其固定在装料孔上。

蒸球球体借助于两端轴颈安置在轴承上，球体通过法兰盘与两个铸钢

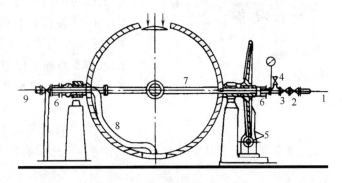

图4-8　蒸球结构示意图

1、7—进汽管　2、3—截止阀　4—安全阀

5—蜗轮蜗杆传动系统　6—止逆阀　8—喷放弯管　9—喷放管

制的空心轴颈连接,一个再与进汽管连接,另一个则与喷放管连接。在进汽管道上还安装有安全阀、压力表、截止阀和止逆阀,用以控制生产和保障生产安全。

　　轴头喷放管在蒸球非传动侧,沿球体内壁安装着一根弯管,弯管的一端通过轴头内的接管与密封接头和喷放旋塞连接,并与喷放管接通,而弯管另一端则伸入球体内最低点,其位置正好与装料孔中心相对,弯管可随球体同样转动,放料时,装料口朝上,管口向下。当蒸球回转到装料孔朝下的位置时,弯管开口即位于球内最高点,可利用弯管作为小放气用。

　　蒸球的传动装置安装在进汽管侧,由蜗轮蜗杆系统构成,蜗杆由电动机通过减速器带动,蜗轮安设在轴颈上或球体上。蜗轮蜗杆传动的优点是:速比大、传动平衡、停机时不倒转、噪音小、维护简单。驱动蜗轮蜗杆系统的电动机,在接线上必须保证蒸球既能正转,又能反转,以适应操作的需要。

　　目前,蒸球的规格有 $14m^3$、$25m^3$ 和 $40m^3$ 3 种。

(二)立式蒸煮锅(立锅)

　　立式蒸煮锅是一种固定式蒸煮器,按其加热方式不同,可分为直接加热和间接加热强制循环两种。我国硫酸盐浆厂多采用间接加热强制循环,并辅以直接加热的方法。

　　立式蒸煮锅的结构主要包括锅体、循环系统和支承 3 大部分。如图 4-9 所示。

　　锅体包括圆筒体、上锅体、下锅体。上锅体为半球形或锥形,半球形比锥形承受的内应力大,当上锅体高度一样时,球形容积比锥形容积大,可增加装锅量。下锅体圆锥部的角度大多为 $60°$,锥度较小、锥体较尖的,可使放料干净。锅顶部有一个带有法兰盘的开口,以及一个可移动的锅盖,用以装原料和做出入口用。锅体通常用厚约 $25\sim35mm$ 的锅炉钢板焊接而成,外表面敷设有厚度约为 $50\sim75mm$ 的石棉保温层。近代蒸煮锅的高度与直径之比为 $2.44\sim2.75$,比值稍微大一些,有利于药液的分布与循环。

　　药液循环装置由加热器、循环泵、循环管道等组成。

　　在圆筒体内壁中部或底部(按其抽液部位)装设有圆筒形带状滤板,而与锅体内壁构成环状空间,并在其对应的锅壁上相对两侧开有抽液口,连接循环泵以便抽液循环。在上锅体内壁装有上下两组滤板,上组滤板供小放气时防止浆料随气排走,下组滤板则作为药液进锅的滤板。下锅体锅颈内部也装有滤板,以过滤下循环进液;下锅颈另侧装有直接通汽管,以供直接加热的需要。下锅颈下端又连接着放料弯管和放料阀。

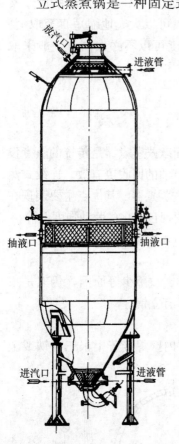

图 4-9　$75m^3$ 硫酸盐法蒸煮锅
结构示意图

　　国产的立式蒸煮锅有 $50m^3$、$75m^3$、$110m^3$ 3 种,最好有几台蒸煮器,便于其中一台不能使用时,不致影响生产。

二、碱法蒸煮辅助设备

　　料片从备料工段进入蒸煮器,经过蒸煮成为粗浆的过程中,所需要的设备除蒸煮器外,尚有装锅器、喷放装置等辅助设备。

（一）装锅器

装锅器用于间歇蒸煮的装锅，种类很多，常用的有蒸汽装锅器、机械装锅器和简易装锅器等。

1. 蒸汽装锅器

在装木片时，往往采用蒸汽装锅器装锅，使木片分散、加热并排除部分空气，以利于药液的均匀渗透，但也要注意木片与药液要均匀混合。蒸汽装锅器是依靠蒸汽的吹压进行装锅的，结构如图 4-10 所示。

蒸汽装锅器由带有衬垫的宽法兰盘紧贴在锅口上，蒸汽从弯管进入分配室，其中分布有与锅口呈 22° 的喷嘴 20~24 个，沿圆周均匀排列。送入蒸汽压力一般为 0.3~0.35MPa，蒸汽消耗量平均为 0.10~0.20t/t 浆，使用这种装锅器，装锅量可增加 15%~35%。

2. 机械装锅器

如图 4-11 所示，料片经漏斗通过回转盘而落入蒸煮器，回转盘是通过减速器、齿轮箱与电机连接而带动，由此可以控制装锅速度，一般转速为 20~30r/min。机械装锅器可增加装锅量 10%~40%，且可节省蒸汽。

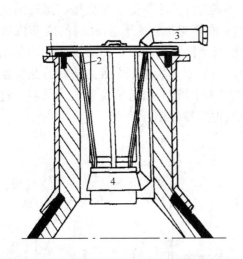

图 4-10　蒸汽装锅器

1—法兰盘　2—装料口　3—蒸汽管　4—蒸汽喷嘴

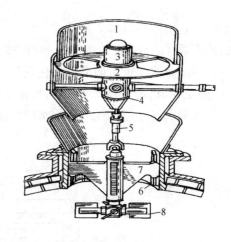

图 4-11　机械装锅器

1—漏斗　2—回转盘　3—减速器　4—齿轮箱
5—联轴器　6—分布板　7—支架　8—导板

（二）药液计量与加热系统

使用蒸煮锅的大、中型纸浆厂，是将一定量的白液和黑液（或水）按比例混合加热后，送到药液计量槽。药液的加热可用间接蒸汽加热器。

使用蒸球的中、小型纸浆厂，一般是将化学药品 NaOH、Na₂S 按一定比例，在直接蒸汽加热的情况下溶解后送到药液计量槽。药液的温度一般为 70~90℃，切忌各种药液不混合就先后送蒸球使用。计量槽的大小，至少要能容纳一次装锅（球）所需的药液量。

（三）喷放装置与废热回收系统

蒸煮锅的喷放，一般设有喷放锅，并附有比较完善的废热回收系统。喷放锅锅体为圆筒形，底部则有锥底和平底两种结构。木浆常用锥底喷放锅。

1. 锥底喷放锅

结构如图 4-12 所示。浆料由喷放管沿切线方向从喷放锅顶部进入，锅内气体由顶端排气

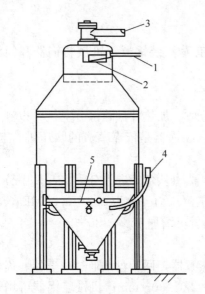

图 4-12　锥底喷放锅
1—喷放管　2—喷放锅顶部开口　3—排气管
4—回流管　5—环形水管

管排出，可送至热回收系统。在锥形底部上端的环形管上，装有若干喷嘴，以便喷入黑液，供稀释浆料。在锥底下端装有螺旋式搅拌装置，转速为 110r/min。浆料在底部侧端通过输浆管用泵抽出。

喷放锅的容积有 330m³ 和 210m³ 两种。

每台喷放锅的容积一般为每台蒸煮器容积的 2.5～3.0 倍，喷放锅的总容积一般为蒸煮器总容积的 1.5～1.8 倍。

2. 废热回收系统

蒸煮过程中的小放气、蒸煮终了时的大放气或喷放均有大量废汽排出。

喷放过程产生的蒸汽，用喷射式冷凝器热回收系统冷凝以回收热量，如图 4-13 所示。它主要由汽水直接接触的喷射式冷凝器（又名混合式冷凝器）、污冷凝水收集槽、螺旋热交换器、热水槽等组成。来自喷放锅的废蒸汽进入喷射式冷凝器 4，与由泵 1 抽出的温度较低的冷却水直接接触而冷凝，冷凝水连同冷却水一并进入污冷凝水收集槽 7 的上部，比较热的冷凝水通过过滤器 3 后由泵 2 抽送至螺旋热交换器 8，放出热量降温后仍返回冷凝水收集槽 7 的下部，或直接用泵 1 抽送至喷射式冷凝器。进入螺旋热交换器的清水经加热后送热水槽供洗涤工段或其他工段使用。

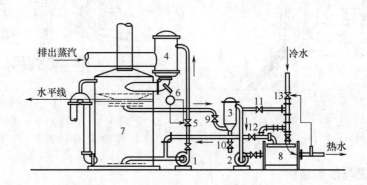

图 4-13　喷射式冷凝器热回收系统
1、2—水泵　3—过滤器　4—喷射式冷凝器　5、6—自动调节阀及自动调节器
7—污冷凝水收集槽　8—热交换器　9～12—阀门　13—自动调节阀

在操作时注意送入喷射式冷凝器的冷却水温度不应超过 40～45℃，而喷射式冷凝器出口的水温应不超过 90～95℃。

三、连续蒸煮器

生产中广泛应用的连续蒸煮器有立罐式（卡米尔，ESCO）、横管式（潘地亚，Tampella）、斜管式（Bauer M&D）等，其中的 ESCO 和斜管式主要用于化机浆或半化学浆。

（一）卡米尔（Kamyr）连续蒸煮器

卡米尔连续蒸煮器的类型有：水力型，汽相-液相型，高压预浸式汽液相型等。

1. 水力型卡米尔连续蒸煮器

水力型卡米尔连续蒸煮器常用于硫酸盐法蒸煮，其工艺流程如图4-14所示。

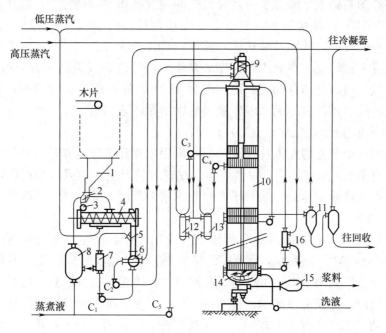

图4-14 水力型卡米尔连续蒸煮器

1—木片漏斗 2—木片计量器 3—低压进料器 4—汽蒸器 5—木片溜槽 6—高压进料器 7—过滤器
8—液位平衡槽 9—顶部分离器 10—蒸煮器 11—闪蒸罐 12、13—药液加热器
14—排料搅拌器 15—网式浓缩机 16—洗液加热器 C_1—溜槽循环泵 C_2—顶部循环泵
C_3、C_4—蒸煮器循环泵 C_5—补充药液泵

木片从木片仓经漏斗1落入木片计量器2（格仓给料器），由低压进料器3送入预汽蒸室4，在此受到来自闪蒸罐11的蒸汽加热2～3min，温度100～120℃，以排除木片中的空气。汽蒸后的木片被螺旋推进垂直的木片溜槽5，并借重力和循环的药液送入高压给料器6。高压给料器转子有4条贯通的料腔，每2条为一组，每组料腔互相垂直。当转子的一个料腔处于直立位置时，木片及药液即由溜槽进入料腔，木片被衬套上的滤板截留于料腔中，而药液则经滤板由溜槽循环泵抽出送回溜槽。当装满木片及药液的料腔转至水平位置时，木片被顶部循环泵 C_2 来的药液送到蒸煮器的顶部分离器9内，在这里大部分药液通过分离器滤网，由顶部循环泵送回高压给料器，木片和部分药液被螺旋送入蒸煮器内。

木片从蒸煮器顶部缓慢地下降到高压浸渍区，在115℃下浸渍约40min，然后再下降到上加热区。在此药液从滤带抽出经药液加热器12加热后，经由中心分配管送回锅内。此时木片温度由115℃上升到150℃，在下加热区进一步上升到170℃左右，然后进入蒸煮区，保持温度170℃约60min。蒸煮后进入热扩散洗涤区，温度70～80℃的稀黑液（洗液）由泵打入锅底冷却区，一部分将木片冷却至90～100℃。另一部分由泵从锅底的滤网抽出，经加热器加热到120～130℃，由中心分配管回到原来抽液区内，然后向木片移动的反方向上升，进行逆流扩散洗涤。当洗液上升到洗涤区上端的下部滤网时，用泵抽出经中心分配管送到蒸煮区下端，将随木片下行的浓黑液置换出来，由上部滤网抽至闪蒸罐。热扩散洗涤需时1.5～4.0h。蒸煮器底部装有搅拌器 14，把浆料刮到排料口，浆料借助蒸煮器内的压力排出，经网式浓缩机 15 及喷放阀排到喷放锅。

2. 高压预浸式汽液相卡米尔连续蒸煮器

图 4－15 为高压预浸式汽液相卡米尔连续蒸煮器的简单流程，适用于硫酸盐法蒸煮。它在水力型连续蒸煮器的基础上，增加了一台降流式的立式高压预浸渍室 7，木片在高压预浸室的浸渍温度为 110～117℃，时间为 40～120min。高压预浸室的顶部有分离器，底部有盘式刮料器假底，中部设有药液抽出滤网及加热循环系统（图中未画出）。木片在高压预浸室底部通过盘式刮料器假底进入排料室，在此用另一循环泵将木片冲送到蒸煮锅倾斜分离器 8，然后送入连续蒸煮器中蒸煮。倾斜分离器的倾斜度一般为 45°角，分离器下端有滤网，木片通过分离器螺旋由上端推入连续蒸煮器内，而药液则通过滤网由循环泵抽出。

3. 改良型卡米尔连续蒸煮器（MCC）

传统的卡米尔连续蒸煮器在木片预浸渍后，采用木片和全部蒸煮液一开始就接触，然后向同方向移动并进行蒸煮，在 171℃ 蒸煮至终点。在这种情况下，蒸煮液中的碱浓越来越低，溶在蒸煮液中的木素浓度越来越大，限制了木片中木素的深度脱除，所得纸浆的卡伯值（针叶木硫酸盐浆）在 30 左右。

瑞典林产品实验室和皇家技术研究所研究开发出了改良型卡米尔连续蒸煮器（Modified Continuous Cooking，MCC）系统，即 MCC 技术，是将蒸煮区分成顺流蒸煮区和逆流蒸煮区两部分，在顺流蒸煮区采用 169℃ 的温度，逆流蒸煮区的温度为 171℃，然后照旧进行逆流扩散洗涤并进行冷喷放，逆流洗涤区的温度为 140℃。图 4－16 所示为采用 MCC 技术的双塔系统流程，其主要的工艺改变有 3 个方面：①在过程的 3 个不同点加入白液，使整个蒸煮中的碱浓度均一；②浸渍塔周围安装有药液循环管线；③在逆流状态下进行最后阶段的蒸煮。该工艺的特点是起始碱浓度低，虽然蒸煮到较低卡伯值水平，并不损失强度，纸浆易漂白。

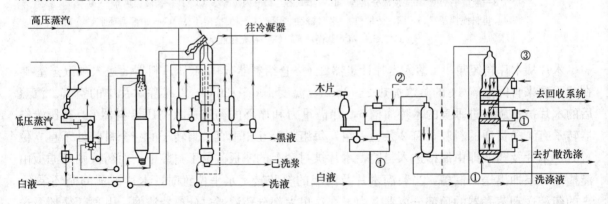

图 4－15　高压预浸式汽液相卡米尔
连续蒸煮器流程

图 4－16　MCC 型双塔系统流程
①—白液加入点　②—再循环　③—逆流区

（二）潘地亚连续蒸煮器（横管连续蒸煮器）

横管式连续蒸煮器是早期设计的水平管式连续蒸煮器，利用一个加热加压室送入木片和化学品，然后将混合物料送经一组蒸煮管，以提供蒸煮反应的停留时间。

图 4－17 是潘地亚连续蒸煮器生产流程，包括下列几个步骤：进料、入双螺旋预浸器、挤入料塞管、进入蒸煮管、喷放到喷放锅。

从料仓来的原料，经输送机 1 送进双辊计量器 2 进行计量。双辊计量器由两个彼此相向旋转的转子组成，两辊的转速与辊间距离可以调节，以适应不同的原料和生产能力，其转速为

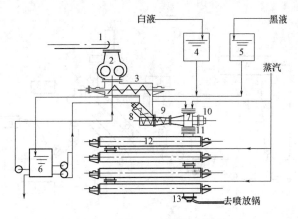

图4-17　潘地亚连续蒸煮器流程

1—输送机　2—计量器　3—双螺旋预浸器　4—白液罐　5—黑液罐　6—蒸煮液罐　7—竖管
8—顶压螺旋　9—螺旋进料器　10—气动止逆阀　11—旋转阀　12—蒸煮管　13—翼式出料器

0.46～2.78r/min，功率5.5kW。计量后的原料落入双螺旋预浸器3，同时送入蒸煮液进行浸渍。白液和黑液分别引入罐4和5，再在药液罐6混合，然后泵送到预浸渍器作预浸渍用，或直接泵送入竖管7的顶部，供蒸煮用。原料在顶压螺旋8初步压实，该螺旋螺距250mm，与水平面倾斜45°，可调速。原料再送入螺旋进料器9中经挤压，然后由螺旋末端挤入料塞管，形成密封料塞，以密封蒸煮空间的蒸煮压力，螺旋挤出的多余药液，由螺旋进料器外壳上的开孔流出。螺旋进料器的结构非常重要，螺旋的螺距及其外径与根径的锥度设计，应使螺旋槽内的原料相对运动减少到最低限度。螺旋末端有一实心轴延伸到料塞管中，用于消除形成的料塞中央部分较软的现象，防止反喷。此外，为了防止原料打滑，螺旋外壳内表面设有防滑条，螺旋与外壳防滑条间隙通常为0.8～2.0mm。在进料器料塞管对侧装有气动止逆阀10，其作用是防止反喷。因为当料塞过松时，密封不住蒸煮管的气压，就可能出现反喷现象，即料片被蒸煮管内的蒸汽反吹出来。若料塞过松，螺旋进料器的电流将低于限定值，功率变速器发出指令，气动止逆阀立即堵住出口；当料塞紧回到适当值时，气动止逆阀退回到一侧。料塞经过旋转阀11扩散落入第一根蒸煮管12，同时蒸汽直接加热升温。四根蒸煮管结构相同，管内有螺旋输送器。蒸煮器充满系数一般为0.5～0.7。成浆由最后一根管落入翼式出料器13，经可调节的喷放阀喷放到喷放锅。近几年已开始采用冷喷放，这种喷放是在最后一根蒸煮管至翼式出料器之间的竖管上注入85℃左右的稀黑液，将浆料稀释至8%左右的浓度，并保持竖管内料位稳定，利用蒸煮管压力喷放。冷喷放能提高浆料物理强度，并阻止蒸煮管内蒸汽随浆料一同进入喷放锅。

（三）斜管式连续蒸煮器

常用的斜管式连续蒸煮器是Bauer M&D，如图4-18所示。斜管式连续蒸煮器的蒸煮管一般安装成与水平线呈45°角倾斜，管内有隔板将其沿轴向分隔为两室，内装有链条刮板输送器，将从管上部进入的木片往下输送，经过底部后转入另一室，再往上输送到上部的出料口排出。这种设备有多种排列组合形式，如用单根进行液相-汽相蒸煮，生产本色浆或半化学浆。也可以使用双管，第一根管设有药液循环系统用于液相浸渍，浸渍温度为140～160℃，浸渍时间为15～35min，可直接加热或间接加热；第二根管进行汽相蒸煮，蒸煮温度为170～185℃，时间为15～25min。如果在两根管之间装设高压格仓进料器，则可进行分级蒸煮。

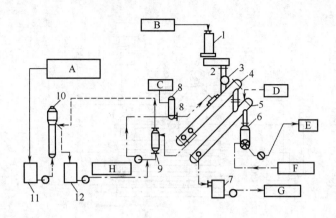

图 4 - 18 M&D 斜管式连续蒸煮器流程图

1—预汽蒸进料器　2—脱气装置　3—高压格仓进料器　4—浸渍管　5—气相蒸煮管　6—冷喷放装置
7—黑液槽　8—药液加热器　9—药液闪蒸罐　10—白液蒸发器　11—白液槽　12—浓缩后的白液槽

　　M&D 斜管式连续蒸煮器的特点是采用汽相蒸煮，浆料得率比液相蒸煮高 1%～3%，化学药品消耗也少 30% 左右。但生产能力小，单管直径最大 2.4m，需 3～5 套才达到硫酸盐法浆厂的经济规模。

第四节　蒸煮操作和蒸煮工艺条件

　　蒸煮的目的就是脱除植物纤维原料中使纤维黏结在一起的胞间层木素，使得纤维细胞相互分离，成为纸浆。在脱除胞间层木素的同时，也有一部分存在于纤维细胞壁中的木素被溶出；且不可避免地使部分纤维素和半纤维素发生降解。因此在选择蒸煮操作的方法和制定工艺条件时，必须考虑在蒸煮脱除胞间层木素的同时尽量使纤维素溶出最少，半纤维素保留更多。

　　根据所用蒸煮器的不同，蒸煮操作的方式有间歇蒸煮法和连续蒸煮法两种。

一、间歇蒸煮操作过程

　　现以木片蒸煮为例。在间歇蒸煮中，蒸煮容器装满木片和药液，然后根据预定的程序将内容物加热，加热中进行小放气（蒸球），或通过一个锅顶压力控制阀排除空气（立式蒸煮锅），升温至最高温度（一般为 170℃ 左右）时保温约 2h，以完成蒸煮反应。在蒸煮以后，内容物被排入喷放锅，此时软化了的木片解离成纤维；排出的水蒸气在热交换器中冷凝，所得热水则用于纸浆洗涤。

　　蒸煮的基本操作包括：装料、送液；升温、小放气；保温；放料等。

（一）装料、送液

1. 装料

　　装料也称装锅，有人工装锅和机械装锅两种。人工装锅通常采用药液压装法，即在装锅时，边装料边送液，借助蒸煮液的冲击作用压紧料片。机械装锅指采用装锅器进行装锅，装锅量比人工装锅高出 15%～18%，而且装料均匀。装入蒸煮器内料片重量，应根据蒸煮器的大小和单位容积装料量进行准确计量。

　　草类原料的装料通常采用预浸渍后装锅，即原料在浸渍机中与 75～90℃ 的热蒸煮液均匀混合后，再送入锅内进行蒸煮。这样既可提高装锅量又能缩短蒸煮时间，而且蒸煮均匀、粗渣少，从而提高纸浆得率和质量。

影响装锅的因素，除了装锅方法外，装锅量还与料片的长度有关，长度为 1cm 的草片较长度为 3cm 的草片，其装锅量约增加 25%。

2. 送液

送液操作的要求是，送液时间短，送液量准确。生产中应注意以下几点：

（1）蒸煮前要事先测定原料水分，根据装料量（绝干计）、用碱量、液化和原料水分确定送液量。送液与装料应互相配合，使锅内药液与料片混合均匀，以保证蒸煮均匀性。

（2）装料送液的时间不宜太长，太长的装料送液时间将使前后装锅的料片与热药液接触的时间相差大，影响蒸煮的均匀性。

（3）送液的液温要恰当，太低会影响装料量，太高也会影响蒸煮均匀性，特别是装料时间较长时，液温对蒸煮均匀性的影响更大。

（二）升温、小放气

（1）升温

装料、送液完毕，开始按照规定的蒸煮曲线升温，使锅内原料和药液的温度按工艺要求的方式升高达到蒸煮最高温度。升温的速率决定于料片吸液能力和对纸浆的质量要求，较之草类原料，木材原料浸透困难，升温速率通常较慢，升温时间较长。升温过程中力求蒸煮器内各处温度均匀。

（2）小放气

在升温过程中，通常升温到 0.25~0.30MPa 时，即停止进气，并开启放气阀门进行放气，即"小放气"操作，在压力下降到 0~0.05MPa 左右，再关闭放气阀，继续通气升温，一直到蒸煮最高压力。小放气的目的是排除蒸煮器内的空气等不凝气体，避免产生"蒸煮假压"。同时，在排气时还能引起锅内蒸煮液的自然沸腾，促进药液的循环，从而减少蒸煮锅内各部分的温度差和蒸煮液的浓度差，有利于均匀蒸煮。松木原料蒸煮小放气时除了能排除空气以外，还能排出松节油，图 4-19 是松节油的收集回收流程。

但并非所有的蒸煮都进行小放气，如许多草浆厂采用快速升温蒸煮时就不进行小放气。

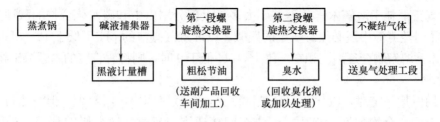

图 4-19　粗松节油收集流程图

（三）保温

保温指蒸煮锅内原料和药液的温度压力在一定的时间内保持不变。

保温时间的长短根据蒸煮的要求确定，通常取决于升温过程中非纤维素的溶出量和纸浆质量要求。如生产软浆比生产硬浆需要较长的保温时间；蒸煮草类原料时，因原料组织疏松，浸透容易，不少厂已取消保温时间。

保温操作按照规定的蒸煮曲线进行，根据需要调节好进汽阀门的开度，使蒸煮器内温度保持一段时间不变。

（四）放气和放锅

放锅也称为放料，指在蒸煮结束时，浆料排出蒸煮器的操作。放锅的方式有高压放锅、低压放锅、常压放锅等。

带压喷放具有一定的优点：①放锅时间短，有利于提高设备的生产能力；②喷放时浆料在管道中高速流动和受到剧烈冲击，有利于纤维疏解，减少浆渣；③喷放浆料浓度较高，温度也高，有利于黑液提取及碱回收；④喷放操作方便，减轻劳动强度。

带压喷放的缺点是纸浆强度均有不同程度的下降，因为高温高压喷放会损伤纤维。

二、连续蒸煮操作过程

连续蒸煮的装料、送液、升温、保温、放料等环节是自动连续进行的。在连续蒸煮过程中，木片由木片仓进入进料器，然后在汽蒸器进行汽蒸，以预热木片并排除空气和其他不凝气体。预热了的木片和蒸煮液进入连续蒸煮器，随后移动经过一个中间温度区域（115～120℃），在这个区域，药液可以很好地渗入木片中。当木片在蒸煮器内继续移动时，借药液经加热器的强制循环或借直接通汽，将混合物加热到蒸煮温度，在此温度保持 1.0～1.5h。随着蒸煮的完成，热废液被抽送到一个低压罐中，在这里产生的闪急蒸汽可用于汽蒸器。

三、碱法蒸煮工艺条件

蒸煮工艺条件主要指化学药品的组成和用量、液化、蒸煮最高温度、升温和保温时间。为了制定合理的蒸煮工艺条件，应充分了解原料品种、制浆方法、脱木素反应机理、脱木素反应历程等影响因素，并考虑有效地利用化学药品、能源和时间，提高纸浆的得率和强度等要求。

（一）蒸煮工艺参数

1. 用碱量

蒸煮用碱量的大小，主要取决于原料的种类、质量和成浆的质量要求。

一般来说，原料组织结构紧密，木素、树脂、树皮、糖醛酸基和乙酰基含量多的原料，新鲜或霉烂的原料，用碱量要相应多些。因为碱除了消耗在木素的降解溶出外，也消耗在半纤维素的降解溶出，还消耗在这些降解产物的进一步分解方面。

蒸煮后纸浆质量要求高的，如漂白化学浆，用碱量需高些。

蒸煮时真正消耗于溶解木素的碱并不太多，大部分用以中和碳水化合物的酸性降解产物。

蒸煮终了时蒸煮液中还必须有一定的残碱，以维持蒸煮液的 pH 不低于 12。pH 低于 12 时，蒸煮液中的木素溶解物会逐渐沉积在纤维上，pH 低于 9 时，则将有较多的木素溶出物沉积。

2. 液比

当蒸煮用碱量一定时，液比小，药液浓度大，蒸煮速率快，汽耗少。但液比过小，将影响到药液与原料的混合均匀性；当用立锅进行间接通汽蒸煮时，还会影响到锅内药液的循环作用。一般采用的液比，蒸球大约是 1：（2～3），立锅大约是 1：（4～5）。直接通汽，液比可以小些；间接通汽，液比必须大些。

3. 硫化度

蒸煮木材原料，特别是针叶木原料时，宜采用较高的硫化度，一般为 25%～30%。在要求深度脱木素的情况下，甚至可以用到 40%。在用碱量一定的情况下，不宜用过高的硫化度，因为硫化度的提高意味着 NaOH 的降低，NaOH 过低将难以满足脱木素的要求。

4. 蒸煮最高温度、升温和保温时间

蒸煮温度指蒸煮过程最高温度。对于木材纤维原料，蒸煮温度一般为 160～180℃。

蒸煮时间主要包括升温时间和保温时间。升温时间的长短，取决于原料的性质、生产条件等，一般多为 1.0～1.5h。若采用了预浸渍，可适当缩短蒸煮时间。保温时间的长短，则与原料的性质、用碱量、蒸煮温度及成浆的质量要求密切相关。保温的目的是使脱木素反应能充分进行，一般约为 1.5～3.0h。

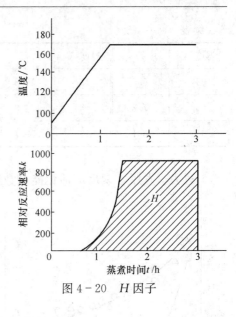

5. H 因子

加拿大制浆造纸研究所 Vroom 于 1957 年提出将蒸煮温度与蒸煮时间两个因素结合成为一个变数——H 因子，用以调整蒸煮过程，使成浆的质量控制在要求的范围之内。H 因子表示了在蒸煮过程中的相对反应速率和蒸煮时间的关系。它是以不同蒸煮温度下的反应速率对其相应的蒸煮时间所作出的曲线下的面积，如图 4-20 所示。

图 4-20　H 因子

在蒸煮过程中，对应于蒸煮温度的反应速率可按阿累尼乌斯（A rrhenius）方程式计算，也可查表得，表 4-1 是某种碱法蒸煮脱木素反应的活化能为 133.9kJ/mol 时温度与反应速率的对应值。

表 4-1　　　　　　不同温度下的相对反应速率（$E=133.9$ kJ/mol）

温度/℃	K	温度/℃	K	温度/℃	K	温度/℃	K	温度/℃	K
100	1.0	120	9.0	140	65.6	160	397.8	180	2056.7
101	1.1	121	10.0	141	72.1	161	433.4	181	2224.3
102	1.3	122	11.1	142	79.2	162	472.0	182	2404.8
103	1.4	123	12.3	143	86.9	163	513.9	183	2599.0
104	1.6	124	13.6	144	95.4	164	559.2	184	2807.9
105	1.8	125	15.1	145	104.6	165	608.3	185	3032.6
106	2.0	126	16.7	146	114.7	166	661.5	186	3274.2
107	2.2	127	18.5	147	125.7	167	719.1	187	3533.8
108	2.5	128	20.4	148	137.7	168	781.3	188	3812.8
109	2.8	129	22.6	149	150.8	169	848.7	189	4112.5
110	3.1	130	24.9	150	165.0	170	921.4	190	4434.2
111	3.5	131	27.5	151	180.8	171	1000.1	191	4779.6
112	3.8	132	30.4	152	197.4	172	1085.1	192	5150.2
113	4.3	133	33.5	153	215.8	173	1176.9	193	5547.7
114	4.8	134	36.9	154	235.8	174	1275.9	194	5974.1
115	5.3	135	40.7	155	257.5	175	1382.8	195	6431.2
116	5.9	136	44.8	156	281.2	176	1498.1	196	6921.1

续表

温度/℃	K	温度/℃	K	温度/℃	K	温度/℃	K	温度/℃	K
117	6.6	137	49.3	157	306.8	177	1622.5	197	7445.9
118	7.3	138	54.3	158	334.7	178	1756.6	198	8008.1
119	8.1	139	59.7	159	365.0	179	1901.1	199	8610.1

碱法蒸煮脱木素反应活化能的数值视蒸煮方法和原料的不同相差较大，如硫酸盐法松木浆的脱木素活化能 100~118kJ/mol；云杉木浆为 118~134kJ/mol；硫酸盐法麦草浆为 62.3kJ/mol 左右。

不同蒸煮条件下，虽然升温和保温时间不同，而且最高蒸煮温度也不同，但总的 H 因子相同，仍可制取木素含量和得率相同的纸浆，如图 4-21 所示。

为此，在生产过程中由于某种原因需要调整时，就可以按照总的 H 因子调整蒸煮时间，而保证成浆的质量，所以可以用 H 因子来控制蒸煮过程。由于 H 因子并未考虑化学药品浓度（如碱浓、硫化度等）的变化，故而有人研究建议用修改的 H 因子——Tau（T）因子来计算上述的变量，经验证明，T 因子又与卡伯价有关系，故又导出一些有关的方程式。如要付之实现，实际上还存在着一些难于控制的参数，有待进一步探索与完善。

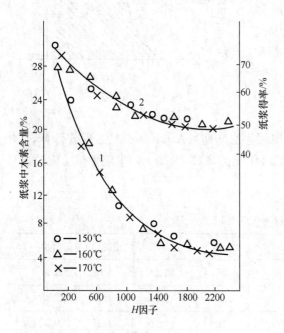

图 4-21 H 因子与纸浆得率和木素含量的关系
1—纸浆中木素含量 2—纸浆得率

$$T=\left[\frac{S}{x-S}\right]\left[\frac{EA}{L:W}\right]^{2}H \tag{4-5}$$

式中 S——硫化度，%；

EA——有效碱用量（对木材）

$L:W$——液化

H——H 因子

（二）蒸煮工艺条件示例

1. 间歇蒸煮工艺条件示例

如表 4-2 硫酸盐法针叶木浆蒸煮实例。

2. 连续蒸煮工艺条件示例

蒸煮用设备为 6 根管的潘地亚连续蒸煮器，管长 10.5m，内径 1.05m，前两根管带有碱液强制循环系统。蒸煮松木、桦木和白杨高得率化学浆的条件为：

用碱量（Na₂O）15%　硫化度20%　液比1.0∶4.5　蒸煮时间 50min 蒸煮温度180℃

蒸煮结果：松木浆得率49.2%、木素含量9.23%（对浆）；桦木浆得率51.2%、木素含量2.58%（对浆）；白杨浆得率56.0%、木素含量3.52%（对浆）。

表4-2　　　　　　　　　　硫酸盐法针叶木浆蒸煮实例

	项目	红松原木	马尾松原木及板皮	四川云杉冷杉	四川云杉冷杉	福建马尾松	福建马尾松	四川冷杉
蒸煮条件	蒸煮器形式及容积	立锅110m³	立锅110m³	立锅50m³	立锅50m³	立锅75m³	蒸球25m³	立锅75m³
	浆种	本色浆	本色浆	电容器纸浆	电缆纸浆	半漂或全漂浆	漂白浆	漂白浆
	装锅方法	蒸汽装锅	蒸汽装锅	蒸汽装锅	蒸汽装锅	蒸汽装锅	机械装锅	
	装锅密度/kg·m⁻³	185	185~190	160	180	200		160
	用碱量（Na₂O）/%	15.7	15.7~16.0	~19.5	~19.5	18~18.6	20　23　18	18.6
	硫化度/%	~20	25~30	25~30	30~35	>18	20　25	20
	液比	1.0:3.6	1.0:3.5	1.0:(4.2~4.5)	1.0:3.5	1.0:3.35	10:3.6　10:4.0　10:4.2	10:3.0
	最高温度或压力	172℃	166℃	(160±1)℃	170℃	172℃	0.7MPa	172℃
蒸煮时间（时:分）	装锅送液	0:30~0:40	0:25	1:00	1:00	0:30~0:40		0:40~0:50
	一段升温	1:00	1:00	2:00	1:30	1:20~1:30	1:50　1:00	2:00~2:30
	二段升温	1:00	1:00	1:30	1:00	1:00~1:10		
	三段升温							
	保温	0:40~0:50	0:35	2:00	1:00	1:40	3:40	2:00
	放气放锅	0:30	0:35	0:30	0:30	0:15~0:20		0:20~0:30
	全程	4:00~4:20	4:35	7:30	5:30	5:00~5:30		5:00~5:30
结果	粗浆硬度	138~145（贝克曼价）	68~76（卡伯值）	37±5（卡伯值）	41±5（卡伯值）	22~35（卡伯值）	10　18（高锰酸钾值）	14~18（高锰酸钾值）
	粗浆得率	47	47~50		45			
	浆料用途	纸袋纸	纸袋纸	电容器纸	高压电缆纸	商品浆		配抄书写纸、新闻纸

四、碱法稻麦草浆蒸煮工艺

草类纤维原料的组织结构比木材疏松，毛细管系统发达，碱法蒸煮稻麦草原料时，纤维胞间层、细胞角隅和次生壁这3个微区的木素脱除速度几乎相同。加之在蒸煮初期，大量碱易溶木素、半纤维素和LCC（木素-碳水化合物复合体，简称LCC）的溶出，扩大了毛细管的直径和数量。因此用稻麦草原料制浆时，在蒸煮后期无需像木材那样深度的化学降解作用，木素即可从细胞壁内以较大分子碎片通过孔道扩散出来。

在禾草类原料的蒸煮中，用碱量对草质量的影响敏感，如新麦草比陈麦草应增加1%的用碱量。

此外，禾草类原料中含有较多的SiO_2，蒸煮时与碱作用，生成硅酸盐溶解于黑液中，使黑液黏度增大，并容易在蒸发过程中结垢，对黑液碱回收极为不利。

草片的蒸煮可采用间歇式或连续式。

（一）草片装锅注意事项

草片的装锅，各种装锅器均可采用。由于草类原料组织结构疏松，且毛细管多而半径大，药液浸透较为容易，因此要十分注意草片与药液的混合均匀。装草最好的方法还是采用球外预浸，使草片与药液充分混合均匀后再进球。蒸煮器主要采用蒸球，并在蒸球内壁焊接若干根三角铁或金属棒，以利料片与碱液均匀混合，但效果不一定最好。

国外蒸煮草浆普遍使用转锅，它是一个像蒸球那样可以转动的蒸煮锅，容积可达$100m^3$。草浆放料的方式有无压倒料或喷放，通常采用的喷放装置为平底喷放锅。

（二）蒸煮工艺条件示例

1. 稻草蒸煮工艺条件（见表4-3）

表 4-3　　　　　　　　　　　稻草蒸煮工艺方法与技术条件

技术条件	烧碱法		烧碱亚硫酸钠	
蒸煮容积/m³	25	40	25	40
装料量风干/kg	3500～4000	6000～6500	3500-4000	6000～6500
切损/%	8～10		8～10	
用碱量（NaOH）/%	12～13		6～8	
Na₂SO₃用量/%	0		5～7	
液比	1:3		1:(2.8～3)	
蒸煮压力/MPa	0.5～0.55		0.55	
升温时间（h:min）	1:00～1:20（快速法）		1:15（快速法），0:30（普通法）	
保温时间（h:min）	1:00（快速法）		0:40（快速法），2:30（普通法）	
蒸解度（K值）	4.2～5.0		7-9　7～9	
粗浆得率/%	46～48		47～52　46～48	

2. 麦草蒸煮工艺条件（见表4-4）

表 4 - 4 麦草蒸煮工艺方法与技术条件

技术条件 工艺方法	烧碱法	烧碱蒽醌法	烧碱亚硫酸盐法	烧碱硫化钠法
蒸球容积/m³	25 或 40	25 或 40	25 或 40	40
装球量风干计/kg	3000~3300	3000~3300	3000~3300	
	6500~7000	6500~7000	6500~7000	6000
用碱量（NaOH）/%	13.0~15.0	12.5~14.5	11.5~12.5	12.5
Na_2SO_3 用量/%			2	
Na_2S 用量/%				1.5
蒽醌用量/%		0.8		0.05
液比	1：（3.0~3.2）	1：（3.0~3.2）	1：（3.0~3.2）	1：3
蒸球全程时间/h：min	5：30~6：00	5：30~6：00	5：30~6：00	6：00
其中：装料时间/min	60~70	60~70	60~70	90
空转时间/min	0~20	0~20	0~20	30
升温时间/min	60~100	60~100	60~100	90
保温时间/min	150~210（快速蒸煮 0）	150~210	150~210	120
喷放时间/min	5~10	5~10	5~10	20
最高蒸煮压力/MPa	0.55~0.60	0.55~0.60	0.55~0.60	0.60
粗浆硬度				
（KP 值）	9~13	9~12	9~12	12~14
蒸煮白液温度/℃	80~90	80~90		80
蒸煮白液浓度/（g/L）	50~70	50~70	50~70	40
粗浆得率/%	44~46	50~52	47~49	47~50
残碱/（g/L）	6~8	5~8	6~8	8~12

五、碱法竹浆蒸煮工艺

（一）竹片蒸煮的特点

1. 蒸煮方法的选择

竹材原料半纤维素含量高。蒸煮竹片时，碱法蒸煮比酸法蒸煮好；硫酸盐法蒸煮比烧碱法好，有利于多保留半纤维素。

2. 加强蒸煮液向竹片中渗透的措施

竹材中最好的纤维当属竹子茎秆的外层纤维。但竹子的茎秆外围（表皮上）有一层脂肪蜡妨碍了药液对茎秆外部组织的渗透，使得蒸煮化学药品在竹材中的渗透度低于木材。此外，竹子结构紧密，导管中储有空气，也使蒸煮液不易浸透。因此竹片蒸煮曲线必须有足够低温渗透时间；在间歇蒸煮中还可采用多次排气，以逐出毛细管中空气。如采用汽蒸排气法，即反复数次进行进气、排气，然后送蒸煮液。可缩短浸透和蒸煮时间，改进蒸煮均匀性，并提高蒸煮得率。

（二）蒸煮工艺条件示例

1. 蒸球蒸煮（见表 4-5）

表 4-5　　　　　　　　　　　　硫酸盐法竹浆蒸煮实例（蒸球蒸煮）

		软浆							硬浆
		蔥竹黄蔥	慈竹、白夹竹	慈竹	青山竹	脱青楠竹	脱青楠竹	小杂竹	脱青嫩蔥竹
蒸煮条件及结果	蒸球容积/m³	40		25				25	40
	装锅量（风干）/(kg/m²)	175		200				192	166.6
	用碱量（NaOH）/%	18~20	25~26	20	21.3~21.9	26	22~23	18~19	15~16
	硫比度/%	20~25	20	20	30		25	20	28
	液比	1:2.3	1:2.5	1:2.1	1:2.4	1:(3.0~3.3)	1:2.6	1:2.2	1:2.6
	升温压力/kPa						0→98		0→411.6
	时间/(h:min)			2:50	1:40		1:00	2:10	1:00
	低压渗透压力/kPa	245	490		294	196	98→196	294	411.6→548.8
	时间/(h:min)	1:00	2:30		2:30	3:00	0:30	2:00	0:45
	最高压力/kPa	637	637~686	548.8	637	637	656.6	588	548.8
	保温时间/(h:min)	2:30	2:30~4:00	2:00	1:30	3:30	3:00	3:00	1:20
	粗浆得率/%	42~43	42~48	57.8		49~51		42~44	62.9~63.4
	粗浆硬度（高锰酸钾值）	9~12	9~13	10~11	12~15	8~12	7~9	16~18	32~35
浆料质量	漂率/%	4~6	6~8	4		6~7	4.0~4.5		
	白度/%	约75	80	75~80		80	83		
	打浆度/°SR	60~65	44~48	71~73		84~86	45±2		29~33
	纤维长度/mm		0.9~1.0	1.02~1.12		1.05~1.15	0.82~0.86		1.7~1.9
	湿重/g	5.5~6.0	5~7			5.5~6.5	4.0±5		
配比和用途	浆料配比/%	竹浆100	竹浆60 龙须草浆40	竹浆100		竹浆100	竹浆50 麦草浆50		竹浆50 木浆50
	生产纸种	打字纸	胶版纸、书写纸	打字纸	打字纸、书写纸	2#拷贝纸	书写纸		纸袋纸

2. 立锅蒸煮（见表 4-6）

表 4-6　　　　　　　　　　　　硫酸盐法竹浆蒸煮实例（立锅蒸煮）

项目	老竹	嫩竹	老竹、杂竹混合
蒸煮锅锅容/m³	75	75	75
装锅量/（绝干 kg/m³）	213.3~226.6	133.3~160.0	220.6~266.6
用碱量（NaOH+Na₂S）/%	20~22	17~18	20~22
硫化度/%	15~20	15~20	20~25
液比	1.0:(2.8~3.0)	1.0:(3.5~3.7)	1.0:(2.6~2.8)
蒸煮最高温度/℃	165±2	165±2	165±2
蒸煮最高压力/kPa	—	—	637
加热方式	间接加热辅以直接加热	间接加热辅以直接加热	间接加热辅以直接加热

续表

项目		老竹	嫩竹	老竹、杂竹混合
蒸煮时间	装锅时间/（h：min）	0：20	0：20	0：25
	升温时间/（h：min）	2：30	2：00	2：00
	保温时间/（h：min）	2：30	2：00	2：00～2：30
	放气时间/（h：min）	0：10	0：10	
	放锅时间/（h：min）	0：20	0：20	0：25
粗浆高锰酸钾值		10～14	8～12	10～15
粗浆得率/%				40～44
漂浆得率/%				35
浆料用途		半漂浆配抄新闻纸，全漂浆配抄书写纸和凸版纸		

3. 横管连续蒸煮（见表 4－7）

表 4－7　硫酸盐法竹浆横管连续蒸煮实例

原料：黄竹、苦竹、粉丹竹、吊丝竹等混合杂竹					
蒸煮管	4 根，内径 1050mm，每管有效长 8900mm	液比	1.0：（2.5～2.7）	粗浆硬度（$KMnO_4$ 值）	14～18
进料量/（kg/min）	160（绝干）	蒸煮压力/kPa	588～637	粗浆得率/%	48～49
用碱量（NaOH）/%	20.00～23.22	蒸煮温度/℃	158～164	漂后浆得率/%	40～41
硫化度/%	15～19	蒸煮时间/min	45		

六、碱法蔗渣浆的蒸煮工艺

（一）蒸煮工艺流程

1. 间歇蒸煮生产流程（见图 4－22）
2. 连续蒸煮生产流程（见图 4－23）

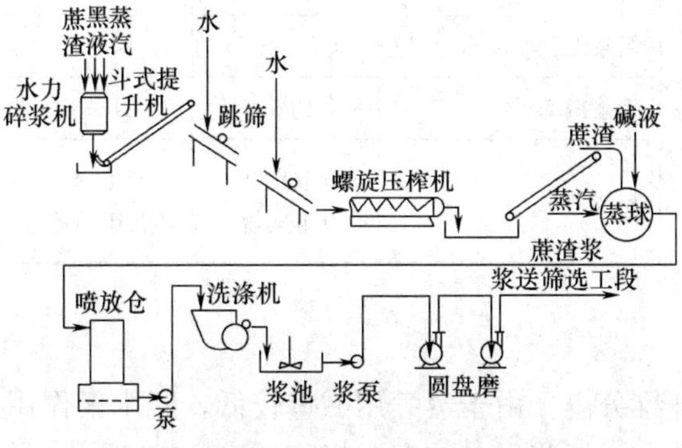

图 4－22　黑液预煮湿法除髓间歇蒸煮生产流程

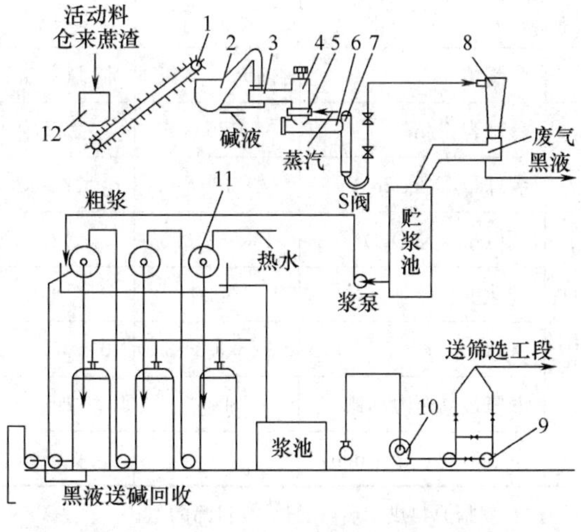

图 4－23　黑液预煮湿法除髓间歇蒸煮生产流程

1—刮板运输机　2—预浸渍机　3—螺压机　4—立式螺旋推进器　5—格仓加料器　6—卧式螺旋管　7—立式蒸煮管　8—分离器　9—ϕ 300 盘磨机　10—ϕ 500 盘磨机　11—真空洗浆机　12—双辊齿式计量器

（二）蒸煮工艺条件

1. 间歇蒸煮工艺技术条件

（1）蒸球蒸煮化学浆（见表 4-8 和表 4-9）

表 4-8　　　　　　　　　　　蒸球蒸煮蔗渣化学浆的工艺条件

项　目　　　　　指标　　　厂别	甲	乙	丙
蔗渣除髓率/%	含髓率<9%	39	31.7
蒸球容积/m³	22.5	40	25
装锅量/（绝干 kg/球）	2800	4600～4700	2800
用碱量（NaOH）/%	12～15	15	15
硫化度/%	Na₂S 2%～3%	15～20	Na₂S 1%
液比	1.0：(2.8～3.2)	1.0：(2.8～3.0)	1.0：(2.8～3.0)
蒸煮压力/MPa	0.55	0.6	0.6
蒸煮时间/（h：min）　升温	1：00～1：20	1：30	1：20
保温	0：40～1：00	0：40	1：00～1：30
粗浆硬度（KMnO₄ 值）	8.5～11.5	8.5～12.5	10～14
黑液残碱/（g/L）	3～7	<8	10
粗浆得率/%	50	55～57	

表 4-9　　　　　　　　　　漂白碱法蔗渣浆间歇蒸煮工艺条件

		硫酸盐法	烧碱法			硫酸盐法	烧碱法
原料质量	贮存时间	两个月以上	3 个月以上	蒸煮条件及结果	其中：装料	—	1：20
	水分/%	25 以下	25 以下		空转		0：10
	除髓情况	含髓率 * 7% 以下	除髓率 36%		升温	1：30	0：40
蒸煮条件及结果	蒸球容积/m³	25	25		保温	0：40	0：30
	装球量/（kg/m³）	120	112～120		喷放	—	0：30
	用碱量（NaOH）/%	15.5～16.5	12.0		黑液残碱/（g/L）	4～6	1.0～2.0
	硫化度/%	约 20	0		粗浆硬度（KMnO₄ 值）	8.5～10.5	10～12
	液比	1.0：(3.2～3.5)	1.0：(5.5～6.0)		粗浆得率/%	约 50	54～57
	蒸煮最高压力/kPa	490	490		粗浆外观	分散良好，无粗红条	颜色浅，粗条手捻即散
	蒸煮时间/（h：min）	—	3：10				

注：＊指原料烘干后，通过 40 目筛的量。

（2）蒸球蒸煮半化学浆（表 4-10）

蔗渣先经温和的化学处理，再用机械方法使纤维分离。由于蒸煮用碱量较低，脱木素作用较温和，因此保留的木素较多，半纤维素的溶出较少，纸浆得率较高，粗浆硬度也较高。

表 4 - 10　　　　　　　　　蔗渣半化学机械浆的蒸煮工艺条件

项目＼厂别		甲	乙	丙
	除髓情况	黑液含残碱 1.68～3.68g/L 预煮时间：0：40～0：50 液比 1：（8～12）	未经除髓	经糖厂初步除髓，除髓率 20% 左右
蒸煮条件	用碱量（NaOH）/%	9	9	8.4～9.2
	硫化度/%	—	15	—
	液比	1：5	1.0：2.5	1.0：3.2
	最高压力/（MPa）	0.4	0.6	0.6 或 0.7
	时间或蒸煮曲线 ［压力（MPa）$\xrightarrow{时间}$］	升温 0：40 保温 1：00	$0\xrightarrow{0:05}0\xrightarrow{0:30}0.6$ $0\xrightarrow{2:00}0.6\xrightarrow{0:15}0$	①$0\xrightarrow{0:40}0.6\xrightarrow{1:20}0.6$ ②$0\xrightarrow{0:50}0.7\xrightarrow{0:50}0.7$
蒸煮结果	卸料方式		倒料	喷放
	粗浆硬度（KMnO₄ 值）	16～19	31～35	20
	残碱/（g/L）		～0.5	0.5～3.0
	粗浆得率/%	65 以上（对湿后除髓 后绝干蔗渣）	～62	～60
磨浆条件	浓度/%	3.5～4.0	3.5～4.0	3.0～3.2
	磨后打浆度/°SR	22～30	28～30	28～32

2. 连续蒸煮工艺技术条件

（1）连续蒸煮化学浆（表 4-11 和表 4-12）

表 4 - 11　　　　　　　　　连续蒸煮蔗渣化学机械浆的工艺条件

项目＼厂别	甲	乙	丙
蔗渣除髓情况	含髓率＜60%	除髓率＞25%	除髓率＞35%
用碱量（NaOH）/%	12～14	10～12	11～12
碱液温度/℃	80～90	90 以上	常温
预浸时间/s	60	45	
蒸煮液比	1.0：（2.8～3.2）	1.0：（1.5～2.8）	1：4
蒸煮压力/MPa	0.40～0.45	0.20～0.28	0.4
蒸煮时间/min	40～45	30～35	45
粗浆硬度（KMnO₄ 值）	10～14	10～14	14
粗浆得率/%	53.3～56.7	54～58	61
黑液残碱/（g/L）	2～5	6～8	8

注：液比从螺压机出口处计，蒸煮时间指浆料在立管中停留时间。

（2）连续蒸煮半化学浆

蔗渣造纸普遍存在纸质脆硬、透明度大等缺点。利用蔗渣半化学浆造纸，可以部分地克服这些缺点，且粗浆得率高，滤水性好。表4-13为国内某厂连续蒸煮半化学浆的工艺技术条件。

表4-12　蔗渣碱法连续蒸煮工艺条件

蔗渣除髓率/%	45.7～51.6
喂料前水分/%	48～52
用碱量（对风干除髓蔗渣）/%	9.5～10.5
液比	1：（2.8～3.0）
蒸煮压力/kPa	294.3～392.4
蒸煮温度/℃	125～135
蒸煮时间/min	55
粗浆得率/%	53.7～56.0
粗浆硬度（KMnO$_4$ 值）	10～12

表4-13　蔗渣连续蒸煮半化学浆的工艺条件

用碱量（NaOH）/%		10.5～12.0
蒸煮压力/MPa		0.20～0.25
预浸条件	碱液温度/℃	80～90
	时间/min	1
蒸煮时间/min		25～30
蒸煮液比		1.0：（2.8～3.2）
粗浆硬度（KMnO$_4$ 值）		16～18
粗浆得率/%		68
磨浆条件	浓度/%	4～5
	磨后打浆度/°SR	20～25

七、碱法苇浆的蒸煮工艺

（一）蒸煮工艺条件的讨论

1. 原苇质量的影响

生长成熟的老荻苇的制浆性能优于生长不好的幼小毛苇。因为小毛苇的品质与苇叶相似，即纤维素含量少，而聚戊糖含量高（半纤维素多）。故小毛苇用碱量高，粗浆硬度高，粗浆得率低，漂白用氯量很高；造成小毛苇和苇叶制浆成本高，而纸浆白度低，尘埃度很高；同时由于细小纤维、杂细胞含量多，抄造时易糊网黏辊。

2. 装锅量的影响

装锅量直接影响碱比的准确性和各项消耗指标。实践经验证实，地磅计量准确度很差，宜采用容积计量和电子秤多种方式相结合的计量方法。装锅量（风干）最大 190 kg/m³，一般 160 kg/m³。装锅量（风干）低于 140 kg/m³，消耗上升；装锅量（风干）高于180 kg/m³，锅内没有一定的空间，进气困难，排气也困难，容易出现质量问题。

3. 用碱量的影响

用碱量是决定蒸煮质量的主要因素。低碱比长时间蒸煮，虽然能成浆，但粗浆硬度高，在漂白时必然多耗氯。高碱比短时间的快速蒸煮，成浆质量好，漂白耗氯低，且蒸煮后黑液残碱偏高，有利于黑液提取和碱回收。

蒸煮苇浆适宜的硫化度为 10%～25%。

4. 液比的影响

蒸煮的液比太小，蒸煮液的浓度虽然高一点，有利蒸煮液对料片的渗透，但料片与碱液难以混合均匀，会出现较多的未蒸解苇片，有时浆料太干，不易喷放。液比过高，蒸煮液浓度下降，影响制浆速率，而且增加汽耗，液体占去锅的容积，相应降低了装锅量。工厂的生产实际是：用立式蒸煮锅蒸煮，液比宜在1：（4.0～4.2）；蒸球蒸煮，液比宜在1.0：（2.5～2.8）。

5. 蒸煮温度和蒸煮时间

草类原料适合快速蒸煮和连续蒸煮，在碱比适当的条件下，荻苇蒸煮快速直接升温（1：00～1：30)至最高温度，一旦达到纤维分离点，立即喷放，可获得纤维破坏少，质量好的浆料。蒸煮苇浆的最高温度一般为 150～155℃。

6. 添加蒽醌对蒸煮的影响

研究表明，在芦苇、荻、芒秆等原料的烧碱法蒸煮中添加蒽醌，能缩短蒸煮时间、提高得率，对硫酸盐法蒸煮则效果不大。

（二）蒸球蒸煮技术条件（表 4－14 和表 4－15）

表 4－14　　　　　　　　　　　蒸球蒸煮技术条件

蒸煮方法	烧碱法	硫酸盐法	蒸煮方法	烧碱法	硫酸盐法
装球量（风干）/（kg/m³）	140～160	140～160	空运转	0：30	
碱比（对风干）以 Na_2O 计			低压进汽	0：30	
总碱计（Na_2O）/%	13	13	低压保温	2：00	
硫化度/%	0	10～20	排气	0：05	
液比	1.0：（2.5～2.6）	1.0：（2.5～2.6）	高压进汽	0：30	
低压/（MPa）	0.3～0.4		高压保温	3：00	
高压/（MPa）	0.5～0.6		排气降压	1：00	
蒸煮周期/（h：min）			倒球	0：15	
装料	1：30		合计	9：20	

表 4－15　　　　　　　　　　　荻苇低温快速蒸煮

项目	旧工艺	新工艺	旧工艺	新工艺
装锅量/（风干 kg/m³）	160	168	154	168
烧碱用量/%	14	12.5	15	15
硫化碱用量/%	/	/	3	/
蒽醌用量/%	/	0.04	/	0.05
液比	1.0：3.0	1.0：2.8	1.0：3.0	1.0：3.0
蒸煮全程时间/（h：min）	4：20	2：15	6：30	3：30
蒸煮最高压力/（MPa）	0.56	0.47	0.61	0.56
粗浆硬度（$KMnO_4$ 值）	8～12	10～13	7～9	10～12
生片率/%	/	/	<2	<2
残碱/（g/L）	10～13	9～12	—	15
粗浆得率/%	49	53	52	58

（三）蒸锅蒸煮技术条件（表 4－16）

表 4－16　　　　　　　　　　　蒸锅蒸煮技术条件

蒸煮方法	烧碱法	硫酸盐法	蒸煮方法	烧碱法	硫酸盐法
装锅量（对风干）/（kg/m³）	150～165	150～165	最高压力/MPa	0.40～0.60	0.40～0.60
碱比（对风干）Na_2O 计			最高温度/℃	150～155	150～155
总碱/%	13～14	12～13	升温时间/（h：min）	1：30～2：00	1：30～2：00
硫化度/%	0	15～20	保温时间/（h：min）	0～0：30	0～0：30
液比	1：3.5～1：4.0	1：3.5～1：4.0	喷放时间/（h：min）	0：10～0：15	0：10～0：15

（四）横管蒸煮技术条件

用碱量（Na$_2$O 对绝干料）：11％～12％　　　低压蒸汽用量（对绝干浆）：0.6～0.8t/t

碱液浓度（Na$_2$O）：80～90g/L　　　　　　电能消耗（对绝干浆）：80～85kWh/t

碱液温度：80℃　　　　　　　　　　　　　冷喷放用黑液温度：40～45℃

液比：1.0∶3.9　　　　　　　　　　　　　冷喷放浆料温度：90～95℃

喂料器压榨干度：40％～45％　　　　　　　冷喷放时浆料浓度：5.0％～5.5％

蒸煮管苇片充满系数：75％　　　　　　　　粗渣率（生片率）：1.0％以下

蒸煮压力：0.6～0.7MPa　　　　　　　　　粗浆硬度（卡伯值）：15～17

蒸煮时间（h∶min）：0∶25～0∶30　　　KMnO$_4$ 值：11～13

高压蒸汽用量（对绝干浆）：1.1～1.2t/t　　粗浆得率：52％±2％

八、碱法棉浆的蒸煮工艺

（一）棉短绒碱法制浆流程（图 4－24）

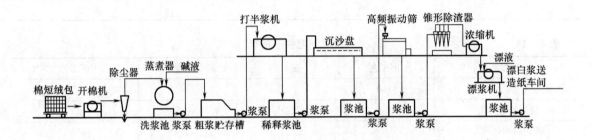

图 4－24　棉短绒碱法制浆流程图

（二）破布类碱法制浆流程（图 4－25）

（三）棉类原料的蒸煮工艺

1. 蒸煮操作应注意的问题

棉短绒蒸煮的主要目的是除去棉纤维中的油类、脂肪、果胶以及棉壳等少量木素和其他杂质。由于棉绒中果胶等在高温下与碱反应生成褐色物质会吸附在棉浆的表面，因此棉短绒碱法制浆前应加强原料净化，通常采用热碱液预浸渍，浸渍后经螺旋挤压，滤去剩余碱液，再装入蒸球进行蒸煮。并且采用高温高碱蒸煮工艺，需要较长的保温时间。

破布的蒸煮采用烧碱石灰法，烧碱可去油污，石灰用于脱色。对于难漂的破布应用还原蒸煮法，即用石灰-纯碱加还原剂如 Na$_2$S、Na$_2$SO$_4$、Na$_2$S$_2$O$_3$、Na$_2$S$_2$O$_4$ 等。对于深色剪口布可用氧化蒸煮法，即用石灰-纯碱加氧化剂如漂粉等。由于布类原料在蒸煮中不能分丝，故蒸煮后的放料只能采用无压倒料方式。

2. 蒸煮工艺条件实例（表 4－17）

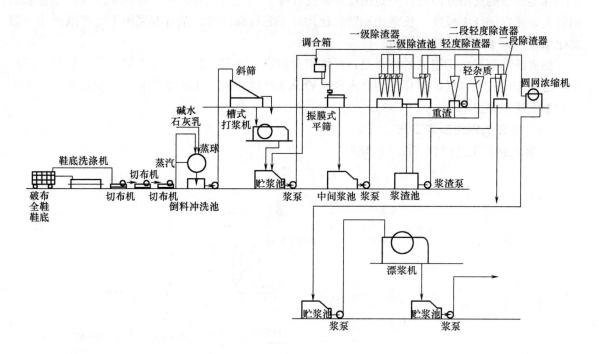

图 4-25 破布、全鞋、鞋底制浆流程图

表 4-17　棉纤维原料蒸煮技术条件

原料		棉短绒	古棉	新白布料	新色面料	新色面料（难漂）	破布鞋帮	全鞋鞋底
装锅方式		预浸渍	机械	机械	机械	机械	机械	机械
装锅量(风干)/(kg/m³)		150~160	130~140	150~170	150~170		180~200	250~280
药品用量/%	NaOH	3~5	5~6	3				
	Ca(OH)₂				25	20	13~17	13~17
	Na₂CO₃				5		3~6	3~5
	漂粉				3			
	Na₂S					6		
液比		1.0∶(2.2~3.0)	1.0∶2.5	1.0∶2.5	1.0∶3.5	1.0∶4.0	1.0∶(2.0~2.5)	1.0∶(2.0~2.5)
最高压力/MPa		0.45~0.50	0.5	0.5	0.45	0.41	0.45	0.4~0.5
保温时间/h		1∶30~2∶00	2∶00~3∶00	5∶00	6∶00	6∶00	5∶00~8∶00	4∶00~6∶00
粗浆得率/%		82~87	80~85	90~95	90~95		80~85	70~78

九、碱法麻浆的蒸煮工艺

麻类纤维的使用分两类，一是用皮即韧皮纤维，二是用全秆。麻全秆的麻皮和秆芯性质差别较大，韧皮部纤维长度、长宽比和壁腔比均高于芯秆部纤维。全秆麻浆用于生产纸板或一般文化用纸，属于发展性使用原料。

韧皮纤维原料化学组成的特点是：纤维素含量高，木素含量较低以及果胶质含量高。韧皮部纤维长度比针叶木低，但高于阔叶木和一般草类纤维原料。用于生产高级工业用纸，也是生产卷烟纸的主要原料。

（一）麻皮的碱法制浆工艺

1. 麻皮制浆工艺流程（图 4-26）

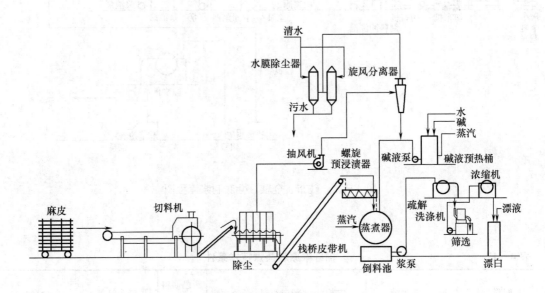

图 4-26　麻皮制浆流程图

2. 麻皮切料质量要求

红麻韧皮部占全秆的 35%～42%，麻皮、桑皮和构皮等韧皮类纤维原料，主要经过切断和筛选除尘工序，切麻（皮）机与切草机基本相同，只是喂料辊为细横条圆辊，便于压送麻料、皮料等长纤维原料，避免缠辊。麻皮切料的质量要求如下：

①新旧原料分开使用；②原料不得发霉变质；③对麻皮原料在切料前先进行人工挑选，其麻骨含量不超过 0.5 g/kg，杂物含量不超过 1.0 g/kg；④原料水分不大于 20%；⑤切料长度 25～45 mm；⑥切料合格率 90%。

3. 新麻及废麻蒸煮工艺实例（见表 4-18）

（二）红麻全秆的制浆工艺

1. 红麻全秆制浆工艺流程（见图 4-27）

2. 红麻全秆备料注意事项

红麻原料切料采用辊式切草机，不宜选用风送、风选和螺旋输送器，采用皮带运输机和圆筛等设备较为适宜。切料时红麻水分大容易造成皮秆分离，麻皮切不断。水分偏低备料工段粉尘严重，因此应建立有效的除尘设施。

表 4-18　麻类原料蒸煮技术条件

原料	新苎麻	新大麻	新黄麻	生麻绳头	大麻绳头	黄麻绳头	黄麻麻袋	青麻绳头	刮皮麻
装锅方式	机械	机械	机械	机械	机械	机械	机械	机械	机械
装锅量（风干）/(kg/m³)	150~160	140	150~160	150~160	140~150	150~160	150~170	170	
药品用量/% NaOH	5~7		3~5	11		3~5	1~2	2~3	6
药品用量/% Ca(OH)₂		16			15~16				
药品用量/% Na₂CO₃		12			10				
药品用量/% Na₂SO₃	15~17		15~17			15~16	15	15	16
药品用量/% Na₂S	1.5		1.5						
液比	1.0:2.0	1.0:2.0	1.0:(2.0~2.5)	1.0:2.0	1.0:2.0	1.0:2.0	1.0:(2.0~2.5)	1.0:2.5	1.0:2.0
最高压力/MPa	0.50~0.55	0.50~0.55	0.50~0.55	0.55	0.50~0.55	0.55	0.50~0.55	0.5	0.55
保温时间/h	7~9	9~10	7~9	10	6~7	9~10	7~9	7~8	9
粗浆得率/%	大于50		大于50	大于50	80~85	大于50	65~70	75~80	大于50
粗浆高锰酸钾值	8~10	14~18	18~22	8~12	4~7	20~22	16~20	16~18	21.9
蒸球容积/m³			14				25		
装锅/(h:min)			0:40				1:00		
空转/(h:min)			0:15				0:15		
升温/(h:min)			0:50				1:00		
小放气/(h:min)			0:05				0:05		
保温/(h:min)			6:00~10:00				6:00~10:00		
大放气/(h:min)			0:40~1:00				1:00		
放料/(h:min)			0:20				0:30		
全程/(h:min)			8:45~13:05				9:45~13:45		

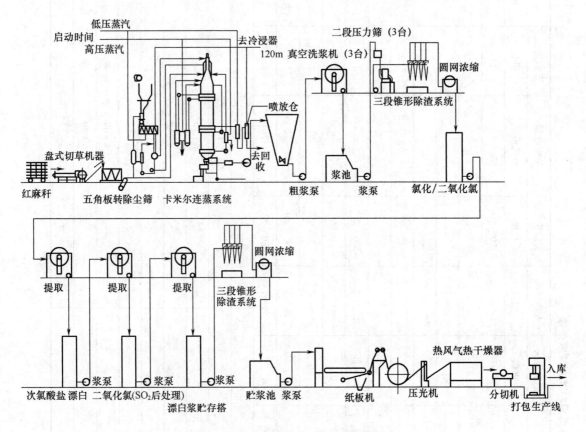

图 4 - 27　红麻全秆硫酸盐制浆流程图

3. 红麻全秆碱法蒸煮工艺实例

红麻全秆的木素含量比木材低，但较一般草类原料难脱除。宜采用烧碱蒽醌法或硫酸盐法蒸煮，可生产未漂浆、半化浆或漂白浆。

如某厂红麻全秆制浆，所用原料中韧皮占 42%，芯子占 50%，其余部分为根尖，蒸煮时去根去尖。蒸煮工艺条件（见表 4 - 19）

表 4 - 19　　　　　　　　　　　　　　红麻全秆蒸煮技术条件

切料长度/mm	20～25	蒽醌用量/%	0.11	黄浆打浆度/°SR	25
装球容积/m³	25	升温时间/（h∶min）	0∶30	漂白浆打浆度/°SR	35
装球量（风干）/kg	2000 左右（二次装球）	保温时间/（h∶min）	2∶30～3∶00	得率/%	40.5
用碱量（以 NaOH 计）/%	22～23	三段漂总漂率/%	13.5		

十、技术经济指标示例

(一) 备料

某厂的竹材原料备料工艺技术指标如表 4 - 20 所示。

表 4-20 原料场与备料车间主要工艺技术指标

序号	指标名称	数量	备注	序号	指标名称	数量	备注
1	年工作日/d	340			水分/%	40	
2	日工作时间/h			5	竹片堆场		
	其中,原料场	18			竹片堆场数量/座	2	
	备料车间	24			竹片堆场容积/(m³/座)	55000	
3	原料场/ha	18			竹片堆场贮量/t	22000	
	原竹堆存指标/(t/ha)	5200	以40%水分计		竹片贮存天数/d	15	风干
	原竹贮存天数/d	46		6	每日为制浆提供合格竹片量/t	1464	风干
	原竹贮存量/t	102000	以40%水分计	7	竹片规格		
4	原竹质量				长度/mm	10~30	
	密度/(g/cm³)	0.6~0.9					

(二)装锅量

1. 蒸球单位容积装锅量如表 4-21 所示

表 4-21 蒸球单位容积装锅量 单位:kg绝干料片/m³

原料品种	装锅量	原料品种	装锅量	原料品种	装锅量
红松	150~155	蔗渣	90~100	破布	150~170
脱青竹	140~155	棉秆	200	鞋底	200~230
龙须草	150~160	稻草	120~150	旧鱼网	186~206
荻	140	麦草	120~150		

2. 立锅单位容积装锅量如表 4-22 所示

表 4-22 立锅单位容积装锅量 单位:kg绝干料片/m³

原料品种	装锅量	原料品种	装锅量	原料品种	装锅量
红松	150~190	马尾松	150~160	蔗渣	100
白松	150~190	芦苇	140	楠竹	180~200

(三)硫酸盐法苇浆原材料及动力消耗指标

某厂生产高档芦苇漂白浆的原材料及动力消耗指标如表 4-23 所示。

表 4-23 制浆车间主要原材料及动力消耗指标

序号	名称	单位产品消耗指标	备注	序号	名称	单位产品消耗指标	备注
1	芦苇	2.5t	风干	3	电	420kW·h	
2	水	130m³		4	蒸汽	3.0t	

第五节 化学制浆技术的改进与发展

碱法蒸煮存在的普遍问题是碱耗较高、成浆得率较低,同时对环境的污染较为严重。因此，高得率、无污染、低能耗的制浆方法是蒸煮技术研发的方向。

（一）碱法蒸煮操作的技术改进

1. 传统间歇式硫酸盐法蒸煮的技术改进

近年来，传统的间歇式蒸煮技术在国外获得了重要的改进，在新建新系统中或老厂的更新改造中，这些改进措施迅速地被采用。如快速热置换蒸煮（Rapid Displacement Heating，简称 RDH）是美国 Beloit 公司开发的新技术，目的是生产低硬度和低汽耗的纸浆。该项新技术只是增加了设备和工序，并不延长蒸煮周期；已在美国、加拿大、芬兰和中国台湾一些纸厂使用。我国的广宁竹浆厂也采用了这项技术。

RDH 技术的操作周期示于图 4-28。

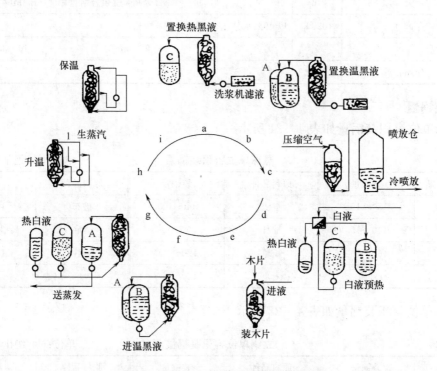

图 4-28　RDH 制浆系统的操作周期

2. 真空-压力浸渍技术（尚处于研究阶段）

蒸煮化学反应是从蒸煮液与料片一接触就会开始的，因此促使蒸煮液向料片中快速渗透是保证蒸煮均匀性的关键。

真空-压力浸渍技术利用压强的变化来加快药液向料片的渗透速率，即首先在真空状态下，利用负压效应最大限度地排除原料中的水分和气体，使其组织变得疏松，然后将经过净化的高浓浸渍液加入浸渍容器中，利用大的压力差和正压产生的效果加速浸渍液向被浸渍物料内部的渗透和扩散。

（二）添加助剂的碱法蒸煮技术

为了加快脱木素速率、保护纤维素和半纤维素使之少受降解，可以在蒸煮时添加一些助剂，从而提高蒸煮得率。有添加无机氧化性助剂（如多硫化钠 Na_2S_2，Na_2S_3，Na_2S_4）或有机氧化性助剂（如蒽醌 AQ）；也有添加无机还原性助剂（如硼氢化钠 $NaBH_4$）或有机还原性助剂（如胺类化合物，乙二胺 EDA 等）；还有采用助剂预处理（如 H_2S 预处理原料，可减少碱法蒸煮中半纤维素的溶解。预处理需要的 H_2S 可用绿液通入 CO_2 产生），或者采用紫外线照射预处理，或者在蒸煮时通氧等方法。这些蒸煮助剂的添加，有些对加快脱木素速率有帮助，有些对保护碳水化合物有帮助，有些则兼而有之。

1. 氧碱法制浆

氧碱法制浆是适合草类原料的一种环保型制浆方法，可消除硫酸盐法蒸煮时的废气污染，也可减少硫对水质的污染。氧碱法漂白已经得到工业应用，但氧碱法蒸煮，国内外尚只有少数草浆厂采用。

分子氧可以作为脱木素的蒸煮剂，但由于分子氧不是选择性的氧化剂，因此在脱木素的同时，对纤维素和半纤维素也进行氧化降解。由于氧碱漂白在添加保护剂的条件下获得了成功，因此也有可能在添加保护剂的条件下获得氧碱法蒸煮的成功。此外，由于氧分子脱木素的作用是多相化学反应过程，即氧分子是从气相扩散至液面然后进入料片中与木素反应，故处理时间较长，如何才能制取均一的浆料也是有待研究的问题。

2. 碱-蒽醌法制浆

目前使用最多的有机助剂是蒽醌及其类似物。添加蒽醌是 20 世纪 70 年代的新方法。蒽醌的作用首先是氧化碳水化合物的还原性末端基，使之变成羧基从而避免剥皮反应，蒽醌本身则还原为蒽氢醌（AHQ 或 H_2AQ）。在碱性溶液中，蒽氢醌与木素反应，促使酚型 β-芳基醚连接断裂，起到 Na_2S 的作用。经过与木素的反应，使 AHQ 氧化成为 AQ，又可进行下一个氧化、还原的循环反应。这样的氧化还原作用，既保护了碳水化合物，提高了得率，又促进了脱木素反应，可代替 Na_2S 进行无 Na_2S 的硫酸盐法蒸煮。

蒽醌的用量与制浆方法、原料品种及浆料要求有关。一般来说，烧碱法蒸煮液碱性较强，易使蒽醌还原为蒽氢醌，故用量较少，最低用量只需 0.001%。硫酸盐法中用量为 0.025%。蒸煮针叶木时，蒽醌的用量为 0.05%～0.2%；阔叶木用量为 0.01%～1.0%；草类原料用量在 0.05% 以下。

除了蒽醌以外，四氢蒽醌是比蒽醌效果更好的蒸煮助剂。这是因为四氢蒽醌能溶于碱液中达到与原料均匀混合，使蒸煮得率比用蒽醌高。添加蒽醌可以不用或少用硫，但蒽醌的回收还不能解决，对黑液回收也有一定的影响。

3. 在硫酸盐法蒸煮前采用紫外线照射预处理

用紫外线照射时，稳定了碳水化合物的还原性末端基，从而减少了剥皮反应。

（三）化学制浆技术的发展

从节约能源和减少环境污染角度出发来开发新型制浆技术，是造纸工业符合生态平衡的需要，也是化学制浆技术改进的方向。

1. 生物制浆

生物制浆是利用微生物所具有分解木素的能力，来除去制浆原料或纸浆中的木素，使植物组织与纤维彼此分离制成纸浆的过程。由于生物制浆所用的微生物菌株必须具备繁殖速率快、分解木素能力极强、尽可能少分解或不分解纤维素等特点，而目前从自然界分离得到的白腐菌菌株以及经过诱变处理选育得到的木素降解酶产生菌等，降解木素能力还远没有达到生物制浆过程的要求。因此，借助于微生物或者微生物所产生的酶的作用，进行生物预处理，再与相应的制浆过程相结合而生产纸浆的过程，目前称为生物法制浆。

近年来生物法制浆研究取得进展的主要有生物机械制浆（BMP）、生物化学机械浆（BC-MP）以及韧皮类纤维原料的生物制浆等。

2. 溶剂法制浆

有利于环境保护的化学制浆方法目前主要是无硫制浆法，即蒸煮药品中完全不含硫。现已发明的多种无硫制浆法中，有机溶剂法取得了明显的进展。可以用来制浆的有机溶剂主要有以下几类。

(1) 醇类溶剂：①甲醇；②乙醇；③丁醇。

(2) 有机酸类溶剂：①甲酸；②乙酸；③甲酸＋乙酸；④甲醇＋乙酸。

(3) 酯类溶剂：①乙酸乙酯；②乙酸乙酯＋乙酸＋乙醇。

(4) 酚类溶剂：苯酚。

上述溶剂容易取得，价格低廉。除了上述溶剂外，还可以采用其他溶剂。溶剂制浆也可以添加催化剂，如添加无机酸、无机碱或无机盐等，有时也添加助剂蒽醌。

思 考 题

1. 经过贮存的稻麦草质量优劣对蒸煮用碱量有何影响？

2. 蒸煮液比的数值受哪些因素影响？

3. 改变蒸煮温度与时间，为什么需要计算 H 因子？

4. 采取哪些措施可以提高蒸煮均匀性？

5. 蒸煮升温过程受哪些因素影响？

6. 蒸球的放料方式有哪几种？各有何优缺点？

7. 蒸球采用全压喷放浆料，应注意哪些事项？

8. 料片规格的确定需考虑哪些因素？

9. 试述芦苇制浆的特点和蒸煮工艺条件。

10. 比较芦苇制浆，蔗渣制浆有哪些特点？

11. 试述针叶木制浆的特点和蒸煮工艺条件。

第五章　亚硫酸盐法制浆

知识要点：亚硫酸盐法制浆的特点、应用；亚硫酸盐法制浆理论：制浆过程的主要化学反应、影响制浆的因素；亚硫酸盐法制浆设备的种类、结构。

学习要求：能针对马尾松、芦苇等典型原料生产不同产品制定亚硫酸盐法间歇蒸煮的工艺流程和工艺参数；明确亚硫酸盐法蒸煮的操作规程和注意事项，能进行设备操作和维护。

第一节　概　　述

亚硫酸盐法制浆在1890年后的数十年间，曾是全世界最重要的制浆方法。20世纪30年代，硫酸盐法纸浆因其强度高、对原料的广泛适应性，加上难以漂白的问题得以解决，而开始占据优势。

20世纪70年代后，亚硫酸盐法制浆的发展远远不及硫酸盐法那么迅速，几乎处于停滞状态。但由于使用了可溶性盐基，废液的回收逐步得到改进，加上亚硫酸盐法制浆所独具的特点，该法尚未完全被淘汰。

一、亚硫酸盐法制浆的概念

亚硫酸盐法制浆就是采用亚硫酸盐或亚硫酸盐及亚硫酸的混合液在较高的温度下蒸煮植物纤维原料，使木素被磺化后水解溶出，原料离解成纸浆的过程。

二、亚硫酸盐法蒸煮的分类

亚硫酸盐法是一类方法的总称，生产上可以根据所用的盐基、游离酸的含量、采用的 pH 高低等条件，有很多种蒸煮方法（见表5-1）。

表5-1　　　　　　　　亚硫酸盐法蒸煮的分类（注：X 为盐基）

方法	蒸煮液的组成	25℃时最初的 pH
酸性亚硫酸盐法	$H_2SO_3 + XHSO_3$	1~2
亚硫酸氢盐法	$XHSO_3$	2~6
中性亚硫酸盐法	$XSO_3XCO_3 +$（XOH，或无）	6~9 以上
碱性亚硫酸盐法	$XSO_3 + XOH$（或 Na_2S）	10 以上

1. 酸性亚硫酸盐法

蒸煮液中含有较多的游离 SO_2，溶液在25℃时，pH 在1~2的范围。用于制造化学木浆或化学工业用浆。由于酸性强，可采用各种盐基，常用价格便宜的钙盐（Ca^{2+}）基或镁盐（Mg^{2+}）基。

2. 亚硫酸氢盐法

蒸煮液的主要组成为亚硫酸氢盐，有很少或没有游离 SO_2。25℃时溶液的 pH 为2~6。因此必须采用比钙盐溶解度大的镁盐基。通常用于木浆或苇浆的生产。

3. 中性亚硫酸盐法

蒸煮液的主要组成为亚硫酸盐，蒸煮液在25℃时，pH 在6~9的范围内，蒸煮液加入

Na_2CO_3 或其他碱性物质调节 pH。由于蒸煮液的 pH 较高,一般用来蒸煮草类原料。蒸煮阔叶木时,只能生产半化学浆或化学机械浆,即在蒸煮后还必须经机械磨碎才能成浆。也常用在多段化学木浆蒸煮的第一段。盐基通常使用钠盐(Na^+)或铵盐(NH_4^+),在 pH 偏向 6 的情况下也可用镁盐。

4. 碱性亚硫酸盐法

蒸煮液由亚硫酸盐及碱组成,25℃时,蒸煮液的 pH 在 10 以上。盐基必须是钠盐。

三、亚硫酸盐法制浆的特点

亚硫酸盐法制浆的优点

(1) 亚硫酸盐浆与硫酸盐浆比较,在蒸解度相同时得率高一些。未漂浆有较高的白度,可不经漂白直接与机械浆混合抄造新闻纸以提高纸的机械强度。比硫酸盐浆容易漂白,容易打浆。这是因为亚硫酸盐纸的残余木素比较集中于纤维的表面,使漂白容易进行。纤维外层的纤维素及半纤维素聚合度都较内层低,而且半纤维素的组成与硫酸盐浆不同,含有较多的糖醛酸,因而使亚硫酸盐浆容易水化及细纤维化,容易制造透明度高的纸张。

(2) 亚硫酸盐法精制浆与聚合度相同的预水解硫酸盐法精制浆比较,纤维素分子质量的分布较宽,没有碱法浆那么均匀。但是得率较高,一般可达 37% 左右。碱法精制浆的得率仅 33% 左右,制浆的工序复杂,消耗的化学药品较多。

(3) 蒸煮用的化学药品价格比较便宜,成本低,废液可进行综合利用以制造酒精、酵母、香兰素、黏合剂等。

但亚硫酸盐法蒸煮也存在一些缺点,因而在使用上受到一定的限制:

(1) 蒸煮药液必须在工厂自行制造,因此,一个亚硫酸盐浆厂必须配备一个规模相当的制药车间。

(2) 对纤维原料的适应性比碱法差,一般含心材较多或含树脂较多的木材,也不太适合于用亚硫酸盐法蒸煮。

(3) 蒸煮的时间较长,装锅量低。制酸及蒸煮设备都需要耐酸材料。生产的操作、管理水平要求较高。

(4) 钙盐蒸煮液的完全回收尚未解决,对水源及环境的污染比较严重。

(5) 中性亚硫酸铵法浆颜色深、难漂白。

四、亚硫酸盐法蒸煮流程

亚硫酸盐法蒸煮部分流程包括药液制备及蒸煮两部分,流程如图 5-1 所示。

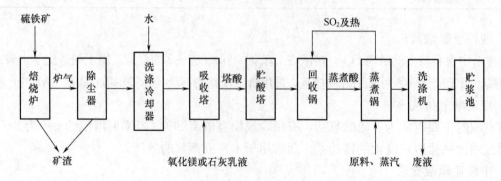

图 5-1　亚硫酸盐法蒸煮流程

蒸煮酸液的制备包括焙烧硫铁矿以制备 SO_2；炉气的净化以除去炉气中的烟尘、SO_3 以及升华硫、硒、砷等有害的杂质；炉气的吸收。在蒸煮的升温过程中 SO_2 由于温度升高从溶液中逸出，使锅压升高。为使蒸煮设备在允许的压力下安全地生产，必须排出部分蒸汽及 SO_2 以保证锅内的温度继续升高。这部分排气中的 SO_2 的容积占 80% 左右，所以必须进行回收。通常引入回收设备中以增强从制酸系统来的塔酸，使之成为符合蒸煮需要的蒸煮酸液，并加热酸液以利于蒸煮。

第二节　蒸煮液的组成与制备

一、蒸煮液的组成及表示方法

酸性亚硫酸盐法及亚硫酸氢盐法蒸煮液的组成主要是亚硫酸氢盐、亚硫酸及溶解 SO_2，其蒸煮液的组成用 100mL 蒸煮液中含 SO_2 的质量（g）表示。

在蒸煮液成分中，SO_2 按存在方式分为：

1. 化合酸（C. A.）

化合酸是指与盐基化合形成正盐的 SO_2。

2. 游离酸（F. A.）

游离酸与正盐进一步形成酸式盐，与水生成亚硫酸，以及溶入水中的 SO_2。

3. 总酸（T. A.）

C. A. $+$F. A. $=$T. A.

例如：在酸性亚硫酸钙法中，蒸煮液组成如下：

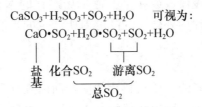

二、蒸煮液制备

亚硫酸盐法蒸煮液的制备过程包括 SO_2 的制备、SO_2 的吸收和酸液的处理等工序。

（1）SO_2 的制备主要包括①选矿、②粉碎干燥、③焙烧、④炉气的净化冷却等过程。

（2）SO_2 的吸收按吸收载体来分有块石法、乳剂法和溶液法。按吸收塔来分有高塔法、低塔法、湍动塔法。

第三节　蒸　煮　原　理

亚硫酸盐法蒸煮是通过蒸煮液与木素发生磺化反应，生成木素磺酸盐而使木素溶出，原料离解成浆，同时尽量减轻碳水化合物的反应，以提高纸浆得率和纸浆强度。

木素反应是亚硫酸盐法蒸煮的主要反应，与碱法相同，木素的磺化溶出过程可分为 3 个阶段：一是渗透阶段，使蒸煮酸液充分而且均匀地渗透到纤维原料的内部，这是保证木素进行充分磺化的先决条件；二是化学反应阶段，木素进行充分磺化的阶段；三是溶出阶段，木素磺酸在纤维原料中溶出并扩散进入溶液，这是纤维原料的成浆阶段。

蒸煮过程的这 3 个阶段没有明显的分界线，不能截然划分，而且彼此交错进行。如在渗透阶段已有化学反应的产生，而在化学反应阶段也有木素的陆续溶出，只是在不同阶段各种作用所占的轻重不同而异。各个阶段所要求解决的问题各不相同，所需要的工艺技术条件也有差异。了解各个阶段的特殊性，才能创造一个有利的条件加速各个阶段的作用，从而达到质优、高产、低消耗的目的。

一、蒸煮的物理过程

蒸煮的物理过程主要发生蒸煮药液的渗透作用。药液的渗透是保证成浆的重要条件，亚硫酸盐法蒸煮初期，一定要保证蒸煮液充分渗入原料内部，因为亚硫酸盐药液渗透进入木片在各个方向的速度是不一致的。尤其是用钙盐蒸煮木材，SO_2 扩散进入木材内部的速度远较盐基离子快。渗透不均匀，而又很快地升高温度，木片内部的木素就会产生缩合，而出现筛渣增多，严重时甚至造成"黑煮"，即木片内部的木素严重缩合变成红褐色甚至黑色，不能成浆，整锅木片只能报废。碱法蒸煮中不会出现这种现象，木素即使是已经缩合也可以在适当的条件下溶入碱液。

（一）药液渗透途径

1. 毛细管作用

风干的原料，纤维细胞腔内充满了空气，药液进入料片主要是料片横断面上的毛细管的作用力。细胞腔内的空气是造成药液进入料片内部的阻力。在这种情况下若能设法除去料片内部的空气，药液就能很快进入料片内部而被吸收。

2. 扩散作用

已被水浸透的料片，如用筏流放或在水上贮木场贮存的木材，这种木片细胞内充满了水，药液向木片内部渗透只能靠木片内外药液的浓度差所产生的扩散作用进行。

（二）影响渗透的因素

1. 料片的规格

研究表明，亚硫酸盐法蒸煮液主要从料片的横断面由细胞腔经纹孔进入到料片内部及纤维细胞的胞间层，蒸煮反应的溶出物则以相反的方向按同一途径进入溶液。

沿着纤维的纵向，药液渗透的速度较横向和切向快 10～40 倍。所以在不影响纸浆强度的前提下，尽量减少料片的长度和减少药液渗透所需要的时间。由于料片的侧面比端面具有更大的表面积，在湿料片的扩散渗透中占有较大的比例，料片的厚度影响不大。工厂一般使用的料片长度为 16～18mm，厚度在 3～5mm。

2. 原料水分

原料的水分多少影响药液渗透的方式和速度。水分太少，细胞腔中的空气增多，由于药液的进入使空气受到压缩，进而产生反压力阻碍药液的进一步渗透；水分太多，药液的渗透转为扩散方式，速度降低。研究发现，原料水分为 35％～40％新鲜木材，两种方式同时进行，渗透作用最快。

3. 原料的种类和结构

原料的种类不同，其质地结构、化学组分有一定的差异，这些变化也会影响蒸煮时药液的渗透。原料结构致密、密度高，孔隙率小，药液渗透的阻力加大，速度降低、料片吸收药液的量也会减少，对蒸煮不利。原料中的树脂类物质，对药液渗透的阻力大。如木材的心材部分，药液渗透速度比边材慢数百倍到数千倍，常因渗透不均匀造成筛渣增多。所以，亚硫酸盐法蒸煮对原料的适应性较差。

4. 渗透温度

温度高药液的黏度下降，SO_2 的分压增高有利于渗透的进行。同时，有部分化学反应产生，溶出部分物质后使木片的结构疏松有利于渗透。药液渗透的温度系数，大致是温度每升高 $30℃$，渗透速度增加 1 倍。但药液渗透有一临界温度，在药液未充分渗透的情况下，超过临界温度则会发生木素缩合，破坏正常的蒸煮过程。一般的临界温度为 $110\sim120℃$。

5. 药液的组成

药液的组成和浓度对蒸煮液的渗透有重要的影响。药液的浓度高，扩散速度提高，渗透加快。药液中的盐基和 SO_2 的扩散速度不同，不同盐基的蒸煮液扩散速度有一定的差异。盐基种类不同，溶解性不同，对扩散的影响也不同。易溶的钠盐、铵盐等，扩散速度快。可溶性盐基适于结构紧密及含树脂较多的原料蒸煮，不仅是因为扩散系数高，而且是由于可以增加溶液中盐基的浓度，从而增大了浓度梯度，是药液的渗透易于进行。

（三）加快药液渗透的措施

生产中通常采用以下措施加快药液渗透。

1. 升高压力改进渗透

在蒸煮锅内装满木片和药液后，再用泵强制泵入药液，使锅内静压增高来强制药液渗入到木片中去，这样可多送 4% 左右的药液。

2. 抽真空

装入木片后，抽真空以除去木片中的空气。在真空状态下泵入药液，以减小渗透的阻力，对复合耐酸钢板的蒸煮锅适用，而衬耐酸砖的锅易发生掉砖事故，对于被水饱和的木片效果不大。

3. 汽蒸木片

用蒸汽装锅或通蒸汽进行蒸汽预处理，蒸汽将木片中的空气驱出并充满木片中的空隙。泵入药液后蒸汽冷凝形成部分真空吸入药液。此法对于风干木片的效果较好。

4. 预热药液

将蒸煮过程的热量进行回收用于加热药液使药液加热至 $70\sim85℃$，有利于渗透。这对于湿木片及风干木片都有作用。

二、蒸煮的化学过程

（一）木素的反应

亚硫酸盐法蒸煮过程，首先是蒸煮液渗透进入纤维原料的内部，与胞间层的木素充分接触后产生化学反应，生成木素磺酸或木素磺酸盐。经过化学反应木素的分子质量减小，并引入了亲液性的磺酸基。生成物充分地溶剂化，通过与蒸煮药液渗透相同的途径反向扩散进入溶液，从而使纤维间的结构松弛，达到纤维分离的目的。

1. 木素的磺化与缩合

木素的磺化是木素与蒸煮液中的磺化剂（SO_2 和 HSO_3^- 等）的反应，这是正反应。通过磺化反应，使木素大分子变小，并引入亲液性基团，为木素的溶解创造条件。在酸性亚硫酸盐法蒸煮中，木素以磺化为主，但总是存在着或多或少的缩合现象。缩合反应是磺化产生的活性基之间的重新结合，而且磺化与缩合都发生在木素的脂肪族侧链的 α 碳原子上。

木素的磺化与缩合两种反应互相竞争、制约。木素经磺化后占据了木素能产生缩合的位置，因而缩合的可能性减小。缩合使木素的分子质量增大，产生空间阻碍，使木素分子的磺化更加困难。木素经缩合后，虽仍可以水解、磺化、溶出，但由于分子质量增大，需有较高的磺化度才能溶出。总的趋势都是使木素的溶出困难。这时，废液及木片的颜色变深，筛渣增多，纸浆的强度下降，严重时甚至不能成浆。因此，在蒸煮过程中应极力地避免木素缩合。

磺化反应生成木素磺酸和木素磺酸盐，必须从木片内部扩散进入溶液才能使纤维间的结构松弛，易于分散成浆。对于一般的化学浆来说，必须除去木材中原有木素的 $80\% \sim 90\%$。在大部分木素已被除去的情况下，最后 $10\% \sim 15\%$ 木素的除去是成浆的关键。例如只溶去 75% 的木素，这时 89% 以上仍是木片。生产的实践也证明了这一点，蒸煮硬浆时（残留的木素为 3% 左右），蒸煮时间延长几分钟，筛渣的含量变化很大。

2. 木素磺化的反应历程

在蒸煮的开始阶段，温度较低。这时木素已开始磺化，并有部分分子质量较小的木素溶出。木素磺酸是比亚硫酸更强的有机酸，几乎是完全离解的。因此，随着蒸煮的进行，溶液的酸度也不断的增加。木素的水解增强，游离出的活性基增多，木素的磺化度也随着增加，溶入溶液中的木素分子质量也随着增大。溶出的木素磺酸也可进一步水解，这时废液中木素的平均分子质量降低。在蒸煮后期则由于有部分的木素缩合，因而溶出的分子质量有所增加。

3. 磺化剂

试验研究证明：在温度低时 SO_2 是主要的磺化剂，在温度升高后 HSO_3^- 的磺化作用显著增加。

4. 盐基的作用

盐基的作用是降低反应区域的酸度，控制木素的水解速度以免发生缩合反应。如上所述，木素磺酸是比亚硫酸离解度大的强酸，在反应区域内由于木素磺酸的生成而使 pH 降低，使木素的水解作用加强，若无充足的磺化剂则会产生木素的缩合。盐基在这里起了一个缓冲剂的作用。

盐基的用量决定于原料的结构紧密程度（密度的大小）及药液的总酸。总酸高，结构疏松的原料，C. A. 可低些，反之则应提高药液中的 C. A. 含量。

5. 木素的溶出

木素与蒸煮液作用，生成木素磺酸或木素磺酸盐，必须从料片内部扩散进入溶液中才能使纤维间的结构松弛，最后分散成浆。影响木素溶出的因素很多，主要有以下几方面：①木素分子质量的大小。木素的平均分子质量越小则越易溶出。②木素的磺化程度。磺化度越高则溶出越易，游离 SO_2 浓度越高溶出越快。③盐基。当木素已充分磺化，盐基的存在则会阻滞木素的溶出。这是因为盐基的缓冲作用使木素磺酸的水解减慢，另一个可能是盐基的存在降低了木素磺酸的润胀度。因而生产上采用后期注水，多段蒸煮等，创造条件加速木素的溶出。不同的盐基对木素溶出的影响各不相同，一价的盐基易于溶出。④温度。升高温度，水解及扩散加速，有利于木素的溶出。

（二）半纤维素的反应

半纤维素由于聚合度低、有支链，在亚硫酸盐法蒸煮中糖单元之间的连接键容易发生酸水解，由于分子的减小而溶出。尤其在蒸煮液的酸度高、蒸煮温度高、时间长的条件下，半纤维素有更多的溶出。其中的葡萄糖醛酸多木糖有较高的抗酸水解的能力而残留在纸浆中。但这部分半纤维素抗碱的能力较差，可用碱抽提的办法溶出。这就是亚硫酸盐法浆容易精制成高 $\alpha-$ 纤维素纸浆的原因。

作为造纸用的浆来说，则应尽量地避免半纤维素的水解溶出。因而含半纤维素高的草类原料用亚硫酸盐法蒸煮时，应采用比较温和的蒸煮条件。通常都采用低总酸、高化合酸，较短的蒸煮时间，尽可能地保留浆中的半纤维素。

　　亚硫酸盐法蒸煮，半纤维素发生水解，当其聚合度降低至一定程度则以多糖的形式进入溶液。进入酸液后这部分还可以继续降解成单糖。其中的己糖如葡萄糖、甘酪蜜糖，可以经酵母发酵制取酒精。戊糖不能被酒精消耗而产生酒精，只能用来生产饲料酵母。

　　亚硫酸盐法浆中残留的半纤维素聚合度较碱法浆低，且有糖醛酸的支链，所以比碱法浆容易水化、打浆，成纸的透明度也较高。

（三）纤维素的反应

　　纤维素由于聚合度高、结晶度大，所以对蒸煮液水解的抵抗能力较半纤维素强，但在蒸煮过程中水解也是不可能避免的。其中分子链短的被水溶出，分子链长的则变短。在某种意义上说对纤维素的均化作用是有利的，它使打浆容易。尤其是人造浆粕，纤维素分子的均整性愈高，人造丝的强度越大。

　　在木素未被大量溶出之前，木素对纤维素的水解有保护作用。在大量的木素（95％左右）已被溶出后，纤维素的水解溶出作用就加强。尤其是在高温、低 pH 的条件下，水解更严重。这时不仅纸浆的得率下降，纸浆的强度也大为降低。所以酸法制浆与碱法不同，对蒸煮终点的确定必须小心谨慎，否则会使纸浆的质量产生较大的波动。

三、蒸煮过程的影响因素

　　亚硫酸盐法蒸煮过程的影响因素有温度、压力、药液组成、液比等。这些因素是相互依存、互相影响的，对纸浆的质量影响是这些因素组合作用的结果。

　　1. 蒸煮液的组成

　　蒸煮液的组成主要指总酸（T. A.）、游离酸（F. A.）、化合酸（C. A.）的浓度及比例，因为它们的浓度及比例，影响着蒸煮液的 pH 以及磺化剂的成分。

　　T. A. 提高，蒸煮液中的蒸煮试剂的浓度增大，在其他条件不变的情况下，可以加快各种化学反应的速度，其中包括木素、纤维素和半纤维素等的化学反应。

　　F. A. 反映了蒸煮液中 SO_2 的浓度，F. A. 与木素的反应快慢有着直接的关系，在其他条件不变的情况下，增加 F. A. 可以加快木素反应，也有利于蒸煮温度的降低。如图 5−2 所示，反映了 F. A. 与蒸煮温度的变化关系。

　　T. A. 一定，增加酸液中游离 SO_2 的量，即 F. A. /C. A. 降低，蒸煮液 pH 提高。无论是对加速渗透、缩短蒸煮时间或降低蒸煮最高温度都是有利的。但是提高药液中溶解 SO_2 的浓度，必然会给制药工段带来一定的困难。同时，还必须与蒸煮锅所能承受的工作压力相配合。一般的蒸煮锅的工作压力为 0.6MPa。蒸煮最高温度为 135℃，游离酸

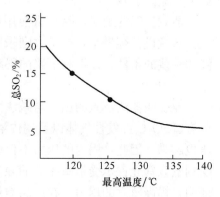

图 5−2　药液中总 SO_2 的含量与蒸煮最高温度的关系

为 6％～6.5％。若再提高溶液中游离酸的浓度，必须采用能耐更高压力的蒸煮锅，否则在升温过程中为了维持锅压，使其不超过允许工作压力，则需不断从锅中排出部分气体，使高浓度的溶解 SO_2 不能发挥它的有利作用，徒然增加了制药的费用。

　　另外，蒸煮终点废液中要有一定 F. A.，否则对钙盐基会有 $CaSO_3$ 沉淀出来。若 F. A. /C. A. 一定，提高 T. A.，脱木素加快，时间可缩短。生产中，总酸在 5％～10％范围内。

　　2. 液比

　　为了保证药液渗透，采用较大液比，但液比大，废液量大，难处理。蒸煮不同原料，采用

不同设备，液比不一样。一般钙盐基蒸煮木材，液比5：1，镁盐基蒸煮芦苇(3～4)：1，钠、铵盐基蒸煮草类为(3～4)：1。采用低液比蒸煮，可以降低蒸汽消耗、废液的浓度高，便于进行废液的回收和综合利用。

3. 盐基种类

试验证明，在酸性亚硫酸盐法蒸煮中盐基的种类对初始阶段木素的磺化没有什么影响。但在木素溶出阶段，木素磺酸的溶出速度是 $H^+ > M^+ > M^{+2}$（M代表金属离子），即采用一价的 Na^+ 或 NH_4^+，木素的溶出较 Ca^{+2}、Mg^{+2} 容易。

其他条件相同时，采用钠盐蒸煮，升温后pH较高，纤维素、半纤维素的水解作用减少，纸浆的得率和强度都较高，钙、镁盐的情况不如钠盐。

由于钙、镁盐的价格相对较低，酸性亚硫酸盐法和亚硫酸氢盐法可采用难溶性的钙、镁盐基，蒸煮液pH低（一般为2～6）；使用可溶性盐基钠和铵可采用较高的pH蒸煮，但脱木素慢需高温长时间蒸煮，例如中性亚硫酸铵法草浆蒸煮的温度达170℃，全程时间长达5h。

4. 温度

在蒸煮中提高温度可加速药液的渗透，加速木素的磺化反应和溶出，缩短蒸煮时间。

亚硫酸盐法蒸煮在药液渗透阶段有一临界温度，不同的原料其临界温度各不相同。如马尾松为117℃，白松为110℃。

在蒸煮阶段，升高温度可以加快化学反应速度，但在浆中残留木素含量相同的情况下纸浆的得率显著降低。另外，蒸煮温度提高，会加快药液中亚硫酸的自氧化，从而增加了蒸煮的药品消耗。

钙盐基蒸煮纸浆时，温度较低，因为温度过高，导致盐基的沉淀，并加剧纤维和半纤维素的水解。镁盐基也有这个问题，但不严重，钠盐基不存在这个问题。通常亚硫酸盐法蒸煮所使用的最高温度范围：酸性亚硫酸盐法蒸煮130～150℃；亚硫酸氢镁法蒸煮150～160℃；中性亚硫酸盐法蒸煮150～180℃。

蒸煮温度的确定，除与所使用原料和纸浆的用途有关外，还和蒸煮设备的容量和产量有关。蒸煮设备容量小，产量大则采用较高蒸煮温度以缩短蒸煮周期。蒸煮设备富裕则适宜采用温和一些的条件，以提高纸浆的得率和强度。

5. 压力

亚硫酸盐法蒸煮的压力与碱法蒸煮不同，不能直接反映锅内的温度。蒸煮锅内的压力是由蒸汽、SO_2、挥发性气体以及锅内液体的静压力等组成，锅内的总压力越高，相应的 SO_2 的分压也越高。因此，锅内的压力不仅影响到蒸煮温度，也影响到药液的组成。然而一般蒸煮压力受到蒸煮锅允许承受最高压力的限制。一般亚硫酸盐法蒸煮的压力为0.588～0.637MPa。实验证明，提高蒸煮的压力，在产品质量相同的情况下，可相应地降低蒸煮温度或缩短蒸煮时间。

近年来，亚硫酸盐法蒸煮倾向于采用较高蒸煮压力和较高的药液浓度，以及较低的蒸煮温度来提高纸浆的得率和强度。采用的蒸煮压力为0.98～1.176MPa。

6. 时间

蒸煮所需时间，是一个因变量，它是由蒸煮所采用的条件和产品的质量要求来决定的，也与所使用的设备情况有关。

生产新闻纸等纸类用的硬浆，采用较剧烈的蒸煮条件、较快的升温和较短的蒸煮时间；而生产强度高、纯度高的软浆，则易采用较温和的条件、较慢的升温和较长的蒸煮时间。

亚硫酸盐法蒸煮时间比碱法长得多。它主要决定于原料的品种、成浆的质量要求、蒸煮温度药液浓度及组成等。通常溶解浆的蒸煮时间为10～12h，易漂浆的蒸煮时间为8～10h，而苇浆蒸煮的总时间为6～8h。

第四节　蒸煮操作

亚硫酸盐法蒸煮有间歇式和连续式两种。

（一）间歇蒸煮

间歇蒸煮操作过程由装锅与预处理、送液与酸液循环、第一段通汽与保温、第二段通汽与保温、转移或转注、蒸煮终点的确定、放气与放锅等步骤。

1. 装锅与预处理

为了提高装锅量和装锅均匀性，通常采用装锅器进行装锅。装锅器有机械式和蒸汽式两种。使用蒸汽装锅器时，蒸汽压力为 0.294～0.343MPa，每吨纸浆蒸汽消耗量为0.15～0.20t。采用蒸汽装锅，对料片可以产生汽蒸作用，这样可以加快蒸煮药液的渗透。采用蒸汽装锅器时，应在锅的底部或循环管线上安装一台抽风机，装锅是将锅内和料片内的空气及不凝结气体排走，否则空气排不出去，而产生假压。

料片预处理的目的是驱赶走料片中的空气，以利于药液向料片内部渗透。常用的方法是气相变压操作，是在装锅完毕向锅内通入蒸汽使压力升至 0.294MPa 后，突然放气降压，使被压缩在料片中的空气突然膨胀而逸出。如此反复多次，以使料片中的空气尽量排出。采用汽相变压操作也同时起了汽蒸料片的作用。其他如抽真空等方法也可以达到相同的效果。

2. 送液及药液循环

亚硫酸盐法蒸煮与碱法不同，药液中的 SO_2 易挥发出来，不能再装锅的同时送液。送液是在装锅完毕盖上锅盖后进行。通常是从锅的底部送入药液，锅内的空气从顶部排气管排出。因排气中含有 SO_2，一般是送到药液贮存槽进行回收。

送液后进行加压，即送满药液后继续用泵泵入药液，使锅内的压力达到 0.49MPa 左右，强制药液渗入料片。也有将锅内压力升至 0.441～0.49MPa 后，立即从锅的顶部排液使锅内压力降至 0.196～0.245MPa，进行液相变压操作，以促进料片中空气的排出，加速渗透。

3. 第一段通汽与保温

开始升温后料片中的不凝结性气体及药液中的 SO_2 逸出，使锅内压力升高。因此，必须在锅的顶部进行小放气，以保证在允许的最高锅压下安全地进行升温。排出的气体中除含有大量的 SO_2 外，还由于锅内药液很满，排气中带出部分药液，应送到回收锅中进行回收。

为使药液充分渗入到料片内部，并使锅内的温度一致，升温至临界温度时应保温一段时间。保温时间的长短，随具体的条件不同而异。一般第一段升温与保温的时间控制在2～4h。若采用减小料片规格、料片汽蒸、药液预热，以及液相变压操作等，则可将这一阶段的时间降至 50min 左右。

4. 第二段通汽与液体回收

当料片已被药液充分渗透后，可以较快地将温度升至最高温度进行蒸煮。生产上，为了加快升温可同时使用间接加热和直接加热。

为了使料片能充分地进行渗透，送入的药液一般是过量的，在第一段通汽与保温结束后不久，都要进行部分液体的回收。通过液体回收可以回收大量的硫和热，减少了单位耗硫量和耗汽量；减少了锅内盐基的含量，有利于磺化木素的溶出；回收液体中含有部分低磺化度的木素及有机物，是表面活性物质，有利于药液向料片内部渗透。

回收的温度不宜太高，一般在 120～125℃，若超过 130℃则回收液中有机物及硫代硫酸盐的含量增高，降低了药液的稳定性。

　　液体回收的方法，可采用移液或转注的方法进行。移液是将蒸煮锅内多余的药液在130℃以前直接压入回收锅；转注是在生产过程中合理的调度，使这一锅进行液体回收的时间恰好是另一锅的送液时间，即可将回收的药液直接送入另一锅。

　　生产的时间证明，在料片充分渗透的情况下，即使是在气相进行蒸煮也不会发生"黑煮"现象。因此，可进行大量的液体回收。一般的回收量为送液量的40%左右。

　　5. 后期注水

　　在进行了大量的液体回收后，锅内的液面降低，循环量不足，向锅内注入一定量的热水（温度在90℃），并结合通入直接蒸汽，锅内温度不致下降。这时药液的化合酸浓度降低，有利于木素的润胀及溶出。

　　6. 蒸煮终点的确定

　　蒸煮在最高温度的停留时间，不能像碱法那样，按预先规定的工艺规程操作，而是根据蒸煮的具体条件，各锅操作中的具体情况以及对蒸煮锅中实际反应情况的了解，一般由有经验的工人进行综合分析来确定蒸煮的终点。

　　亚硫酸盐法蒸煮终点的确定非常重要。过早结束蒸煮则筛渣增多，推迟蒸煮时间则使纸浆的强度及得率下降。尤其是蒸煮硬浆，蒸煮后期若时间延长5min，纸浆的硬度（高锰酸钾值）下降1～2。

　　确定蒸煮终点主要依据是：①蒸煮药液浓度下降的情况。②蒸煮颜色的变化情况。

　　7. 放气与放锅

　　蒸煮终点确定后，立即进行放气降低锅内压力。工厂称为大放气或大瓦斯。一方面是降低锅内压力，以便安全放锅；同时，在减压的同时废液中的SO_2逸出，使排出的气体中90%左右为SO_2，这对增强塔酸浓度非常有利。通常都是将气体引入回收锅中进行回收。

　　8. SO_2的回收

　　为了提高纸浆质量，缩短蒸煮时间，趋向于使用浓药液蒸煮，即送入锅内中的SO_2量远远超过蒸煮的实际需要。从蒸煮开始至结束，都不断有SO_2及蒸汽从蒸煮锅中排出，无论从降低消耗，增浓药液以及减少环境污染等方面考虑都必须充分地进行回收。

　　（二）连续蒸煮

　　与碱法制浆相同，亚硫酸盐法蒸煮液可以使用连续蒸煮系统，但应该采用可溶性盐基，在欧美国家有一些使用。现在，亚硫酸盐法连续蒸煮主要采用酸性条件，生产木浆，采用的设备与碱法制浆的卡米尔系统相似。

第五节　蒸 煮 设 备

　　（一）蒸煮锅

　　1. 亚硫酸盐法蒸煮锅构造

　　亚硫酸盐法蒸煮锅均为固定直立式，锅壳用20g钢板制造。由于亚硫酸盐蒸煮液对锅炉钢有强烈的腐蚀性，所以同蒸煮液相接触的锅壳表面必须用耐酸保护层保护。目前亚硫酸盐法蒸煮锅所用保护材料有两类：一类用耐酸陶瓷砖或用不透性石墨砖（或称炭砖）衬里；另一类用耐酸钢薄板（3～5mm）衬里，或直接用复合钢板制造。

　　亚硫酸盐法蒸煮锅均采用焊接结构，锅容一般较硫酸盐法蒸煮锅大，我国通常使用的为110～220m^3，国外应用的锅容较大，为300～400m^3。

　　亚硫酸盐法蒸煮锅主要由锅体、衬里、放料阀和药液循环装置等构成，其结构如图5-3所示。

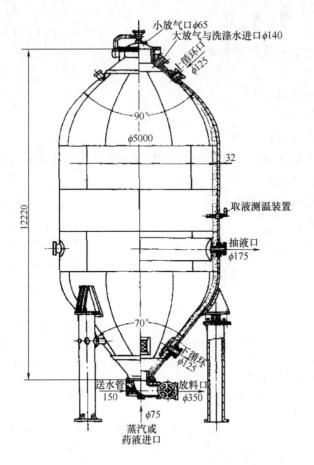

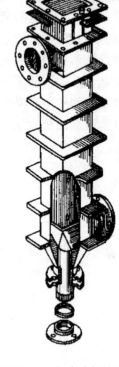

图 5 - 3　亚硫酸盐法蒸煮锅　　　　　　图 5 - 4　板壳式加热器

2. 药液循环加热系统

亚硫酸盐法蒸煮锅药液循环加热有直接加热强制循环和间接加热强制循环两种。目前广泛采用的是间接加热强制循环系统，其中以底部抽液循环系统应用最广。即药液从锅下部抽出，加热后再分别送回顶部及底部。其中 80% 左右的药液从上部注入，另外部分从底部送入。这种循环系统能使锅内物料在各个截面上的温度均匀，锅下部物料较上部物料温度较低，但由于下部液体静压力较高，药液中 SO_2 的浓度稍高，故能保证上、下部浆料质量均匀。

药液加热目前主要采用列管式加热器和板壳式加热器（图 5 - 4）。

3. 放料阀

亚硫酸盐法蒸煮锅所用放料阀与硫酸盐法蒸煮锅所用的基本相同，但须用耐酸钢制造。目前最广泛应用液压或气动球阀。此外，还常用压盘阀，液压传动的压盘阀便于自动控制。

4. 亚硫酸盐法蒸煮锅耐酸衬里

（1）亚硫酸盐法蒸煮锅耐酸砖衬里。

（2）不锈钢保护层。

（二）亚硫酸盐法蒸煮附属设备

亚硫酸盐法蒸煮一般都为间歇式，蒸煮系统除了蒸煮锅外，还需要如装锅器、喷放装置、废热回收装置等。这些设备的结果与硫酸盐法蒸煮系统中是相同的，只是为了防止设备的腐蚀，在材料的选用上不同而异。这里不再赘述。

思 考 题

1. 什么是亚硫酸盐法制浆？这种方法制浆可分为哪几类？
2. 亚硫酸盐法制浆有哪些优点？
3. 为什么亚硫酸盐法制浆现在使用的很少？
4. 简述亚硫酸盐法蒸煮酸液的制备过程。
5. 简述亚硫酸盐与木素的主要反应原理。
6. 亚硫酸盐法蒸煮中药液向料片内部渗透的方法有哪些？渗透在蒸煮中有什么重要作用？
7. 亚硫酸盐法蒸煮中盐基的作用是什么？
8. 亚硫酸盐法间歇蒸煮操作的主要步骤有哪些？
9. 简述亚硫酸盐法蒸煮设备的特点。

第六章　高得率制浆

知识要点：高得率制浆的概念；高得率纸浆的特点、应用；高得率制浆方法的种类；磨石磨木的原理、影响因素，磨石磨木机的种类、结构；盘磨磨浆的原理、影响因素，盘磨磨浆机的种类、结构；化学机械法制浆的概念、常用方法、影响因素；半化学法制浆的概念、常用方法、影响因素；高得率化学法制浆的原理、常用方法、影响因素。

技能要求：掌握磨石磨木机的操作与设备维护；掌握盘磨磨浆机的操作与设备维护；能制定 APMP 浆的生产流程及并掌握设备操作。

第一节　概　　述

一、高得率制浆的概念和方法

高得率纸浆是一类得率比较高的纸浆的统称，是和得率比较低的化学纸浆相对而言的，这类纸浆的木素和半纤维素含量通常较高。狭义来讲，得率在 50%～60% 纸浆通常叫做高得率化学浆，高得率纸浆除高得率化学纸浆之外还包括了半化学浆（SCP）、化学机械浆（CMP）、木片磨木浆（RMP）、热磨机械浆（TMP）、化学热磨机械浆（CTMP）、磨石磨木浆（SGW）等。

高得率制浆是指得率比普通化学浆较高的各种制浆方法的总称。生产高得率纸浆的方法的主要特点是引入了机械作用来分离纤维，没有或轻微的化学处理作用，从而尽量多地保留了原料中的化学成分。

常见的高得率纸浆名称如表 6-1 所示。

表 6-1　　　　　　　　　　　常见高得率纸浆的名称

名称	英文名称	英文缩写	名称	英文名称	英文缩写
磨石磨木浆	Stone Grind Wood Pulp	SGW	碱性过氧化氢化学机械浆	Alkali Peroxide Mechanical Pulp	APMP
压力磨石磨木浆	Pressure Grind Wood Pulp	PGW			
高温磨石磨木浆	Thermo-Ground Wood Pulp	TGW	磺化化学机械浆	Sulfite Chemical Mechanical Pulp	SCMP
盘磨机械浆	Refiner Mechanical Pulp	RMP			
预热盘磨机械浆	Thermo-Mechanical Pulp	TMP	生物机械浆	Biologic Mechanical Pulp	BMP
压力盘磨机械浆	Pressure Refiner Mechanical Pulp	PRMP	挤压机械浆	Extruder Mechanical Pulp	EMP
			半化学法浆	Semi-Chemical Pulp	SCP
化学盘磨机械浆	Chemical Mechanical Pulp	CMP	中性亚硫酸盐法半化学浆	Neutral Sulfite Semi-Chemical Pulp	NSSC
化学预热机械浆	Chemical Thermo-Mechanical Pulp	CTMP			
			碱性亚硫酸盐法半化学浆	Alkali Sulfite Semi-Chemical Pulp	ASSC
预热机械化学浆	Thermo-Mechanical Chemical Pulp	TMCP			

二、发展高得率制浆的意义

当前造纸工业面临原料短缺的一个世界性问题，推动造纸工业技术进步的动力主要围绕着减少环境污染、节约能源、充分合理利用纤维资源 3 方面发展。充分合理利用纤维资源表现在：世界各国都重视发展高得率制浆和废纸的回收和利用；开发和扩大使用速生、丰产树种纤维原料，如杨木、桉木等。

高得率制浆过程并不复杂，设备和建厂投资并不高，再由于其得率高，原材料和化学药品消耗少，因而高得率制浆的成本较低。高得率纸浆具有某些化学浆所没有的特性，如高的松厚度，好的不透明度以及优良的印刷性能等。能充分适应日益增长的包装纸板、低定量涂布纸、超压纸（SC 纸）、新闻纸、胶版印刷纸等中、高级印刷纸性能要求上的需要。

高得率制浆使用化学药品少，生产过程排放的废液污染负荷轻，产生的 BOD_5、COD 比化学浆小得多，除半化学浆外，废液的回收处理比较简单，在环境保护要求越来越严格的今天，发展高得率制浆更有其现实意义。发展高得率制浆的主要方向应该是：降低能耗；提高白度及白度稳定性；改善性能，提高强度。

三、高得率制浆的技术发展

SGW 是最古老的机械浆种，缺点是纤维短，强度差，因而 20 世纪 70 年代末期发展了压力磨石磨木浆（PGW），节约了能源，也大大提高了浆的质量。20 世纪 80 年代中期由 Voith 公司研究开发出的热磨磨石磨木浆（TGW），是在提高现有 SGW 磨碎区温度的基础上，实现了改善浆的质量，节约投资的效果。

以木片为原料用盘磨机磨制成的木片磨木浆（RMP），不但扩大了原料的使用范围，而且质量也优于 SGW，由于高浓磨浆时蒸汽干扰进料，逐渐被 20 世纪 60 年代末发展起来的热磨机械浆（TMP）所取代，它是生产新闻纸的理想浆种。其纤维挺硬，缺乏柔软性，表面性能差的特点可通过增加化学处理而可得到改善，因此既具有机械浆的特点，又有某些化学浆性能的化学热磨机械浆（CTMP），具有更大工业应用潜力，生产的纸产品也不断增加。经过漂白的化学热磨机械浆（BCTMP）也获得了迅速的增长。

碱性过氧化氢机械浆（APMP）是 20 世纪 90 年代出现的新浆种，这种浆能够提供 BCT-MP 所具有的全部质量特性，但却降低了投资能耗和操作费用。不需要另建漂白车间就能生产出白度 83.5％的阔叶材全漂浆。高得率浆或机械浆正用于更广泛的领域，CTMP、BCTMP 正在代替过去全用化学浆才能生产的纸种，APMP 的出现，又进一步解决了 CTMP 能耗高、投资费用和污染负荷较高等问题。

四、高得率纸浆的应用

高得率纸浆中保留了较多的木素，因而在不透明度、松厚度、印刷性能等方面具有优势；高得率纸浆的平滑度和压缩性好，具有适应高级印刷性能的特征，这些性能是化学浆不能具备的。另外，高得率纸浆含有较多的木素，纤维较挺硬、刚直，用在纸板中有利于提高纸板的挺度，高得率纸浆的这些优势增加了它的使用范围。

①阔叶材 CMP、CTMP 或 APMP 配抄印刷用纸，缓解针叶材资源的紧缺。
②SCMP 或松木、硬杂木 CTMP 生产的牛皮箱纸板。
③蔗渣高得率纸浆制造新闻纸。
④SCMP 配抄新闻纸。

五、高得率纸浆废液的回收和处理

1. 废液回收的意义和必要性

制浆造纸工业是一个产量大、用水多、消耗一定量化学药品、污染严重的工业，排放的废水带色，生化耗氧量大，化学耗氧量高，悬浮物多。不仅污染和破坏水资源，影响城市环境卫生，而且对工农业生产也带来巨大危害。在实施可持续发展战略和高新技术飞速发展的今天，高得率木浆工艺已成为国际造纸工业发展的主流。在造纸工业面临污染严重的今天，高得率纸浆已越来越显示出自然利用率高、污染排放少的优点，必将成为我国造纸工业今后发展的重要方向。

2. 废液回收利用和处理的途径

一般情况下根据得率高低或废液浓度大小来确定回收利用或处理方法。高得率纸浆的废液比化学浆废液的固形物浓度低，因而回收时燃烧废液的浓缩费用高，得率接近化学浆的半化学浆废液是比较难于处理的问题。为了回收方便，经济而又有效的方法是把中性盐半化学浆工厂和硫酸盐法浆工厂建在一起，或在硫酸盐法浆厂内附设中性亚硫酸盐法半化学浆的生产，可将半化学浆废液直接送入硫酸盐法回收系统，进行废液的交叉回收。

第二节 磨石磨浆

磨石磨浆（SGW）是采用磨石磨木机生产机械浆的一种制浆方法，由于在生产上一般都采用原木（经过备料处理后）作为原料，所以这种方法常常叫做磨石磨木，所生产的纸浆叫做磨石磨木浆。磨石磨木浆得率高、成本低、污染轻，具有优良的不透明度和吸墨性，虽然存在强度和白度稳定性较低的不足，但在新闻纸、轻型纸等纸张的生产中占有非常重要的地位。

一、磨浆理论

（一）磨浆原理

磨石磨浆是利用机械作用来分离原木中的纤维，使之分离、分散成为纸浆，这种作用是由磨石磨木机产生的，图6-1为磨石磨木机的工作原理。

根据现代磨石磨浆的理论（"压力脉冲"理论），磨浆过程中磨石对木材的作用主要是摩擦和振动，纤维的离解过程分为3个阶段：第一阶段，由于磨石对原木周期性的压力脉冲作用，产生热量，温度升高，使木材受热，木素发生软化；第二阶段，经软化的纤维在摩擦力及剪切力的作用下，离解纤维；第三阶段，分离下来的纤维和纤维束进行复磨和精磨。

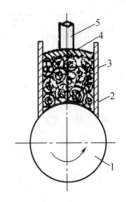

图6-1 磨石磨木机磨浆原理
1—磨石 2—料箱 3—原木
4—压板 5—加压机构

（二）影响磨浆过程和纸浆质量的因素

在磨石磨浆生产上，影响磨浆的因素很多，主要包括原料、设备和工艺条件和操作等方面，而且各因素间往往存在相互影响的关系。

1. 原木的质量

原木的质量主要包括水分、密度、材种及木材状况。

原木的水分对磨木过程和纸浆质量有着重要关系。干燥的原木（水分低于22%～25%），磨木产量降低、纸浆质量下降、电耗增加；在一定范围内适当增加原木水分含量，可以提高纸浆的质量；若水分含量过高（大于 60%），也不易制取质量良好的纸浆，并且纸浆中的粗大部分、纤维束增加。生产实践表明，原木的水分含量以 35%～50% 较为适宜。

结构质地坚硬的原木，不仅降低纸浆质量和产量，并且势必增加动力消耗。原木的质地软硬与树木种类和水分含量有关，所以选择木质部较软的树种用于生产磨石磨木浆，磨浆之前将原木浸泡处理增加水分，可使木质部变软，可以改善纸浆质量。原木中夹有木节会对磨石表面产生严重的损伤，使磨石表面受到局部的迅速磨损，缩短刻石周期和磨石的寿命。为此，在备木工序中应尽量将木节除掉。

2. 磨石的表面状况

磨石的表面状态影响磨浆性能。刚刚刻石以后，磨石表面纹峰锐利，因而磨浆开始一段时间，以切割纤维为主，产量高，单位电耗低，但磨出的纸浆中短硬纤维、粉状细料的含量多，所以一般在刻石后要去峰，改善磨石面粗糙度。经过一段时间磨浆后，磨石表面变得圆钝，可以得到质量适宜的纸浆。当磨石表面变得十分圆钝后，粗糙度变小，产量降低，电耗升高，纸浆的打浆度上升，这时，就要重新在磨石表面刻出磨纹。

在生产过程中，磨石表面的磨纹会发生周期性的变化，通常把两次刻石之间的时间间隔称为刻石周期。在一个刻石周期内，由于磨石表面的状况发生变化，而使得纸浆的质量也随之变化，可根据磨石表面的变化情况，分为 3 个工作阶段，分别是自动磨钝阶段（Ⅰ）、主要磨浆阶段（Ⅱ）、缓慢下降阶段（Ⅲ）。

在一个刻石周期内，自动磨钝阶段时间占刻石周期 25%，主要磨浆阶段的时间占 50%，缓慢下降阶段的时间占 25%。各个阶段的浆料质量、产量、电耗的变化如表 6-2 所示。生产中采用刻石后的去峰处理，可缩短自动磨钝阶段，提高这一阶段的浆料质量。

表 6-2　　　　　　　　　　刻石周期中浆料的质量变化

磨木机负荷不变时	刻石以后	自动磨钝阶段	主要磨浆卷	缓慢下降阶段
产量	大大增加	稍有下降	稍有下降	大大下降
单位动力消耗	大大减少	略有增加	略有增加	迅速增加
滤水度	大大提高	稳定或略有下降	开始下降	迅速下降
强度性质	很低	上升	上升	保持稳定
主要作用	以切断作用为主，磨碎区温度下降，粗硬纤维非常多	切断作用逐渐变为精磨作用，磨碎区温度回升，纤维较长、柔软、粉状组分减少	磨浆条件适宜，以分离和精磨纤维为主，浆料柔软、细纤维化良好	精磨作用大大增强，细纤维过多，滤水度大大增加

3. 磨浆比压

磨浆比压表示单位磨碎面积上原料所受的压力，它是影响磨浆过程的另一个重要因素。在磨碎过程中，由于原木与磨石的接触面积是不断变化的，因而比压在一个很大的范围内变化。原木与磨石的几何面积不可能完全接触，磨石的接触部分主要是磨料粒子，因此，磨石对木材的实际压力要更高些。生产中磨木机压力常常以平均压力表示，可以通过一定的数学公式计算。

当其他条件不变时，增加比压可以提高磨木机的生产能力，单位电耗略有降低，适当增加磨木比压，可以改善纸浆质量，但比压太大，产量虽增加，但粗大纤维增多，强度反而降低。

为了保持磨木机电机负荷的稳定，在一般情况下，磨浆比压和磨石锐度的配合原则是：钝磨石、高比压；锐磨石、低负荷。当磨石逐渐变钝时，为了保证设备预定的产量，应相应地提高磨木比压。

4. 磨石线速

当磨石的线速度提高时，磨石与原木接触的频率提高，因而磨出的浆料增多，磨木机的生产能力提高，这时动力负荷也随之增加，但产量的提高速度大于动力负荷的增加速度，结果单位动力消耗却随线速度的增加而降低。

在一定的压力下，磨石线速度虽然增加，但原木进料的速度却赶不上磨纹切割纤维的速度，因而增加了对浆料的研磨作用，使纤维磨得更细；同时增加线速度，又可以提高原木与磨石接触的表面温度，磨出细长而富有弹性的纤维，这样均使磨木浆的质量得到改善。

提高磨石线速度，虽然有利于磨木，但却受到磨石本身强度的限制，线速度抬高，超出允许应力范围，则磨石将有破裂的危险。在电机转速不变的情况下，磨石线速度仅取决于磨石直径。在磨浆过程中，由于磨石工作层的不断磨损，相应地降低了磨石的线速度，导致产量降低。所以对于磨木机的磨石要求，不仅能够满足高线速度生产而提高产量，并且还要求线速度尽可能地稳定，以便保证能够生产一定质量的纸浆。

5. 磨浆温度和浓度

磨浆温度应该是指磨石磨碎区的温度，由于不易测量，生产上往往以磨木机的浆坑内纸浆温度作为磨浆温度。而浆坑温度由磨浆时的喷水（一般为回用水，称为白水）量来调节，改变白水温度和喷水量，可调节浆坑温度和纸浆浓度。磨浆温度高，纤维可以被充分软化，易于完整分离，可获得强度高、滤水性好的磨木浆。生产上通常控制浆坑的温度在 $75\sim95\,℃$。

在磨浆时产生的能量，除部分散失外，其余的均由磨石和浆料通过喷淋白水带入浆坑，所以浆坑的温度与喷水量有关，而喷水量又会影响浆坑内的纸浆浓度。所以，纸浆的浓度与磨浆的温度之间也有一定的关系，浓度高，说明喷水数量少，纸浆的温度会升高，会改善磨浆条件。

6. 磨石浸渍深度

磨石浸渍深度是指浆坑中的浆料淹没磨石的高度，这个参数可以由浆坑挡板调节。磨石浸渍深度大，可以使磨石表面冲洗得更加干净，减少纤维复磨；但会降低磨石的温度，导致磨碎区温度下降，不利于磨浆。

为了消除不利影响，出现了无浆坑磨浆方法。既将浆坑的挡板放低，使磨石不浸入浆料中，这样可以减少磨石运行的阻力，降低动能消耗，可使磨石在较大负荷和线速度下磨浆。并用高压水喷淋磨石表面，使磨石得到充分冲洗，消除了纸浆的复磨，降低了浆料的打浆度并改善纸浆质量，也可以延长刻石周期，稳定纸浆质量。无浆坑磨浆简化了生产过程控制，但必须严格控制喷水温度、压力和喷水量，在整个磨浆面上喷水均匀，即可控制纸浆质量，又能保证磨石安全。

（三）磨石磨木浆的特性和用途

1. 磨石磨木浆的特性

磨石磨木浆的特点主要表现在以下几个方面：

（1）纸浆生产成本低 磨石磨木浆的得率可达 $95\%\sim98\%$，而化学浆只有 50% 左右；同时磨木浆的生产，耗用很少或不用化学药品和蒸汽，因而成本低廉。由于生产过程较为简单，所以设备费用和生产维持费用一般也少。

（2）成纸具有良好的印刷适应性　用磨木浆抄造的纸张不透明度较高，纸质疏松、富有弹性，具有良好的油墨吸收性能，因此提高了纸张的印刷适应性。生产实践证明，随着纸张中磨木浆含量的增加，其印刷适应性会成倍地改善。所以，在印刷用纸生产中，可以添加一定数量的磨木浆。

（3）成纸强度低　由于磨浆过程中的机械磨碎作用，使得纤维发生强烈的破碎，纤维变得粗短零碎，并且纸浆中保留了非纤维素成分，会降低磨木浆的成纸强度。生产上，为了改善抄造性能、提高纸张的强度，应配加一定量的化学纸浆。

（4）耐久性差　由于磨木浆中保留有较多的木素和其他非纤维素物质，与空气接触，经过日光作用而被氧化，含有磨木浆的纸张容易发黄、变脆，不能长期保存。

2. 磨石磨木浆的用途

磨木浆主要用于生产新闻纸、部分用于配抄胶印书刊纸、低定量涂布纸和轻型纸等。在新闻纸的纸料配比中，磨木浆一般占 70%～85% 以上，因此新闻纸的质量在很大程度上取决于磨木浆的性质。不同的生产工艺所得到的磨石磨木浆所生产的纸张，其质量有一定的差异。

二、磨石磨木浆的生产方法

根据磨石磨浆的条件不同，磨石磨浆的生产方法可分为：普通磨石磨浆（SGW）、压力磨石磨浆（PGW）、高温磨石磨浆（TGW）、化学磨石磨浆（CGW）和木片磨石磨浆（FGW）。

1. 普通磨石磨浆（SGW）

普通磨石磨浆是把原木经过备料处理，再经泡木，然后送入磨木机的料箱中进行磨浆。在磨浆过程中的温度、压力较低，所以生产的纸浆颜色较浅，把这种条件下所得到的纸浆叫做白色磨木浆。

普通磨石磨浆是应用最早的磨浆方法，其生产设备、生产流程简单。但生产的纸浆长纤维含量少、纤维短粗，成纸强度低。普通磨石磨浆的生产流程，如图 6-2 所示。

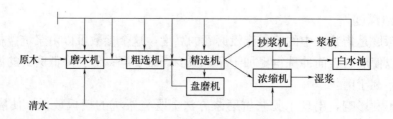

图 6-2　普通磨石磨浆生产流程

2. 压力磨石磨浆（PGW）

为了保持 SGW 低能耗的优点，同时提高改善 SGW 的其他质量，开发了压力磨石磨木浆（PGW）。PGW 和 SGW 的磨浆条件如表 6-3 所示。

表 6-3　　　　　　　　　　　　　PGW 与 SGW 的磨浆条件比较

磨浆方法	磨木区压力/MPa	浆坑温度/℃	喷水温度/℃
SGW	常压	70～75	55～60
PGW	0.20～0.25	110～120	70～75

PGW 和 SGW 相比，比能耗相当，但纸浆的裂断长和撕裂指数增加20%～50%，成纸表面特性好。20 世纪 80 年代，采用 PGW 生产超压书刊纸、轻量涂布纸和优质新闻纸。

PGW 磨浆的设备如图 6－3 所示。

为了进一步提高产品质量，又出现了超压磨石磨木（SPGW），磨浆的压力提高到 0.4MPa，喷水温度 140℃。由于长纤维组分增加，纸张的抗张指数增加了 10%～30%。

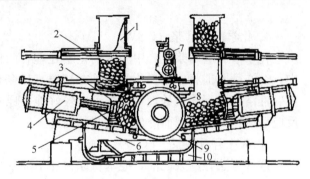

图 6－3 压力磨木机结构示意图

1—贮木室 2—上闸门 3—下闸门 4—水压缸 5—压木板
6—浆槽 7—刻石器 8—磨石 9—喷水装置 10—机壳

压力磨木浆的另一个变化是在喷水中添加化学药品，以添加碱性过氧化氢（H_2O_2）为最佳，这种浆称为化学压力磨木浆（CPGW）。

3. 高温磨石磨浆（TGW）

由于 PGW 需要配备压力容器，设备投资较高，不适合既有的磨木机，如果在原有 SGW 磨木机上提高温度至上述水平，会发生局部沸腾，引起木材烧焦，影响产品质量。为此通过原有磨木机进行密封，改进梳状挡板和喷水系统，加装温度等参数的自动控制系统，将 SGW 磨浆系统改造成高温磨石磨木机（TGW）系统，可使磨碎温度提高（浆坑温度由 70℃提高至 90℃），纸浆的质量处于 SGW 和 PGW 之间。TGW 系统见图 6－4，表6－4为 SGW、TGW、PGW、TMP 的能量消耗与质量的比较。

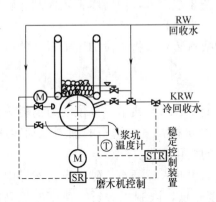

图 6－4 TGW 磨石磨木示意图

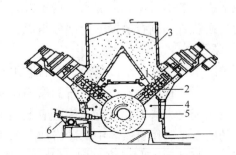

图 6－5 木片磨石磨木机

1—螺旋喂料器 2—喂料器外壳 3—木片仓 4—喷水管
5—磨石 6—刻石器 7—减速装置

表 6－4　　　　　　　　　　几种磨石磨木浆能耗与质量的对比

项目	SGW	TGW	PGW	TMP
比能耗/（kw·h/t）	1470	1560	1580	2360
打浆度/°SR	65	65	65	69
长纤维含量（鲍尔筛分组分 $R_{14}+R_{30}$）/%	22	26	30	37
裂断长/km	2.5	2.9	3.2	3.4
撕裂度/mN	610	740	790	980
白度/%	63	63	60	56

4. 化学磨石磨浆 （CGW）

化学磨石磨木浆生产中原木的化学处理有两种方法：①在磨浆时加化学药品于系统的白水中；②在磨木前将原木加化学药品在高温高压条件下处理。常使用 $NaOH$、Na_2CO_3、Na_2SO_3 等碱性溶液进行化学处理，这样可以较好地使原木软化，从而降低磨浆能耗，但由于碱与木素反应后颜色变黑，因而降低了纸浆的白度。

5. 木片磨石磨浆 （FGW）

这种方法在磨浆之前，把木材原料加工成木片，然后再送入磨浆机中生产。所用的原料可以是原木，也可以是边角余料，这样大大地扩展了磨石磨浆的原料范围。木片磨石磨浆机的主要结构如图 6-5 所示，木片是通过螺旋紧压在磨石面上进行磨碎的。

经过实践发现，这种方法磨浆的能耗较低，是一种节能的制浆方法。纸浆中微细组分（Fine）含量较多（故取名为 FGW），成纸的不透明度、平滑度和吸墨性很好，但是成纸的强度性能却很低。

三、磨石磨木设备及装置

（一）磨石磨木机的基本结构

磨石磨木浆是将已经剥皮并锯断成一定长度的木段压在旋转的和被不断喷着水的圆筒型磨石面上磨成浆的。木段放在与磨石主轴相平行的位置上。磨木过程的基本步骤是从木材分离出纤维，又在复磨中扩大纤维面积和切断纤维。

磨石磨木机工业化生产已有一百多年的历史，至今在高得率浆中仍占着重要地位。近 20 多年来温控磨木机、压力磨木机和超压力磨木机等新设备相继出现，使磨木工艺控制在较佳条件下，既保持电耗较低的优点，又使磨木浆质量得到进一步提高。

一般来讲，磨木机主要由磨石、送木段进磨木机的喂料装置、将木段加压于石面的机械装置、浆的移送装置和刻石装置 5 个部分组成。

（二）磨石

磨石是磨木机的基本组成部分。磨石磨木浆的生产能力和纸浆质量，单位动力消耗等技术经济指标，在很大程度上取决于磨石的磨石组成、性能和机械强度。磨石的圆周运动转速高、负荷大，温度变化大，因此，它需要适应上述工作条件的变化要求。

最早的磨石是利用自然界中的砂岩加工而成的，因而也叫天然磨石。砂岩石自然界中含有 $80\%\sim85\%$ 石英砂和 $15\%\sim20\%$ 黏土组成，其耐压强度较低，限制了磨石线速度的提高，在使用中受到了限制。于是，开发出了人造磨石，人造磨石有两种，分别是水泥磨石和陶瓷磨石。水泥磨石是用石英砂和特殊标号的水泥为原料，制成混凝土，经浇铸和加工而制成的。陶瓷磨石以刚玉或金刚砂和黏土、长石和石英粉等为原料，制成片状生坯，再烧结成陶瓷片，用作磨石表面的工作层。

无论是哪种磨石，均由磨料粒子和黏合剂两种物质组成，如图 6-6 所示。这两种物料的比例及其各自的性质有着十分重要的关系，如磨料粒子的种类、大小、形状，黏合剂的组成等，决定磨石的磨浆性能、气孔率和硬度等。

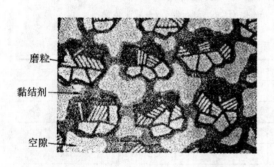

磨粒

黏结剂

空隙

图 6-6　磨石的物料组成

　　磨料粒子的种类、大小、形状，不仅影响磨石的生产能力，而且影响纸浆质量。粒度大的磨石，生产能力也大，但纸浆粗糙；磨料粒子过于锋利时，则磨碎时切割作用剧烈，得到的纸浆粗短纤维的含量多；如过于圆钝，则浆料中纤维变得细小，产量也会下降。磨石的硬度、机械强度和气孔率，取决于黏合剂与磨料粒子的配比和黏合剂的黏结强度。若黏合剂的黏结强度小，即所谓磨石软，磨料粒子容易脱落，磨纹很快被磨损；反之，磨石硬度大，则刻石难度增加，刻石后磨纹在很长时间内保持尖锐的棱角，因而是磨出的浆料质量低劣。最理想的黏合剂是可以和磨料粒子同时磨损，或者比磨料粒子略快些，这样就有可能使磨表面露出新的磨料粒子，使磨石可较长时间保持粗糙的表面。

　　磨石表面的磨纹是用专门的刻石装置加工出来的，刻石装置也是磨石磨木机的重要装置。刻石装置安装在磨石的一侧，一般是用液压（或电动）装置推动刻石沿着两条与磨石主轴平行的导轨运动，刻石刀架可以在平面上旋转，并能使刻石刀进退活动。

（三）常见磨石磨木机

　　磨石磨木机的种类很多，根据压送原料机构的特征和加压方式，可分为机械加压与水力加压两类；按照生产操作的方式，又可分为间歇与连续操作两类；按形式有链条式磨木机、袋式磨木机、库式磨木机、环式磨木机等；根据其结构不同，双袋式磨木机还有大北式、卡米尔式、汤佩拉式等类型；水力加压类的磨木机多为间歇操作，机械加压的磨木机均为连续操作。

　　1. 链式磨木机

　　链式磨木机的结构如图6-7所示，其工作原理是借助在磨石上方的料箱两侧循环转动的带翅链条，将原木压向磨石。链式磨木机是我国使用最多的一种磨木机。

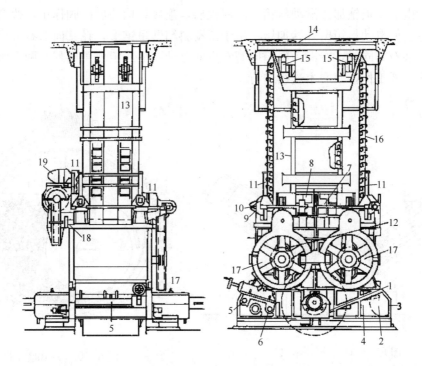

图6-7　双链磨木机

1、2—楔形板　3—手动齿轮铰盘　4—磨石转轴　5—机架　6—升降架　7—链条下部遮板
8—门　9—斜齿轮　10—涡轮　11—升降架　12—间隙　13—木库　14—料斗
15—张紧装置　16—喂料链条　17—铸钢正齿轮　18—轴　19—铸钢小齿轮

2. 大北式磨木机

大北式磨木机为双袋式结构,如图 6-8所示。机架两侧为两个斜的袋形磨料箱,磨料箱顶部为水压缸,内活塞与加压板,在磨料箱的上方,有装料箱,在装料箱与磨料箱之间有一闸板,由一小水压缸控制,当加压板加压时,闸板把磨料箱盖住,防止装料箱中原木落入,当加压板回移时,小水压缸将闸板拉开,装料箱中的原木就落入料箱中,完成装料过程,待加压板又开始对原木加压时,装料箱又可以装入原木,等待下一次装料。由于加压板回程装料时,无磨浆作用,故为间歇式操作。

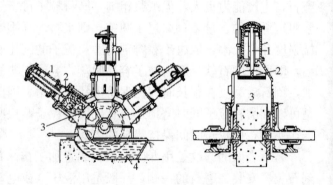

图 6-8　大北式磨木机
1—水力活塞　2—压板　3—磨石　4—浆坑

3. 卡米尔磨木机

卡米尔磨木机是连续操作的双袋式磨木机,其结构特点为:每一个磨料箱中有两个套在一起的水压缸,这两个水压缸活塞的交替往返,构成了磨浆的连续操作。

图 6-9为卡米尔磨木机的结构图,每个磨料箱的两个水压缸,分别与加压板和一个滑动的料箱壁相连。当加压板压紧原木时,与料箱壁相连的水压缸,使滑动料箱壁回程,原木对磨石的压力全部由加压板施加。滑动料箱全部回程后,连接结构使反向阀作用,改变高压水进入水压缸的通道,使滑动料箱壁开始加压。由于滑动料箱壁呈锥形,在其向磨石方向移动时,可以把原木压向磨石,同时,在滑动料箱向磨石方向移动,加压板就可回程。两个水压缸活塞各自独立而又交替地工作,使磨木连续进行。

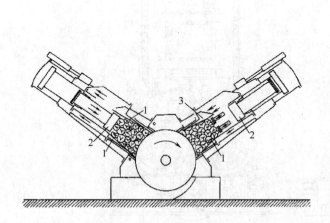

图 6-9　卡米尔磨木机
1—锥形料箱壁　2—加压板　3—加料箱

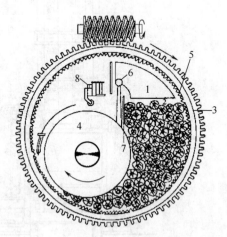

图 6-10　环式磨木机
1—窗口　2—楔形木库　3—传动环　4—磨石
5—内齿喂料环　6—喷水管　7—隔板
8—电动刻石器

4. 环式磨木机

环式磨木机也属机械加压式连续操作磨木机,其结构如图 6-10所示。磨石装在一个缓慢回转、内有齿条的大铸铁环内偏左下约 30°的位置，原木段即装在磨石与铸铁圆环之间形成的楔形木库中。磨石与铸铁圆环设有传动装置。磨碎的浆料从磨石两侧流至磨木机铁箱两侧的料沟，再流入磨木浆池。在铸铁环的两端嵌有橡胶绷带以形成密封。铸铁箱安装在机架的基础板上，当磨木机的磨石改变时，可借螺旋前后移动铁箱，来调节磨石与铁环间的距离。

第三节　盘磨机械浆

盘磨磨浆是在磨石磨浆之后使用的一种高得率制浆方法。利用盘磨作为磨浆设备，把木材原料加工成木片，送入盘磨机内，生产机械浆，所以也叫做木片磨木浆（RMP）。

盘磨用于生产机械浆，与磨石磨浆相比，有很多优点：①扩大了纤维原料使用范围，可以使用磨石磨浆不宜使用的木材边角、废料、枝丫，乃至阔叶木、非木材等原料。②盘磨磨出的纸浆中长纤维含量高于磨石磨浆，在相同的打浆度下，浆料强度比磨石纸浆高，抄造性能好，可减少新闻纸抄造中化学纸浆的配比，成纸不透明度高、印刷性能好。③盘磨机生产能力大，设备占地面积小，容易实现自动化控制，操作方便、控制稳定，适应性好。④木片在磨浆之前经过洗涤，得到的纸浆比较干净。

一、磨　浆　理　论

（一）盘磨磨浆机理

盘磨磨浆过程中存在 3 个明显的重叠交叉阶段。首先木片在磨区入口处被解离成较粗糙的碎块；然后在磨区中部，碎块被离解成纤维；最后在磨区外围，齿盘间对纤维进行精磨。最重要的是第二阶段，粗纤维束在磨区内呈不定向排列，在齿盘刀缘的剪切作用下被打碎，与齿盘平行排列的纤维束分离成单根纤维，而与齿盘垂直排列的纤维束则被磨成碎片。

木片在磨浆时的变化过程为：木片在破碎区前受到轴头上转动的星形螺帽的撞击，而破裂成粗大纤维束和少量的碎片；在盘磨机磨浆区内圈，有相当数量的粗大纤维束产生再循环作用，即在两只磨盘的齿沟间移动；在粗磨区，纤维受到齿盘的剪切力、压力、纤维之间的摩擦力和离心力等应力的复合作用而分级；在精磨区，纤维沿齿和齿沟向前移动，对纤维所作的大部分功在此区间完成，且不会显著降低纤维长度，浆料强度在这个区间迅速发展。

磨浆过程的 3 个阶段，如图 6-11所示。

（1）破碎区：磨浆时木片首先进入磨盘中心部分的破碎区（又称磨腔），此区齿盘间隙最大，盘齿厚、数量少，在此区段，木片在高温下被破碎成火柴梗大小的木条。

（2）粗磨区：此区域齿盘间隙由内向外逐渐变窄，物料停留时间长，逐渐被研磨成针状木丝，在相互摩擦及受齿盘作用下，进而被离解成纤维束及部分单根纤维。

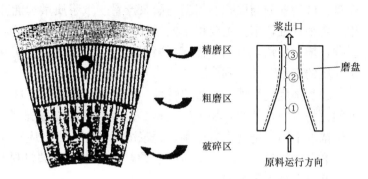

图 6-11　盘磨磨浆三区段示意图

（3）精磨区：此区域位于齿盘外围，齿数增多，齿沟变窄，由粗磨区移动过来的纤维束及单根纤维，在此同受到进一步离解及一定程度的细纤维化后，离开盘磨机。

采用高速摄影技术，可清楚地反映不同磨浆阶段物料状态的变化，木片的破碎，在盘磨机入口区首先发生，而良好的纤维化是在离开破碎区后一段时间内完成的，纤维的完全离解与细纤维化，则在磨浆区外围区域内产生的。

在磨浆过程中，料片的形态与纤维离解状况，浆料强度都经历了不同的变化过程。图 6-12 表明了盘磨磨浆过程中浆料性能的变化。

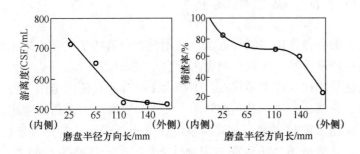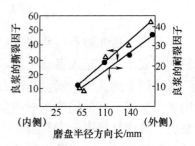

图 6-12　盘磨磨浆过程中浆料性能的变化

合理的磨浆过程应分为两步：首先将木片离解成单根纤维，而尽量减少碎片生成及保持纤维长度。这个阶段，磨浆浓度应高些，磨浆间隙大些，使木片在相互摩擦作用下离解，减少纤维的切断；其后使离解的纤维束及单根纤维，进一步纤维化与细纤维化，纤维应受到较多的机械作用，增加单位时间内纤维与齿盘刀缘接触的次数，此时磨浆浓度应低些，齿盘间隙小些。根据这个原则，盘磨机械浆的生产通常采用分段磨浆。

（二）影响盘磨机磨浆的主要因素

1. 原料

原料的种类和备料情况对盘磨磨浆过程和纸浆质量有重要影响。原料种类不同，会带来物理性质、纤维形态和化学组成上的差异，磨出纸浆的性质也相应发生变化。另外，木片的尺寸、均匀性、水分和所含杂质情况，也会影响纸浆的质量。

2. 磨盘特性

磨盘的特性主要包括齿型、磨盘锥度和齿盘材料。

齿型包括齿的长短、粗细、数量，齿的排列与分布，齿沟的深浅与宽窄，挡浆环的设置，齿盘各区的划分与面积。齿型与磨浆产量、纸浆质量和能耗有很大关系。一般来说，宽齿主要用于离解纤维，窄齿主要用于发展纤维强度。另外，齿角（磨齿与磨盘径向的夹角）也有重要影响，增大齿角，有利于提高纸浆强度；而齿角减小，切断作用增大，细纤维化作用减小。通常使用的齿角在 $25°\sim45°$。

磨盘锥度是另外一个重要特性，它是指单位径向上坡度的大小。磨盘在破碎区设计成有锥度的目的，一是使原料易于进入；二是避免机械能量骤增。随材种、得率、齿型结构而变化，磨浆浓度不同，锥度也有差别。磨浆浓度提高，锥度应相应加大。

磨盘材料是影响磨盘寿命的最重要的因素，除磨盘材料外，齿型的不同及磨木木材不同，都对磨盘寿命产生影响。

3. 磨浆浓度

磨浆浓度是盘磨机械浆生产的重要影响参数。磨浆浓度与纸浆的强度性质、碎片含量、游离度等的变化，均有重要的影响，盘磨磨浆时，浓度范围一般在 $20\%\sim30\%$。在两段磨浆时，第一段目的在于分离纤维，为了减少纤维的切断，主要应靠纤维的相互摩擦作用分离纤维，浓度高些，一般在 25% 左右；第二段磨浆主要在于发展强度，磨浆浓度不宜太高，在 20% 左右。

4. 磨盘间隙

盘磨磨浆时，有 3 个可控的参数，即浆浓、能耗、磨盘间隙，这 3 个参数具有相互关联的制约关系。维持能耗不变，提高磨浆浓度则磨盘间隙就要加大；如浓度一定，则减小间隙，能量消耗就会增大。所以，在 RMP 生产中根据浆料浓度来调整间隙，另外磨浆时，用于离解纤维时间隙应大些；用于提高浆料强度时间隙应小些。不同的间隙不仅能耗不同，也对盘磨机械浆性质产生影响。

5. 磨浆温度

磨浆温度是指盘磨磨浆时磨盘中物料的温度，温度高，木片中木素的软化程度加深，有利于纤维的分离，提高浆料中长纤维的含量，纸浆的各项机械强度会提高。而磨浆中的温度实际上是其他条件的反应，跟能量输入、浓度、磨盘间隙有着密切的关系。

二、盘磨磨浆的方法

（一）普通盘磨机械浆（RMP）

1. 生产流程（见图 6-13）

2. RMP 主要特征

RMP 与 SGW 相比，原料成本较低廉，可充分利用磨木机不能使用的边角废料，如板片、边材、刨花、锯末等。其生产能力较大，占地面积小，强度高于 SGW，但 RMP 能耗较 SGW 高 $50\% \sim 100\%$，其不透明度及印刷性能略低但还属良好。

（二）预热盘磨机械浆（TMP）

为了进一步改善盘磨机械浆的质量，降低磨浆动力消耗，在 RMP 的基础之上开发出 TMP 生产技术。其主要特点是在磨浆之前，原料片进行高温、高压处理，然后再进行磨浆。

1. TMP 生产流程

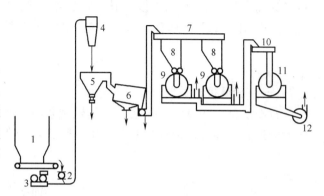

图 6-13　典型的 RMP 生产流程

1—木片仓　2—旋转阀　3—鼓风机　4—旋风分离器
5—木片洗涤器　6—洗涤脱水器　7—分配输送器
8—平衡木片仓　9—第一段盘磨机　10—刮板运输机
11—第二段盘磨机　12—泵

图 6-14 为具有代表性的 TMP 生产系统。整个生产系统由料片洗涤、料片预热和盘磨磨浆组成。

2. 预热

在 TMP 中，木片的预热处理是非常重要的工序。其作用主要在于软化木片，是纤维胞间层中的木素软化，降低木素对纤维的黏结作用，降低纤维细胞之间的结合强度，使磨浆时，纤维的分离容易发生在纤维胞间层与初生壁之间，从而获得完整的纤维，使浆料中的长纤维含量增多，增强浆料的机械强度。

木片预热的温度影响磨浆质量。预热温度过高，超过木素玻璃化转移温度，则软化的木素附着于纤维表面，冷却后形成玻璃状木素覆盖层，使纤维难于细纤维化，造成磨浆障碍；温度过低，木素未充分软化，纤维发生

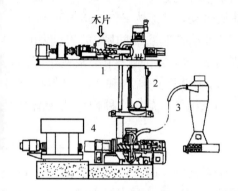

图 6-14　Defirator TMP 生产流程

1—螺旋搅拌器　2—预热器
3—浆汽分离器　4—蒸汽压力磨浆机

不规则分离，产生大量碎片，使纤维长度降低。因此预热温度应控制在接近木素玻璃化转移温度以下，适宜的预热温度应在 120～125℃，高于或低于此温度，将对纸浆性质产生很大的影响。

3. TMP 的特性

TMP 由于增加了料片的预热处理，纸浆的性能有了很大改进，与 SGW 和 RMP 相比，具有强度高、纤维束含量低的特点。TMP 在纤维形态上，保留了较多的中长纤维组分，其碎片含量也远远较 SGW 和 RMP 低。TMP 在强度性能上有了较大的改善，但其纤维较挺硬，柔软性较低，TMP 纤维表面强度不高；与 SGW 相比，TMP 松厚度较大，因此抄出的纸页面较粗糙。TMP 的光散射系数略低于 SGW，但优于 RMP，具有较好的光学性能。

4. TMP 的应用

自 TMP 工业化以来，发展很快，已逐渐取代了 RMP，是现代机械浆的重要浆种之一。据统计，TMP 总量中有 54％用于新闻纸，20％用于杂志纸和涂布原纸，15％用于纸板，其余11％为商品浆。TMP 用于抄造其他印刷纸、低定量涂布纸、薄纸和吸收性纸种也越来越多。与 SGW 相比，TMP 具有高的干、湿强度，可以降低化学浆的用量。

三、磨 浆 设 备

（一）盘磨机的类型

盘磨机是生产盘磨机械浆、化学机械浆和其他高得率纸浆的重要设备。根据磨盘的数量和转动的形式不同，可把盘磨机分为单盘磨、双盘磨和三盘磨。如图 6-15 所示。

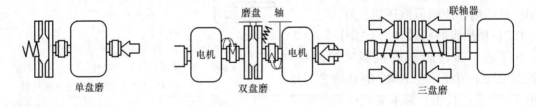

图 6-15　盘磨机的类型

单盘磨由 1 个定盘和 1 个动盘组成，由 1 台电动机带动转轴上的动盘旋转进行磨浆，物料由定盘中心孔进磨，动盘以 1500～1800r/min 转速旋转，磨盘间隙通过液压系统或齿轮电机进行调节。双盘磨由两个转向相反的动盘组成，各由 1 台电动机带动，转速为 2400～3000r/min，通过双螺杆进料器强制进料，利用线速传感器（LVTD），可准确控制磨盘间隙。三盘磨由 2 个定盘和中间的 1 个动盘组成，动盘两侧具有两齿面，分别与 2 个定盘组成 2 个磨浆室，即使转速很高，也不存在动盘偏斜问题，磨浆过程产生的蒸汽，可由 2 个进料口和 1 个出料口排出。轴向联动的 2 个定盘，通过液压系统，可调整间隙和对动盘施加负荷，这种构型的盘磨机不需使用大的推力轴承。

单盘磨产量较低，但其设计与制造简单，成本较低，仍有一定市场。双盘磨在 20 世纪 70 年代发展较快。盘磨转速越高，纤维经受处理的程度越大；浆料的强度越大；另一方面，提高转速与增大磨盘直径，均可提高盘磨机的单机生产能力。因此，不论单盘磨或双盘磨，都有向高速、大直径发展的趋势，迄今，已出现最大的盘磨机，其磨盘直径2080mm，配用电机 26000kW。

但是，提高转速会使盘磨机产生很大离心力，影响磨盘间浆料的正常分布，并使设备产生稳定性问题。三盘磨的开发，从增加磨浆面积入手，在不提高转速及增大磨盘直径的情况下，磨浆面积增加 2 倍，既有利于产量提高，也有利于改进磨浆质量，同时便于热能回收。

（二）盘磨机结构

如图 6 - 16 所示，为三盘磨的结构示意图。

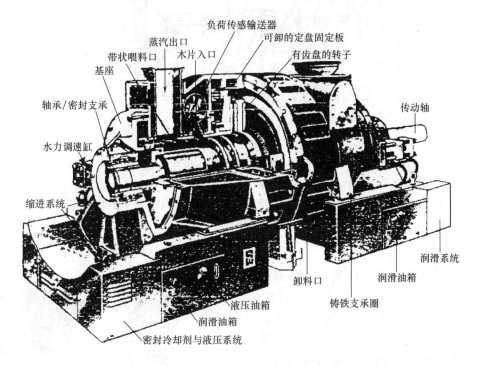

图 6 - 16　三盘磨的结构

盘磨机主要结构由机壳、机架、螺旋进料器、磨盘间隙液压调节系统、转轴、轴承、水冷密封箱等部分组成。

机壳分上下两部分，下部为刚性支架，其上有 2 个轴承，上部机壳起密封磨盘作用，卸下机壳即可更换齿盘，机座底部开孔为磨碎浆料的排出口。

三盘磨具有双工作面的转盘，安装在主轴，其两侧均对应带齿的定盘，可以轴向移动，以调节磨盘间隙。

螺旋进料器套在定盘侧主轴上，一端由轴承支撑，由一专用链条及齿轮传动，正常转速为75r/min 或 150r/min。进料器外壳有一轴向的槽，可防止物料随螺杆转动，并使磨浆时生成的蒸汽易于逸出。

定盘与动盘的磨盘，各装有不同形式的齿片，定盘间隙的调整，由液压伺服系统控制。

图 6 - 17 所示为压力双盘磨构造，由 2 个反向转动的 ϕ1320mm 磨盘组成，各由 1 台3375kW 的电动机传动，电动机转速 1500～1200r/min。齿盘无单独的精磨区与粗磨区，而是将精磨区与粗磨区设在一块磨片上，便于调节磨盘间隙，但不能分别调节精磨与粗磨间隙。采用电气-液压伺服系统进行控制，可移动非进料侧的磨盘，以调节磨盘间隙与压力。进料采用倾斜双螺旋进料器。

（三）盘磨机齿盘结构

齿盘是盘磨机的核心部件，直接对磨浆质量、产量和能耗产生影响。

齿盘在结构上的形式很多，可分为整体齿盘与组合齿盘；从形状上可分为圆形和扇形；从

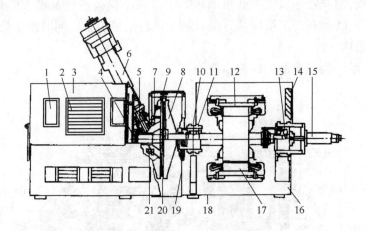

图 6-17　C-E 鲍尔公司 No. 485 压力双盘磨

1—视窗　2—排风口　3—可拆卸的外壳　4—主轴　5—可调速双螺旋喂料器　6—木片进口　7—定位磨盘
8—可作轴向移动的磨盘　9—磨片　10—轴承　11～13—包括电机定子及轴承温度测定的保护装置
14、16—进风口　15—调整磨盘位置的液压装置　17—主电机　18—底座　19—外壳
20—出浆口　21—稀释水入口

用途上可分为一段齿盘、二段齿盘、精磨齿盘、精渣齿盘。如图 6-18 所示，为一段、二段齿盘。

齿盘上的分区，是根据不同使用段磨浆及浆料流动方向的不同要求而设计的。精磨用精齿、细齿，齿盘上齿的数量、粗细、齿沟槽深浅、齿的排列形状及齿的梯度、齿盘上各磨区的分配等，都对磨浆性能与能耗有重要作用。齿盘的设计原则是：使磨浆时浆强度发展快、能耗低，在磨区中形成稳定的网络结构，磨浆时蒸汽可顺利排出。

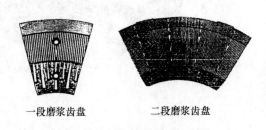

一段磨浆齿盘　　　　二段磨浆齿盘

图 6-18　齿盘面的形状

第四节　化学机械法制浆

尽管普通盘磨磨浆和磨石磨浆相比，纸浆的特性得到很大的提高，但由于纸浆中保留了大量的木素，使纸浆的强度和耐久性能满足不了要求很高的纸张。于是，在预热木片磨木浆的基础之上发展了化学机械浆（CMP）。

化学机械浆出现在 20 世纪中叶，其生产结合了化学作用和机械作用，利用两段方法制浆。经备料处理的料片先经过化学处理，根据纸浆的用途和要求，化学处理的方法和条件可以进行调整；然后把处理后的料片送入盘磨机中进行机械处理，分离纤维而成为纸浆，纸浆得率可高达 85%～90%。

化学机械法制浆，可以利用机械法制浆中不能利用的纤维原料，如阔叶木、竹子、蔗渣、芦苇等，大大扩展了原料的使用范围，从很大程度上减轻了造纸行业原料短缺的问题；纸浆得率高，生产成本低；但纤维挺硬、耐久性差，应用上也受到一定的限制。

化学机械浆可用来生产新闻纸、包装纸和包装纸板，白度较高的化学机械浆还可以用来制造书写纸、杂志纸、涂布原纸、防油纸等。

一、制　　浆

（一）制浆原理

化学机械法制浆包括化学处理和机械处理两个主要作用。

1. 化学处理

化学处理的目的，一是在保证高纸浆得率的基础上，制造出能满足某些产品性能的纸浆；二是为了降低生产成本，少用或不用昂贵的长纤维化学浆；三是开辟制浆原料来源，充分利用其他制浆方法不太适宜或较少使用的阔叶木，特别是蓄量较大的阔叶木；四是软化料片，为提高强度、减少纤维碎片，改善纸浆质量创造条件。此外，通过化学处理还可节约动能消耗，延长磨浆设备齿盘的寿命。

化学处理对料片的基本作用主要有两个，即纤维的润胀和木素的改性。化学处理使用的药品，有氢氧化钠、碳酸钠、亚硫酸盐（酸性、碱性、中性等条件）、碱性过氧化氢等，这些化学药品可以单独使用，也可以混合使用。使用的化学药品不同，料片处理的效果差异较大，这样得到的纸浆性质和组成都有差异。

化学处理的条件缓和、时间较短，所以化学处理的设备一般不用化学制浆中所采用的蒸煮设备，通常采用横管式和斜管式连续蒸煮设备。

2. 机械处理

料片经过温和的化学处理，使料片组织结构松弛，但基本上还是呈原来的状态，要获得符合造纸要求的纸浆，还需要进行机械处理。

机械处理的作用有 3 点：一是利用相互摩擦产生的热量来加热和软化经过化学处理的料片，进一步消弱纤维之间的黏结，为离解纤维创造条件；二是裂开或断开纤维的连接，使离解成单根纤维；三是单根纤维的细纤维化，即将完整的纤维部分变成比表面积大的小纤维，从而提高纤维间的结合力。

机械处理使用的主要设备是盘磨机，与盘磨机械浆制造中所用的设备是相同的。

（二）影响因素

如上所述，化学机械法制浆中纤维的分离既有化学作用，也有机械作用，所以，料片的化学处理、机械处理的条件都会对制浆过程和纸浆的特性产生一定的影响。

1. 原料种类

化学机械法制浆与机械法制浆相比，扩大了原料的使用范围，所以不光是针叶木，阔叶木和竹子、蔗渣等非木材原料，以及木材加工中的边角余料、树木的枝丫、锯末等都可用于化学机械浆的生产中。但是，原料的种类、状态不同，所生产的纸浆性质也有较大的差异。

原料中的木素含量影响纤维分离的难易程度，木素含量高，纤维分离的难度大，化学处理、机械处理的条件应增强，化学品、能量消耗会增加。原料中的纤维形态直接影响成浆的质量好坏，纤维粗长，成浆中长组分纤维的含量会增多，所生产纸张的强度会高些。

2. 化学处理条件

化学处理的作用主要是使料片发生软化，为机械处理时纤维的分离创造条件，同时也会造成少量木素及其他化学物质的溶出。经过化学处理后料片的松软、疏松程度越深，机械处理时纤维的分离越容易，机械处理阶段的能耗降低，这样纸浆中会有更多的完整纤维，成纸的机械强度会提高。

这些变化与化学处理阶段的条件强弱有着重要的关系。化学品的用量多、处理温度高、处理时间长，说明处理的条件剧烈，化学处理的程度加深，纸浆的得率也会随之减少。生产上，常常根据原料的种类、状态，纸浆要求和用途来确定化学处理阶段的条件。

3.磨浆过程条件

料片经过化学处理，并没有使纤维分离，只有经过机械处理过程，才能达到成浆目的。化学机械法制浆的机械处理过程，采用的是盘磨机进行的。所以与 RMP 相同，磨浆过程的浓度、压力、温度、能耗、磨盘间隙和齿盘特性等因素会影响纸浆的质量。

二、化学机械浆的制造方法

（一）碱性过氧化氢机械法制浆

APMP 的成浆过程包括化学作用和机械作用两个部分。碱性过氧化氢化学机械浆是在纤维分离点以上获得的浆，它属于超高得率浆（85%～95%）的一种，属于两段制浆方法，即包含化学预处理，还包括机械磨浆后处理。

化学预处理作用比较温和，处理对纤维原料中的木素无明显溶出，只是溶出抽提物和部分短链半纤维素。化学预处理的目的只是实现纤维的柔软化，同时改变木素发色基团的结构，达到在蒸煮的同时纸浆被漂白的结果。碱性过氧化氢浸渍在一定程度上与过氧化氢漂白相似，但其碱度较高。

机械处理作用：一是利用处理时相互摩擦产生的热量，来加热和软化经过化学预处理后的木片和草片，进一步削弱纤维的连接；二是裂开或断裂纤维的连接，离解成单根纤维；三是单根纤维的细纤维化，将完整的纤维部分变成比表面积很大的小纤维，以提高纤维间的结合力。

APMP 的生产流程如图 6-19 所示，主要由料片的洗涤、化学处理、机械磨浆和纸浆的消潜等工序组成。

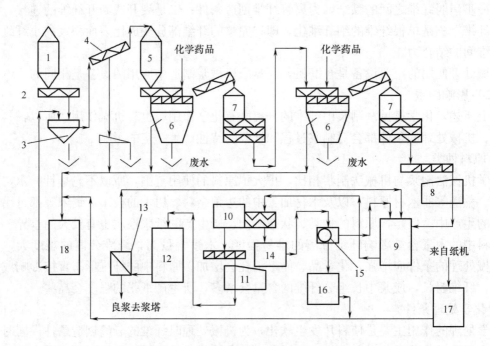

图 6-19　APMP 工艺流程示意图

1—木片仓　2—计量螺旋　3—洗涤器　4—脱水螺旋　5—预热仓　6—MSD　7—浸渍器
8—一段磨　9—中间池　10—螺旋压榨　11—二段磨　12—消潜池　13—压力筛
14—滤液槽　15—浓缩机　16—浓缩机滤液槽　17—白水槽　18—洗涤水槽

(二) 磺化化学机械浆

磺化化学机械浆（SCMP）是 20 世纪 70 年代开发的一种制浆方法，生产的纸浆可用于新闻纸、印刷纸、薄型纸、纸板和绒毛浆等产品的制造。经过技术的不断改进，SCMP 不仅用于木片的制浆，而且已经用于竹子、蔗渣、荻等非木材原料的制浆。

图 6-20 所示为 SCMP 生产流程。料片经洗涤机与预热器进行洗涤与预热处理后，进入 M&D 型斜管式连续蒸煮器，用 Na_2SO_3 药液（pH7.5~8.0）进行蒸煮，蒸煮后料片用压榨机挤压出废液后，干度约为 50%，再经盘磨机进行机械处理，进行常压磨浆。蒸煮器、压榨机的废液，回收并补充 NaOH，再吸收 SO_2，配制成蒸煮液，可重复使用。

SCMP 制浆的化学处理，是利用 Na_2SO_3 与料片进行作用，主要与料片中的木素发生磺化反应，使料片的亲水性增强，产生永久性软化，从而提高料片的塑性，这样在磨浆过程可以更完整地分离纤维，使纤维发生细纤维化，

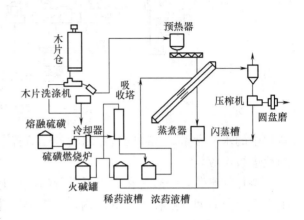

图 6-20　SCMP 生产流程

使纤维的柔软性与结合强度有较大的提高，可以获得较高的撕裂强度和抗张强度。

三、化学预热机械浆

(一) 概述

化学预热机械浆（CTMP），是在 TMP 和 CMP 基础上发展起来的。它借助更轻微的化学处理，在加热的情况下（130~160℃）进行磨浆制得的得率为 90% 左右的高得率浆种。CTMP 制浆是在 TMP 制浆基础生产线前面增加一段化学处理，即在预热磨浆之前，经过汽蒸的木片利用化学药品经过一段时间浸渍后，再按 TMP 的生产方法磨解成浆。

CTMP 实现工业化生产以来，由于它的优越性能对原料的适应性，发展极为迅速。从质量要求和经济效益两方面看，CTMP 的应用范围更广泛。虽然在一定游离度下，CTMP 的比能耗较高，但 CTMP 改善了白度、紧度和结合性能，且碎片含量低。由于 CTMP 的特性和在较大范围内有改变 CTMP 特性的可能性，在工业应用范围不断扩大，应用 CTMP 纸浆加工制造的纸产品不断增加。

CTMP 制浆的特点是：①在高游离度下碎片含量低，在游离度 700mL 下碎片含量是 1%；②在高游离度下具有良好的强度性质；③在相同游离度下，CTMP 由于长纤维增多，伴随着结合力的改善，撕裂指数显著提高；④未漂 CTMP 白度较高，可漂性好，对生产印刷纸有利；⑤CTMP 纤维易分离，长纤维组分增多，纤维柔软性变好，纸页密度明显提高，改善了强度性质（抗张指数和耐破指数）；⑥树脂容易除去，适合于抄造吸收性纸张。

(二) CTMP 生产流程

CTMP 生产过程主要包括常压汽蒸、化学浸渍、预热、磨浆等处理工序，图 6-21 所示为一种 CTMP 制浆流程。

1. 汽蒸

为了取得良好的预浸渍效果，料片在浸渍之前进行汽蒸处理。其目的是为了排除料片中的空气，同时提高料片的温度并使之稳定。这样料片在进入浸渍器后，可以很快吸收药液，增加

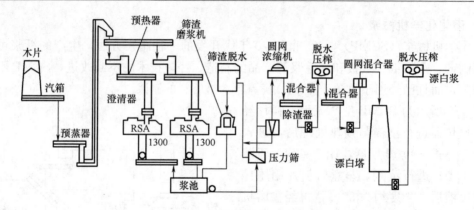

图 6-21 CTMP 典型生产流程图

料片中的水分含量。较高的料片温度，也节省了料片在浸渍器中的升温时间，可使料片迅速与药液进行反应。

料片的汽蒸，一般是在常压下进行的，汽蒸时间对料片浸渍时的药液吸收有一定的影响，生产上汽蒸时间一般在 10min 以内，如果再继续延长时间，效果变化不大。

2. 化学处理

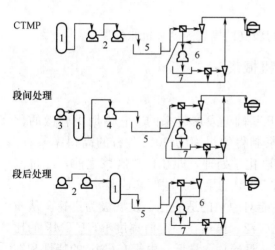

图 6-22　CTMP 化学处理方式及流程
1—反应器　2—压力一级和二级盘磨
3—压力一级盘磨　4—常压二级盘磨
5—消潜浆池　6—常压浆渣盘磨　7—浆渣池

在磨浆之前对木片进行温和的化学处理，所使用的化学药品，一般是氢氧化钠、碳酸钠、酸性亚硫酸盐、亚硫酸氢盐、中性亚硫酸盐、碱性亚硫酸盐、碱性过氧化氢等。也有使用二氧化氯、臭氧、过醋酸、次氯酸钠、亚氯酸钠等药品处理浆料或木片的。

生产中还有段间或级间化学处理和段后化学处理另外两种方式（见图 6-22），不同的化学处理方式会引起磨浆条件的变化，获得不同的能耗和有差别的浆的质量，化学处理在条件控制适当时，可以同时收到提高强度和降低能耗的效果。

CTMP 的化学处理，一般使用亚硫酸钠或亚硫酸钠和氢氧化钠的混合液，化学处理对提高强度的效果很明显。但要注意的是，处理后的浆得率必须在机械浆得率的范围内，以保持处理后的纸浆仍具有机械浆的特性。

3. 预热

CTMP 保留了 TMP 的热处理，可以更好地改善磨浆时纤维分离的条件，提高纸浆质量。预热一般在化学处理之后，采用压力预热方式，温度为 120～135℃，时间为 2～3min。

4. 磨浆

料片经过化学和预热处理之后，最后的纤维分离还是通过机械磨浆来实现的。磨浆过程的主要设备是盘磨机，根据需要可以进行一段磨浆，也可以进行两段磨浆。

（三）CTMP 的特性

CTMP 的制浆方法是化学处理、热处理和机械磨浆三者的组和。化学药品的用量和反应时间（最常用的是亚硫酸钠）根据使用材料的不同和浆性质的要求，而有很大的变化。

相对普通磨木浆，CTMP平均纤维长，细小纤维含量低，碎片少；与化学制浆法相比，CTMP得率高（90%～93%）、污染轻、不透明度高、纤维粗度高、较挺硬、不易润胀、白度低、电能消耗较高。当抗张强度要求不高时，可使用针叶材CTMP代替针叶材硫酸盐浆抄造某些产品。

（四）CTMP应用

CTMP制浆技术对原料适应性强，采用不同的流程或不同的操作条件，能得到各种性能的适应各种用途的未漂和漂白CTMP浆。CTMP浆的游离度通过磨浆可以控制，从生产绒毛浆（游离度700mL）到制造印刷纸和书写纸（游离度200mL）以下均可。恰当地选择洗浆设备，CTMP的树脂含量可降到0.1%以下；使用一段或两段过氧化氢漂白CTMP白度能达到80%ISO或以上。

目前CTMP常用于生产毛绒浆及卫生制品（生产毛绒浆制品的重要特征是具有能吸收大量液体的能力和足够的干网络强度）、纸板（CTMP更能满足纸板所应具有的弯曲挺度、剥离强度和好的印刷性能的重要特性）、文化用纸等。

第五节 半化学浆

半化学浆（SCP），其化学处理程度较化学机械浆激烈，但较化学浆温和，原料受化学处理后，尚未达到纤维分离点，仍需靠机械方法进一步离解。其粗渣较软，离解成单根纤维所需要动力较少。相对来说，半化学浆的得率略低于化学机械浆。

生产半化学浆所用的化学处理试剂可以采用碱法蒸煮中所用的各种碱性化学试剂，如烧碱、烧碱和硫碱、纯碱等；也可以采用亚硫酸盐法蒸煮中的多种亚硫酸盐，如亚硫酸镁、亚硫酸钙、亚硫酸钠等，其中亚硫酸盐法更多地用于半化学浆的生产上。

一、亚硫酸盐法

（一）中性亚硫酸盐法半化学浆

中性亚硫酸盐法（NSSC）是生产半化学浆的主要方法。这种制浆方法得率高、药品消耗少、设备规模小，具有很大的经济吸引力。全漂NSSC浆得率60%，木素含量低，纤维素含量较高，同时蒽醌NSSC也取得了显著效果。

图6-23为以Tempella-BC蒸煮器以锯末为原料，生产NSSC浆的工艺流程。

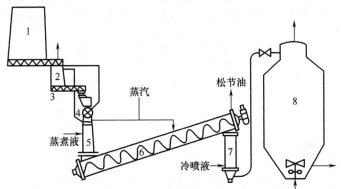

图6-23 Tempella-BC蒸煮器生产锯末NSSC浆流程

1—料仓 2—汽蒸器 3—低压进料器 4—高压进料器

5—浸渍器 6—蒸煮斜管 7—蒸煮立管 8—喷放锅

图 6-24 为用 M&D 斜管蒸煮器生产阔叶木 NSSC 浆的生产流程。

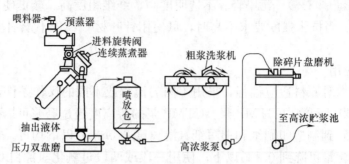

图 6-24　M&D 斜管连续蒸煮生产 NSSC 浆流程

木片被喂料器连续均匀地送入蒸煮系统，在预蒸器中经过处理，而被高压喂料器送入蒸煮管中进行蒸煮。蒸煮的工艺条件为：蒸煮温度 175～180℃、蒸煮压力 0.95～1.05MPa、蒸煮时间 18～20min、药品用量 12%～14%（Na_2SO_3 计）、Na_2SO_3：Na_2CO_3 为（3：1）～（4：1）。纸浆得率 55%～65%，易于打浆，适于生产透明纸、防油纸、食品包装纸等。

影响 NSSC 制浆的主要因素有：

（1）材种的影响　植物纤维原料的种类不同，所生产的制浆的性质有很大差异。生产 NSSC 浆，最适宜的原料为阔叶材。与针叶材相比，阔叶材 NSSC 浆，在相同得率下药品消耗少。密度小的材种易于浸透，而密度大的材种很难生产半化学浆。

（2）蒸煮液的影响　蒸煮液的组成随亚硫酸盐的种类、缓冲剂及它们的浓度而变化。冷药液的 pH 在 8.0～9.0，亚硫酸盐的种类以 Na_2SO_3 使用最多，也有使用（NH_4）$_2SO_3$。

缓冲剂的作用是中和蒸煮初期形成的有机酸，控制蒸煮终点 pH 在 7.2～7.5，防止碳水化合物水解。缓冲剂的种类会影响浆的白度。使用 $NaHCO_3$ 时，可获得较高白度的纸浆，Na_2SO_2 与 $NaHCO_3$ 之比以 4：1 最好，也有使用 Na_2CO_3、NaOH 甚至 Na_2S、Na_2SO_4 的。AQ 的加入，机理和作用同碱法制浆一样。缓冲剂的用量，与反应中产生的有机酸有关，一般为 1.5%～3.0%（Na_2O 计，对料片绝干重）。

（3）蒸煮条件的影响　NSSC 制浆时，药品用量不大，增大药品用量，会降低纸浆得率，但浆的强度相应提高；降低药品用量，可提高纸浆得率，但筛渣相应增多。生产上要根据原料情况、纸浆的用途和要求等因素，确定药品的用量。

蒸煮温度，在中性条件下可高些，生产上一般在 160～185℃范围内调整。蒸煮时间不是一个独立因素，以加入药品已消耗 90%～95% 为宜。表 6-5 为生产阔叶木 NSSC 浆典型工艺条件。

表 6-5　　　　　　　　生产阔叶木 NSSC 浆典型工艺条件

工艺条件	纸浆品种	纸板用浆	漂白用浆
药品用量（对原料）/%	Na_2SO_3	8～14	15～20
	$NaHCO_3$	4～5	3～4
蒸煮温度/℃		150～185	160～175
保温时间/h		0.3～4.0	3.0～8.0
纸浆得率/%		70～80	65～72
磨浆能耗/（kW·h/t 风干浆）		220～320	180～270

NSSC 浆的性质和应用：

NSSC 浆中由于保留较多的木素，所以成纸具有较高的挺度及较低的耐折度。尤其是 NS-SC 阔叶木浆，含有较多的聚戊糖，可多达 20%～25%，这一组成使 NSSC 浆易于打浆，在磨浆中强度发展较快。

利用 NSSC 浆挺度高这一特性，工业上主要用来生产瓦楞纸板，也可用来抄造挂面纸板、绝缘纸、沥青原纸、包装纸等。当用 NSSC 浆单独抄纸时，中等到低得率的纸浆，抄造的纸页具有较高的耐破强度，但纸页挺硬、较脆，由于高的半纤维素含量，亲水性较强，撕裂与耐折度低。由于易于打浆，适于制造防油纸与证券纸等产品，但不适合生产卫生纸、餐巾纸、海图纸及植物羊皮纸等。漂白 NSSC 浆可生产强度高、成形好的优良印刷纸，也可替代部分化学木浆抄造书写纸、杂志纸和透明纸等。

(二) 碱性亚硫酸盐法半化学浆

碱性亚硫酸盐（ASSC）法半化学浆，是一种在较高 pH（9～11）下的亚硫酸盐法半化学浆的生产方法。在蒸煮条件与硫酸盐法相似的情况下制浆，纸浆强度与得率可与硫酸盐浆媲美，白度更高。实验表明，得率 70% 的 ASSC－AQ 浆，与得率 54% 的 KP 浆相比，两者耐破强度相似，ASSC－AQ 浆的裂断长高 7%、环压强度高 17%、白度高 18%，两种浆均可成功地抄制 205g/m² 挂面纸板，ASSC－AQ 挂面纸板性能优于 KP 浆挂面纸板。

二、碱法半化学浆

(一) 硫酸盐法

硫酸盐法制得的半化学浆色深，强度较差，较 NSSC 浆含有更多的木素和较少的半纤维素。用作抄造纸板的阔叶木硫酸盐法半化学浆的典型条件为：用碱量（以 Na_2O 计）4%～7%、蒸煮温度 160～185℃、保温时间 0.3～2.0h、纸浆得率 70%～75%。采用针叶木生产 65%～80% 得率的半化学浆，主要用于抄造挂面纸板和瓦楞纸板。

(二) 烧碱法

烧碱法主要用于非木材原料的半化学浆生产。图 6－25 所示的是蔗渣烧碱法半化学浆的生产流程，所生产的半化学浆可与长纤维配比，生产质量合格的新闻纸。

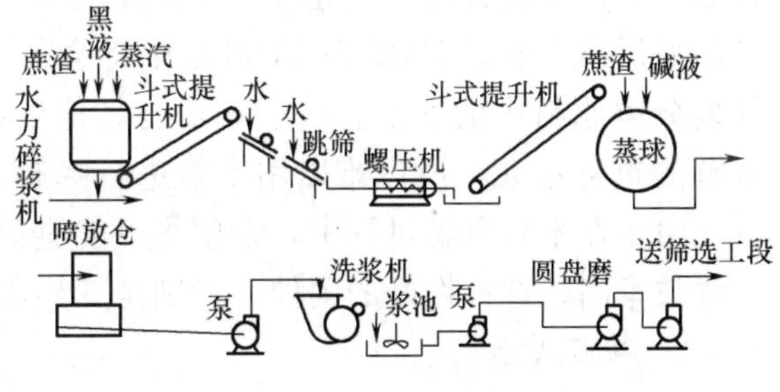

(三) 绿液法半化学浆

此方法采用硫酸盐绿液，或除去部分 Na_2CO_3 后得到的高硫化度（50%）绿液，作为蒸煮药液生产半化学浆。

图 6－25　蔗渣烧碱法半化学浆生产流程

绿液法与 NSSC 法相似，药品消耗低，阔叶木仅需 7.9%Na_2O。纸浆性质也很相似，得率为 75%～77% 时的半化学浆，其槽纹试验强度（CMT）值：纵向 60kg、横向 40kg。阔叶木绿液法半化学浆生产时，保温 20min 就可得到 72%～76% 得率的纸浆。

(四) 无硫法半化学浆

在硫酸盐法、绿液法生产半化学浆中，由于蒸煮液中含有一定的硫而对环境造成污染，为了防止硫的污染，采用不含硫的蒸煮液生产半化学浆的方法，称为无硫半化学浆。

无硫法所用的药品可以是碳酸钠或碳酸钠与烧碱混合液。用阔叶木制浆时，使用 6% 的碳酸钠在 170℃下蒸煮 30min，即可得到得率为 85％与 88％的桦木浆和山毛榉浆。在某工厂试验中，用混合阔叶木为原料，用碱量（Na_2O 计）4.5％，NaOH 与 Na_2CO 用量为 15：85，在 1.18MPa 蒸煮压力、190℃条件下蒸煮 4～6min，所得浆与 NSSC 法生产的浆相比，质量与得率相近。

无硫制浆的废液，可采用湿法燃烧或流化床燃烧方法进行回收，也可与硫酸盐黑液一起回收，Na_2CO_3 可以作为钠的补充。这种纸浆抄造瓦楞纸板时，生产费用可较 NSSC 浆降低 5％～10％。

第六节 高得率化学浆与其他高得率制浆

高得率化学浆的制造是在先经过化学处理至略高于纤维分离点，再经轻度的机械处理帮助纤维离解而制得的纸浆，这种纸浆与化学纸浆基本一样，只是得率稍高（50％～65％），故称高得率化学浆。

（一）高得率硫酸盐化学浆

与普通的硫酸盐法制浆相比较，高得率硫酸盐法制浆显然需要缩短时间、降低温度或减少用碱量，或者同时改变这几个条件。

（二）高得率亚硫酸盐化学浆

工业上高得率亚硫酸盐浆的发展始于 20 世纪 50 年代，最早的高得率亚硫酸盐浆的生产，除离解纤维使用盘磨机以外，仅对传统的亚硫酸盐（酸性亚硫酸钙）法蒸煮稍作了调整。由于降低蒸煮温度和提高蒸煮液化合酸含量，因而延长了蒸煮周期。典型的蒸煮条件为：药液总酸 60％、化合酸 1.3％、最高温度 120～130℃、蒸煮时间 6h。

（三）其他高得率制浆

1. 生物机械法制浆

生物机械浆（BMP）是先用微生物或微生物酶对料片预处理，然后进行机械或化学机械处理所生产的纸浆。采用生物法进行预处理，可以减轻 CTMP 和 CMP 纸浆的得率与不透明度较低，生产能耗较高，预处理产生的废液浓度很低，难以进行处理等不足，可以降低能耗、减轻环境污染，所以 BMP 在 21 世纪中将会得到相应的发展。生物处理的主要目的，在于有选择地分解原料中的木素。由于木素与其他生物高分子不同，具有复杂的网状结构，不含有易水解的重复单元，所以难以用水解进行降解，但可以用微生物降解木素。

由于在木素分解过程中，希望尽可能避免碳水化合物的伤害，因此生物处理要选择对木素分解效率高、选择性好的菌种，特别是变异菌种的筛选。

2. 爆破法制浆

爆破法制浆也称蒸汽爆破法制浆（SEP），至今仍处于研究阶段，相对于 CTMP，爆破法可降低能耗 25％～30％。

爆破法制浆的流程为：

料片──→预浸渍（60～65℃，20min～48h）──→化学处理（NaOH＋Na_2SO_3 等）──→汽相蒸煮（180～200℃）──→爆破（190℃）──→再磨

爆破浆的纤维完整，几乎不受损伤，爆破后得到的粗浆，要进行磨浆和消潜。在相同能耗的基础上，爆破浆的裂断长比 CTMP 和 CMP 都高。

3. 挤压机械法制浆

挤压机械法制浆（EMP）是用双螺杆挤压器处理木片或草片，然后再经盘磨机磨浆，可比 TMP 节能 30％。

第七节　高得率浆质量及其检测

(一) 高得率浆的质量等级

高得率纸浆与化学纸浆的纤维组成、特征有很大的差异，所以其质量的表示方法也是不同的。高得率浆，特别是机械浆，其质量的好坏主要与浆料的组成和纤维的形态有关，即长纤维的含量、纤维碎片的多少，纤维的长短、粗细等特征。

在国外，根据纸浆的组成和性质，可将机械浆分为粗浆、标准浆、细浆和特细浆等不同的等级，如表 6－6 所示。有些地区还增加絮状浆（D），用于生产尿布及其他卫生用品。

表 6－6　机械浆等级和用途

等级 指标	粗浆（C）	标准浆（S）	细浆（F）	特细浆（EF）
打浆度/°SR	40～59	60～67	65～69	69～73
松厚度/（cm³/g）	2.8～3.5	2.4	2.2	2.1
碎片含量/%	0.25～0.60	0.15～0.20	0.06～0.10	<0.06
抗张力/（N/cm²）	2.0～2.1	2.6	2.8	2.8
用途	纸板衬浆	薄型纸、新闻纸、胶版纸、杂志纸、纸板衬浆、食品包装纸	书写纸、印刷纸、纸板面浆、板纸	涂布或不涂布高级纸

(二) 高得率浆的质量检查和技术经济分析

高得率浆的质量好坏，是以满足纸张产品的质量要求，并适应纸机抄造为标准的。生产中通常检测其滤水性、纤维形态及其分布、成纸强度及光学性质等。

1. 游离度

高得率浆常用加拿大标准游离度测定仪测定纸浆脱水的快慢，以 C. S. F. （Canada Standard Freeness）表示，单位为 mL。它反映了纸浆在纸机上的滤水性能，可与其他检测项目结合起来，能够正确地反映高得率浆的质量。加拿大标准游离度可与肖伯滤水度（°SR）相互换算。

2. 纤维形态

鉴定纤维形态的方法，常用蓝玻璃法、显微镜检测法和显微投影法来检测纤维的长短粗细、纤维束的多少及观察细纤维化程度等。蓝玻璃法在检测时，将纸浆稀释到 1.0% 浓度，均匀分布在一块蓝玻璃上，通过灯光照射，凭肉眼观察纤维的长短、粗细、形态和均匀度等，然后加以判定。这种方法受人为因素的影响较大。为了比较准确地反映纤维形态，可用显微镜或显微投影仪进行检测，可以较准确地检测纤维的长度、宽度、细纤维化程度、纤维束的形态和多少等。这种方法需要较长的时间。另外，纤维长度与粗度也可以用纤维分析仪来测量，但要求纸浆不能含纤维束。

浆料的比表面积、比容积和压缩性则通过液体渗透法测定。

3. 筛分析和碎片测定

筛分析是利用不同网目的筛，将纸浆纤维筛分成若干级分，用各级分的质量百分率，来反映浆料的结构成分和质量。筛分析中最常用的是 Bauer Mcnett 筛。

碎片，是指在磨浆过程中形成的粗、短纤维束，它会引起抄纸断头或印刷掉毛。碎片的含量测定一般用 Sommer Ville 碎片分析仪测定。

4. 机械强度和光学性能

将浆料做成手抄片，然后进行测定和相应的计算，可以得到浆料的松厚度、各项机械强度、印刷性能、白度、色度、不透明度、光散射系数等性能。

在测定浆料的强度值时，要注意其潜态。潜态是在高浓磨浆时，纤维发生的扭曲和缠卷，一旦放料冷却后即被固着，影响了纸浆强度的发展，因此需要进行消潜，以除去这种潜态。生产上的消潜，是在消潜池内进行的，在纸浆浓度不高于 4%、温度 60~70℃、搅拌时间 40~60min，即可稳定纸浆质量。

思 考 题

1. 什么叫高得率纸浆？采用高得率法制浆有什么重要意义？

2. 高得率法制浆的方法有哪些？

3. 简述磨石磨木浆的成浆机理，磨木机的种类有哪些？

4. 磨石的种类有哪些？磨石的性能对磨浆有什么影响？

5. 简述磨石磨木浆的特点和主要用途。

6. 简述盘磨磨浆机理。

7. 简述盘磨机在高得率制浆中的重要作用。

8. 从成浆条件比较磨石磨木浆、木片磨木浆、热磨浆、化学机械浆、化学热磨浆的特点。

9. 比较半化学浆和化学机械浆的特点。

10. 简述生物机械浆的成浆原理及其特点。

11. 高得率纸浆的质量检测项目有哪些？

第七章　纸浆洗涤与废液提取

知识要点：了解纸浆洗涤的目的、明确洗涤要求；掌握常用术语、纸浆洗涤的原理、影响因素；了解纸浆洗涤设备的种类、掌握其结构原理；了解纸浆中泡沫的产生原因、消泡原理和方法。

技能要求：洗涤设备的选择及工艺参数的制定、常用洗涤设备（真空洗浆机、压力洗浆机、水平带式洗浆机等）的操作，多段逆流洗涤系统的流程设计及洗涤操作。

第一节　概　　述

一、纸浆洗涤和废液提取目的

纸浆的洗涤是制浆过程中非常重要的工序，生产出来的纸浆都要进行洗涤处理，特别是化学纸浆。纤维原料经蒸煮后，得到纤维原料质量 50%～85% 的纸浆，有 15%～50% 的物质经过化学反应溶解于蒸煮液中，蒸煮终了排出的蒸煮液，称为废液（碱法蒸煮的废液称为黑液，亚硫酸盐法蒸煮的废液称为红液）。废液中含有纤维原料中的木素、碳水化合物的溶解物以及反应产生的有机酸等有机物；另外还含有蒸煮液中未反应的残余化学品及其他无机物。这些物质存在纸浆中会造成纸浆的严重污染，经过洗涤处理可以把这些物质从纸浆中分离出来，以保证纸浆的清洁，为纸浆后续处理，如筛选、净化、漂白和纸张的抄造等创造条件。

废液中含有多种溶解物质，所以经过洗涤分离出来的废液排入河流会对水体产生严重污染，这些废液必须经过处理才能排放。对于这类废水，目前制浆厂常采用燃烧的方法处理，经过处理后不仅可以消除有机物的污染，而且还可以将其燃烧产生的热能加以利用，并能够回收蒸煮所需要化学药品。在这个处理中，废液是回收系统的原料，从这个角度来看，纸浆洗涤过程也是废液的提取过程，要保证回收系统的高效运行，从纸浆提取废液的比例、浓度和温度等应满足一定的要求。

二、要　　求

纸浆洗涤的目的就是将其中的污染物尽量分离出来，保证纸浆清洁，这样当纸浆进行下一道工序处理，才不会产生不利影响。洗涤过程采用水作为介质，利用水的溶解作用，将这些污染物溶解再与纸浆分离。可见，增加用水量，可以溶解分离更多的污染物质，使纸浆洗得更干净。但是，洗涤过程中所耗用的水最终将转化为废液，用水量越多，所提取废液的浓度越低。浓度低的废液送入回收系统后，浓缩的负荷和成本将增大。所以，在生产上，应采取合理的方法和工艺，兼顾洗涤和提取的要求。

三、常　用　术　语

1. 洗净度

洗净度表示纸浆的洗净程度，是重要的质量控制指标，一般有以下几种表示方法：

（1）以洗后纸浆滤液中所含有的残余化学药品量（常用蒸煮化学品浓度）表示我国各碱法制浆厂多采用。如木浆，规定洗后残碱为 0.05g/L（Na_2O 计）以下，获苇浆、稻麦草、竹浆等残碱为 0.25g/L（Na_2O 计）以下。中性亚硫酸盐法，也常用废液中残余化学品的含量来表示。如三段洗涤残余亚硫酸铵在 30g/L 以下，单段洗涤废残余亚硫酸铵在 0.15g/L 以下。

（2）以洗后每吨风干浆所带走的残余化学品的量表示。碱法制浆常用 kg（Na_2O）/t（风干浆）表示，如国内木浆厂一般规定，洗后纸浆残碱量在 1kg 每吨风干浆以下。

生产上，此方法可以按上面方法相互换算。

（3）以洗后纸浆滤液消耗 $KMnO_4$ 的量表示。这种方法一般用在亚硫酸盐法纸浆厂，一般要求洗涤后纸浆滤液 lL 消耗 $KMnO_4$ 少于 1mg，即洗净度 1mg/L。

2. 稀释因子

稀释因子是指洗涤单位质量的风干浆，所用的洗涤液进入到所提取的废液中去的量，即每吨风干浆洗涤时用水量与洗后纸浆含水量之差，以 $m^3_水/t_{风干浆}$ 或 $kg_水/kg_{风干浆}$ 表示。

稀释因子反映了纸浆洗涤过程中用水量的大小和所提取的废液被稀释的程度。与纸浆的洗净度、废液的浓度又密切关系，稀释因子大，纸浆洗净度高，但废液浓度低。生产上要求在保证一定洗净度的情况下，采用尽可能小的稀释因子，这样才能获得浓度较高的废液，一般稀释因子为 1～4。

稀释因子可以利用下面公式近似计算：

$$F = V - V_0 \ （m^3/t_{风干浆}）\text{ 或 } F = V_w - V_p \ （m^3/t_{风干浆}） \tag{7-1}$$

式中　V——提取废液量，$kg_水/kg_{风干浆}$

　　V_0——蒸煮后纸浆中的废液量，$kg_水/kg_{风干浆}$

　　V_w——洗涤用水量，$kg_水/kg_{风干浆}$

　　V_p——出浆中带走的液体量，$kg_水/kg_{风干浆}$

3. 置换比

置换比是指纸浆洗涤过程中，可溶性的固形物浓度的实际减少量与理论上最大减少量之比，即：

$$D.R. = \frac{w_0 - w_m}{w_0 - w_w} \tag{7-2}$$

式中　w_0——洗涤前（洗浆机浆槽中）浆内废液所含溶质质量分数，%

　　w_m——洗涤后浆内废液所含溶质质量分数，%

　　w_w——洗涤液所含溶质质量分数，%（若使用清水洗涤，则 $w_w=0$）

洗后浆料滤液的溶解固形物浓度和洗涤液是不可能一样的，所以 $D.R. < 1$。置换比的大小主要受洗涤液用量的影响。此外还与洗涤液的温度、分布、浆层均匀性和浆料的性质等有关。置换比大，洗涤效果好，废液提取率高。一般来说，在木浆多段逆流洗涤中，第一段置换比较大，可达 0.82～0.92，中间段在 0.50～0.70，末段为 0.55～0.70（热水洗涤的情况下）。置换比反映了洗浆系统的效率。

4. 废液提取率

废液提取率是指洗涤工段送蒸发工段废液中的总溶解性固形物量占蒸煮工段总溶解性固形物发生量的百分数。提取率的高低是衡量洗涤工段设备性能、操作状态和生产管理水平的重要指标，也是核算废液回收效率的重要指标。黑液提取率可以用下面公式进行计算。

以碱法蒸煮为例：

$$黑液提取率（%）=（本期送回收车间废液中碱量÷本期蒸煮用碱量）×100 \tag{7-3}$$

$$实际有效固形物提取率=\frac{每吨绝干粗浆送蒸发工段黑液中的溶解性固形物量}{1000\times\dfrac{1-粗浆得率}{粗浆得率}+每吨绝干粗浆用碱量} \quad (7-4)$$

$$设备固形物提取率=1-\left[\frac{洗涤机出浆带走黑液溶解性固形物量（kg/t浆）}{蒸煮黑液溶解性固形物发生量（kg/t浆）}\right]\times100\% \quad (7-5)$$

5. 洗涤效率

洗涤过程中浆中可溶性固形物的减少量占原固形物的百分比，即

$$\eta=\frac{m_0-m_2}{m_0}\times100\% \quad (7-6)$$

式中　m_0——洗前纸浆中含固形物绝干重

　　　m_2——洗后纸浆中含固形物绝干重

6. 洗涤损失

洗涤过程纸浆纤维的损失和化学药品的损失，或者包括浆液中可溶性固形物损失和纸浆纤维的损失。洗涤损失反映纸浆的有效成分在洗涤过程中的损失情况，在纸浆洗涤过程中应尽可能减少洗涤损失。

第二节　纸浆洗涤的原理

纸浆洗涤的过程，是以水为介质，利用水的溶解作用，来溶解纸浆中的可溶解性杂质，然后再在洗涤设备中脱出废水，从而将纸浆中的杂质进行分离。在这个过程中有多种作用方式。

一、洗　涤　原　理

纸浆的洗涤是通过过滤、挤压、扩散或置换等作用将纸浆中的废液分离出来。纤维之间的游离状废液比较容易分离，可通过过滤（脱水）和挤压（脱水）作用进行分离。而对于细胞腔和细胞壁中的废液，则需要通过扩散，使其从细胞内部转移出来，然后才能分离。另外，少量的被纤维中的化学基团结合的一些金属离子，很难除掉，只有在具有特殊要求纸浆的洗涤时，可以通过酸处理，将这些离子分离。纸浆的洗涤是一个复杂的过程，为了达到比较理想的洗涤效果，洗涤方法和设备都兼有上述的几种作用。

1. 过滤作用

过滤可解释为通过滤布、滤网或多孔隔膜处理悬浮液，使悬浮液中的固体颗粒阻留而将液体滤出的过程。像真空洗浆机、压力洗浆机等设备的转鼓浸在浆料悬浮液中的浸没区分离废液时，都是利用过滤这一作用。

滤液经过过滤所形成的浆层的流动，可认为是流体经过毛细管道的流动。对于不可压缩的浆料，可以假定滤液是通过许多半径相等的圆形毛细管道流动的。

过滤速度为单位时间内通过单位过滤面积的滤液量，影响过滤速度的主要因素有：设备的过滤面积、压力差、浆层厚度、废液黏度等，同时与纸浆本身的特性也有很大的关系。

2. 挤压作用

利用机械的方法通过加压使存在于纸浆中的废液得以分离。浆料在挤浆机中受到机械及压力而收缩，浆料中的废液被挤出纸浆而达到分离的目的。

纤维就像一根毛细管，因而会发生毛细管吸附现象。在挤压过程中，当纸浆被机械作用压缩时，纤维和纤维之间的空隙会减小，随之产生的毛细管吸附增强，阻碍废液的挤出。

挤压时，浆料排出废液，直到毛细管内的压力由于浆料压实和毛细管直径变小而升高，并

与外部施加的压力达到平衡为止。因此，用挤压作用分离不出的废液需要通过扩散作用来分离。

3. 扩散作用

扩散过程为物质的传递过程，也叫置换过程。在有两种或两种以上组分的物系中，只要有浓度的差别，高浓度组分的分子，会自动朝低浓度组分的分子方向流动，即发生物质的传递，直到两者的浓度达到平衡为止。它们的浓度差即为使物质进行扩散的推动力。纸浆的扩散洗涤即是利用浆中残留废液溶质浓度大于洗涤液溶质的差别，使纤维细胞壁和细胞腔内的溶质转移到洗涤液中。

扩散速度与扩散物质及介质的种类、温度和黏度、扩散面积、深度差等因素有关。提高温度，降低黏度，可以加快扩散速度。

浓度差是扩散过程的推动力。浓度差越大扩散速度越快。增加洗涤液用量或用清水作洗涤液，有利于保持浓度差，加快洗涤，但废液浓度降低。因此，为了在少用水的情况下洗净纸浆，一般都采用多段逆流洗涤的方式。

4. 吸附作用

纸浆纤维都带有负电荷，对金属阳离子有很大的吸附作用。在碱性条件下，羧基是吸附中心。随离子价数的增高，吸附作用加强。洗涤时钠离子的吸附具有实际意义，它影响洗后浆料带走的碱量。硫酸盐浆对钠离子的吸附具有可逆性。

由于吸附作用的存在，通过洗涤使纸浆与废液完全分离是不可能的。浆料洗涤之后，一般还残留少量的碱，如硫酸盐木浆的残碱为 $0.6 \sim 2.5 \text{kg}$（Na_2O 计）。

二、洗 涤 方 式

洗涤方式可分为单段洗涤和多段洗涤。多段洗涤又有单向洗涤（每段都采用新鲜洗涤水）和多段逆流洗涤两种。

对纸浆的洗涤而言，不仅要求纸浆洗得干净、废液提取率高，同时还要求稀释因子小、提取废液的浓度高。无论是哪种类型的洗涤设备，单段洗涤都难以达到上述要求。多段单向洗涤，虽然纸浆洗得干净，但稀释因子大、耗水多，废液难以满足回收要求。因此唯有采用多段逆流洗涤，才能同时满足洗涤和废液回收的要求。

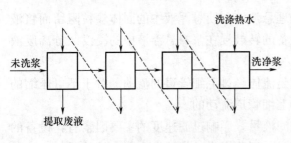

图 7-1　四段逆流洗涤流程示意图

多段逆流洗涤的流程如图 7-1 所示，为一个四段逆流洗涤的工艺流程。浆料顺次通过各台设备，直至从最后一段排出，洗涤水则从最后一段加入，并用后一段提取的相对较稀的废液，洗涤前一段的浆料，而形成逆流洗涤。

这种洗涤方式，可使稀洗涤液与含有废液浓度较低的浆料接触，浓洗涤液则与含废液浓度较高的浆料接触，这样始终保持各段洗涤液与浆料中废液有一定的浓度差，从而充分发挥洗涤液的洗涤作用。为了提高洗涤效果，在段与段之间一般应设置稀释搅拌中间槽，这样前一段经脱水的浓浆料可在中间槽内进行稀释，而发生扩散作用，再经过脱水作用，可有效地将浆料纤维内部的废液分离出来。

生产上，洗涤段数的确定，应从浆料的洗涤质量、浆料种类、产量高低、投资大小等方面综合考虑，一般洗涤段数为三段或四段，很少有超过五段的。

三、影响洗涤的因素

1. 纸浆种类和性质

纸浆的种类和性质不同，对洗涤过程和效果有着重要影响。

（1）浆料种类　一般长纤维浆滤水性能好，易于洗涤；草类浆滤水性能差，比较难于洗涤。根据原料的洗涤难易排列次序如下：稻草浆→麦草浆→蔗渣浆→荻苇浆→竹浆→木浆→棉浆。

（2）纸浆硬度　浆的硬度高，滤水性能好，但扩散性能差，导致洗净度较差；由于一部分废液存在于纤维内部，这部分废液主要是通过纹孔由细胞腔内逐渐向外扩散，硬度高的浆料纤维表面破坏少，挺硬不柔软，扩散遇到的阻力较大，近于在静态下进行，洗涤速度慢。不易洗涤，浆中含碱就高些。要求洗净度高时，需要长的浸泡时间。

（3）蒸煮方法　不同的蒸煮方法，所用的化学蒸煮试剂不同，其蒸煮反应的历程、脱木素程度、在纤维细胞壁上产生的缝隙、与残余化学品与纤维的吸附强弱等不同，纸浆洗涤的难易差异很大。与碱法比较，酸法浆滤水性能好，易于洗涤，是由于酸法浆比碱法浆对镁钠的吸附率低。

2. 温度

洗涤水温度对洗涤影响很大。温度升高有利于纸浆的洗涤和废液提取，这是因为：温度升高，可降低废液的黏度，提高废液的流动性，有利于过滤；温度升高，可加速分子的扩散，提高扩散速度；温度升高，可以提高固形物的溶解度，有利于纸浆中固形物的溶出；温度升高，可提高浆料的滤水性，从而可施加较大的挤压或过滤压力。

3. 脱水作用力

洗涤设备也是一台脱水机，脱水作用的强弱会影响脱水量和出浆浓度，进而影响洗涤效果和废液提取率。常见的洗涤设备的脱水作用形式有：真空作用、压力作用、机械挤压作用等。

对于过滤式的洗涤设备来说，真空度和压力越高，过滤的推动力越大，过滤的速度也越快，有利于洗涤效率和废液提取率的提高，也可以增加产量。但真空度、压力的提高也受到设备条件和操作条件的限制，如：真空洗浆机的真空度过高，会造成废液的气化，对真空系统产生非常不利的影响。

对于机械挤压式的挤浆机来说，挤压力也不能过高，否则由于过高的挤压力作用封闭了纤维细胞壁和纤维之间的空隙，会阻碍废液的滤出，对纸浆的洗涤和废液的提取都不利，也容易挤破滤鼓，造成设备的损伤。一般的挤压力控制在 $200kPa$ 左右。

4. 纸浆进出浓度和浆层厚度

浆层是指浆料经脱水后在洗浆机上形成的滤饼，其厚度与进浆量有关。浆层厚度大，产量高，但由于过滤阻力增加，滤水速度减慢，而降低了洗涤效果和废液的提取率。

在一定条件下提高上浆浓度，能提高滤网浆层厚度，提高生产能力，但会影响洗涤质量和废液提取率。洗涤后纸浆浓度越大，洗涤损失越小，提取率越高。

浆层厚度、上浆浓度和出浆浓度取决于浆料的种类、滤水性、压力和生产能力等。如木浆的浆层厚度比草浆厚，草浆滤水性差，废液黏度大，过滤时不易上网，故上浆浓度比木浆高，否则浆层太薄，生产能力低。

5. 洗涤用水量和洗涤次数

在相同的条件下，洗涤用水量越多纸浆洗得越干净，提取率也越高。但是，洗涤水量的增加会导致提取废液浓度的降低，造成废液回收时蒸发负荷的增加，而增加蒸发过程蒸汽用量的增加。当洗涤用水量一定时，洗涤次数增加，有利于提高洗涤效果。

第三节　洗涤设备

可用于洗涤纸浆的设备很多，理论上讲，能够进行脱水的机械设备都可以用于纸浆的洗涤。对于洗涤设备的分类可采用多种方法。按设备运行所要求的纸浆浓度的高低，可将其分为高浓洗涤设备（出浆浓度＜10％）、中浓洗涤设备（出浆浓度为10％～18％）和低浓洗涤设备（出浆浓度＞18％）。按照洗涤过程所发生的作用原理，可将其分为过滤洗涤设备、挤压洗涤设备、扩散洗涤设备和置换洗涤设备。按设备结构的形式，可将其分为鼓式洗浆机、辊式挤浆机、带式洗浆机、洗浆池等。

以下为常用的纸浆洗涤设备。

一、鼓式真空洗浆机

鼓式真空洗浆机是从通用的鼓式真空过滤机按适应纸浆特性的要求而设计的专用产品，常被简称为真空洗浆机。真空洗浆机是目前国内大中型纸浆厂洗涤木浆、竹浆、苇浆、稻麦草浆等浆料并提取黑液的一种成熟可靠的设备，可按不同要求以不同台数串联逆流洗涤。一般采用4台串联提取黑液。

我国真空洗浆机产品按用途可分为A型和B型两种。A型用于单台洗涤、浓缩及漂后洗浆，B型用于多台串联洗涤粗浆和黑液提取。A型与B型在结构上虽然不完全相同，但工作原理基本上还是一样的。

（一）结构

真空洗浆机由转鼓、分配阀、槽体、压辊、洗涤液喷淋装置、卸料装置、水腿管及其真空系统等部分组成。图7-2表示了从进浆槽至中间槽的第一段设备的结构示意图，以后各段的构成基本相似，即是以前段的中间槽作为进浆槽。

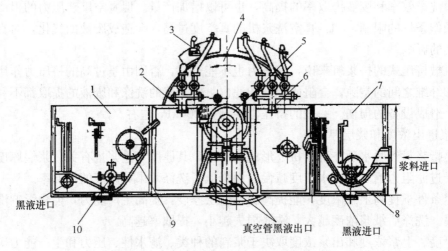

图7-2　鼓式真空洗浆机结构
1—中间槽　2，6—洗液管　3—洗液槽　4—洗鼓　5—分配阀
7—头槽　8—搅拌器　9—散浆器　10—搅拌器

1. 转鼓

转鼓有铸造袋式和焊接管式两种结构。袋式铸造结构的转鼓，小室通往分配阀的腔道比较宽大，用来洗涤浆料是合适的；但其结构和加工复杂而且笨重。故目前过滤面积较大的产品多

采用焊接管式转鼓。管式的转鼓鼓面上分隔成若干小室，每个小室用一根或几根管子与分配阀接通。如采用端面摩擦分配阀的转鼓，其鼓面各格沿宽度均匀分配若干根支管，支管入口呈喇叭形或方锥形，支管汇入轴向总管。总管断面随汇流滤液的增多面积逐段扩大，使鼓面各格的滤液迅速流向分配阀。配用锥面摩擦分配阀的转鼓，其鼓面各格的小室采用直斜管代替分枝形滤液管以减小阻力。这样使焊接管式转鼓的重量大为减轻。洗鼓的结构如图 7-3 所示。

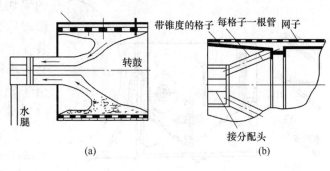

图 7-3　洗鼓的结构
(a) 铸造式　　(b) 焊接式

2. 分配阀

分配阀又称分配头，有端面阀和圆锥阀两种。端面阀是由一块随转鼓一起转动的动片和固定不动的阀体以及静片所组成。分配阀的阀体用弹簧紧压在转鼓的轴颈端面上。转鼓的每一个小室在动片上有一个出口。阀体静片上有几个接口，分别接通大气、真空系统、吹气系统或大气。

图 7-4 所示分配阀是国产的真空洗浆机所用的几种分配阀。分配阀的动片有 24 个接口，静片有 4 个接口，其尺寸、大小、位置如图 7-4 所示。

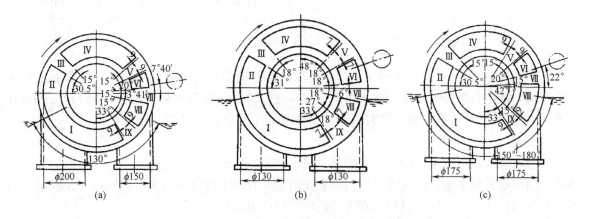

图 7-4　各型真空洗浆机分配阀分区角度位置及排液管
(a) ZNKl3～14（B型）　　(b) ZNK4（A型）　　(c) ZNK2～3（A型）

3. 浆槽

多台串联的真空洗浆机组，除转鼓下面的鼓槽外，还有头槽（进浆槽）、中间槽和尾槽（出浆槽）。这些槽，尤其是中间槽的结构对浆料与洗涤液的混合影响甚大。中间槽位于两台洗浆机之间，其主要作用是把前一台洗浆机卸下的浆块打散，使它与加进来的洗涤液充分混合，使浆层中浓的废液向洗涤液扩散，然后溢流入下一台洗浆机。

图 7-5 是真空洗浆机中间槽的结构示意图。图示的槽体用 V 字型的隔板分为上下两层。稀释浆料用的稀黑液由一根管子送入槽的下层，经缓冲后，从位于喂料槽附近的溢流口涌到上层。槽内有两根辊子，第一根称为喂料辊，装在靠近前一台洗浆机刚好露出液面的位置上。它由若干个椭圆形的圆盘以一定的角度安装在一根钢轴上构成。这种喂料辊能把落下

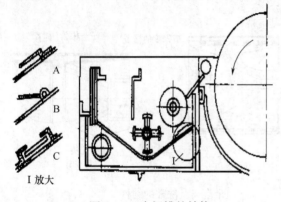

图 7-5　中间槽的结构

的浆块压下去，把它撕裂，不产生浮浆。第二根辊称为搅拌辊，位于槽底，它由一根钢轴和装在上面的许多小棒所组成。利用这些径向安装的小棒打散浆块，并使它与稀黑液充分混合。由于辊子完全淹没在液面以下，不容易混进空气。

头槽（进浆槽）的结构与中间槽基本类似，只减少了一根喂料辊。为了消除头槽在使用中出现的问题，也作了不少的改进，如图 7-6 至图 7-8 所示。

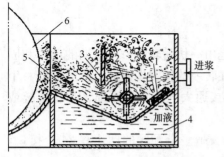

图 7-6　传统头槽的结构及工作状况
1—止回门　2—搅拌辊　3—隔板
4—夹层黑液腔　5—堆浆区　6—转鼓

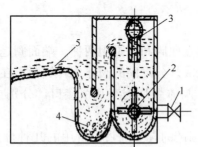

图 7-7　改进后的头槽
1—自控球阀　2—搅拌辊　3—加液管
4—重杂质沉降区　5—稳流区

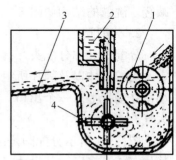

图 7-8　新结构的中间槽
1—散浆辊　2—溢流式加液管
3—稳流区　4—搅拌辊

尾槽是由 8～10mm 的钢板焊成的槽体。与鼓槽连接侧有可伸缩的淌浆板，承接剥浆辊剥下的浆料，槽中有散浆辊和螺旋输送器，使浆料被打碎并输送到槽外，出料口为 $\phi300$mm。其上方设有 $\phi60$mm 冲水管一根，使浆料流动困难时可作为冲稀之用。

4. 预脱水辊与压辊

预脱水辊装在真空干燥区，它实际是一只小网笼。它的主要作用是使刚离开液面的表面凹凸不平的浆层得到平整，使其厚度均匀，表面结实，有利于洗涤区的喷水和压榨。预脱水辊最好有自身的传动，靠浆层摩擦带动者容易损坏浆层或引起掉浆。

压辊装在两效洗涤区之间或剥浆区前。装设压辊不仅有助于浆层的挤压脱水，并能在一定程度上使转鼓上的浆层厚薄、松紧、透气性趋于均匀一致，对提高转鼓的真空度、浆层的干度、改善浆料的洗涤效果有一定作用。

5. 剥浆装置

真空洗浆机一般采用剥浆辊剥浆。剥浆辊是一根钢管包胶辊，辊面加工成锯齿形或方齿形，安装在卸料区，辊面与网面的距离约 3～5mm，由转鼓大齿轮传动与转鼓成反向旋转。

现在剥浆装置逐步被空气刮刀剥浆所替代。图 7-9 是一种可用气（汽）压或水压吹喷的刮刀，它可以翻开如图中双点划线位置；刮刀全长的末端与鼓面距离可由螺钉调节。一

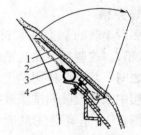

图 7-9　气动刮刀剥浆装置
1—刮刀　2—浆层
3—喷嘴　4—鼓面

般气压剥浆的气压为 35～70kPa。

图 7-10 是用尼龙绳剥浆的示意图。直径 4～6mm 的一组尼龙绳若干条绕于转鼓表面，并随转鼓运动、浆层覆盖在尼龙绳上，一起运动至剥浆区，随绳子一起被剥离网面。浆层能否被剥下来取决于浆层的厚度、出浆浓度、剥浆区鼓内的压力或真空度、相邻两条尼龙绳之间的距离等。采用绳索剥浆的适宜条件为：浆层厚度不小于 2mm，出浆浓度不低于 8%，剥浆区最好处在正压之下，至少也不要处于较高的真空状态下，绳索之间的距离一般为 40～60mm。浆料种类和特性对绳索剥浆是否顺利的影响也很大。

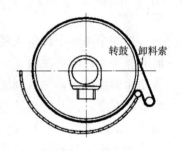

图 7-10　绳索剥浆装置

6. 喷淋装置

良好的洗涤液喷淋装置淋下的洗涤液应成均匀的带状，既不溅坏浆层，又不带进大量的空气。一台洗涤机常配备 2～5 组喷淋装置。每组喷淋装置的布置要从浆料的洗涤状态来决定。第一组喷淋装置应布置在洗涤区刚开始的位置上；第二组应布置在第一组淋下的洗涤液刚好被吸干的位置上；其余的几组也应按此原则布置。

每组喷淋装置都有一个调节洗涤液流量的阀门，喷淋到浆层上的洗涤液的流量以调节到浆层被剥下时刚好被吸干为宜。淋液过多会降低出浆浓度。淋液不足，可能增加穿过浆层漏进转鼓内的空气，降低鼓内真空度，造成洗涤液不能充分置换浆层中废液，洗涤效率下降。

7. 水腿管和真空系统

生产上，真空洗浆机可以利用水腿管或真空泵产生真空。采用真空泵产生真空，其优点是：①真空洗浆机安装高度可以在 10m 以下，节省基建投资；②产生的真空度比水腿管作用产生的真空度高，有利于提高黑液提取率及浆的洗净度。缺点是：①增加了抽真空设备和动力；②黑液在分离器内如果分离不完全，容易造成固形物损失；③由于强制真空使各段真空系统联为一体，以致一处掉网，影响全局，有时可能会造成操作上的困难。

真空洗浆机如果采用水腿管产生真空，为了保证获得必要的真空度，水腿管必须满足以下几点：①洗浆机采取高位安装，其安装高度必须在 10m 以上；②滤液要有足够的流速；③滤液量要具有足够的流量，在其他条件不变的情况下，被抽走气体的量与滤液量成正比例。没有足够的流量就不能获得足够的真空度，当滤液量不足时，可以用泵把本段的黑液注回水腿管。水腿管真空系统组成如图 7-11 所示。有些分配阀只有一个滤液出口，有些有两个滤液出口。

国内生产的鼓式真空洗浆机按过滤面积进行型号划分，最小的 5m²，大的可以超过 100m²。

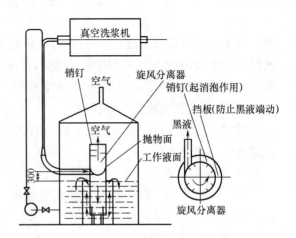

图 7-11　水腿管真空系统的组成

（二）工作原理

如上所述，鼓式真空洗浆机的鼓体由辐射方向的隔板分成若干个互不相通的小室。随着转鼓的转动，小室通过分配阀分别依次接通自然过滤区（Ⅳ）、真空过滤区（Ⅰ）、真空洗涤区

（Ⅱ）和剥浆区（Ⅲ），从而完成过滤上网、抽吸、洗涤、吸干和卸料等过程。如图 7－12 所示。

当图中小室下旋进入稀释的纸浆中时，恰与大气相通的自然过滤区（Ⅳ）相通，这时靠浆液的静压力使部分滤液滤入小室，排出小室内部分空气，并在网面形成浆层。小室随着洗鼓的转动而继续移动，深入到液面下方，同时与真空过滤区（Ⅰ）相通，在高压差下强制吸滤，增加浆层厚度，并在转出液面后继续将网面上的浆层吸干，完成稀释脱水过程。小室继续向上转动与真空洗涤区（Ⅱ）相通将喷淋在浆层表面的洗涤液吸入鼓内，完成置换洗涤操作。小室继续转动，向下与剥浆区（Ⅲ）相通，使小室内真空消失，以便剥下浆料，这样周而复始地进行纸浆的洗涤。

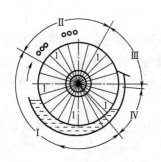

图 7－12　鼓式真空洗浆机
工作原理图

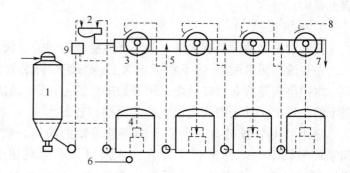

图 7－13　采用水腿管的 4 台串联洗涤木浆流程
1—喷放锅　2—除节机　3—洗浆机组　4—黑液槽
5—黑液逆流洗涤　6—提取黑液送碱回收
7—洗净的纸浆　8—热清水　9—压力混合箱

（三）鼓式真空洗浆机洗浆流程

真空洗浆机一般采用 4 台逆流串联洗涤。图 7－13 为采用水腿管的 4 台串联洗涤木浆的流程。自喷放锅送来的浆料，经黑液稀释后，送至除节机，筛除木节、硬块和杂物，然后送往真空洗浆机进行逆流洗涤，由最后一段出来的浆料浓度为 12%～15%。其进浆浓度：木浆为 0.8%～1.5%，草浆如芒秆、芦苇等为 1.5%～2.5%。不配真空泵的硫酸盐木浆洗涤工艺条件一般为：纸浆最高温度为 80～90℃；洗涤液温度为 75～80℃；洗涤水用量为 7～9 m^3/t 浆；送碱回收黑液浓度为 11～13°Be′（15℃）；洗后浆中 Na_2O 含量为小于蒸煮用量的 1%；水腿管内黑液流速为 1～2m/s；分配阀上真空度为 27～40kPa；安装高度为大于 10m。

（四）鼓式真空洗浆机的操作

鼓式真空洗浆机一般采用 3～5 台串联进行逆流洗涤。为保证真空洗浆机连续稳定运转，在操作中应注意下列事项：

1. 稳定浆料浓度

喷放锅要保持一定的浆位和稳定的浓度，下部浓度一般为 2.5%～3.5%。洗浆机前如设有粗筛设备时，其稀释水量和浆槽水位都要保持稳定，以保持进入系统的浓度稳定。

2. 控制黑液槽液位

黑液槽是真空洗浆机系统的辅助设备，在多段洗涤时，一般每段配置一台，其作用是贮存黑液，供抽去做喷淋下段洗涤的洗液，因此其液位应保持一定。如液位过低，则将影响洗液喷淋流量，增加空气吸入量而导致洗鼓内真空度下降。槽内还应有一定空间供黑液自行消泡，所以液位也不应过高。对于直径为 5m，高度 7m 的黑液槽，液位一般在 3.0～3.5m 范围内。

3. 保持转鼓槽内浆位稳定

浆料的过滤和洗涤主要是在转鼓离开液面后进行的，因此，浆位低有利于增大过滤面积，提高洗涤效果，但浆位过低又会影响上浆厚度和生产能力，而且浆层过薄会破坏真空。一般在转鼓中心线下上浆。

4. 提高洗涤温度

温度对洗涤过程和效果有重要影响，温度越高洗涤效果越好，但考虑到真空条件的限制，真空洗浆机工作时，温度一般为75～80℃。

5. 合理掌握转速和浓度的关系

根据浆料性能进行调解，易脱水浆料如木浆、竹浆可以采用较低的进浆浓度和较高的转速，这样能兼顾洗浆质量和产量。

6. 新系统调试

对于新投用的真空洗浆机，真空难以形成，最好是先上浆，后加喷淋水，防止因真空难形成上网困难，导致槽体内浓度迅速降低，进一步恶化上网，这一点对于新工人来说更应该注意。

二、鼓式压力洗浆机

压力洗浆机是用鼓外气压对鼓面的浆层进行压力滤水的洗浆设备。转鼓全周也分成过滤区、置换洗涤区和剥浆区。为防止漏气，在密封罩壳与转鼓之间、剥浆区压辊与转鼓之间都要密封。鼓外气压由高压风机产生，有时辅以蒸汽。

（一）压力洗浆机的结构

压力洗浆机主要由转鼓、密封辊、黑液盘和壳体等组成如图7-14所示。

1. 转鼓

转鼓的结构比较简单，不像真空洗浆机那样分成许多小室，而类似于圆网浓缩机那样的辐轮结构，转鼓圆周覆盖滤网，两端密封。

转鼓内有一个盛洗涤段滤液的黑液盘，它不随转鼓转动，面是通过轴承套装在转鼓的主轴上，并借一个与黑液盘连在一起的平衡锤维持在一个适当的位置上。

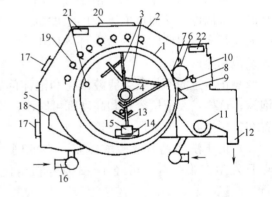

图7-14　压力洗浆机的结构示意图
1—转鼓　2—上壳　3—黑液盘和拉杆　4—主轴和黑液盘轴承
5—下壳　6—密封辊　7—胶带　8—刮刀和喷水管　9—刮刀
10—挂板　11—打散辊　12—出浆口　13—黑液进口
14—黑液出口　15—平衡锤　16—进浆口　17—人孔
18—溜浆板　19—喷洗管　20—检修孔
21—进风口　22—出风口

2. 密封辊

转鼓的密封侧有一个密封辊，用压缩空气气缸装置起落，使密封辊不致压着滤网。辊子上部用固定在壳体壁板上的布层胶带密封辊子与壁板之间的间隙。密封辊端的密封物是由橡胶软管组成，压在密封表面上以获得适当的压力。密封辊的表面和端面经过磨光处理。

3. 壳体

洗浆机上下外壳用螺钉紧固，在外壳操作侧面，有两段八只喷洗管；后一段的洗液滤出后可进入鼓内的黑液盘，与其他滤液分开。在非操作面上部有进风口和出风口。与高压风机连接，使头槽产生风压，后槽排出热气。鼓内的各段滤液可以通过外壳下部的两个排黑液口分别排出。机壳的两侧还装有玻璃观察孔和照明孔。卸料槽内装有打散辊、黑液进口、浆料出口以及观察口和检修口的挂板。

（二）压力洗浆机工作原理

图 7-14 是一台鼓式压力洗浆机结构简图。进浆由浆泵送进机内，经山形溢流板均匀地流入槽底。作为过滤动力的加压空气用高压风机鼓进机壳。浆料在此风压下随着转鼓的转动在转鼓面上形成浆层，经过滤干、喷淋、洗涤和吸干，经密封辊然后由刮刀剥下，在卸料槽内打散和稀释后送入下一台洗浆机或送贮存。通过转鼓面上浆层的空气，在鼓内从密封辊的下方穿过滤网回到卸料区，在此被鼓风机引回循环使用。所以卸料区经常处于略低于大气压的条件下工作，而转鼓内的气压与大气压接近或略高于大气压，使浆层容易剥离。

（三）压力洗浆机洗涤流程

压力洗浆机与真空洗浆机一样，对滤水性能较好的浆料，如木浆、竹浆，使用较成熟，洗涤效果较好。对于滤水性差的浆料如稻麦草浆，洗涤效果不如真空洗浆机。它一般采用三台串联，生产能力较大，适合大、中型制浆厂使用。三台串联洗浆流程如图 7-15。图7-15中的洗浆机每台都用双段，全程共 6 段。

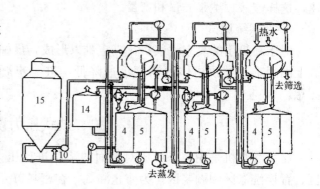

图 7-15　压力洗浆机洗浆工艺流程
1—洗浆机　2—高压风机　3—浆泵　4——、三、五段大黑液槽
5—二、四、六段小黑液槽　6~9—黑液泵　10—喷放锅抽浆泵
11—黑液泵　12—泡沫风机　13—泡沫分离器
14—泡沫槽　15—喷放锅

（四）压力洗浆机的特点

（1）封闭压力洗浆，减少散热，采用较高的洗浆温度，从而提取废液的温度也高；尤其是多台串联的第一台循环气体中有大量饱和蒸汽。

（2）正压过滤不易发生滤液汽化和泡沫问题；可用 80~85℃ 的较高温度的洗液有助于消除泡沫。这样，废液槽容积和高度都可减小；安装标高一般只有 4~6m，无需高位安装，可以设置在二楼楼面，节省厂房建筑费用。

（3）正压洗涤钙基亚硫酸盐浆，在滤网上发生钙盐沉淀结垢的问题不太严重。正常的结垢只发生在第一台，可经 1~2 月停机清洗一次；而第二、三台还可继续在设计能力下运行。

（4）具有较好的洗涤效果和较高的黑液提取率。这是因为：采用轴流泵输送浆料，替代真空洗浆机的中间槽，浆料与黑液的混合比较好；可以在较高的温度下操作；由于低水位上浆，转鼓的面积得到充分利用，洗涤区可扩大。

（5）设备的制造和管理水平要求较高；高压风机电耗较大；压力差受转鼓直径和鼓风机性能所限制。对于难脱水的草类浆压力差太低，目前压力洗浆机主要用来洗涤酸法或碱法木浆、苇浆、蔗渣浆。

三、水平带式洗浆机

水平带式真空过滤机是一种通用过滤设备，国外广泛应用于化工、冶金等行业。我国20世纪 70 年代末开发研制成功的水平带式真空洗浆机属于薄浆层连续逆流置换洗涤设备。该机具有结构简单、操作方便、洗涤效率较高、占地面积小、造价低廉、能耗低等优点，逐渐成为引人注目的新型过滤设备之一。

1. 水平带式真空洗浆机的结构

带式洗浆机由滤网、滤带、真空吸滤箱、流浆箱、喷洗装置、辊筒、汽罩和机架等组成，如图 7-16 所示。

带式洗浆机在浆层剥离后要对滤网正反两面进行连续或定期清洗，使滤网保持清洁。特别是采用聚酯网时，由于网子单丝具有流水性而对各种污物又有很高的亲和力，因此很容易被污染而引起滤网滤水性能降低，甚至导致滤网的堵塞。

带式洗浆机滤网一般采用往复式或摆动式高压喷水管进行喷洗。由于高压喷水管沿滤网幅宽方向来回移动或摆动，从而保证滤网全宽上各处都能得到喷洗水的冲

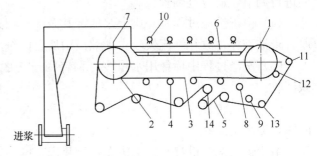

图 7-16　水平带式真空洗浆机示意图

1—驱动辊　2—张紧辊　3—滤带　4—滤带托辊　5—滤网
6—真空吸滤箱　7—流浆箱　8—滤带喷洗管　9—滤网喷洗管
10—逆流喷洗装置　11—排料辊　12—滤网校正辊
13—滤网导辊　14—滤网张紧辊

刷。喷水压力为 2.5～4.0MPa。喷嘴的喷水方向与滤网垂直，喷嘴与滤网之间的距离为 200～400mm。滤带的喷洗要求比滤网低，一般采用 0.2～0.3MPa 的水压即可。由于滤带的开孔率较小，喷洗水喷到滤带时会向四面散开，为此不必采用移动式喷洗装置。

2. 水平带式真空洗浆机的工作原理

过滤面由一无端的紧贴在真空吸水箱板移动的橡胶滤带和一滤网组成，由滤带牵引。在滤网和滤带的下方回程中，则借助于导网辊使滤网和滤带分开。纸浆用泵送入流浆箱，通过堰板将浆料均匀分布在滤网的全幅上。滤网上的浆层通过真空吸滤箱时，在重力和真空抽吸的作用下，进行浓缩和置换洗涤。过滤压差一般为 10～30kPa。浆料在第一段由 2%～4% 浓度提高到 10%～14%，其余各区为洗涤区，根据需要，浆料在洗涤区内进行 3～5 段洗涤，出浆浓度可至 14%～18%。对于草浆，由于浆层较薄，有时要借助滤网背面的喷水管的反冲力才能使其脱离滤网排出。

3. 水平带式洗浆机洗浆流程

水平带式洗浆机的工艺流程如图 7-17 所示。

4. 水平带式真空洗浆机的特点

带式洗浆机是一种较新型的连续洗浆设备。目前它已用于亚硫酸盐浆、硫酸盐浆和中性亚硫酸盐浆的洗涤，对针叶木浆、阔叶木浆和各种草浆的洗涤效果均优于其他洗浆设备，主要表现在：

（1）可在同一台设备上，连续地进行逆流置换洗浆，与鼓式真空洗浆机、压力洗浆机等多台串联洗涤相比较，具有占地面积小，结构简单，制造和操作方便，投资省，设备维修费用少等优点。

（2）洗涤是在浆料上网形成浆层沿水平方向向前移动时进行的，主要是置换洗浆，可根据工艺需要增减洗涤段数，对设备安排和改装都比较方便。

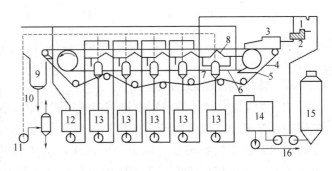

图 7-17　水平带式洗浆机工艺流程图

1—调浆箱　2—振动平筛　3—流浆箱　4—滤网　5—喷水管
6—履带　7—汽水分离器　8—真空箱　9—出液槽　10—去贮浆槽
11—真空泵　12—清热水槽　13—黑液槽　14—浓黑液槽
15—喷放锅　16—送蒸发

（3）浆料是由高位槽靠位差流到网上，上浆容易。上浆浓度、浆层厚度等，可根据浆种不同进行调节，适应范围较大。

（4）由于洗涤过程是一次上浆的，其余 4～5 段是置换洗涤，第一次形成的浆料过滤层较厚，未被破坏，故纤维流失较少，黑液中所含的细小纤维也少，可直接送碱回收使用。

（5）洗涤过程中稀释用水量少，稀释因子一般为 1.5～2.5。提取的废液浓度高，有利于碱回收。

（6）在运转过程中，滤网的正反两面都有高压喷水管冲洗，有利于解决草浆洗涤中的糊网问题，提高洗涤效率。

由于带式洗浆机具有以上优点，近年来在国内发展很快，它已成为许多中、小型纸厂乐意采用的洗浆设备。

四、螺旋挤浆机

螺旋挤浆机主要是利用机械压力的作用，在高浓高压下，将浆料压缩脱水，以达到提取黑液的设备。

1. 螺旋挤浆机的结构

如图 7－18 是螺旋挤浆机的结构示意图。它主要由衬有滤板的机壳、壳内的螺旋辊、出口处的顶头 3 部分组成。

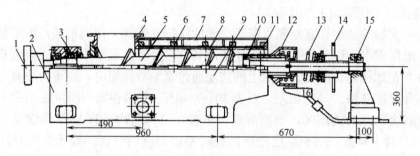

图 7－18　螺旋挤浆机结构图

1—联轴器　2—机座　3—轴承　4—进料口　5—螺旋　6—加强环　7—罩子
8—大小孔滤网　9—排液孔　10—中心滤网　11—端盖　12—堵头
13—弹簧　14—手轮　15—滑动轴承　16—滤液盛斗

2. 螺旋挤浆机的工作原理

浓度为 7%～10% 的浆料由进浆口进入机壳内，被旋转的螺旋辊向出口推移，由于螺旋辊的螺距逐渐减小，或者螺旋辊的螺齿高度逐渐减小，使螺纹间的容积逐渐减小，浆料受挤压作用而脱水，挤出的废液通过机壳中的滤板，由机壳的底部排出。浆料从螺旋末端与顶头间排出。生产上，可根据锥形顶头的压力大小，可调节出口浆料的浓度。

3. 螺旋挤浆机的应用

螺旋挤浆机一般洗涤用水量较少，提取黑液浓度较高，设备投资省，电耗也低，占地面积小等优点。但因其进出口浆浓度都较高，其浓缩比和脱水量都小，故黑液提取率不高，三台串联逆流洗涤的提取率只能达到 70%～75%；而且生产能力小。

五、双辊挤浆机

双辊挤浆机又称为沟纹挤浆机，它是利用一对带沟纹的辊子挤压浆料的设备。

1. 双辊挤浆机结构

双辊挤浆机的结构如图 7-19 所示。

沟纹辊是双辊沟纹挤浆机的主要部件。为了从沟缝中引出黑液，在辊体上开有与轴向平行的孔，并与沟纹相贯穿。

两个沟纹辊结构相同，转速相同，转向相反。两辊面之间的间距根据工艺上的要求可以在 0～22mm 之间调整。为防止浆料从两辊之间的端部溢出，在前沟纹辊两端装有法兰凸缘。

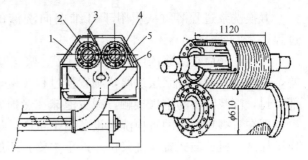

图 7-19　双辊挤浆机
1—浆槽　2，4—压辊　3，6—疏刀刮刀　5—挤压后浆料

机架上除装有剥浆用的刮刀外，每个沟纹辊配有一组疏刀。当压辊转动时，用以疏通和清除沟缝内的纤维杂质。

双辊挤浆机的另外一种形式是小孔挤浆机，是在沟纹挤浆机的基础上改进而成的。就是把双辊沟纹挤浆机辊面的沟纹加宽成 8mm，外包 1mm 厚的钻有 41.2mm 孔眼的不锈钢滤板，其他结构基本相同。双辊小孔挤浆机的优点是不仅可以省掉容易磨损的疏刀和加工困难的沟纹，同时基本上解决了排液孔堵塞和黑液中纤维大量流失的问题，还可以取消高压液洗装置。小孔挤浆机的压辊制造方便，使用寿命长，降低了设备造价和维修费用。

2. 工作原理

双辊挤浆机由一对带沟纹的辊子置于密闭的槽体中构成。浓度约 10% 的浆料以一定的压力，用螺旋输送机送入密闭的浆槽内。辊子表面有一系列的沟缝，在挤压过程中黑液被挤进沟缝，穿过贯穿辊体的轴向孔，从辊子的端部排出。为了防止沟缝的堵塞，在沟缝内插入一组疏刀，并由轴向孔通入一定压力的水或稀黑液，对沟纹和排液孔进行疏通及清洗。浆料经挤干到 30%～40% 的浓度，再经副刀剥落入浆池。

3. 双辊挤浆机特点

双辊挤浆机与螺旋挤浆机一样，都是高压高浓的挤浆设备。与螺旋挤浆机相比，浆料挤压力大，作用时间较短，而且不会像螺旋挤浆机那样浆料黏度太高而发生打滑。可以将 10% 左右的浆料挤压到 30%～40% 的浓度，也可以在 4% 左右的浓度进浆。目前这种设备主要用于中、小型厂，用于提取较难提取的碱法稻草浆、麦草浆以及亚铵法草浆废液。

4. 使用事项

双辊挤浆机可以单台使用，也可以多台串联使用。使用时要注意以下几点：

（1）控制好进浆浓度。浓度太高易堵塞布浆器而不上浆，太低易从两辊间喷浆出去也不能上浆。滤水性差的草浆为 8%～10%，滤水性好的木浆、竹浆应在 4% 以上。

（2）在进浆前必须用螺旋多孔式出块机等捕集硬块的装置，以防损坏压辊。

（3）挤浆机的进浆压力一般要在 59kPa 以上，否则无法上浆。可通过辊间间隙和转速来调节，必须保持沟纹（或盲孔）畅通，反冲洗废液的压力在 198kPa 以上，以防压辊堵塞。

（4）停机时间较长时，应在停机时将沟纹（或盲孔）内的杂物清除干净，以防干燥后结成硬块，给下次开机带来麻烦。

六、置换洗涤器

置换洗涤器的英文原意是"扩散洗涤器"（Diffuser Washer），所以该设备也称为扩散洗涤器。这种设备的洗涤过程完全是一个置换过程，故称为置换洗涤器。

置换洗浆过程溶质从吸附于纤维上向洗液的横向扩散，优于稀释、扩散、过滤的洗浆过程。

置换洗涤应在纸浆浓度为9％～11％、浆层厚度在20mm时开始；置换的动力为过滤压力差，若压力差过小或浆层过厚，则置换过程缓慢，甚至产生溶质的逆向扩散。置换洗浆设备全部密封，洗浆时不与空气接触，减少泡沫和热损失，洗涤效率高，是一种新型洗浆设备。

现在有多种形式的置换洗涤设备用于生产，如常压置换洗涤塔、压力置换洗涤塔、双辊置换压榨洗浆机、鼓式置换洗浆机。这里主要介绍最常用的常压置换洗涤塔。

常压置换洗涤塔的结构见图7－20（a）。从外形看，置换洗涤器由上中下3部分组成：顶部为圆柱形的刮浆区及其上方的传动，此区圆柱直径最大而高度最矮；中间为洗涤区，其圆柱直径与高度随洗涤段数、滤网环数与浆的浓度、流速而定；最下方是圆锥形的进浆区。

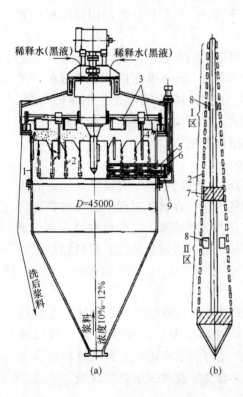

图7－20　常压置换洗涤塔
（a）扩散器　（b）筛环断面图
1—外壳　2—筛环　3—卸料刮刀　4—连接管
5—支撑管　6—筛环振动机构　7—筛环隔板
8—支撑　9—支撑管隔板

洗涤段由同样高度的同心环形双面滤网组成，一般有3～6环，沿半径方向的环距相等。环距400～600mm，环形滤网高762～1524mm。其剖面见图7－20（b），内外双面滤网相距51mm，中间为滤液通道。滤孔为$\phi1.59$～$\phi1.78$mm，开孔率6％～14％。

各段环形滤网的下方（或上方）由空心横臂连成整体，使之能同时做上下往复的周期性运动；其横臂即为滤液总管，它与往复运动的塔外液压缸相连接。

浆料从设备的下锥部送入，在进浆区使进浆速度逐渐降低。洗涤区浆料以100～150mm/min的速度在整个断面上均匀上升，滤网上升速度比浆速稍快。设备顶部的转动横臂与固定进浆管相连，因此洗涤液不断通过转动横臂分配到和各个同心滤网保持一定距离的喷液管，再喷入各滤网之间的浆料中。从喷液管至相邻滤网网面的相等距离即浆层的厚度为200～300mm，常用254mm。置换出来的滤液经滤网流入和液压装置相连接的排液臂，经洗涤塔外围的一圈连接管集流，从一根排液管流出。滤网上升1500mm，洗浆已经进行5～10min左右，即完成一个洗涤周期。这时，装在排液管的自动阀门关闭，于是真空被切断，滤液停止排出，液压装置立即做迅速的下降运动。在不到10s的瞬间把滤网降落到原来的位置，即下降750～1500mm。在快速降落过程中，由于快速摩擦及产生瞬时振动，可以擦去在洗涤过程中可能被吸附在滤网上的纤维。经过洗涤的浆料由装在转动横臂上的刮浆板刮到四周，再由圆周刮浆板刮到出浆口输送浆池。

转动横臂由设在洗涤器顶部的传动装置驱动，以7～10r/min转动，根据需要可以调节转速。

由于各圈滤网之间的浆料量由里朝外随直径的增大而增加，因此设在转动横臂上的洗涤喷液管的喷液量也应由里圈朝外圈增大。为了适应生产要求，洗涤器的喷液量是可以调节的。在一般情况下，喷液量和排液量是相等的，使浆料的输出浓度和输入浓度保持不变（一般为10％）。

连续置换洗涤器常用于卡米尔连续蒸煮器热洗涤区后浆料的最终洗涤，如图 7 - 21 所示。经过置换洗涤后，可以把纸浆中的残碱降到 $6 \sim 10 kg_{芒硝}/t_{浆}$。

七、夹网式压滤机

夹网式压滤机是由双长网、多长网或长圆网相夹压滤纸浆的设备。在这类设备上，纸浆一般先在一张网面上进行重力脱水；然后进入双网逐渐合拢的楔形脱水区双面脱水，并利用网在导辊等的包绕段上的张力逐渐增大进行脱水；最后通过一对或数对压榨辊，或由强力挠性带同压辊形成的宽区压榨来脱水。本设备脱水时间长，压区长，压力差逐渐加大，可获得较高的浓缩比和出浆浓度。适用于低游离度的机械浆和草类浆。已用于机械浆的高浓漂白、粗渣再磨、废纸浆的热分散、商品浆板机的成形部和草浆的洗浆等系统。

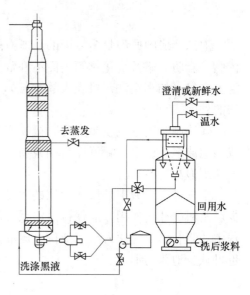

图 7 - 21　连续置换洗涤器
在连续蒸煮系统中的应用

双网压滤机是近年来开发研制的新型高效、低耗的纸浆洗涤及黑液提取的先进设备。特别适用于麦草、芦苇、芒秆、蔗渣等原料的中小型纸厂的纸浆洗涤及黑液提取。

双网压滤机是由上下滤网，实际上是两张无端的滤水运输带，环接 3 个主要工作区（重力脱水区，缓压脱水区，高压脱水区）和附件组合而成（见图 7 - 22）。由进浆槽将 $3\% \sim 5\%$ 的浆料送入布浆器均匀上网形成浆层。经重力脱水区，浆层依靠水的重力和案辊的抽吸力，自然脱除浆层中的废液，随即上下滤网夹着浆层经导向辊送入缓压脱水区，经受滤网张紧而形成的缓压，对浆层进行挤压脱水，进一步降低浆层中的废液量；最后经高压脱水区强行脱水，浆料浓度达到 $25\% \sim 35\%$，形成滤饼卸料进入中间槽进行稀释。

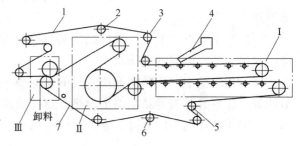

图 7 - 22　双网压滤机工作原理图
1—上滤网　2，6—校正辊　3，5—张紧辊
4—进浆槽　7—下滤网
Ⅰ—重力脱水区　Ⅱ—缓压脱水区　Ⅲ—高压脱水区

双网压滤机具有以下特点：①设备结构简单，操作维修方便；②能将蒸煮后粗浆浓度从 $3\% \sim 5\%$ 经压滤后提高到 $25\% \sim 35\%$；③洗涤水用量少，稀释因子低（麦草浆为 $2.5 \sim 3.5 m^3/t_{浆}$，木浆为 $1.5 \sim 2.5 m^3/t_{浆}$）；④双网压滤机三段洗浆黑液提取率高，对于麦草浆，废液提取率＞ 90%；⑤投资省，由于双网压滤机系统中黑液槽容积小，压榨置换洗涤效率高，设备造价低，故采用双网压滤机作为洗浆与黑液提取工段的总投资仅为同等生产能力的真空洗浆机的 50%。

第四节　泡沫的产生与消泡

在纸浆洗涤和黑液提取过程中，泡沫是生产中经常遇到的问题。泡沫的形成会给生产操作和管理带来麻烦，同时也会造成碱损失、纤维流失，降低废液提取率，污染环境。

一、泡沫的形成

泡沫形成的原因是多方面的，既有内因也有外因。从原料中溶解出来的一些有机物质，如树脂、脂肪、蜡及皂化物等表面活性剂是形成泡沫的内因。浆料输送、机械搅拌和稀释混合式混入空气（如真空洗浆机吸入的空气），以及浆料的温度、黏度、pH 等条件的变化是形成泡沫的外因。

碱法制浆因形成较多皂化物极易产生泡沫。含有树脂多的原料产生的皂化物也多，因而形成的泡沫多而稳定。新鲜原料制浆易产生泡沫。废液黏度越大、pH 越高，泡沫越稳定。温度升高则泡沫易破灭。

空气进入黑液中是形成泡沫的主要原因之一，因此应控制浆料的搅拌方式、搅拌速度并减少对浆料的冲击作用，应保持洗涤系统的正常运行，严格操作条件，尽可能建立封闭系统，流程中的浆管出口应深入纸浆液位、废液液位足够的深度，减少跑、冒、滴、漏。提高洗涤温度也可减少泡沫的形成。

二、消 泡 方 法

（1）静置消泡 采用较大容积黑液槽，使液面上有充足的空间供泡沫停留，以便使泡沫自动破裂。

（2）抽吸消泡 在黑液槽的液面上用风机抽气，以减小泡沫周围的压力，这样可加快泡沫破裂的速度。这种方法也叫真空消泡。

（3）机械消泡 利用旋翼的转动和离心作用将泡沫碰破或摔破。这种装置一般装设在黑液槽的顶上。

（4）高压蒸汽消泡 一般用高压蒸汽喷射泡沫，促使其破裂，同时泡沫因受热液膜黏度下降，膜内空气膨胀导致泡沫破灭。

（5）化学消泡 化学消泡所采用的消泡剂一般为表面活性大、黏度小的液体，如煤油、松节油等，还有硅化物等新型的消泡剂。这些消泡剂加入到浆料中能在水的表面扩散，当进入泡沫后，能使泡沫的黏度下降、表面强度降低，从而降低泡沫的弹性和稳定性，使泡沫破裂。

思 考 题

1. 掌握生产上常用的纸浆洗涤与废液提取的技术术语。

2. 什么是纸浆洗涤、废液提取？两者之间有什么区别和联系？

3. 纸浆洗涤中的作用有哪些？影响洗涤的因素有哪些？

4. 纸浆洗涤的目的和要求是什么？

5. 洗浆的原理及设备类型有哪些？以真空洗浆机、螺旋挤浆机为例，简述两种类型的洗浆设备的特点和用途。

6. 简述真空洗浆机的工作原理及生产过程。

7. 多段逆流洗涤的作用及段数的确定依据是什么？

8. 简述纸浆泡沫产生的原因？消除泡沫的方法有哪些？

第八章 纸浆的筛选、净化、浓缩与贮存

知识要点： 了解纸浆筛选、净化、浓缩、贮存的目的和作用；掌握纸浆筛选、净化、浓缩、贮存术语；弄懂纸浆筛选、净化、浓缩、贮存的原理及影响因素；掌握纸浆筛选、净化、浓缩设备及贮浆池（塔）的种类、结构等。

技能要求： 常见筛浆机、净化设备的操作；纸浆多级多段筛选净化系统流程的制定及操作；纸浆浓缩设备的操作；贮浆池（塔）的操作；纸浆流送操作。

第一节 概　　述

一、筛选和净化的目的

无论采用哪种制浆方法获得的浆料，难免会混有一些杂质，纸浆中混有的杂质是多种多样的，像这些未蒸解（或磨碎）的原料碎片、粗纤维束、节子、树皮、细小的杂细胞等，通常称为纤维性杂质；而像沙粒、石屑、金属颗粒、煤渣等物质，通常称为非纤维性杂质。若不除去这些杂质就直接用来抄纸，不仅会损坏设备，妨碍生产的正常进行，而且还会造成各种纸病，降低产品质量。

纸浆中的杂质有很多种成分，其来源、形状大小、化学组成、物理性质等差异很大，采用一种方法是很难将这些杂质有效去除。于是，生产上就出现了两种除去纸浆杂质的方法，它们就是筛选和净化，筛选是以几何尺寸的不同进行分选；净化则以物料的密度差异分选。筛选和净化两种方法相互补充，以获得所要求的浆料。

纸浆筛选和净化的目的是将纸浆中的各类杂质分离出去，以满足产品质量和生产正常进行的需要。

二、常用名词术语

1. 粗浆

粗浆，也叫原浆，是指蒸煮出来未经筛选净化处理的浆料。

2. 良浆

粗浆经过筛选和净化设备后分选出来的合格纤维称为良浆。

3. 粗渣

粗浆经过筛选和净化设备后分离出来的各种杂质、粗纤维及少量好纤维的混合体称为粗渣。粗渣有时也叫尾浆，通常以排出的渣浆量占进浆量的百分比来衡量，若比值超过 10% 多称尾浆，比值在 10% 以下的多称粗渣。

4. 筛选（净化）效率

良浆中杂质含量比进浆中减少的比率，称为筛选（净化）效率。常用下式表示：

$$\text{筛选（净化）效率} = \frac{\text{原浆尘埃数} - \text{良将尘埃数}}{\text{原浆尘埃数}} \times 100\% \tag{8-1}$$

5. 粗渣率

经筛选（净化）后排出的粗渣占进浆量的比率，称粗渣率。即：

$$粗渣率＝粗渣量/进浆量×100\%$$

6. 粗渣中好纤维率

粗渣中能通过 40 目筛网的细小纤维的比率，称为粗渣中好纤维率（%）。测定方法一般是取 400g 粗渣，在 40 目筛网上反复冲洗，将留在筛网上的粗渣烘干称重，经计算可得出粗渣中好纤维率。这个指标可以反应筛选、净化流程中纤维的流失情况。

7. 级、段

良浆经过筛选（净化）的次数称为级，尾浆经过筛选（净化）的次数称为段。

8. 筛孔、筛缝及筛板开孔率

筛板的孔眼呈圆柱形或圆锥形称筛孔；长条形孔眼称为筛缝。筛孔（缝）的面积占筛板总面积的比率称为筛板开孔率（%）。

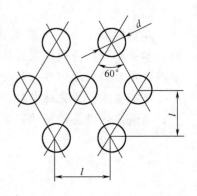

图 8-1　正三角形排列的筛孔

以离心筛常用的正三角形排列圆孔为例（见图 8-1），在孔径为 d，孔距为 l 时，其开孔率为：

$$\frac{单孔面积}{相邻四孔中心连成的平行四边形面积}=\frac{\pi d^2}{4l\sqrt{l^2-\frac{l^2}{2}}}×100\%=0.906\frac{d^{22}}{l}×100\%$$

在实际计算中，习惯上不把为加固筛板的筛框所占面积扣除，因此实际开孔率要比计算值为低。

第二节　纸浆的筛选

一、筛 选 原 理

1. 筛选基本原理

纸浆的筛选是根据纸浆中杂质与纤维之间几何形状和尺寸大小的不同，而将尺寸比纤维粗大或细小的杂质分离。

筛浆机是利用杂质的外形尺寸和几何形状与纸浆纤维不同而分离出杂质的机械设备。它一般具有筛板，筛板的形状有圆柱形、圆锥形、弯曲形或平板形等，板上的开孔可为圆柱形、圆锥形和长缝形等，尺寸比开孔小的成分通过开孔，通过筛板上开孔的大小控制通过孔的成分的多少。这样，通过筛选不仅可以分离出粗大的杂质，也可以分离出细小的杂质。

筛浆机工作中，有两个非常重要的作用。一是纤维穿过筛孔的推动力，通常情况下筛浆过程是使较小的纤维穿过筛孔，粗大的杂质部分被筛板阻挡以与纸浆分离，筛浆机必须有一定的动力作用，促使细小的纤维通过筛孔，这个作用可通过多种形式实现，如：纸浆悬浮液的液位产生静压力、浆料旋转产生的离心力、压力脉冲等；二是防止筛孔堵塞的作用，纸浆悬浮液送入筛浆机内，由于水的流动阻力很小，非常容易地透过筛孔，这样会使纸浆浓度快速升高，很容易堵塞筛孔，在不同类型的筛浆机上，可以通过设备的振动、加稀释水、压力脉冲等作用，防止筛孔堵塞、保持筛孔畅通。

　2. 影响筛选的主要因素

　（1）纸浆种类　不同原料的纸浆和同一原料硬度不同的纸浆，纤维长度和滤水性不同，筛选效果也有差异。因此，生产中应根据具体情况，制定合理的筛选工艺流程和条件。

　（2）筛板上筛孔的大小、孔间距和开孔率　筛孔（缝）的大小影响到截留在筛板上的杂质的尺寸和数量。因此，筛孔（缝）的选择应根据浆料种类、纤维和杂质的尺寸、进浆量、进浆浓度和纸浆的质量要求来确定。一般纤维平均长度越长、纤维越粗硬，孔径（缝宽）越大，则开孔率越小，即筛选的有效面积小，因而产量低、排渣量大。筛孔的直径一般为要求浆料的平均纤维长的 2 倍，孔间距不应小于这种浆料纤维的最大长度。

　（3）纸浆浓度和进浆量　纸浆浓度是影响筛选效率的主要因素之一。浓度较大时，良浆与粗渣不会很好地分离，浆渣中的好纤维较多、排渣率高、纤维流失多。相反，浓度过低时，良浆与粗渣分离容易，筛选效率高，但产量降低、动力消耗增加。当浓度一定时，进浆量越大，产量越高，筛选效率也高，而电耗的增加并不明显。因此，要求筛选设备尽可能在满负荷条件下运行。对一定的筛选设备来说，都有其最适宜的筛选浓度和进浆量。

　（4）压力差　压力差是指进浆与良浆间的压力差，或筛板两边的压力差。对高频振框平筛，压力差对筛选效率影响不大，但对离心筛则影响较大。其他条件不变时，压力差增大，则推动浆料通过筛孔的作用力增加，筛选能力提高，但筛选效率降低。

　（5）设备转速　筛浆机转子转速提高，推动力增强，纤维通过的速度和数量随之增加，产量提高，但是粗渣通过几率的增加会降低筛选效率。转速过慢，推动力过小，也会造成不良后果。一般来说，每种类型和型号的筛浆机都有额定转速，设备应在设定的额定转速下运行。

　（6）稀释水量和水压　筛选过程中浆料的浓度越来越高，为了防止筛孔堵塞而连续筛选，在有些筛浆机中（如离心筛）通入稀释水。稀释水的加入量应适当，过多则浆料浓度过低，会造成小的粗渣随纤维一起通过筛孔，良浆质量下降；过少达不到稀释效果，好纤维会留在粗渣中不能被分离，严重时甚至会引起糊板和堵塞，影响正常操作。稀释水的水压也有要求，不宜超出工艺条件要求的范围。

　（7）排渣率　排渣率大小影响筛选效率。对固定的筛板，排渣率越高筛选效率越高，但排渣率增加至 30％以上时，筛选效率不再有明显提高。

二、筛 选 设 备

　筛浆机的种类很多，通常对筛浆机的分类是按照其作用方式来进行，可以将筛浆机分为振动筛、离心筛和压力筛。另外，还可以根据筛板的形状对其进行分类，如平筛和圆筛。下面，介绍一些常用的筛浆机。

（一）高频振框式平筛

　高频振框式平筛又叫詹生筛，具有筛选浆料适应性广的特点，既可用于化学浆与机械浆的除节，又可用于废纸浆的筛选以除去块状与片状杂质，还可用于从粗渣中回收纤维等。同时，由于它具有除节能力高，动力消耗低，占地面积小及维护方便等优点，因而是应用广泛的粗浆除节设备。

　1. 结构

　高频振框式平筛的结构如图 8 - 2 所示，它由一个支承在减振器上的筛框和混凝土（或铁制）的浆槽组成。筛框的底部是一块用不锈钢造成的曲面筛板，筛孔的直径根据被筛选浆料的性质而定，一般为 3～10mm。筛框的振动由偏重振动器产生。偏重振动器由穿过筛框中部的

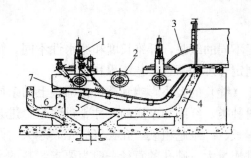

图 8-2　高频振框式平筛

1—弹簧　2—振动器　3—进浆口　4—混凝土浆槽

5—挡板　6—收集槽　7—筛框

主轴和装在轴两端的偏重物组成，主轴则与电机通过弹性连轴器直接相连，当主轴带动偏重物转动后，筛框和振动器一起振动。振幅可以通过改变偏重物的偏心距来调节，振幅一般为 2～3mm，频率为 1420～1450 次/min。

2. 工作原理

浆料经进浆箱定量地进入筛框，纤维借助筛板的振动顺利通过筛孔进入混凝土浆槽，保持一定的浆位，然后翻过挡板流出。未通过筛板的粗渣逐步向前移动至筛板末端落入粗渣收集槽。挡板在筛选过程中有着重要的作用，通过它可以调节混凝土浆槽的浆位，而槽内浆位的高低影响到浆料筛选时的压力差和筛框振动阻尼的大小。当浆位高时，筛选出来的浆质量高，产量低，浆位低时则相反。由于筛板的振动，防止了浆料、木节及未蒸解物堵塞筛孔，并且可以使留在筛板上浆渣慢慢地被抛到筛框末端落入粗渣收集槽。为防止粗渣把一部分附着于其表面上的细小纤维带走，在筛板的出口一端装有两排喷水管，通过喷水，使粗渣与细小纤维分离后才落入收集槽里。

3. 设备技术特征

国产高频振框筛的技术特征如表 8-1 所示。

表 8-1　　　　国产高频振框筛的技术特征

技术特征 \ 型号	ZSK-1	ZSK-2	ZSK-3
生产能力/（t/d）	3	15～30	60
筛选面积/m²	0.24	0.90	1.80
筛板规格/mm	800×300	1800×500	1800×1000
筛孔直径/mm	4～8	3～12	3～10
振动频率/（次/min）	1410	1430	1440
振幅/mm	1.5～2.0	1.5～2.0	1.5～2.0
进浆浓度/%	1.0～1.5	1.0～1.5	1.0～1.5
出浆浓度/%	0.8	0.8	0.8
电机功率/kW	1.1	3.0	4.0

4. 操作

为了达到较好的筛选效果，保证设备正常运转，应按照以下操作要求：①开机前首先检查机械、筛板、喷水及浆槽调节装置是否正常及传动部位有无障碍物后方可开机；②给浆槽充满水后启动电动机，筛框开始跳动；③打开喷水管阀门，调节适宜水压（喷水量一般为 20～30m³/t浆）；④启动泵进浆，并迅速调节稳流高位箱中浆料的浓度和浆位，浆料浓度宜控制在 1.0%～1.5%；⑤节溢流挡板，控制浆槽中适宜浆位，稳定筛选压差和筛框振动的阻力，保证筛选质量和减少细浆的损失，保持正常筛选工作；⑥停机时首先停止浆泵，并关闭挡浆板；⑦开大稳流高位箱中稀释水，直到流出清水后关闭稀释水阀门；⑧冲洗筛板，待筛板冲洗干净后，停止冲洗，并关闭喷水管阀门；⑨停止电动机。

（二）离心筛

离心筛是重要的纸浆筛选设备。在其发展过程中曾出现过 A 型、B 型和 C 型等类型的离心筛，由于不适应大规模的生产而被淘汰。国外的 KX 型离心筛是一种 C 型离心筛，还有一定的应用。我国的 CX 型离心筛是在 KX 型的基础上发展而成的，目前在国内还有广泛的应用。可用于纸浆漂前、漂后的筛选，也能够用于废纸浆的处理。

离心筛的类型也很多，下面主要介绍常用的 CX 型离心筛。

1. 结构

CX 型离心筛的结构如图 8－3 所示。它由底座、墙板、筛鼓、转子、进浆弯管和外壳等组成。

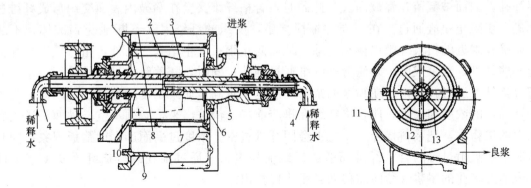

图 8－3　CX 型离心筛

1—挡浆环　2—第二圆盘形挡板　3—第一圆盘挡板　4—进水弯管　5—进浆弯管　6—墙板
7—筛鼓　8—盖板　9—底座　10—粗渣出口　11—外壳　12—叶片　13—隔板

CX 型离心筛的转子由空心轴、叶片、隔板、圆盘形挡板及挡浆环焊接而成。转子上各有 6～10 块叶片 12 及隔板 13，在转子叶片的排渣端有一块挡浆环 1，它加强了转子叶片的刚度；同时增加浆料在筛鼓内的停留时间，防止浆料过早排出，使尾浆量减少。在转子的中部另有两块圆盘形挡板 2、3，将筛鼓分成 3 个筛选区。空心转轴既将整个转子支承在轴承座上，又是稀释水进入的管道，在空心轴的中部用封板隔开，使之成为两条互不相通的稀释水管。稀释水从空心轴两端通入，经小孔由叶片与隔板之间的隔层中喷出。为便于控制进水量，在两稀释管上各安装有 0～400kPa 范围的压力表及调节水量的阀门。

转子上的两块圆盘形挡板，使筛选区分为 3 个。第一圆盘形挡板 3 上开有一小圆环孔，浆料由外壳进浆侧中央进入第 Ⅰ 筛选区，大部分浆料直接流动至筛鼓圆周处，良浆经筛孔流出，小部分浆料经小圆环孔直接进入第 Ⅱ 筛选区，把进入第 Ⅱ 筛选区的浆料冲稀，以充分利用浆料内的水分，减小稀释水量。这样，良浆的浓度提高了，降低了脱水机的负荷。第二圆盘形挡板使浆料在机内停留时间延长，而使浆料获得充分的筛选。

稀释水从两端的稀释水管 4 进入，分别稀释第 Ⅱ 和第 Ⅲ 筛选区，水量和水压都可根据工艺条件由人工单独调整。

浆料应以一定的压力进入筛浆机，一般进浆浆位高于筛浆机中心线 1.2～2.4m。因此，在浆料进入筛浆机之前，设有容积足够的进浆箱。为控制进浆箱内进浆浆位的稳定，在进浆箱和筛浆机之间的管路上装有阀门，可根据需要进行调整。

CX 型离心筛适用于化学浆、机械木浆、苇浆及草浆的筛选。它可以用稍高一些的浓度进浆，等浆环形成后再加水稀释，以同时获得较高的生产能力和良好的筛选质量。因此，CX 型筛具有生产能力大，电耗低，筛选效率高，纤维流失小和操作维护简单等优点。但它也存在着排渣不畅，叶片易挂浆和两叶片间死角易堵浆，而使各叶片重量不均，在高速回转中易因受力不均使转子损坏等缺点。

2. 工作原理

图 8－4 是 CX 型离心筛的工作原理图。浆料从外壳一侧的进浆弯管进入筛浆机，在旋

转叶片（图中以双点划线表示）的离心力所造成的动压头和浆料的静压头（但较小）的作用下，在筛鼓内形成浆环，沿着圆周和轴向做螺旋线运动向排渣口的一端移动。当浆流旋转至一定流速，离心力大于重力时；在筛鼓内形成略带偏心的环流，水携带着合格纤维处于环流外周，靠近筛鼓内壁而穿过筛孔，粗渣和纤维束因密度小、形状较大，悬浮在浆环的内层而远离筛孔，因而被截留在筛鼓内。与此同时，合格纤维又会在筛鼓内表面交织形成纤维过滤层，进一步阻止粗渣通过。在不断冲稀搅拌中，交织的纤维层又不断地受到破坏，不断更新，而筛孔附近的粗大纤维也得到清除，从而防止筛板发生堵塞。另外，粗渣周围往往会吸附着一些纤维，絮聚成团，妨碍合格纤维通过筛孔；同时，随着筛选过程的进行，水不断携带着合格纤维通过筛板，留在筛鼓的浆料浓度越来越高，而浆量也随着减小。因此，为了维持正常筛选的浓度和浆量，使合格纤维在排渣前尽量淘洗出来，必须从空心轴两头送入有一定压力的稀释水，把浆料稀释，使之不会因纤维过密、浓度过高而产生糊筛板现象，同时也使粗渣不致吸附过多的合格纤维而造成纤维流失过大。通过筛孔的合格纤维从良浆出口排出，未通过筛孔的尾浆继续向前移动经粗渣口排出。

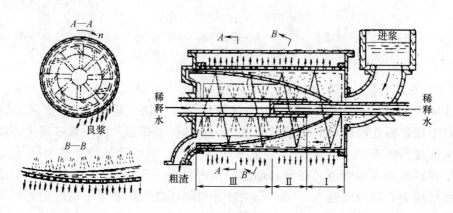

图 8-4 CX 型离心筛工作原理

CX 型离心筛由于可以从空心轴的两头送入稀释水，因而在筛鼓内形成两个可以调节的稀释区间，使筛鼓内的浆料及时得到合理的稀释，这样筛鼓的直径可以减小，亦可通过增加筛鼓长度的办法来提高生产能力。浆料在筛鼓内形成浆环，转子的负荷轻，可以使用较高的转速而不至于消耗过高的动力。转速的提高，还有利于浆环的形成，提高单位有效筛选面积的生产能力，从而达到减轻设备重量的目的。

3. 技术特征

国产离心筛的技术特征如表 8-2 所示。

表 8-2   国产离心筛的技术特征

技术特征 \ 型号	ZSL-1	ZSL-2	ZSL-3	ZSL-4
生产能力/（t/d）	10～15	20～30	40～60	100～150
筛选面积/m²	0.5	0.9	1.6	2.4
筛鼓规格/mm	$\phi340\times470$	$\phi475\times600$	$\phi635\times800$	$\phi743\times1065$
转子规格/mm	$\phi324\times510$	$\phi455\times655$	$\phi610\times865$	$\phi718\times1130$
转子转速/（r/min）	750	575	485	450

续表

技术特征 ＼ 型号	ZSL－1	ZSL－2	ZSL－3	ZSL－4
筛孔直径/mm	1.2～3.4	1.2～3.4	1.2～3.4	1.2～3.4
进浆浓度/%	0.8～3.0	0.8～3.0	0.8～3.0	0.8～3.0
出浆浓度/%	0.6～1.5	0.6～1.5	0.6～1.5	0.6～1.5
电机功率/kW	11	22	40	75

同一个型号的筛浆机根据浆料的实际情况，可以选用不同的筛孔大小。筛孔直径的大小和间距直接影响筛选产量和筛选效果。筛孔的确定主要由纤维平均长度和筛选质量要求来决定，离心筛一般按相邻孔呈等边三角形排列，开孔率一般在 15%～25%。

4. 离心筛的操作

开车前对设备各部位进行严格检查，检查各个连接件有没有松动、转动件的润滑是否良好，然后按照下面的步骤操作：①启动电动机主轴转子开始旋转；②打开稀释水阀门，并检查压力表看水压是否合乎要求；③打开稳浆箱稀释水，此时良浆出口和尾浆出口应有水排出；④打开进浆阀门，并调节进浆量，使浆料浓度由低到高；⑤适当调整进口稳浆箱稀释水阀门，控制进浆浓度在要求范围之内。

生产停止时，按照下面的步骤正常停机：①关闭进浆阀门，停止供浆；②空转用稀释水对筛内浆进行冲洗；③当良浆出口和尾浆出口排出的水没有纤维时，关闭稀释水阀门；④停车后，维修人员对设备进行全面检查，使设备处于完好。

（三）压力筛

压力筛是利用压力脉冲的作用进行纸浆的筛选，是一种封闭的筛浆机。最早使用的旋翼筛主要用于浆料的精筛，用在造纸机的流送系统中。随着人们对压力筛更进一步的了解和改进，现在压力筛出现了很多形式。对于压力筛的分类，可依据转动部件、纸浆流向、筛鼓数量、筛鼓与翼片的位置等多方面因素。4 种常见的压力筛类型如图 8－5 所示。

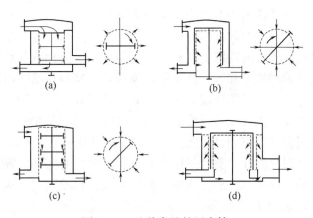

图 8－5　几种常见的压力筛

(a) 单鼓外流式旋翼筛（旋翼在内）

(b) 单鼓内流式旋翼筛（旋翼在外）

(c) 单鼓内流式旋翼筛（旋翼在内）

(d) 双鼓内外流式旋翼筛（旋翼在两筛鼓间）

1. 工作原理

尽管压力筛的类型很多，但其筛浆过程的工作原理都是相似的，下面以旋翼筛为例介绍压力筛的工作原理。

浆料以一定的压力沿切线方向从顶部侧面流入筛鼓内部，作自上而下的移动，在筛鼓内外压力差以及旋转旋翼的推动力作用下，良浆通过筛孔。

转子上一般有 2～3 块叶片，叶片呈流线型，其形状与飞机的机翼相似，俗称旋翼。旋翼与筛鼓的间隙很小，一般是 0.75～1.00mm。当旋翼旋转时，旋翼的前端与筛鼓间的距离随着旋翼的运动而逐渐减小，使旋翼前端附近的浆料压力增大，使合格纤维能迅速通过筛孔向外流。当旋翼继续转动时，旋翼末端与筛鼓间的距离逐渐增大，在这一区域出现局部负压。当负压使筛鼓内外浆科压力相等时，浆料停止通过筛孔；当负压继续增加，筛鼓外的良浆即通过筛孔返回筛鼓内，起着冲刷黏附在筛孔上的浆团和粗大纤维的作用（见图8-6）。当浆料离开旋翼尾部，负压逐渐消失，良浆又依靠压力差及另一个旋翼的推动，再

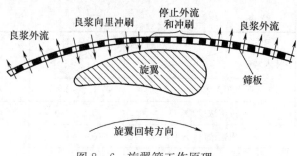

图8-6 旋翼筛工作原理

次向外流动，开始下一个循环。这样不断循环，完成筛选工作。而未通过筛孔的粗渣则留在筛鼓内，由转子的轴向推力、粗渣的重力和浆流的余速使之推向下方，通过排渣口排出。排渣可以是间歇的，也可以是连续的。

在其他类型的压力筛中，可让筛鼓旋转（称为旋鼓筛或定翼筛），同样可以产生上面的作用。

总之，压力筛在工作过程中，由于翼片与筛鼓的相对运动，产生筛鼓径向压力的不断变化（大小、方向），压力的方向沿筛鼓半径方向朝内、朝外变化，这种变化叫作压力脉冲。压力筛正是利用压力脉冲的作用，推动纤维穿过筛孔，同时清除筛孔内的堵塞物质，保证筛孔畅通。

2. 主要结构

（1）筛鼓 筛鼓是压力筛的重要部件之一，筛鼓外圆周用3～4个青铜或不锈钢环加固，以增加筛鼓的刚性。筛鼓上的开孔有圆孔和长缝两种类型，不同的类型也有几种形式。长缝筛和圆孔筛除去杂质的大小和形状有一定的差异。圆孔筛能除去长条形、面积较大的杂质，其单位面积的生产能力大，适应于较高浓度的筛选；长缝筛能除去小方块形、面积较小的扁平杂质，生产能力相对较小，动力消耗大。

普通的筛鼓内侧为平滑面，现在，人们已经开发出了波形筛鼓，波形筛鼓把内侧表面加工成起伏不平的特殊形状，主要有锯齿状、阶梯状和负曲面状等。

采用波形筛鼓，改变浆料流线，使浆料在筛鼓内侧产生许多的微涡流，提高了浆流的涡流程度，有利于筛选能力和筛选效率的提高，还可增大冲刷孔（缝）的作用，减少筛板堵塞，通过改变浆流线改善纤维的取向，可降低筛板两侧的压力差，减轻纤维的分级作用，降低能耗，提高筛选效率和良浆强度，可使筛浆机在浓度更高的条件下筛浆。

（2）翼片 翼片是压力筛中另一个重要部件，翼片与筛鼓的相对运动产生压力脉冲，而产生筛选作用。在旋翼筛中，翼片转动，筛鼓固定，这时翼片固定在转子框架上而加工成旋翼转子，如图8-7所示。

在高浓压力筛中，为了适应高浓筛浆的要求，防止筛孔（缝）堵塞，把翼片加宽，延长负压作用区，可以更多地清除聚集在筛孔（缝）处的物料，保证通道畅通，防止堵塞，如图8-8所示。

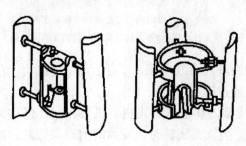

图8-7 旋翼转子的构成

图8-8 加宽了的翼片

旋翼的另外一种变迁形式是鼓泡式转子，如图 8-9 所示。一般用于外流式压力筛，在转子转速较高时，转子回转产生的搅拌作用和离心力都很小，有助于浆料以螺旋线形向下移动，同时鼓泡产生的脉冲作用均匀且能保持全周各处环流速度均匀。

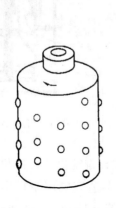

图 8-9　鼓泡式转子

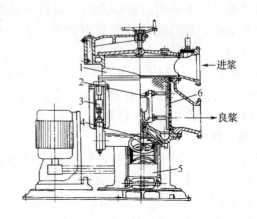

图 8-10　外流式单鼓旋翼筛
1—机体　2—带旋翼的转子　3—气动阀门
4—减速器　5—沉渣箱　6—筛鼓

3. 常见压力筛

（1）旋翼筛　单鼓旋翼筛的结构如图 8-10 所示，它主要由筛鼓、转子、传动装置、排渣阀门以及外壳等组成。国产旋翼筛主要技术特征如表 8-3 所示。

表 8-3　　　　　　　　　　　　国产旋翼筛技术特征

技术特征＼类型	外流式			内流式			
	ZSL-11	ZSL-12	ZSL-13	ZSL-22	ZSL-23	ZSL-24	ZSL-25
筛鼓规格/mm	$\phi300\times320$	$\phi400\times450$	$\phi600\times620$	$\phi500\times400$	$\phi600\times600$	$\phi690\times748$	$\phi803\times893$
筛鼓面积/m²	0.30	0.56	1.17	0.60	1.00	1.50	2.00
转子转速/（r/min）	740	546	362	530	440	375	320
旋翼个数/个	2	2	2	4	4	4	4
筛孔直径/mm	1.2～2.4	1.2～2.4	1.2～2.4	～1.6			
电机功率/kW	5.5	7.5	15	22	30	37	45
生产能力/（t/d）	3～5	8～15	20～30	30～40	50～70	75～100	100～150

在使用旋翼筛时，可根据纤维的平均长度确定筛孔的大小和间距。

旋翼筛的特点是：①进浆浓度范围大，0.5%～3.0%，运转可靠；②密封性好，筛选浆料时不产生泡沫；③筛孔较小，$\phi1.0～\phi2.4mm$，筛选效率高；④结构紧凑，占地面积小。但旋翼筛也有连续排渣时排渣量大，浆渣中好纤维含量多，若间歇排渣阀门易堵，以及筛鼓与叶片加工精度要求高等缺点。

旋翼筛用于纸机前的精选比较普遍，但在制浆过程中也有较多应用。

（2）Hi-Q 除节机　如图 8-11 所示为一种压力筛，常用在木浆、竹浆的粗筛除节工序中，也被称为除节机。

粗浆进入除节机，良浆穿过筛板汇集到良浆出口排出，较大的纤维性杂质因具有较强的漂浮能力从上面排渣口排出，而重杂质自下排渣口排出，排渣时可采用连续或间歇排渣形式。

（3）旋鼓筛　工作原理与旋翼筛相同，只是两者之间的相对运动相反。所不同的是筛鼓的运动使筛孔与浆料间的速度差减小，浆料受筛板剪切力变小，更易通过筛孔（缝）。

（4）高浓压力筛　工程上把纸浆筛选浓度达到2%～5%的压力筛称为高浓压力筛。在高浓条件下，为了防止筛鼓堵塞，旋翼和筛鼓都进行了改进。

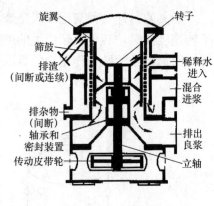

图8-11　Hi-Q除节机

4.压力筛的操作

压力筛的操作如下：①开机前首先检查管路和筛鼓是否清洁，关闭放渣阀；②启动电动机空运转；③用高位箱或泵直接进浆，进浆浓度一般不宜超过1%，进出浆压力差一般不宜超过29.4～32.2kPa；④调节适宜的尾浆排出量，以达到最好的筛浆效果；⑤定时启放排渣阀排渣；停机时首先停止进浆；停止电动机停机；⑥打开顶盖，冲洗筛鼓内壁，同时打开上圆孔和下圆孔冲洗筛鼓外壁并排出洗涤水。

第三节　纸浆净化

一、净化原理

1.净化基本原理

纸浆的净化是根据纸浆中杂质与纤维之间相对密度的不同，利用重力沉降或离心分离的方法，使相对密度较大的杂质在重力或离心力的作用下与纤维分离的生产过程。

最简单的方法是重力沉降，常用的是沉沙沟（盘）。把浆料稀释到0.35%～0.70%的浓度，以10～15m/min的流速在沉沙沟中流动，借纤维与杂质相对密度的差异，相对密度大的杂质借重力作用自然沉降在底部与纤维得以分离，底部沉降的杂质定期清理出去。这种设备占地面积大，除沙效率低，纤维流失多，现很少采用。

离心力分离是应用非常广泛的净化方法，常用的设备有圆柱除渣器、锥形除渣器等（统称涡旋除渣器），如图8-12所示为涡旋除渣器的除渣原理。在涡旋除渣器中，是以进出浆的压力差为动力的，浓度为0.5%左右的稀释浆料通过给料泵作用，沿切线方向进入除渣器筒体，在进浆压力和重力共同作用下进入除渣器的浆料沿器壁作向下的螺旋线运动，浆料中密度较大的杂质在运动过程中所受的离心力较大，被抛至器壁，由于重力而沿器壁下沉

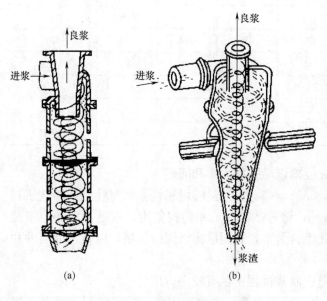

图8-12　涡旋除渣器工作原理
(a)圆柱除渣器　(b)锥形除渣器

到除渣器的下端，由排渣口排出。在离心力的作用下，除渣器轴向中心又构成一个"低压带"，而在"低压带"的中心则又形成一道空气柱。合格纤维旋降至除渣器底部后，即会受空气柱的影响，向"低压带"靠拢，其运动方向即会由向下旋转改为向上旋流，最后从顶部中央的良浆出口排出。

需要净化的浆料，由泵输送，在一定压力下沿切线方向的进浆管进入除渣器内部。浆料在除渣器内部进行旋转运动，产生了很大的离心力，离心力的大小与流体重量以及运动速度的平方成正比，而与旋转半径成反比。

在圆柱除渣器中，浆料在运动中因受浆料内部阻力和除渣器内壁摩擦阻力的影响，其圆周速度会逐渐减小，并且由于涡旋运动的半径不变，所以运动的速度下降，离心力相应减小，分离杂质的效率受到影响。但在锥形除渣器中，由于采用了锥形结构，虽然摩擦阻力仍会降低运动速度，但由于锥体半径即旋转半径也在逐渐缩小，因而仍可以使离心力保持相对稳定而不致下降，从而促进除沙和除渣的作用。

2. 影响净化因素

影响纸浆净化效果的因素很多，这里只讨论影响涡旋除渣器的主要因素：

（1）除渣器的结构　不同类型和型号的除渣器结构特征不同，浆料在涡旋时产生的离心力大小不同，因而净化效果也不一样。如设备的顶部直径、高度、器壁的倾斜度、进浆口径、出浆口径等均会影响净化效果。因此，应综合考虑各种因素选择合适类型和型号的净化器。

（2）纸浆浓度　在其他因素确定时，净化效率随着纸浆浓度的减小而提高。此外，纸浆浓度较低时，排渣的浓度也随之降低，纤维的流失会减少。但浓度太低，设备的生产能力下降、动力消耗增加，生产成本增多。

（3）压力差　压力差是指进浆压力和出浆（良浆）压力之差。对于涡旋除渣器来说，压力差是产生涡旋的推动力，因而是影响涡旋除渣器净化效率的主要因素之一。在其他因素不变时，增加压力差，离心力增加，从而提高净化效果，但压力差太大也会使净化效果受到不利影响，还会增加动力消耗。

（4）通过量　每种型号的除渣器都有其额定的通过量，一般要求除渣器应在满负荷条件下运行。通过量过小，不能形成稳定的涡旋状态，净化效率降低，纤维的流失也增多；通过量多大，浆料的涡旋过于激烈，也会降低净化效率，增加纤维流失。净化系统是由多个除渣器组成，每个除渣器都有控制开关，生产根据纸浆流量的变化调整启用除渣器的数量，保证每个除渣器都能在满载的条件下运行。

（5）排渣口大小　一定型号的除渣器，其排渣口和锥角都有一定的规定数值。排渣口太小，排渣难度增加、而且容易堵塞，导致净化效率下降。排渣口增大，可在一定程度上提高净化效率，但排渣口过大会造成排渣量增大，纤维流失增多。除渣器的排渣口在使用过程中容易磨损变大，会对净化效率和纤维流失产生影响，应注意及时更换磨损严重的排渣嘴。

二、净 化 设 备

涡旋式除渣器因其结构简单、单位生产能力的动力消耗小，占地面积小等优点，是目前广泛应用的除渣设备。

涡旋式除渣器为适应不同浆料的需要，有多种类型，如圆柱除渣器，锥形除渣器，曲锥形除渣器，双锥体除渣器，辐射状锥形除渣器，自动排渣式除渣器，高浓除渣器和各种轻杂质净化器等；其中双锥体除渣器、自动排渣式除渣器、高浓除渣器和各种轻杂质净化器多用于处理废纸浆料，这将在"废纸制浆"一章中作详细介绍。这里主要介绍常见的除渣器。

1. 锥形除渣器

锥形除渣器结构简单,主要由锥体、进浆口、良浆出口和排渣口构成。除了排渣口可以分离之外,其他几个部分通常是一个整体。可以用硬质玻璃、陶瓷、工程塑料、铸铁等材料铸造而成。

由于排渣口的磨碎比较严重,所以把排渣嘴做成一个可以更换的零件。传统锥形除渣器底部结构为锥形不变的锥体所示。这种结构由于其光滑内壁对重杂质有向上的作用力,对杂质向排渣口的移动产生阻碍作用,因而使一些重杂质在锥形部分积聚,非但不能从排渣口排出,面且还由于经常在一个或几个固定位置旋转,造成内壁的严重磨损,甚至有可能因杂质的进一步积聚而完全堵塞,且处理浆料的浓度越高,这些问题就更趋严重。因此,为克服以上问题,出现了一些通过改变锥形除渣器内部结构来达到提高净化效率、减少纤维流失的排渣嘴所示。排渣口的材料可用尼龙、碳化硅陶瓷等,国外多采用高分子塑料、合成树脂等耐磨材料制造。

为了减少纤维流失,提高净化效率,可在除渣器下方(锥体与排渣嘴之间)安装节浆器。节浆器有圆筒和锥形两种,以切线方向加水,向除渣器内的涡旋补充能量,水对即将排出的物料进行稀释、淘洗,使粗渣与好纤维更好地分离,回收其中的好纤维。节浆器的进水采用清水,压力一般为196.2kPa。可使尾渣量从7%～10%下降至2.5%～3.0%。

目前应用的锥形除渣器主要有600型、606型、620型等系列,型号越大,其尺寸(直径、长度等)越大。每种型号系列又有几种规格,如600型系列又有600D、600E及600Ex等;620型系列又可分为622、623及624等。由于不同厂家用不同材料制造时有所修改,使同一型号有不同的尺寸与通过量。

不同的浆种与不同类型的杂质和尘埃,应选用不同型号和规格的除渣器。细浆料中的杂质是难于分离的,产品对小尘埃要求严格的,应选用小型号的除渣器。净化粗浆料,只要求除掉大尘埃的,可选用大型号的除渣器;一般浆料的净化,选用中等型号的除渣器。

2. 圆柱除渣器

圆柱除渣器的结构如图8-13所示。

浓度为1%左右的浆料沿切线方向进入,纸浆在器内作旋转运动。沙粒等杂质由离心力甩至器壁,由重力沉淀至沉渣罐,良浆则沿中心旋转上升至顶端排出。

圆柱除渣器尺寸很大、上下直径相同,因而除渣效果较低,只能够除掉颗粒比较大的重杂质,一般用在纸浆的初步除渣。

3. 低压差除渣器

低压差除渣器的原理与锥形除渣器相同,但压差较小,由上部圆柱体和下部圆锥体组成,可上大下小,也可上小下大。进出浆口、尾渣口位置都和锥形除渣器相似,但其器体直径较大,锥角也较大,主要用于除去纸浆中超

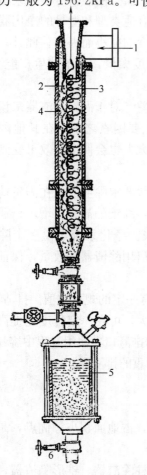

图8-13 圆柱除渣器

1—进浆口 2—纸浆涡旋方向 3—良浆流势

4—重杂质 5—沉渣罐

大杂质，常串联在锥形除渣器或压力筛之前，以保护后者的筛板或排渣口不易损坏和堵塞。

低压差除渣器结构如图 8-14 所示。低压差除渣器的排渣形式有两种，一种是间断排渣，下锥部下面装沉砂罐，沉砂罐的上下方均装有阀门，生产时开上阀门，并向沉砂罐内连续加水，这样可延长排渣间隔时间，并减少好纤维的流失。另一种是连续排渣，即锥体下部不接沉砂罐，尾渣直接从下维口排出。在连续排渣时，除渣器下锥部的排渣口磨损很快，因此该处应选择耐磨材料如不锈钢、陶瓷等制造。

4. 轻质除渣器

轻质除渣器也叫逆向除渣器，是因为净化纸浆后所排出的杂质从除渣器的顶部而出，而良浆从下段排出，这一方向与传统的除渣器相反，如图 8-15 所示。

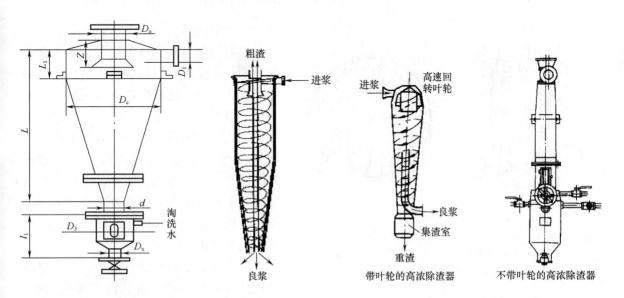

图 8-14　低压差除渣器结构　　　图 8-15　轻质除渣器　　　图 8-16　高浓除渣器

轻质除渣器的结构与工作原理和普通锥形除渣器相同，其主要用途是除掉纸浆中密度小于纤维的杂质，如塑料、泡沫等，在废纸浆的净化中有广泛的使用。

轻质除渣器排出浆渣量为进浆量的 20%～50%，故浆渣中肯定含有较多的好纤维，因此，轻质除渣器需采用多段串联以减少纤维流失。

5. 高浓除渣器

图 8-16 所示的为早期高浓除渣器示意图。其结构上的特点是主体上部装有电动机驱动的旋转叶轮，借以增强浓度为 2%～4% 的纸浆的涡旋作用，分散纤维网络，使粗渣与良浆分离。随着技术的进步，现在的高浓除渣器已经去掉的这种带动力的叶轮装置。

高浓除渣器的除渣效率较低，常常用在废纸浆的净化中。

三、锥形除渣器的布置

1. 敞开式布置

锥形除渣器通常都是多个分组使用的，由于加大尾浆量才有良好的运行效率，所以必须多段数以汇集尾浆流中的尘粒，并使好纤维返回系统。一个三段布置的净化系统如图8-17所示。这个系统的尾浆纤维量一般低于 1%。

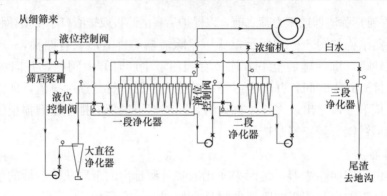

图 8-17　锥形除渣器在纸浆净化流程的布置

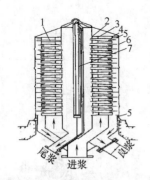

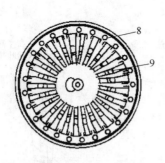

图 8-18　辐射状锥形除渣器
1—除渣器单体　2—内圆筒　3，4—中间圆筒　5—水封胶管
6—外圆筒（外罩）　7—升举外圆筒的水压缸
8—良浆排出孔　9—浆料进口

辐射状布置的锥形除渣器如图 8-18 所示。

一个辐射状锥形除渣器组有 4 个同心的圆筒，均由不锈钢制成，内圆筒壁上有精确的孔，准确地装配着许多锥形除渣器单体。4 个圆筒体形成 3 个环形室，浆料从底部入口进入中间空室（即进浆室），然后从两个切线入口进入除渣器单体。良浆从单体流入外圆筒室（良浆室），并从底部排出，尾浆则收集于内圈的空室（尾浆室）。底部设有隔板，将浆料入口和良浆出口盖住，隔板上钻有孔眼，以控制浆料分布。

集管式锥形除渣器组仿照列管式换热器的方法，将许多锥形除渣器单体密集、平行、等间距地横装在一个圆筒形器体内，充分利用器体容积，如图 8-19 所示。根据单体的数量可以单组或多组一起置于同一个圆筒形器体，除渣器单体可以共用一根进浆管、良浆出口管、尾浆出管和稀释水进管。这样安装可以节约大量管线和阀门，简化了管路，降低了压力损失，减少了占地面积，并且避免了室内水雾飞溅，操作和维护也较方便。

2. 封闭布置

早期的除渣器装置包括大量敞式垂直布置的各个除渣器，以软管连接到进浆联管与良浆管上，尾浆敞口排入尾渣槽。除渣器工作中，排渣口的尾渣有一定的压力，冲入尾渣槽中与槽中尾渣撞击会吸入空气、产生泡沫，经过二段、三段的循环，这些气泡会混入良浆中，这样在纸浆的后续处理工序和纸张抄造时会产生不良影响。所以，新设计的系统都采用封闭方式安装布置锥形除渣器。

大多数新型除渣器装置都是在不同结构的外罩与箱盒中集群装配的净化器组。

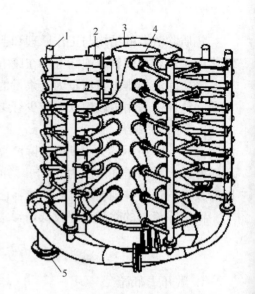

图 8-19　辐射状锥形除渣器的结构图
1—排渣支管　2—除渣器单体　3—进浆室
4—良浆室　5—排渣总管

第四节　筛选净化流程

纸浆中的杂质是多种多样的，经过一台筛选、净化设备是不能够将所有杂质去除、分离的，所以，纸浆的筛选净化往往不是一台设备或一种设备就能完成的，必须是多台或多种设备合理地组合在一起，从而构成完整合理的工艺流程，达到纯化纸浆的目的。

一、流程组合原则

流程的确定主要应考虑以下几点：①产品的质量要求；②纸浆的种类；③投资状况和设备特点。

一般在满足产品质量的前提下，所选流程与设备应占地面积小、基建费用低、纤维流失少、动力消耗少、管理操作方便等。

二、筛选净化流程中级与段

级是指原浆和良浆经过筛选或净化设备的次数。级数越多，良浆经过筛选或净化设备次数越多，所得纸浆的质量越好。因此，多级筛选与净化的目的是为了提高纸浆的质量。随着级数的增加，设备投资与动力消耗增加，并且，尾浆量增多、良浆量减少。所以，多级筛选或多级净化适用于良浆质量较高的产品，或者是产品品种较多的工厂，这样粗渣可用于生产较低档次的产品。

段是指原浆或尾浆经过筛选或净化设备的次数。如原浆经第一台筛浆机筛出的浆渣再进行一次筛选或净化，称为二段筛选或二段净化。多段筛选与多段净化的目的是为了减少纤维的流失。但当段数太多时，不仅设备投资和动力消耗增大，而且总筛选效率下降。因此，当浆渣中杂质超过80％时不宜再进行筛选或净化处理。

实际生产中，往往采用多级多段筛选或净化流程，这种流程兼顾了多级和多段筛选或净化的优点，克服了二者的缺点，既可以获得高质量纸浆，又可减少纤维流失。图8-20、图8-21所示的是二级三段筛选和二级三段净化流程。

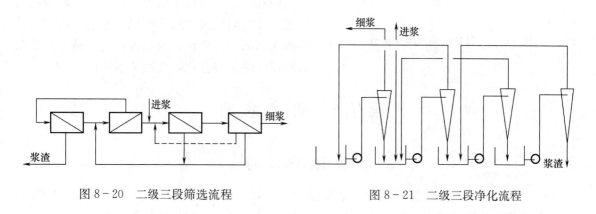

图8-20　二级三段筛选流程　　　　　　　图8-21　二级三段净化流程

三、常见纸浆筛选净化流程举例

较完整的筛选与净化流程一般包括粗筛、精筛和净化3部分。

1. 硫酸盐木浆、竹浆筛选净化流程

图8-22是硫酸盐竹浆、木浆的一种筛选、净化流程。该流程采用先洗涤后粗选的方式，

其优点是有利于提高黑液的回收率，保持较高黑液温度、减少纤维的损失，同时具有较好的操作环境。但浆中的木节、竹节等未蒸解物，易损坏洗浆机的滤网，应加强保护。洗涤后的浆料经粗筛、精筛和多段净化，最后浓缩处理。筛出来的木节送蒸煮，浆渣经磨浆后重新回到筛选系统或处理后抄造包装纸。

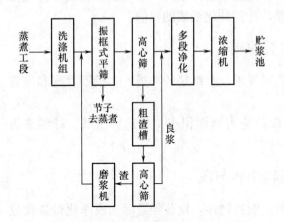

图 8-22 硫酸盐木浆筛选净化流程

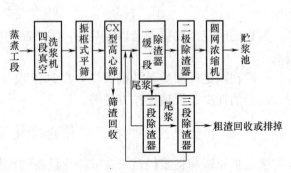

图 8-23 碱法草浆筛选净化流程

2. 碱法草浆筛选净化流程

图 8-23 是碱法草浆的洗涤、筛选、净化的工艺流程。蒸煮后的草浆中的草节和生料较软，一般不会损坏洗浆机的滤网，因此草浆可以采用先洗涤后筛选的方式，可以获得温度较高的黑液，这样对碱回收和洗涤的操作有利。

3. 机械浆筛选净化流程

图 8-24 是机械浆常用的筛选净化流程。粗筛后节子送去再磨，而浆料先经低压除渣器除去较大颗粒的沙石等杂质后再送精选。一段精选后的浆渣经盘磨机再磨后送第二段精选；第二段的良浆送回第一段精选；浆渣则再磨。精选后的浆料经锥形除渣器净化，然后浓缩储存。

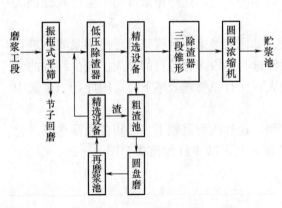

图 8-24 机械浆筛选净化流程

第五节 纸浆浓缩

一、浓缩目的

生产上，纸浆的在处理过程中的状态是悬浮液，即由纤维与水组成。在不同工序的处理中，所要求的纸浆浓度是不同的，为满足这一要求，就需要对纸浆进行稀释和浓缩。

对纸浆进行脱水，提高浓度的处理工序叫做浓缩。纸浆浓缩的目的有：

1. 满足生产工序的浓度要求

纸浆从低浓度的工序送入到高浓度工序，为满足浓度较高的要求，应对纸浆进行浓缩处理。如，在筛选、净化工序中，纸浆浓度都比较低（0.5%～2.5%），而漂白时浓度为 5%～

15％或更高，所以筛选净化后的浆料必须进行浓缩，才能送入漂白系统。

2. 减少纸浆贮存体积

制浆、抄纸的工序很多，为了保证前后工序连续生产，相邻的工序间常常设置贮存装置存放纸浆。为了减少纸浆贮存所占的体积，缩减贮存装置的容积，可将纸浆浓缩，分离其中的水分。

3. 满足浆料输送的需要

纸浆在低浓度下输送，生产能力低，而且动力消耗很大，经济上很不合算，经过浓缩后，纸浆的含水量减少，可以缩减输送量，减少动力消耗。

此外，浆料浓缩的过程也是进一步洗涤的过程，有利于提高纸浆洗净度，减少漂白化学药品的消耗。

二、浓缩设备

浓缩的是将纸浆悬浮液中部分水分离的过程，能够进行固、液分离的设备装置都可用于纸浆的浓缩。在纸浆洗涤与废液提取的章节中所介绍的洗涤设备理论上都可用于纸浆浓缩，所以，用于纸浆浓缩的设备是很多的。生产上，浓缩机的选用主要根据设备的出浆浓度。从出浆浓度来看，可将浓缩设备分为：低浓设备（出浆浓度<10％）、中浓设备（出浆浓度10％～17％）和高浓设备（出浆浓度>17％）。

（一）低浓设备

这类设备的共同点是利用液体的重力，即滤网内外液体的液位差进行过滤脱水，适应进浆浓度在1％以下，出浆浓度在7％以下的纸浆浓缩脱水，脱水量大，要求滤网阻力小。这类设备主要包括圆网浓缩机、侧压浓缩机和网式浓缩机等。这些设备主要用在中、低浓传统的纸浆处理工艺中。

1. 圆网浓缩机

圆网浓缩机又称圆网脱水机，是国内外造纸厂应用较广的一种低浓脱水浓缩设备。圆网浓缩机有如图8-25所示的几种形式。分有压辊或无压辊，顺流式或逆流式等，图中（e）是一种较新设计的可改变成无压辊的形式。

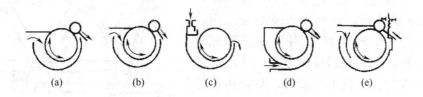

图8-25　圆网浓缩机的几种形式
（a）有压辊逆流式　　（b）有压辊顺流式　　（c）无压辊刮板式
（d）有压辊逆流顺流混合式　　（e）可改变成无压辊的通用式

（1）结构　圆网浓缩机的结构示意图如图8-26所示。它由转动的圆网笼和网槽组成。圆网笼是转鼓的一种形式，是浓缩机的主要部件。一般采用在一根主轴上装上若干个辐轮，辐轮上平行主轴的方向装上一系列的黄铜棒，然后在黄铜棒上绕上黄铜线，这就构成了网笼。在网笼上铺上8～12目的内网和40～80目的外网，这种网笼结构较为复杂，但滤水性能良好。也有常用的转鼓是直接在几个辐轮上铺设多孔板构成的，这种结构比较简单，侧压浓缩机、双圆网洗浆机以及漂白机上的洗鼓都属于这一类。

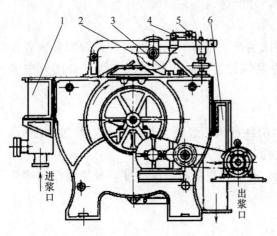

图 8-26　圆网的结构
1—进浆箱　2—压辊　3—喷水管
4—刮刀　5—调压装置　6—出浆箱

网槽是设备的主要机架，所有的部件都安装在槽体上。它由钢板焊制，也可以用钢筋混凝土制成。压辊为钢板卷制的表面包胶辊，它支承在网槽的侧板上，工作时与网笼接触，由网笼带动。压辊的直径一般取网笼直径的 1/4～1/3。压辊安装在一条矩形截面的悬臂上，并可沿悬臂前后移动，臂的末端既可以装重块加压，又可以在臂下方安装手轮调节的减压定位装置。停机时应调节压辊不要压在网面上。压辊的线压力一般为 0.8～2.3N/mm。

圆网浓缩机的型号是根据其网笼的圆柱面积来划分的，有 5m²、8m²、10m²、15m²，可根据产量大小选用合适的型号。

（2）工作原理　浆料进入网槽，由于网内外的液位差，使浆料中的水滤入网内，从一端或两端敞口处排走。纤维留在网面上形成薄浆层，并被带出水面，从圆网笼输送到压辊，经过压辊挤压脱水后，用刮刀将浓缩浆刮走。

（3）圆网浓缩机操作　转鼓的表面速度必须根据生产能力选择最佳状态。速度太低时，网上形成的浆层阻止滤液通过，在一定量的纤维沉积后沉积量就非常少了，因此表面速度的选定应该是，当网笼露出浆料面时，网面上已经形成最佳的浆层厚度。圆网浓缩机一般的转速为 8～14r/min。

进浆浓度 0.3%～0.8%，出浆浓度可在 3%～6% 范围调节。可通过网笼内滤液的液位、压辊的压力来调节；如果出浆浓度太高，可以在出浆口补充水来稀释，来达到一定的浓度要求。

2. 侧压浓缩机

（1）结构　侧压浓缩机的结构如图 8-27 所示。侧压浓缩机的转鼓构造比较简单，在辐轮外周覆盖厚 6mm 的滤板，滤板上开 φ10mm 滤孔，开孔率 50%，外包 40～80 目尼龙网。侧压浓缩机的线压区与卸料区都在浆料液位之下，所以运动件的两端必须密封。压辊为包胶辊，直径约取转鼓直径的 1/4。压辊的两侧装有杠杆加压装置以调节压力，上面有可调节的螺杆和螺母，以根据浆层厚度调节压辊和转鼓间的间隙。侧压浓缩机有两根进水管。一根在槽底，直径较大，主要用于浆料的洗涤。另一根喷水管设在转鼓的上方，直径较小，供清洗滤网之用。

（2）工作原理　侧压浓缩机又称加压式脱水机，它有一个在进浆侧形成高浆位的浆槽，而在出浆侧的下方低液位处，借一个压辊来封闭浆槽和转鼓之间的间隙。转鼓与压辊具有相同的圆周速度。

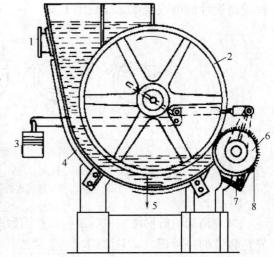

图 8-27　侧压浓缩机结构
1—进浆口　2—网笼　3—压砣　4—浆槽
5—排水口　6—压辊　7—刮刀　8—浓缩后浆料

被浓缩的浆料沿着转鼓的转动方向，由上至下，经脱水和压辊压干后，用刮刀从压辊上刮下来。

（3）侧压浓缩机特点　侧压浓缩机是国内中小型纸厂几十年来使用较多的老设备，它不仅用于漂前洗涤和浓缩浆料，并且也用于漂后洗涤浆料。它的特点是进浆浓度较高，出浆浓度也高，单位面积生产能力比圆网浓缩机大。

3. 斜网式浓缩机

斜网浓缩机又称斜筛。这种浓缩机由斜网和支撑架构成。分布到斜网上的稀释浆可允许流动，水穿过斜网后排走，浓缩浆从网面落下并在网底部排走。

如图 8-28 所示，斜网浓缩机的网架可用木制，为使网下撑条不致过宽而减小有效过滤面积，撑条可用金属材料。网长一般在 2.44～4.88m；倾斜度为 33°～60°，网目在 60～100 目。进浆须有稳浆槽，使沿滤网宽度上网均匀。下方接浆与接液槽要有足够的深度，以免溅溢。滤网也不必固定过紧；有的采用挂网，即下端是不固定的，以便定期换下冲洗。

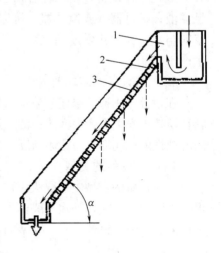

图 8-28　木制的斜网浓缩器
1—稳浆箱　2—撑条　3—滤网

现在，经过技术的改进，采用钢质结构，增加了设备机械强度，延长设备使用寿命。过滤网安装后形成一个圆弧形状，浆料的运动轨迹也成为圆弧形，这样能够产生一定的离心力，增加脱水的作用力，进一步提高纸浆的浓度。

斜网浓缩机结构简单、动力省、投资少、操作维修方便，适用于各种纸浆、废纸洗涤和纸机白水回收。进浆浓度为 0.7%～2.0%，出浆浓度为 3.5%～7.0%。

（二）中浓设备

在新设计、修建的纸浆处理工程中，为了节约水资源、节约能耗、降低环境污染，都采用的中、高浓处理技术，所要求的纸浆浓度都在 10% 以上。为了满足中、高浓度要求，在系统中也选用的中、高浓度的浓缩机。

中浓技术中，纸浆的浓度为 10%～17%。可选用鼓式真空洗浆机、鼓式压力洗浆机、水平带式真空洗浆机、双网压滤机等设备，这些设备在纸浆洗涤和废液提取章节中已进行介绍。这些设备如果用作浓缩之用，常常被称为浓缩机，如鼓式真空洗浆机可称为鼓式真空浓缩机。

（三）高浓设备

通常，高浓处理的浓度为 17% 以上。高浓浓缩设备是采用机械挤压的方式进行脱水的，如双辊挤浆机、螺旋挤浆机等，在纸浆洗涤与废液提取中也已介绍。

第六节　纸浆贮存

一、概　述

1. 贮浆的目的

制浆、抄纸的工序很多，在生产工序之间，均需设置贮浆设备，其作用有：

（1）贮存作用　在前后工序间贮存一定数量的纸浆，起到中间缓冲作用，这样不至于因为一个工序或一组机器出现故障而影响整个生产线的正常运行。

（2）混合作用　纸浆中所添加的化学助剂，如：施胶剂、增强剂、填料、染料等，可以加入到贮浆设备中，然后通过搅拌、循环装置的作用，使其与浆料均匀混合。

（3）调节作用　制浆过程总不可避免因个别因素的波动而影响纸浆的质量，通过贮浆设备的暂时贮存，可以调节均衡纸浆质量；同时纸浆在贮存过程中也便于调节纸浆浓度。

2. 贮浆设备的主要构成

纸浆贮存设备包括贮存容器、推进器（或搅拌器）和浆泵3部分，贮存容器用来存放纸浆悬浮液；推进器（或搅拌器）可以使浆料在贮存容器中循环运动，防止浆料絮聚、沉淀，或将浆料与水、其他化学助剂混合；一般情况下，浆料离开贮存容器是由浆泵排出的，送入下一个生产工序。

3. 贮浆设备的结构要求

在设计、制造、修建贮浆池（塔）时，应注意以下几点：不能造成纤维发生沉淀和絮聚；浆料在搅拌过程中不产生泡沫；池（塔）体内光滑无死角；根据所贮存的纸浆性质，应具有一定的防腐蚀性能；底部有一定倾斜度，以加强浆料循环，便于放料及排污；尽量降低动力消耗。

4. 贮浆设备的类型

贮浆设备的类型主要取决于贮存容器的结构形式和适于的贮浆浓度。根据结构形式的不同，可分为卧式和立式，卧式一般称为贮浆池，立式也称为贮浆塔；根据贮存浆料的浓度不同，可分为低浓和高浓；另外，同一类型的设备，也可根据推进器（或搅拌器）、浆泵的不同来分类。

二、贮浆容器

贮浆容器是纸浆贮存设备的重要部分，其结构形式较多，不同的结构形式适用于不同条件下浆料贮存的需要。在生产上，常用的类型有以下几种类型。

1. 低浓卧式贮浆池

低浓卧式贮浆池的形状如图8-29所示。浆池为水泥混凝土制成的卧式槽体，槽内有隔墙，将槽体分成2条或3条浆道。浆料在推进器的作用下在沟道中循环。为减少浆料循环时的摩擦阻力和防止腐浆的产生，槽体内壁和底部可衬陶瓷片。

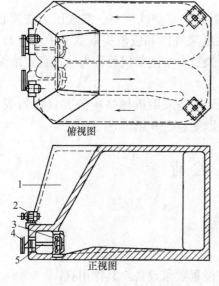
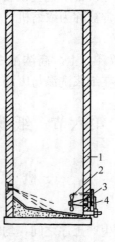
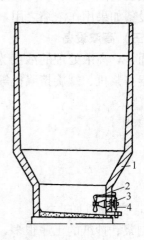

图8-29　低浓卧式贮浆池
1—贮浆池　2—电机　3—推进器叶片
4—皮带轮　5—传动轴

图8-30　低浓立式贮浆塔
1—塔体　2—推进器叶轮
3—传动轴　4—皮带轮

为防止浆料沉积，沟道转弯处均采用圆角过渡，安装循环器的位置是浆池沟道的最低部位，浆料在此被循环器提升至沟道的最高点，这样有利于浆料依靠重力作用循环。最低点至最高点倾斜度为 30°～40°角，最高点至最低点顺着浆料的循环沟道的倾斜度为 2°～3°角。为了便于放浆和排污，放浆口及排污口均设在沟道的最低点处。

贮浆池的常用规格有 25m³、50m³、75m³、100m³、150m³、200m³ 等，最大可达 500m³。

2. 低浓立式方浆池

低浓立式方浆池也称为方浆池，其高度一般大于边长，结构简单，外形尺寸方正。这样形状的结构，便于施工，能充分利用车间的面积。

方浆池一般配备螺旋桨式搅拌器，且把螺旋桨搅拌器设置在浆池底近中间位置。

方浆池的常用规格有 10m³、15m³、20m³、30m³、40m³ 等，最大可达 200m³。

3. 低浓立式贮浆塔

立式贮浆塔是用碳钢或钢筋混凝土建成的圆柱形容器，混凝土结构的贮浆塔内壁上贴有陶瓷片，以提高内壁的光滑度和清洁度，塔体底部有坡度，便于浆料排出。如图 8-30 所示，常见的塔体结构有两种形状，一种为上下相等的圆柱形，另一种为圆柱形主体，底部形状为锥形过渡区和直径较小的混合区。

在直边形的贮浆塔内，一般配有一个螺旋桨，这种贮浆塔仅在抽浆泵的吸入口附近的区域进行浆料的搅拌。埋入式的喷水嘴通入约 680kPa 压力水，对浆料进行稀释，也有利于浆料进入搅拌区。有些情况下，可在贮浆塔的外边设置一个小的缓冲池，稀释后的浆料经过缓冲池可以比较精确地控制纸浆浓度。

圆锥边形的贮浆塔，底部有小直径的混合区域，这种结构可使整个混合区内浆料受到充分搅拌，也不再需要埋入式的喷水嘴和缓冲池。这种贮浆塔容积较大，采用的螺旋桨的直径也大。

立式贮浆塔占地面积小而贮浆能力大，贮浆塔内的纸浆状态与卧式贮浆池是不同的，即纸浆只有在输出之前被充分搅拌均匀混合而达到输送与使用要求，而在贮浆塔的上部相当大的空间内的纸浆处于缓慢流动的贮存状态。

4. 低浓泵送的中浓贮浆塔

立式贮浆塔用于贮存中浓纸浆，就是中浓贮浆塔。中浓贮浆塔能适应制浆过程中中浓技术的要求，简化了配套工程，减少占地面积，可以大大减少水、电、蒸汽等的消耗。

中浓贮浆塔的贮浆浓度一般为 8%～12%，根据塔内纸浆不同的输出方式，又可分为带稀释装置低浓泵送和不带稀释装置中浓泵送两种中浓贮浆塔。

低浓泵送贮浆塔具有锥底混合区（也叫稀释区），混合区设有稀释装置把中浓纸浆稀释成低浓纸浆，以便用低浓浆泵泵送出去。这种贮浆塔底部装有螺旋桨式推进器。贮浆塔的结构如图 8-31 所示。

低浓泵送的中浓贮浆塔一般为钢筋混凝土结构的敞开式直立容器，内壁衬瓷砖或者内壁涂刷环氧树脂，可以改善塔体内壁光滑性和防腐性，塔体的容积和高度可根据工艺要求来确定。

5. 中浓泵送的中浓贮浆塔

中浓泵送的贮浆塔解决了中浓卸料问题，改进了传统的稀释、低浓浆泵泵送、脱水工艺流程，真正展示了中浓贮存的优越性。

中浓泵送的贮浆塔由内部底部装有的中浓浆泵直接把纸浆泵送出来，在实际工程中，塔底中浓浆泵有两种不同的安装方法，一种是利用安装于塔底部的刮浆器把纸浆刮到中浓浆泵的贮浆立管中，再由中浓浆泵泵送出去，如图 8-32 所示。

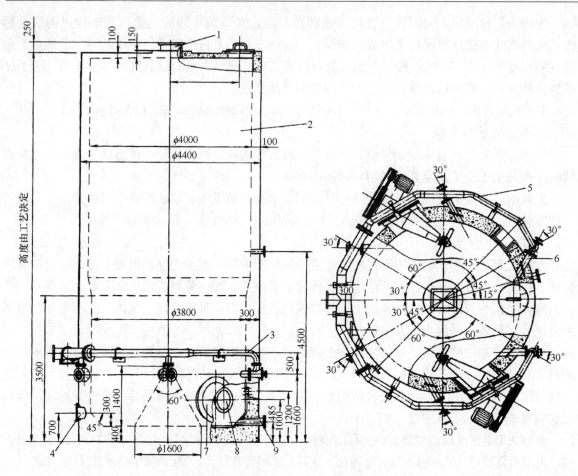

图 8-31　ZPT 系列中浓贮浆塔结构

1—纸浆进口　2—塔体　3—稀释水进口　4—纸浆出口　5—环形稀释水管
6—针形阀　7—推进器接口　8—人孔　9—排出口

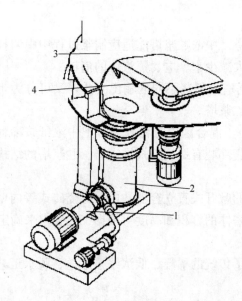

图 8-32　配有刮浆器和中浓浆泵的中浓贮浆塔

1—中浓浆泵　2—贮浆管　3—贮浆塔　4—刮浆器

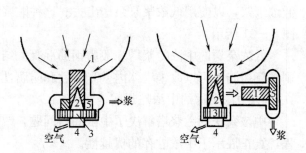

图 8-33　装有湍流发生器的中浓贮浆塔

1—湍流发生器　2—空气分离器　3—纤维分离器
4—空气排出区　5—纸浆泵送区

　　另一种是把中浓浆泵的湍流发生器直接（垂直方向）安装于贮浆塔的底部，可把湍流发生器直接插入到卸料口内的纸浆中，高速旋转的湍流发生器就会在其干扰范围内产生高强剪切力，使纸浆实现流体化，并通过分离空气后，由中浓浆泵抽出，如图 8 - 33 所示。

　　采用中浓出浆的贮浆设备，可以真正地实现纸浆处理过程的中浓化，对于制浆造纸工业生产中降耗、减排、增效有着十分重要的意义。

三、推进器和搅拌器

　　为了使贮浆池（塔）中的纸浆在循环流动中保持悬浮状态且浓度均匀，贮浆池（塔）应配备适当的推进器或搅拌器。常用的设备形式有螺旋桨式推进器、轴流式推进器、螺叶（桨叶）式搅拌器、循环泵和涡轮循环装置。不同类型的贮浆池（塔），应选用不同型式的推进器和搅拌器。

思　考　题

1. 简述纸浆筛选、净化、浓缩、贮存的目的和作用。
2. 掌握筛选、净化生产上常用技术术语的含义及检测方法。
3. 简述纸浆筛选的原理和影响因素。
4. 筛浆机有哪些种类？其工作原理有什么不同？
5. 为适应高浓筛浆的要求，高浓压力筛在结构上做了哪些改进？
6. 简述纸浆净化的原理和影响因素。
7. 除渣器封闭安装有什么好处？常用的封闭安装的方法有哪些？
8. 什么是级和段？纸浆的筛选和净化流程为什么要采用多级多段？
9. 根据浓度高低，浓缩设备可分为哪些类型？举例说明，并说出出浆浓度范围。
10. 纸浆的贮存容器有哪些类型？其循环搅拌装置有哪些类型？

第九章 纸 浆 漂 白

知识要点：了解纸浆漂白的意义及主要方法，掌握次氯酸盐单段漂白、含元素氯的多段漂白的原理、流程、主要工艺参数、主要设备的结构等。掌握高得率浆的漂白技术，了解目前纸浆漂白的新技术和发展方向。

技能要求：能制定次氯酸盐漂液的制备流程并会进行制漂操作；根据不同浆种和漂白要求设计单段漂和多段漂的流程及工艺参数，并能进行漂白操作及设备维护。

第一节 概 述

各种制浆方法所制的纸浆，由于其中不可避免地含有木素及其他有色物质而带有一定的颜色。这种本色浆由于白度低、纯度不高而使其用途受到限制。纸浆的漂白就是通过除去浆中木素和其他有色物质或是使木素及其他有色物质改性为无色物而提高纸浆白度的过程。

漂白过程中对木素的脱出，可以看作是蒸煮过程的一个延续，只是漂白比蒸煮的反应条件要缓和得多，这样可以进一步脱出那些纤维素分子束间的内层木素，而较少破坏纤维素等。

一、漂白的目的与分类

纸浆经过漂白，白度和白度的稳定性得到提高，同时漂白还提高了纸浆的纯度，增加了纸浆的耐用性。对于某些特殊的浆种的生产，漂白精制更是不可缺少的一个环节。

根据产品的质量和用途的不同，纸浆漂白要达到的白度不同。生产新闻纸、凸版纸、胶印书刊纸等一般文化用纸的用浆，白度要求是 $60\%\sim75\%$；生产书写纸、胶版纸等高级文化用纸及铜版原纸、照相原纸的用浆，白度要求为 $80\%\sim90\%$；生产化学加工用的浆粕，如人纤浆粕，不仅要求有较高的白度，同时要求具有较高的纯度和化学反应性能。

纸浆漂白的方法可分为两大类。一类称"溶出木素式漂白"，通过化学品的作用溶解纸浆中的木素使其结构上的发色基团和其他有色物质受到彻底的破坏和溶出。此类溶出木素的漂白方法常用氧化性的漂白剂，如氯、次氯酸盐、二氧化氯、过氧化物、氧、臭氧等，这些化学品单独使用或相互结合，通过氧化作用实现除去木素的目的，常用于化学浆的漂白。另一类称"保留木素式漂白"，在不脱除木素的条件下，改变或破坏纸浆中的发色基团，减少其吸光性，增加纸浆的反射能力。这类漂白仅使发色基团脱色而不是溶出木素，漂白浆得率的损失很小，通常采用氧化性漂白剂过氧化氢和还原性漂白剂连二亚硫酸盐、亚硫酸和硼氢化物等。这类漂白方法常用于机械浆和化学机械浆的漂白。

根据所采用的漂剂性质不同，又可将漂白方法分为氧化漂白和还原漂白。

二、漂白流程与漂白剂

根据生产需要，漂白过程可以是一段完成，称之为单段漂白；对某些浆种，为了达到一定的漂白要求，常采用多段漂白，每段使用不同的漂白剂或漂白剂组合。在合理的工艺条件下，多段漂白能提高纸浆白度，改善强度，节省漂白剂。与单段漂白相比，其灵活性大，有利于质量的调节与控制，能将难漂白的浆漂白到高白度。常用的漂白剂如表9-1所示。

表9-1　　　　　　　　　　　漂白段和漂白化学药品

符号	段名	化学品	符号	段名	化学品
C	氯化	Cl_2	Y	连二亚硫酸盐漂白	$Na_2S_2O_4$ 或 ZnS_2O_4
E	碱抽提（碱处理）	NaOH	A	酸处理	H_2SO_4
H	次氯酸盐漂白	NaClO 或 Ca（ClO）$_2$	Q	螯合处理	EDTA，DTPA，STPP
D	二氧化氯漂白	ClO_2	X	木聚糖酶辅助漂白	Xylanase
P	过氧化氢漂白	H_2O_2	Pa	过氧醋酸漂白	CH_3COOOH
O	氧脱木素（氧漂）	O_2	Px	过氧硫酸漂白	H_2SO_5
Z	臭氧漂白	O_3	Pax	混合过氧酸漂白	CH_3COOOH，H_2SO_5

三、漂白方法的发展

历史上最初是采用借助日光的自然漂白。18世纪人们长期地使用称作漂白粉的次氯酸钙漂白。次氯酸盐由于价廉、易制取，是使用比较普遍的一种漂白剂，但它对纤维素和半纤维素有氧化破坏作用，不能得到白度高、强度大的纸浆，且漂白废水对环境的污染甚大。

实验发现元素氯极易与木素反应，生成物易溶于稀碱液中。但木素的氯化具有局部化学反应的性质，即只有将表面的生成物溶去暴露出新的表面反应才能继续进行，因而出现了CEH（C—氯化，E—碱处理，H—次氯酸盐漂白）这样的三段漂白的生产流程。这样可制得白度在80％以上的强度高的纸浆。但次氯酸盐对纤维素、半纤维素的氧化作用依然存在。继而采用了对纤维素、半纤维素基本不起破坏作用的ClO_2作为补充漂白剂。采用了CEHD（D—二氧化氯段）或CEDED的多段漂白流程，段间进行洗涤。段数越多则每段的漂白条件越缓和，纸浆的强度也就越高，但流程复杂，设备费用高。

漂白工段的污染是严重的，迫使漂白向减轻或无污染的方向发展，因而近年来出现了无元素氯漂白、全无氯漂白、封闭漂白等新的漂白工艺及流程。在欧洲等地已拒绝接受由含氯漂白剂进行漂白的纸浆。

第二节　化学浆的含氯漂白

化学浆的含氯漂白剂包括氯、次氯酸盐和二氧化氯。由于氯和次氯酸盐来源丰富、价格便宜，漂白效率较高，漂白成本较低，一直是纸浆漂白的主要化学品。直到漂白废水中有害有毒的有机氯化物的发现，氯和次氯酸盐的使用才逐步受到限制，代之的是二氧化氯以及氧、臭氧和过氧化氢等含氧漂白剂。但在我国，氯和次氯酸盐至今仍是主要的漂白剂。

有关名词术语如下：

（1）有效氯　　有效氯是指含氯漂白剂中能与未漂浆中残余木素和其他有色物质起反应，具有漂白作用的那一部分氯，以氧化能力的大小表示。通常用碘量法测定，用g/L或％表示。

（2）漂率　　即有效氯用量，指将纸浆漂白到某一指定白度，所需要的有效氯的质量对纸浆绝干质量的比率。

（3）卡伯因子　　施加的有效氯用量与含氯漂白前纸浆卡伯值之比。

（4）残氯　　漂白终点时，尚残存（未消耗）的有效氯的量，通常用g/L或％表示。

一、次氯酸盐单段漂白

用于纸浆漂白的次氯酸盐有次氯酸钙和次氯酸钠，其中次氯酸钙因原料价格便宜、制备容易而被广泛采用。漂白用次氯酸盐常用 NaOH 或 Ca（OH）$_2$溶液吸收氯气制得，漂液的制备和漂白过程比较简单，在漂白过程中还能改善某些浆料的物理化学性质，但次氯酸盐漂白过程中强烈的氧化作用使碳水化合物降解，纤维的得率和强度损失较大，漂白废水的颜色较深，污染较严重。

（一）次氯酸盐漂液的组成与性质

次氯酸盐漂液具有氧化性，在不同的 pH 下，漂液的化学组成不同，因而漂液的氧化能力也不同。制备次氯酸盐漂液的反应式如下：

$$NaOH+Cl_2=NaClO+NaCl+H_2O+热$$

$$Ca(OH)_2+Cl_2=Ca(ClO)_2+CaCl_2+H_2O+热$$

上述反应是可逆反应，其溶液的组成与氯水体系的 pH 有极大的关系，如图 9-1 所示。当 pH<2 时，溶液成分主要为 Cl_2，当 pH>9 时主要成分为 ClO^-。pH 不仅影响溶液的组成，对其氧化性也有影响，因为不同成分有不同的氧化电势，氧化电势越高，漂白能力就越强。其中，次氯酸的氧化能力最强，元素氯次之，次氯酸盐氧化能力最弱。用氧化能力最强的次氯酸漂白，漂白速度虽快，但对纤维的破坏也大，它使纤维迅速降解，纸浆强度降低。所以一般要尽力避免在 pH5~7 这个范围进行漂白，而是采用对纤维破坏较小的碱性次氯酸盐溶液进行漂白。

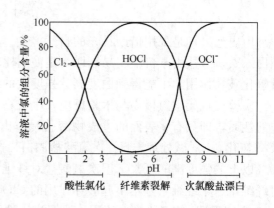

图 9-1 0.05mol/L 氯水溶液在不同 pH 下的组成

纸浆次氯酸盐漂白常用次氯酸钙溶液作为漂剂。其性质如下：

（1）溶液呈碱性 次氯酸的酸性很弱，因此次氯酸盐溶液呈碱性。

$$Ca(ClO)_2+2H_2O\longrightarrow Ca(OH)_2+2HClO$$

$$\Downarrow$$

$$Ca^{2+}+2OH^-$$

（2）遇热分解

$$3Ca(ClO)_2\xrightarrow{\triangle}Ca(ClO_3)_2+2CaCl_2$$

$$3HOCl\xrightarrow{\triangle}HClO_3+2HCl$$

分解反应在温度超过 40℃时已达较高速度，温度越高反应速度越快，所以在漂液的制备、贮存、使用过程中都要严格控制温度，以防其分解成没有漂白作用的氯酸盐。

（3）遇酸分解 次氯酸盐溶液极不稳定，加酸就迅速分解放出氯气。空气中的 CO_2 都可使之分解。

$$Ca(ClO)_2+CaCl_2+2H_2CO_3=2CaCO_3+2H_2O+Cl_2$$

所以次氯酸盐溶液中必须有过量的碱才能保证溶液的稳定，否则，溶液将逐步分解而丧失漂白的能力。溶液中有铁、铜、锰等金属粒子将加速溶液的分解。

（二）次氯酸盐漂液的制备

次氯酸钙漂液的制备有间歇和连续两种方法。间歇法制次氯酸钙漂液的制备流程如图9-2。

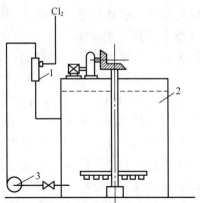

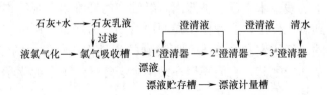

石灰+水 —→ 石灰乳液

过滤

液氯气化 —→ 氯气吸收槽 —→ $1^{\#}$澄清器 —→ $2^{\#}$澄清器 —→ $3^{\#}$澄清器

漂液 ↓

漂液贮存槽 —→ 漂液计量槽

澄清液　　　　澄清液　　　清水

图9-2　间歇法次氯酸钙漂液的制备流程　　　　　图9-3　喷射式氯化吸收槽

1—喷射器　2—氯化吸收槽　3—泵

我国普遍使用带喷射器的氯化吸收槽（如图9-3所示）。石灰乳液由循环泵泵入喷射器，经喷射器的喷嘴时速度很高，在真空室内产生真空度，将已气化的氯吸入，并与石灰乳液一起进入混合管，充分混合后进到吸收槽中。这种装置的优点是喷射器形成的真空度足够大，液氯瓶中液氯可以完全被抽净，混合效果好，吸收效率高。

制备的次氯酸钙漂液含有许多杂质，呈混浊状，一般配置2～3个澄清槽，使之澄清才能使用。

制漂过程的影响因素及注意事项：

1. 石灰的纯度及用量

石灰纯度要求在85％～90％以上，杂质会促进漂液分解、影响漂液澄清、带有颜色等。考虑到纯度因素以及适度过量的石灰，一般在石灰纯度为85％左右时，生产中常保持石灰与氯的用量为1：1。

2. 通氯量与通氯速度

通氯量过大或是速度过快容易发生过氯化反应，造成次氯酸盐分解，甚至造成氯气的跑失。

$$Ca(ClO)_2 + 2Cl_2 = 4HClO + CaCl_2$$
$$HClO + Cl_2 = HClO_3 + HCl$$
$$Ca(ClO)_2 + HCl = CaCl_2 + 2H_2O + 2Cl_2$$

这组反应是一个恶性循环，可导致次氯酸钙完全分解。因此，通氯速度不能过快，不能过量。一般为$0.2kgCl_2/$（min·m³），并正确判断终点，一般是漂液中加入酚酞指示剂的退色时间为3s时为通氯终点。在搅拌充分的情况下，通氯可在1.5～2.0h内完成。

3. 温度控制

次氯酸盐的生成是放热反应，为了防止漂液分解，夏季制漂液时，要控制漂液温度在38℃以下，而石灰乳温度不应超过25℃。

我国目前都采用间歇法制备次氯酸盐漂液。这种方法设备简单，操作方便，容易控制，质量稳定，但劳动强度较大，生产能力较低。

（三）次氯酸盐的漂白作用及控制因素

1. 次氯酸盐漂白原理

在次氯酸盐漂白过程中，主要是与纸浆中的残余木素和色素作用，将它们氧化成无色的物质或结构简单的物质溶出，从而达到漂白的目的。在次氯酸盐与木素作用的同时，也使纤维素和半纤维素受到氧化降解。

研究认为，次氯酸盐与木素的反应主要是氧化降解，并伴随有氯化取代反应，其结果使木素大分子氧化降解而变小，成为可溶物质，最后的分解产物是 CO_2 和有机酸，因而使漂白的 pH 不断下降。与此同时，次氯酸盐还可与纸浆中的有色物质发生氧化作用，使其退色。

在次氯酸盐漂白过程中，由于纸浆中的残余木素逐步被溶出，纤维中的纤维素与半纤维素分子失去了木素的保护作用，因而也受到氧化作用，这种作用在漂白后期尤为严重，所以在实际生产中严格控制漂白终点是非常重要的。纤维素和半纤维素所受到的氧化作用与漂白的 pH 有关，在中性和酸性介质中主要生成醛基和羟酮基，它们积聚在纤维中会降低纤维素的化学稳定性，导致纸浆的物理强度下降，使纸浆易于返黄。

2. 次氯酸盐漂白影响因素

次氯酸盐单段漂是一次加入所需的漂白液漂至终点。这种漂白方法操作和设备简单，但漂白条件比较剧烈，耗氯量多，纸浆强度低，漂白的白度也不高，故一般为生产强度和白度要求都不高的文化用纸的中小纸厂。

选择合适的次氯酸盐漂白工艺条件，对提高漂白浆质量和得率是至关重要的。影响次氯酸盐漂白的因素有：有效氯用量、pH、漂白浆浓、温度和时间等。

（1）有效氯用量　有效氯用量即漂率，是根据未漂浆的浆种，硬度以及漂白浆的白度和强度要求来决定的。用量不够，漂白不完全，白度达不到要求；用量过多，非但浪费，还会增加碳水化合物的降解，增加洗涤困难。漂率与纸浆硬度、漂白要求的白度有关，也与原料种类、制浆方法、生产条件等有关。一般在实验室实验寻找漂率与纸浆硬度的关系，用来指导生产。生产中也有采用经验公式指导生产的。纸浆硬度越高，漂白要求的白度越高，有效氯的用量就越高。由于草类纤维组织的不均一性，容易产生一些不均一的蒸解组分，使按正常用氯量漂白的纸浆存在大量的黄色纤维性尘埃，往往需要增加用氯量来消除。

（2）漂白的 pH　由于漂液组成和性质随 pH 的高低而变化。所以漂白时的 pH 对纸浆漂白的影响较大，pH 的变化直接影响漂白速率和漂白浆的强度、得率、白度和白度稳定性。pH 过高，漂剂的氧化能力不强，漂白速度低、时间长。但在漂白过程中要极力避免在中性范围内漂白，此时强氧化性的 HClO 含量高且纤维润胀度也高，漂白对纤维破坏最大，成浆强度最低。漂白过程中由于 CO_2 和有机酸的生成，使 pH 不断下降。一般保证漂白终点 pH 不低于 $8.0 \sim 8.5$，漂白初期的 pH 控制在 $11 \sim 12$。

最理想的是在漂白中添加一种缓冲剂（如氨基磺酸），使 pH 维持在 $8.5 \sim 9.5$ 范围内，这样既保证了漂白的速度，又保证了纤维的强度。

（3）漂白温度　提高温度可以加快漂白反应速度。因为温度升高，可以加速漂液向纤维内部渗透，也加快反应产物的扩散溶出，另一方面，次氯酸盐水解生成次氯酸的速度加快，漂液的氧化性增强。但温度升高，会加速次氯酸盐分解，一般控制在 $35 \sim 40℃$，考虑漂白是放热反应，实际温度控制更低一点。但是，只要严格控制药品加入量、漂白时自始至终保持较高的 pH，实现高温（$70 \sim 82℃$）次氯酸盐漂白，缩短漂白时间（$5 \sim 10min$ 已经足够）是完全可能的。

（4）漂白浓度　提高浆料的浓度，实际上提高了漂白时的有效氯浓度。浆浓高，不但加快漂白速率，还可节约加热蒸汽，缩小漂白设备的容积，并减少漂白废水量。

（5）时间　漂白时间的长短，受许多因素的影响，控制漂白时间意味着要控制漂白终点，一般根据时间、漂液残氯和纸浆白度来确定。漂终残氯控制在 $0.02\sim0.05g/L$ 为宜，在残氯较高时过早结束漂白，一是造成浪费；二是影响洗涤。在残氯较低时延长漂白时间，不仅不能提高白度，反而会使纸浆强度降低，还会造成纸浆回色，使白度下降。

（6）漂白后纸浆的洗涤　漂后纸浆的洗涤程度对纸浆的质量和抄纸的操作影响较大。漂白生成的可溶性有机物及残氯若不充分洗净，常使纸浆的颜色返黄，白度降低，且易产生泡沫。浆中残留的钙离子将降低纸张的施胶度，生成的松香酸钙黏性大，极易造成黏网、黏毯，甚至黏缸的现象。因此，纸浆漂后的洗净十分重要。

漂白后洗涤的终点，生产中常以淀粉碘化钾试纸或试液检定，至试纸或试液不显蓝色为终点。有的工厂则以测定洗涤水中 Ca^{2+} 的含量作为洗涤终点的判断。用 EDTA 进行络合滴定，以洗涤水中硬度达 $500g/m^3$ 左右为洗涤终点。

有时为了缩短漂后洗涤时间，节约洗涤用水，使用 $Na_2S_2O_3$（海波）终止漂白作用，其反应如下：

$$2Ca(ClO)_2 + Na_2S_2O_3 + H_2O = 2CaCl_2 + Na_2SO_4 + H_2SO_4$$

（四）漂白设备

漂白设备的设计和选用必须满足漂白的工艺要求。单段次氯酸盐漂白，广泛使用间歇操作的双沟或三沟漂白机。

漂白机常用的规格有 $20m^3$、$25m^3$、$30m^3$、$35m^3$、$50m^3$、$75m^3$、$100m^3$、$200m^3$。容积在 $100m^3$ 以上的则多采用三浆道式（图 9-4），容积小的多半采用双浆道式（图 9-5）。三浆道式漂白机浆流方向如图 9-5 所示，螺旋分别为左、右螺旋，因此，轴向推力互相抵消，减轻了轴承所受的推力。容积小的池体通常用砖砌，容积大的则用钢筋混凝土砌成。为了减少浆料循环时的摩擦阻力和避免在池壁上挂浆而影响到漂白浆的质量，池的内壁必须光滑。生产质量要求较高的纸浆，常在内壁衬白瓷砖。

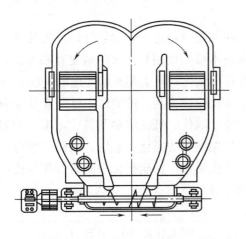

图 9-4　三浆道式漂白机

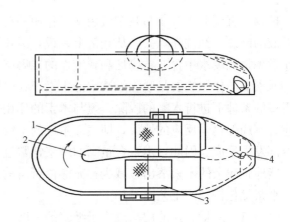

图 9-5　双浆道式漂白机

1—浆池　2—隔墙　3—洗鼓　4—螺旋推进器

容积小的漂白机用洗鼓浓缩、洗涤浆料，大型的漂白机则是用专用的设备浓缩和洗涤。图 9-6 为洗鼓的两种结构。图 9-6（a）为畚斗式洗鼓，一般用木材制造，连接在传动轴上。鼓面蒙有一层 20 目的底网，面网为 $40\sim60$ 目的铜网或塑料网。浆料中的水被洗鼓汲取穿过滤网进入畚斗。畚斗随洗鼓一起转动，当上升到一定角度时，水即从洗鼓侧面中部的排水管排出。这种洗鼓的质量较大，转动时洗鼓的质量不平衡，因此必须安装传动装置。由于结构复杂、笨重，新设计的漂白机很少使用。

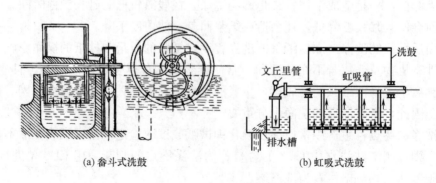

(a) 畚斗式洗鼓　　　　　　　　(b) 虹吸式洗鼓

图 9-6　漂白机的洗鼓

图 9-6 中（b）为虹吸式洗鼓，为减少腐蚀多用铸铁制作虹吸管，虹吸管兼作洗鼓的回转轴。为了避免腐蚀，洗鼓的鼓面和两侧的侧板应用不锈钢或塑料板制作。鼓面钻有 12～14mm 的筛孔，上覆有 40～60 目的塑料网或铜网。这种洗鼓的结构简单，质量轻，转动灵活，可直接由浆流带动，简化了漂白机的结构，因而目前这种形式的洗鼓使用较为普遍。

二、常规的 CEH 三段漂白

次氯酸盐漂液因其价廉，制备容易，使用方便，广泛用于纸浆的漂白。但次氯酸盐漂白无法达到高白度，而且纤维强度损失大。研究发现，元素氯对木素有选择性作用，并易生成可溶于碱的氯化物，于是出现了氯化（C）、碱处理（E）和次氯酸盐补充漂白（H）相结合的典型的三段漂白，既可以获得较高白度，又减少了对纤维的破坏，以制取高白度高强度的纸浆。几十年来，尽管漂白技术不断发展，但 CEH 三段漂白至今仍是我国采用多段漂白的主要流程。

（一）氯化

把氯气直接通入纸浆与浆中残余木素作用的过程叫氯化。氯化后，木素降解成为溶于水或稀碱液的碎片，经洗涤除去。从经济上来说，氯化除去木素要比用其他漂白剂便宜和方便，但近年发现氯化废水中含有致癌性和致变性的二噁英等有机氯化物而引起人们普遍的关注。

元素氯的作用主要是脱除纸浆中的木素，在这里氯化应视为蒸煮的继续，这是在比蒸煮缓和得多的条件下进行木素的脱除。氯与木素的作用主要是取代、催化水解及氧化，木素与氯的反应具有局部化学反应的性质，即表面生成的不溶于酸性溶液的氯化木素层，阻碍了氯分子深入内部发生反应。因此，木素含量高的纸浆常常进行两次氯化，两次氯化中间进行碱抽提，以尽可能地将残余的木素溶出，减少补充漂白所需的漂白剂。

纸浆氯化控制的工艺因素如下：

（1）氯的用量　氯的用量决定于纸浆的硬度，硬度越大则氯化阶段的用氯量应越高。一般控制在总耗氯量的 70% 左右，亚硫酸盐木浆的用氯量为 3%～6%，硫酸盐木浆为 4%～8%，中性亚硫酸盐半化学浆为 10%～18% 左右。

（2）浓度　一般氯化都是在 3%～4% 的浓度下进行，以保证氯化均匀。在 3%～4% 的低浓下不仅可以溶解所有的氯，而且具有避免对金属的过分腐蚀、浆料便于输送、碳水化合物降解慢等优点。近年来，为改善环境和节约能源，需要降低含氯废液排放量和简化多段漂白过程，采用了 10%左右的中浓氯化，这是漂白技术的新发展。

（3）pH 如前所述，氯化时的 pH 直接影响到氯-水系统的组成。氯化时希望控制的反应主要是取代反应，尽量减少纤维素的损伤。因此，pH 应控制在 2 以下。实际上在通常的条件下用元素氯处理浆料，由于取代和氧化作用有盐酸生成，溶液的 pH 很快下降到 1.5～2.5。控制 pH 在 2 以下，约有 70%的氯变为盐酸，相当于总量的 60%消耗于氯化，40%消耗于氧化，已使木素可以充分地溶出。

（4）温度 增加温度能加速氯化反应，但次氯酸的生成量增加，氧化作用加强。由于木素的氯化反应是很快的，所以在实际生产中不必用提高温度来缩短时间。一般都是在室温下进行氯化。

（5）时间 氯化的时间决定于氯化时的温度、浓度和用氯量。由于氯化速度很快，一般在5min 左右已消耗了通入氯量的 80%～90%。为了使通入的氯充分地作用，减少氯的损失，在生产实际中控制氯化的时间在 45～60min。

氯化后的纸浆必须进行充分的洗涤，以溶出可溶性的有机物和降低纸浆的酸度，减少碱处理的用碱量。

（二）碱处理

氯化后的纸浆用水洗涤大致可以除去一半左右的氯化木素，其余的则易溶于稀碱溶液中。残留在纸浆中的氯化木素在氧化漂白时还要继续消耗漂液。因此，氯化后的纸浆不经碱处理则不能充分体现氯化处理的优越性。

碱处理通常是用 NaOH 溶液，其他的碱性物质如 Na_2CO_3、Na_2SiO_3、Na_2SO_3 等也有使用的，$Ca(OH)_2$ 则由于易和氯化木素生成颜色较深的不易洗去的沉淀，增加了漂白的困难，因此较少使用。

（1）用碱量 用碱量的多少与制浆方法及纸浆的硬度有关。其用量应能使氯化木素充分地溶出，以减少补充漂白段的氯耗，并能维持碱抽提最适合的 pH。易漂的亚硫酸盐纸浆 NaOH的用量为纸浆质量的 0.1%～1%，硫酸盐纸浆则需 1.5%～3%。实验证明 pH 由 7 增加到 12，纸浆中木素的含量降低，可漂性增加，能够得到质量较好的纸浆。所以一般控制 pH在11.0～11.5。

（2）温度 碱处理的温度一般在 60～80℃，温度高使可溶于碱液中的氯化木素及其他有机物从纤维中扩散出来的速度加快，一经扩散进入溶液后则易于用水洗去，抽出比较完全，纸浆的质量也较高。但温度过高纸浆中的半纤维素开始溶出。一般亚硫酸盐纸浆碱处理的温度应低于硫酸盐纸浆，这是因为亚硫酸盐纸浆中的氯化木素及半纤维素的聚合度较低，都较易于溶出。

（3）浓度 碱处理的浆料浓度高，相应提高了碱液的浓度，对化学反应有利；但使可溶物从纤维内部扩散出来的速度减慢，除增加了浓缩纸浆的费用外也增加了搅拌的困难。所以一般都控制在 10%～18%。

（4）时间 碱处理所需的时间，决定于可溶物从纤维中扩散出来的速度，延长处理的时间能使可溶物充分地溶出，从而改善了纸浆质量，碱与氯化木素作用开始较快，以后逐渐减慢，所以一般处理的时间都不超过 1h。

（三）次氯酸盐补充漂白

纸浆经氯化、碱处理后，白度变化不大，特别是硫酸盐浆经氯化后产生的氯化木素还有一部分需经氧化漂白剂的氧化破坏，使其溶出后，才能提高纸浆的白度。因此，氯化、碱处理后必须进行补充漂白。

在多段漂白中次氯酸盐漂白的原理和影响因素与单段次氯酸盐漂白完全一致。但在补充漂白之前已进行了氯化及碱处理，所以漂白的条件较单段漂白要缓和得多。由于用氯量低，纤维素的破坏较少，能够得到强度大、白度高的纸浆。虽然如此，纤维素在次氯酸盐补充漂白时，还是难免或多或少地受到一些破坏。表现为纸浆的黏度下降，α-纤维素的含量减少和铜价增高。因此，应尽可能地在氯化、碱处理段充分地除去木素，以减少补充漂白段的耗氯量，一般控制在 1% 左右。

三、二氧化氯参与的多段漂白

二氯化氯是一种选择性的氧化剂，是一种高效的漂白剂。二氧化氯漂白的特点是能够选择性地氧化木素和色素，而对纤维素没有或很少有损伤。漂白后纸浆的白度高，返黄少，浆的强度好，得率高，同时废水污染少。因此而被广泛应用。缺点是必须就地制备，生产成本较高，对设备耐腐蚀性要求高。

实际生产中常用 ClO_2 漂白（D）作为多段漂白中的补充漂白段，常见的组合有 CEHD、CEHED、CEDED、CEHDP 等。

（一）ClO_2 的性质及制备

二氧化氯气体为赤黄色，液体为赤褐色，具有特殊刺激性气味，有毒性，腐蚀性和爆炸性，易溶于水。

二氧化氯有强烈的腐蚀作用，对一般黑色金属和橡胶都有腐蚀作用。因此，所有与二氧化氯接触的反应器、吸收塔、贮存罐、管路和泵都必须用耐腐蚀材料制成，较好的耐腐蚀材料有耐酸陶瓷、玻璃、钛或钼钛不锈钢，也可采取内衬铅、玻璃或钛板。

二氧化氯液体和气体都容易爆炸，即使经空气稀释，遇光、电、光花、铁锈、油等也可能引起爆炸，因此，在制备和使用时必须高度重视安全操作。二氧化氯水溶液在某些条件下会发生一定的分解，生成一些氧化能力较差或无氧化能力的产物。一般工厂都是自行制造，工业生产中一般稀释至 4%，压力在 4kPa 时使用。

制备二氧化氯的方法很多，但基本都是在强酸条件下，用还原剂还原氯酸盐制取 ClO_2，生成的 ClO_2 气体用冷水吸收后备用。

（1）SO_2 还原法　其主要反应为：

$$2NaClO_3 + 2H_2SO_4 = 2HClO_3 + 2NaHSO_4$$
$$2HClO_3 + SO_2 = 2ClO_2 + H_2SO_4$$
$$2NaClO_3 + H_2SO_4 + SO_2 = 2ClO_2 + 2NaHSO_4$$

生产中还有一些副反应，为了减少副反应，常加入一定量的 NaCl，以提高 ClO_2 的得率。

（2）R3 法　其基本反应如下：

$$NaClO_3 + NaCl + H_2SO_4 = ClO_2 + 1/2Cl_2 + Na_2SO_4$$

使用 2mol/L 的 H_2SO_4，反应温度为 70℃。反应器内为负压，使水分被减压蒸发出用来稀释 ClO_2，生成的 Na_2SO_4 被蒸发结晶出来补充到碱回收系统中去。母液再重新回到反应系统中去。R3 法较好地解决了废液的问题，使 ClO_2 生产成本大为降低。但设备比较复杂，而且需要防腐，设备的投资费用高。

（3）盐酸还原法　其基本反应为：

$$2NaClO_3 + 4HCl = 2ClO_2 + Cl_2 + 2NaCl + 2H_2O$$

除此，尚有副反应：

$$NaClO_3 + 6HCl = 3Cl_2 + NaCl + 3H_2O$$

用电解的方法可使 NaCl 重新生成 $NaClO_3$，在系统中没有废液排出，只是消耗电能和 HCl。

（二）ClO_2 的漂白原理及工艺条件

ClO_2 的氧化电势较低，一般在 0.9V 以下，漂白时只与木素作用，纤维素很少降解。在相同条件下，较次氯酸盐漂白的白度高、强度好、得率高、废水污染少。ClO_2 漂白比较适用于高白度的硫酸盐木浆漂白流程，且漂白段数较少。

二氧化氯与木素的反应主要表现在：木素结构中的苯核氧化成苯醌，然后进一步氧化分解生成 CO_2 和有机酸；芳香环氧化裂开生成己二烯二酸或其衍生物；苯核脱甲氧基作用，生成新的酚羟基；氯的取代作用生成氯化木素。

二氧化氯漂白的工艺条件：

（1）pH　ClO_2 可在碱性、中性、酸性条件下进行漂白。

碱性漂白　　　　　　　　　（pH8.5～9.5）：$ClO_2 + e \longrightarrow ClO_2^-$

ClO_2 被还原成 ClO_2^-，只利用了它的氧化能力的 1/5，且有副反应：

$$2ClO_2 + 2OH^- \longrightarrow ClO_3^- + ClO_2^- + H_2O$$

降低了 ClO_2 的有效利用率，纤维也受到轻微的损伤，但碱性漂白的速度快。如能及时酸化，使 $ClO_2^- \longrightarrow ClO_2$，则 ClO_2 的消耗可以减少。

酸性漂白　　　　　　　　　（pH3.5～4.5）：$ClO_2 + 4H^+ + 5e \longrightarrow Cl^- + 2H_2O$

ClO_2 被还原成 Cl^-，故全部利用了 ClO_2 的氧化能力，但酸性漂白的反应速度慢，溶液对设备的腐蚀比较严重。因此，有人提出加入缓冲剂，控制 pH 在 3.0～5.5 的范围。

（2）漂白温度　由于漂白是在酸性条件下进行，为了加速漂白的进行，通常采用 60～80℃的温度。在这样的温度下，可使化学药品的消耗比较完全。

（3）ClO_2 用量　由于 ClO_2 的制造成本较高，一般都是用在多段漂白的补充漂白段。这时浆料中的木素已经大部分被除去，ClO_2 漂白对纤维破坏很少。用于补充漂白段其用量可以减少，又能使纸浆获得较高的白度和强度。用量决定于纸浆的种类和漂后的白度要求，一般在 0.5%～1.5%。

（4）纸浆浓度　为了加速反应、减少蒸汽消耗和设备的容积，采用高浓度漂白比较有利。但是为使化学药品能与浆料充分混合，避免反应不均匀，一般控制漂白的浓度在 12%～17%。

（5）漂白时间　漂白的时间由漂白白度要求、漂白浓度、温度、pH 等因素决定，添加的化学药品在开始反应的半小时内消耗约 70% 左右；以后反应速度逐渐减慢，再提高 3～4 度的白度需要 2.5～4.0h。所以，一般漂白的时间控制在 3～5h 之内。

（三）含二氧化氯漂段的常规多段漂白

1. 二氧化氯漂段的流程

图 9-7 为二氧化氯漂段的设备和流程。由上一漂段来的浆经洗浆机洗涤，在洗浆机出口的碎浆器中加入 NaOH，然后在混合器与蒸汽混合以提高和控制温度，由蒸汽混合器出来的浆料通过一个化学品混合器与 ClO_2 混合后由泵泵入漂白反应器的升流管，再进入降流塔，漂白后送洗涤机洗涤。

2. 含二氧化氯漂段的常规多段漂白流程

含一段二氧化氯漂白的常规漂白流程有：

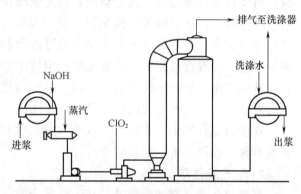

图 9-7　二氧化氯漂段设备与流程

CEHD、CEHED、CEHDP 等，含两段二氧化氯漂白的常规漂白流程有：CEHDED、CEDED 等。图 9-8 是典型的含二氧化氯常规漂白流程的示意图（硫酸盐浆、CEDED）。

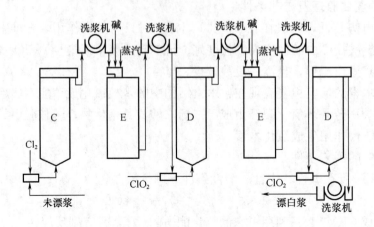

图 9-8　CEDED 漂白流程图

四、多段漂白的设备

纸浆多段漂白的设备包括输送设备、混合设备、反应器和洗涤设备 4 大类，其中浆与化学品、蒸汽混合的设备和漂白反应塔占重要地位。

（一）混合器

1. 浆氯混合器

浆与氯气的均匀混合是提高氯化质量的关键。早期我国普遍使用浆氯混合泵、喷射式浆氯混合器、涡轮搅拌式浆氯混合器以及由喷射器和混合器组成的虎克式浆氯混合器等，适应的浆浓较低，混合效果不理想。近年来引进和设计了静态浆氯混合器，从工厂的使用情况来看，效果较好。其结构如图 9-9 所示。

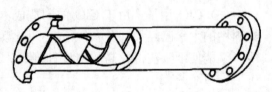

图 9-9　静态浆氯混合器

静态浆氯混合器是由混合元件和管体组成。混合元件为长方形薄板，分两组扭曲成左旋、右旋交叉连接，交替排列在管体内部。该设备安装在氯化塔前进浆管路上，依靠上浆泵的压头，将浆料送入混合器。混合器内，首先浆流一分为二，经过下一个混合元件后再使两股浆流各自一分为二，接着四股浆流交替合并为两股，再使这两股新的浆流又各自一分为二，如此连续地先分后合，合而又分，直至完全通过混合器。浆料在混合器中分割的次数是由混合元件的多少决定。在混合过程中，螺旋元件不但使中心部位的浆流移向周边，而且能使周边的移到中心，从而产生良好的径向混合。同时，浆流自身的旋转方向在相邻两螺旋元件连接处的界面上也会发生变化。这种完善的径向环流混合作用，使浆和氯达到良好的混合。

在静态混合器中，浆料与氯气靠本身的流动而进行混合，密封性好、能耗低、设备费低、安装容易、操作简单、混合效果好。

2. 辊式混合器

浆料与药液（漂液、碱液）和蒸汽混合的设备有单辊和双辊混合器。浆料通过混合器，与药液和蒸汽均匀混合。混合器示意图见图 9-10。

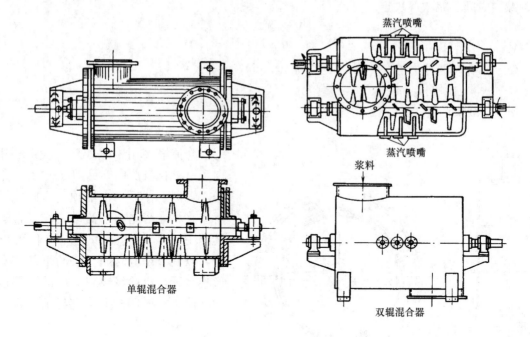

图 9-10　混合器

单辊混合器为一圆筒形机壳，内装一根搅拌辊。浆料从上部进入，由搅拌辊前端的螺旋送入。搅拌辊由若干对搅拌杆焊接而成，筒体中部内壁焊有 3 对固定片。单辊混合器可用作碱处理和次氯酸盐漂白段的混合设备，但浆浓一般在 8% 以下。

双辊混合器适用浆浓一般为 10%～15%。双辊混合器呈椭圆形，由进浆口至出浆口方向逐步扩大，机内有两根搅拌辊，相反方向旋转，辊上焊有搅拌臂，在进浆口处焊有两条叶板，起推动浆料的作用，其余的搅拌臂均焊成交叉状，使浆料和药液、蒸汽均匀混合。

（二）漂白塔

漂白塔是进行漂白过程的容器。根据器内浆料流动的方向，分为升流式和降流式。

1. 升流塔

采用气相漂白剂，如氯和二氧化氯，需采用升流式漂白塔（见图 9-11），塔体可用钢筋混凝土或钢板制成，为耐腐蚀可衬瓷砖或橡胶、玻璃钢或涂上环氧树脂等。浆料与氯气或漂液混合均匀后进入塔底，被循环泵推动沿塔底的导流槽以一定的方向旋转向上，至塔顶被刮浆器刮出至洗涤设备。因为浆料从塔底进入，在塔内浆料静压力的作用下，可防止氯气或二氧化氯气体逸出，有利于浆料与气体漂剂的接触与反应，并防止对大气的污染。

升流塔必须是满塔操作，塔的容积选择依据生产

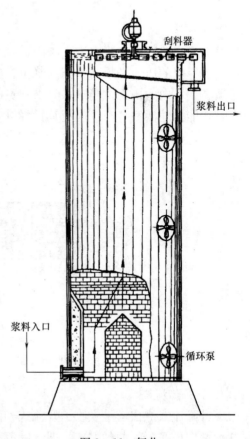

图 9-11　氯化

能力、漂白时间、浆浓等决定。

$$V=100Qt/c \tag{9-1}$$

式中　V——塔容积，m^3

　　　Q——单位时间处理的浆量，t 绝干浆量/min

　　　t——漂白时间，min

　　　c——纸浆浓度

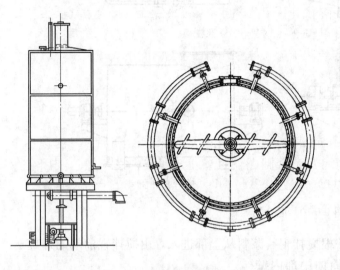

图 9-12　降流塔

2. 降流塔

降流塔多用于碱处理、次氯酸盐漂白和过氧化氢漂白（见图 9-12）。浆料经双辊混合器后，由塔顶进入降流漂白塔。浆料在塔内向下流动，在正常运转情况下，浆料液面和反应容积可以改变，以调节反应时间。塔的下部装有环形喷水管，以稀释浆料。塔的下部也有循环器，在循环器上装有导流板，以利水与浆料混合稀释。

塔体根据加热及耐腐蚀要求，有用混凝土，也有用耐腐蚀金属。若为混凝土，需衬瓷砖或涂树脂。

降流塔底部的稀释喷嘴在塔的径向呈 30°倾斜安装，为了防止塔内浆料压力过大或突然停电，浆料进入阀内造成堵塞，一般采用具针形阀的喷嘴，其结构如图 9-13 所示。稀释水的压力必须高于塔内浆位产生的压力，一般采用单独水泵供水。针形阀弹簧的压力必须高于塔内的压力，当缺水时由弹簧的弹力推动针阀将喷水口关闭，只有当水压高于弹簧压力时才能推动活塞打开针阀使其稀释进入塔内。弹簧的压力可转动调节轮进行调节。

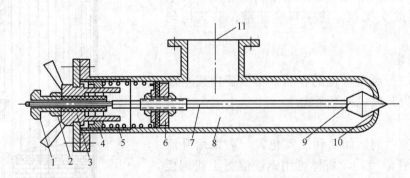

图 9-13　稀释水喷嘴

1—调节螺杆　2—螺母　3—调整轮　4—调整座　5—弹簧　6—活塞
7—阀杆　8—阀筒　9—阀头　10—喷水口　11—压力水入口

3. 升降流塔

升降流式漂白塔是吸收了升流式和降流式漂白塔的优点组合而成，适用于二氧化氯漂白。这种漂白塔又分为两种型式，即升降流在同一塔内（见图 9-14）和升流部分在塔外两种。

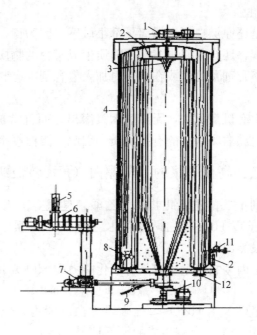

图 9-14　升降流塔

1—减速装置　2—人孔　3—预反应室　4—漂白塔　5—蒸汽管
6—单辊混合器　7—浆泵　8—循环器　9—ClO_2 加入器
10—ClO_2 混合器　11—稀释用喷嘴　12—浆出口

第三节　高得率浆的漂白

由于高得率浆的迅速发展，使用范围不断扩大，不仅用于生产新闻纸，也配用于生产胶印书刊纸、轻量涂布纸、超级压光纸等印刷用纸和卫生纸，对高得率纸浆白度的要求也相应提高，迫切要求解决高得率纸浆的漂白和白度稳定性问题。

一、高得率浆漂白的特点

高得率浆漂白有氧化漂白和还原漂白。与化学浆的漂白相比，高得率浆漂白具有不同的特点，主要是：

1. 采用保留木素的漂白方法

为了保持高得率，高得率纸浆不宜采用脱木素的漂白方法，而应采用保留木素的漂白方法。不论是氧化漂白还是还原漂白，都是通过改变发色基团的结构、减少发色基团与助色基团之间的作用来脱色。由于较少溶出木素，发色基团未彻底破坏，因此漂白纸浆容易受光或热的诱导和氧的作用而返黄。

2. 适应多种漂白工艺

根据浆种、设备和白度要求的不同，机械浆和化学机械浆的漂白既可在漂白塔或漂白池中进行，也可在磨浆过程中进行，或在抄浆、抄纸过程中浸渍或喷雾漂白；既可以是单段漂白，也可以是两段组合漂白。漂白时，既可在高浓下进行，也可在中浓或低浓下进行。

3. 对纸浆原料材种和材质有选择性

随着纸浆原料材种和材质的不同，漂白的效果不同。

4. 对金属离子的敏感性强

不管是氧化漂白，还是还原漂白对金属离子都很敏感，因为锰、铜、铁、钴等过渡金属离子不仅会使漂白剂催化分解，还会与浆中多酚类物质生成有色的物质，使机械浆和化学机械浆的白度明显降低。漂前用螯合剂预处理或在漂白时加入螯合剂都有利于漂白效率的提高。

5. 漂白废水污染少

由于漂白中均不会产生有机氯化物，无降解木素溶出，而且常被采用的氧化漂白剂 H_2O_2 还有杀菌消毒作用，能氧化漂白废水中的有害物质。因此，漂白废水污染少。

二、高得率浆的氧化漂白（H_2O_2 漂白）

高得率浆的氧化漂白剂主要的过氧化物、过乙酸、臭氧等。工业上广泛采用过氧化物漂白，如 H_2O_2、Na_2O_2，目前以 H_2O_2 漂白最为常见。而且 H_2O_2 漂白还越来越多地以补充漂白的形式应用到化学浆的多段漂白中。

过氧化氢的漂白作用是因为它离解生成具有氧化能力的 HOO^- 离子：

$$H_2O_2 = H^+ + HOO^-$$

碱性环境中可以离解出更多的 HOO^-，增强了漂白的能力。但若有铁、锰、铜等重金属离子存在，H_2O_2 则易按下式分解，分解生成的氧不具漂白能力。

$$2H_2O_2 = 2H_2O + O_2$$

1. H_2O_2 漂白原理

过氧化氢是一种弱氧化剂，它与木素的反应主要是与木素侧链上的羰基和双键反应，使其氧化，改变结构或将侧链碎解。

木素结构单元苯环是无色的，但在蒸煮过程形成各种醌式结构后，就变成有色体。因此，过氧化氢与木素结构单元苯环的反应，实际上就是破坏醌式结构的反应，使其变为无色的其他结构。在过氧化氢漂白时，也能少量碎解木素使其溶出。

在温和条件下，过氧化氢与碳水化合物的反应虽然存在，但其影响较小，但在条件剧烈且有过渡金属离子存在的情况下，碳水化合物也会发生严重降解。

2. H_2O_2 漂液配制

为了加速漂白的进行并减少溶液的分解，通常控制 pH 在 $10.0 \sim 10.5$，一般采用 Na_2O_2 时加酸调节，用 H_2O_2 时加碱调节。并加入硅酸钠作缓冲剂、加入硫酸镁作稳定剂，以减少溶液分解。

典型的漂液组成：H_2O_2，1.5%；$NaOH$，$0.5\% \sim 1.2\%$；Na_2SiO_3，$1\% \sim 4\%$；$MgSO_4$，0.05%。

3. H_2O_2 漂白工艺条件

（1）药品用量　药品用量取决于纸浆白度的要求及漂白的流程安排。对经过多段漂白后的补充漂白，H_2O_2（100%）的用量为 $0.2\% \sim 0.4\%$。对高得率浆的漂白，H_2O_2（100%）的用量一般为 $1\% \sim 3\%$。

（2）漂白浓度　H_2O_2 漂白可以在 $4\% \sim 35\%$ 的浓度下进行，漂白浆浓提高，漂白剂浓度相应提高，可加快反应速度，节约蒸汽，提高白度。因此在混合均匀的情况下，尽可能提高浆浓，目前较多采用中浓（$10\% \sim 15\%$）或高浓（$25\% \sim 35\%$）漂白，但高浓漂白需要相应的高浓混合和脱水设备。

（3）漂白温度和时间　提高漂白温度，可使反应速度加快，缩短漂白时间，节约 H_2O_2 用量。但温度过高，蒸汽用量加大，促进 H_2O_2 分解，且在白度达到最高值后会出现白度下降现象，增加漂白终点控制的难度。一般中浓漂白时，漂白温度控制在 38～50℃，漂白时间则随浆料不同而异，一般在 1～4h。

4. 漂白流程

（1）H_2O_2 中浓单段漂白流程（图 9-15）　浆料在送往浓缩机前，在浆池用 DTPA 处理约 15min，温度（40～54℃），预处理后浆料经浓缩机洗涤并脱水，送至混合器与漂液和蒸汽混合，然后进入漂白塔，反应时间 2h 或更长一些。漂白后常用 SO_2 或 H_2SO_4 酸化，以防纸浆返黄。

（2）H_2O_2 高浓单段漂白流程（图 9-16）。

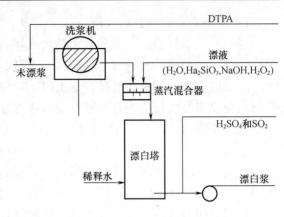

图 9-15　中浓 H_2O_2 单段漂白流程

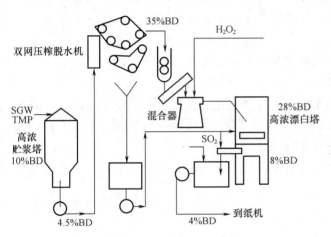

图 9-16　高浓 H_2O_2 单段漂白流程

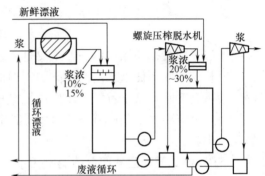

图 9-17　中浓-高浓 H_2O_2 两段漂白流程图

（3）H_2O_2 中浓-高浓两段漂白流程（图 9-17）　浆料通常在消潜池中用 DTPA 预处理 15min，温度 60～74℃，然后送往双网压榨脱水机或双辊压榨脱水机浓缩至 35％的浓度，在高浓混合器与漂液混合后，浓度为 28％左右，进入高浓漂白塔反应 1～3h（常为 1.5～2.0h），经螺旋输送器送出，酸化后送造纸。新鲜漂液在第二段加入，第一段则用第二段的漂白废液。这样循环使用残余的化学药品，可以提高白度，降低成本，减少污染。

（4）盘磨机内漂白流程　漂液与浆料混合后进入盘磨漂白，由于盘磨磨区的温度高，又有高的湍流，因此漂白反应快。与在漂白塔内漂白相比，可节省设备投资和运行成本，漂损与排污量也减少。但是由于盘磨机内温度太高，浆料停留时间短，漂白效率没有漂白塔高，另 Na_2SiO_3 引起的磨盘结垢也是一个问题。

三、高得率浆的还原漂白（连二亚硫酸盐漂白）

高得率浆的还原漂白，是采用还原性漂白剂使纸浆中的显色不饱和键，如醌类、羰基等加氢还原变成无色。较常使用的是连二亚硫酸盐（主要是钠盐或锌盐），此外还有硼氢酸盐——药品的价格较贵，较少使用；二氧化硫脲（FAS）漂白——因环保优势，有取代连二亚硫酸盐的趋势。

（一）连二亚硫酸盐的性质

连二亚硫酸盐漂白，通常采用钠盐或锌盐（多用钠盐），它们是粉末状结晶。可外购，溶解后使用，也可用锌粉的悬浮液通入 SO_2 自制。

连二亚硫酸盐的粉状结晶，干燥时比较稳定，潮湿则分解放出 SO_2 气体；易溶于水，其水溶液对金属有腐蚀作用，且极不稳定，在低 pH、高温和有氧存在的情况下，极易分解、氧化，而降低还原能力：

$$Na_2S_2O_4 + O_2 + H_2O = NaHSO_3 + NaHSO_4$$

因此，从漂白的混合物中排出空气对连二亚硫酸盐的漂白是非常重要的。漂液贮存时也必须用油使其与空气隔绝，否则会迅速被氧化。

连二亚硫酸盐溶液还可进行自氧化还原，使溶液分解：

$$2Na_2S_2O_4 + H_2O = Na_2S_2O_3 + 2NaHSO_3$$

这个分解反应，在 pH 低于 5 时迅速发生，pH 低于 4.2 时，实际上瞬间即可完成。由于有氧反应形成了酸性产物，降低了 pH，进一步促进了自氧化还原的进行。

（二）连二亚硫酸盐的漂白原理

连二亚硫酸盐的漂白作用是因其在水溶液中分解产生氢，而进行还原性漂白：

$$Na_2S_2O_4 + 4H_2O \longrightarrow 2NaHSO_4 + 6H^+$$

连二亚硫酸盐的漂白作用，主要是通过加氢到浆中的不饱和的发色基团使之还原，如将醌还原成相应的酚而使纸浆白度提高的。但此反应具有可逆性，漂白后的纸浆在一定的条件下，颜色会重新变暗，这是重新氧化生成醌类物质的缘故。

上述反应中也不是所有的 6 个 H^+ 都完全有效地进行了漂白，有一部分消耗在不产生脱色的反应中。

（三）连二亚硫酸盐漂白的影响因素

1. 药品的添加量

在一定范围内，连二亚硫酸盐的用量增加，白度增加。当其用量达到某一定值后，增加连二亚硫酸盐的量，白度不再增加。生产中的 $Na_2S_2O_4$ 用量一般为 $0.25\% \sim 1\%$，若能配加相当于 $Na_2S_2O_4$ 用量 $25\% \sim 100\%$ 的 Na_2HSO_3，则效果更好，这样可以获得最佳漂白效果的 pH，最高的还原能力，还可减少 $Na_2S_2O_4$ 的分解。

2. pH

连二亚硫酸盐在碱性范围内还原性强，但在碱性条件下木素产生了新的显色基使纸浆的颜色变暗，降低了漂白的效果。在酸性范围内则药品分解迅速，所以选择一个适当的 pH 非常重要。

钠盐和锌盐的最适宜的 pH 范围各不相同。锌盐最适宜的 pH 为 $4 \sim 6$；钠盐最适宜的 pH 为 $5 \sim 6$。最佳 pH 还和漂白温度有关，温度较低时（如 35℃），pH 宜低一些，温度较高时（如 80℃），pH 宜稍高一些。

3. 纸浆的浓度

连二亚硫酸盐漂白机械浆一般采用 $3\% \sim 5\%$ 的浓度漂白。提高浓度可使白度略有增加，但提高浆浓需强化混合，且会带入较多的空气，增加 $Na_2S_2O_4$ 的分解。浓度过低，水中溶解氧增加，也会增加 $Na_2S_2O_4$ 的损失。

4. 温度

提高漂白温度，能加快漂白反应，升高温度纸浆中残存的空气被赶出，使漂白的效果增加。但考虑到加热蒸汽的消耗，漂剂在高温下的分解以及温度过高引起纸浆返黄等因素，连二亚硫酸盐的漂白温度一般在 45～65℃。采用螯合剂或聚磷酸盐进行预处理，可采用较高温度漂白。

5. 漂白时间

纸浆停留在漂白塔中的时间，取决于温度的高低、药品添加量的多少。在温度低于60℃时漂白的时间没有太大的限制，在温度高于60℃时，化学药品已全部耗尽时，即使没有空气存在白度也会慢慢降低，若有空气存在则会很快降低。由于漂白反应速度较快，一般漂白时间为30～60min。但在温度低和化学药品用量高时，则应相应地延长时间。

6. 预处理

使用螯合剂降低金属离子的影响，使连二亚硫酸盐的漂白得到了改进。常用的螯合剂有聚磷酸盐、乙二胺四醋酸盐等。用量一般为绝干浆量的 0.2%～0.5%。

（四）连二亚硫酸盐的漂白方法

1. 贮浆池漂白

漂白剂直接加入贮浆池中。此法简单，但在贮浆池中接触空气的机会多，因此，$Na_2S_2O_4$被空气氧化分解的多，漂白的效率较低。

2. 漂白塔漂白

采用升流式漂白塔，浆料浓度为 4.5%，因为在升流塔进行，可防止浆料与空气接触。在漂白塔浆泵入口处施加漂白剂，尽量避免空气的进入，漂白效果较好，白度增值可达8～10个白度单位。

3. 盘磨机漂白

漂白剂在盘磨机入口处加入，由于磨浆是在高浓和高温条件下进行，浆料与漂白剂混合得好，漂白反应很快，当浆料离开磨浆区时，漂白作用几乎全部完成。如果经盘磨机漂白后，再在升流塔进行第二段漂白，漂白效果会更好。

4. H_2O_2 与 $Na_2S_2O_4$ 两段漂白

浆料先在中浓条件下用 H_2O_2 漂白，段间用 SO_2 中和和酸化，调节好 pH 和浆浓，与 $Na_2S_2O_4$混合后进入升流塔漂白。这种氧化性-还原性漂白剂组合的两段漂白，兼有氧化和还原作用，能更有效地改变或破坏发色基团的结构，可更多地提高纸浆白度。

图 9-18 为 $Na_2S_2O_4$ 漂白塔漂白流程图，图 9-19 是 H_2O_2 与 $Na_2S_2O_4$ 两段漂白的流程图。

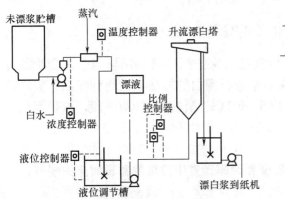

图 9-18　$Na_2S_2O_4$ 漂白塔漂白流程图

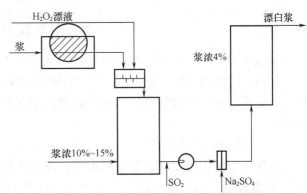

图 9-19　H_2O_2 与 $Na_2S_2O_4$ 两段漂白流程图

第四节 无元素氯漂白与全无氯漂白

以氯化、碱处理为主要漂白段的多段漂白自问世以来，因其漂白白度高、纤维损伤小而被广泛应用。但自从在漂白废液中检出氯代酚类、二噁英类、三氯甲烷等有害致癌物质后，其对环境的危害越来越被人们关注，随着环保要求的不断提高，目前世界上已形成由含氧漂白取代含氯漂白的漂白技术发展趋势。低污染、无污染的 ECF（无元素氯漂白）系统、TCF（全无氯漂白系统）迅速发展起来，现已成为成熟的漂白系统。

一、ECF 与 TCF 漂白技术

1. ECF 漂白技术的发展

二氧化氯是无元素氯漂白的基本漂剂。二氧化氯主要作用是氧化降解木素，使苯环开裂并进一步氧化降解成各类羧酸产物，因此，形成的氯化芳香化合物少。现代化的 ECF 漂白浆厂排放的 AOX（可吸附有机卤化物）含量已降至 0.1～0.5kg/t 浆。常见的 ECF 漂白组合有：

不含臭氧漂白段的组合有：

DEDED、OD（EO）D、OD（EO）DED、OD（EO）（DN）D、OD（EOP）（DN）D、OD（EOP）D（EP）D 等（DN——二氧化氯漂白终点时加 NaOH 中和）。

含臭氧漂白段的组合有：

OZ（EO）D、OQPZD、OZEDD、O（ZD）（EO）D、O（DZ）（EOP）D（EP）D、O（ZD）（EO）（ZD）（EP）D。

ECF 漂白的纸浆白度高、强度好，对环境的影响小，成本又相对较低，因此，从 20 世纪 90 年代以来，ECF 漂白得到了快速发展，至 21 世纪初，ECF 漂白浆产量已达世界化学漂白浆总量的一半以上。

2. TCF 漂白技术的发展

由于环境保护的要求越来越严，尤其是用于食品包装的纸及纸板用浆严格要求不得含有有机氯化物等，因此许多国家开始了 TCF 漂白技术研究，并开始逐步工业化。目前常用的全无氯漂白主要采用臭氧漂白技术、氧脱木素技术、双氧水漂白技术、生物漂白技术等。随着漂白技术的发展，漂白化学品及漂剂组合，漂白流程逐渐多样化。

常见的 TCF 漂白流程有：OZP、OZEP、OQPZ、OZEZP 等。

二、氧脱木素技术（氧碱漂白）

氧脱木素（氧碱漂白）是指在碱性条件下，以镁盐为保护剂（减少氧与碳水化合物的反应），在适当的浆浓和压力等条件下，用氧气脱除木素进行漂白的方法，也简称氧漂。氧漂是组成无氯漂白的一个关键段，目前氧碱漂常用在 ECF 和 TCF 漂白程序的第一段，取得氯化及碱处理。

（一）氧漂的工艺条件

氧脱木素的主要工艺参数有用碱量、反应的温度和时间、氧压、浆浓和添加保护剂等。

1. 用碱量

用碱量对氧脱木素初始阶段和后续阶段的脱木素和碳水化合物降解有密切的关系，提高用碱量，脱木素加速，碳水化合物降解也加快，因此，用碱量高，卡伯值低，纸浆黏度和得率也随之降低。用碱量应根据浆种和氧脱木素其他条件而定，一般为 2%～5%。

2. 反应温度和时间

提高温度可加速脱木素过程，在其他条件相同的情况下，温度越高，纸浆卡伯值越低。生产上采用的温度一般在90～120℃，过高的温度会导致碳水化合物的严重降解。

在一定的碱浓下，大部分氧化反应可在30min内完成。时间过长，碳水化合物降解严重。反应时间一般在1h以内。

3. 氧压

氧压越高，脱木素率越大，碳水化合物的降解也越多。但与用碱量和反应温度相比，氧压的影响相对较小。生产上使用的氧压为0.6～1.2MPa。

4. 纸浆浓度

纸浆浓度将影响到碱液浓度，也即影响反应速率，同时影响到蒸汽的消耗和反应器的大小等。在一定用碱量下，降低浆浓，碱液浓度下降，木素脱除和碳水化合物降解均减慢。生产上均采用高浓或中浓氧脱木素。

5. 保护剂

浆中存在的过渡金属离子（锰、铁、铜等）对氢氧游离基的形成有催化作用，因而会加速碳水化合物的降解。为了保护碳水化合物，一是在氧脱木素前进行酸预处理以除去过渡金属离子；二是添加保护剂，抑制碳水化合物的降解。工业上最重要的保护剂是镁的化合物如 $MgCO_3$、$MgSO_4$ 或镁盐络合物。

（二）氧脱木素工艺流程

1. 高浓氧脱木素

图9-20为代表性的高浓氧脱木素的生产流程。洗涤之后未漂浆从低浓贮浆池送往浓缩设备脱水，使纸浆浓度提高，而后施加适量的碱和镁盐，送入氧脱木素反应器。在反应器中，首先经绒毛化器将纸浆分散成绒毛状，再在氧压下反应一定时间，而后喷放和洗涤。经典的氧漂系统南非的 SaPoxat 法和瑞典的 MoDo－Cil 法氧脱木素系统均属高浓法，工艺条件如表9-2。

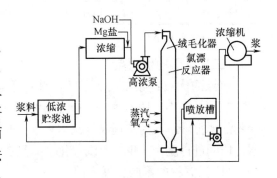

图9-20　高浓氧脱木素流程图

表9-2　　　　　　　　SaPoxat 法和 MoDo－Cil 法氧脱木素工艺条件

生产方法	SaPoxat 法	MoDo－Cil 法	生产方法	SaPoxat 法	MoDo－Cil 法
浆法/%	17～25	25～30	氧压/MPa	0.6～1.2	0.6～0.8
NaOH 用量（对浆）/%	2～7	2～5	温度/℃	90～130	95～120
镁盐用量（对浆）/%	0.3～0.5（以 MgO 计）	＞0.05（以 Mg^{2+} 计）	时间/min	25～60	＜60

2. 中浓氧脱木素

20世纪80年代初，由于高效的中浓混合器和中浓浆泵的出现，使中浓氧脱木素实现了工业化，并迅速得到发展。至1993年，中浓氧脱木素生产能力已经占总生产能力的82%。图9-21为中浓氧脱木素的流程。粗浆经洗涤后加入 NaOH 或氧化白液，落入低压蒸汽混合器与蒸汽混合，然后用中浓浆泵送到高剪切中浓混合器，与氧均匀混合后进入反应器底部，在升流式反应器反应后喷放，并洗涤。

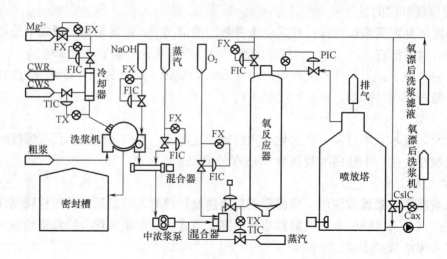

图 9-21　中浓氧脱木素生产流程

表 9-3 是有代表性的中浓氧脱木素的工艺条件。

表 9-3　　　　　　　　　　　　中浓氧脱木素工艺条件

浆浓/%	10~14	用碱量/（kg/t）	18~28	用氧量/（kg/t）	20~24	温度（进口）/℃	85~105
进口压力/MPa	0.7~0.8	出口压力/MPa	0.45~0.55	反应时间/min	50~60	脱木素率/%	40~45

注：针对木硫酸盐浆。

（三）氧漂的优缺点

氧漂的优点：漂白剂费用低，水质污染小，纸浆返色小，强度与传统的多段漂白相同。

氧漂的缺点：脱木素的选择性不够好，一般单段的氧脱木素不超过 50%，否则会引起碳水化合物的严重降解。为了提高氧脱木素率和改善脱木素选择性，目前的发展趋势是采用两段氧脱木素。段间进行洗涤，也可不洗；化学品只在第一段加入，也可在两段分别加入。

（四）氧脱木素的发展方向

氧漂技术的新发展，一是为了降低氧漂的投资费用，发展中浓（10%～15%）氧漂技术，二是往 E 段添加氧——氧加强碱处理技术。

三、臭 氧 漂 白

臭氧（O₃）为浅蓝色气体，可由氧气高压放电产生，是一种十分有效的氧化性漂白剂，适用多种纸浆的漂白。具有漂温低、时间短、漂白效率高、废液不含氯宜处理等特点。国内外已有多年的研究，并于 20 世纪末实现工业化。

（一）臭氧漂白的影响因素

臭氧多与其他漂剂组成无氯的多段漂，如用于阔叶木浆的 ZEP、漂白针叶木浆的 OZED 或 OZEP，同时针对较低硬度浆中也可单独采用臭氧进行单段漂白或多段漂白。

影响臭氧漂白的主要因素为纸浆浓度，臭氧用量，pH 和漂白温度，现分述如下：

1. 纸浆浓度

臭氧漂白应采用较高的浓度。许多研究认为浆料浓度在 40%～50% 较好，浆浓度高，纤维周围的水膜薄，臭氧能迅速透过此很薄的非流动层扩散到纤维，与木素反应。通常高浓臭氧漂白的浆浓在 30%～50%。

由于高强度混合器的出现，中浓臭氧漂白得到发展。目前已投产的臭氧漂白系统中中浓已占多数。正在建设的臭氧漂白项目，也多数采用中浓。

2. 臭氧用量

在多段漂白中每段臭氧的用量以 $0.5\% \sim 1.0\%$ 较为合理。超过这个范围增加臭氧的用量，可缩短反应时间但却降低了漂白效率和纸浆的强度。

3. pH

臭氧漂白要求在酸性条件下进行，一般控制 pH 小于 4，研究表明，当 pH 在 $2.0 \sim 2.5$ 时，漂白效果最好。为了调节漂白 pH，可在纸浆送入挤浆机前加硫酸、醋酸、亚硫酸来实现，这样的酸处理还可以减少浆中的某些金属离子，从而减少臭氧的分解。

4. 漂白温度

臭氧脱木素反应速度很快，低温下也能充分地将木素分解，且低温下脱木素反应有更强的选择性。所以臭氧漂白常采用常温漂白。

5. 助剂

臭氧漂白前除去过渡金属离子、用酸调节值、增加臭氧的稳定性和溶解性，都能改善臭氧的脱木素选择性。臭氧漂白时，添加醋酸、草酸、甲酸、甲醇、脲-甲醇以及二甲基甲酰胺等有机化合物，对保护碳水化合物都是有效的。

（二）臭氧漂白流程

臭氧漂白有高浓、中浓、低浓 3 种流程。

图 9-22 是高浓臭氧漂白的生产流程。纸浆用冷却了的蒸馏水稀释并加酸和螯合剂处理，然后用压榨洗涤机挤出废液，高浓纸浆经撕碎和绒毛化后，进入气相反应塔与臭氧反应，漂白纸浆经洗浆机洗涤后送（EO）段。

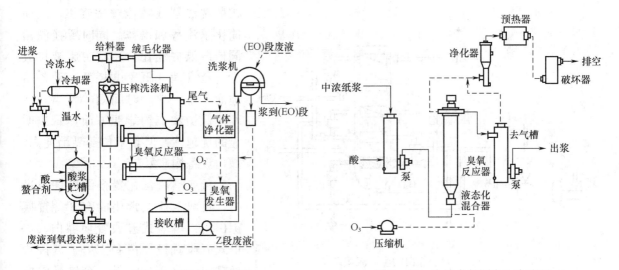

图 9-22　高浓臭氧漂白生产流程　　　　　　图 9-23　中浓臭氧漂白生产流程

图 9-23 为中浓臭氧漂白的生产流程。纸浆经酸化后用泵压入高强度混合器，与用压缩机压入的压力为 $0.7 \sim 1.2MPa$ 的臭氧/氧气混合，在升流式反应塔与 O_3 反应，漂后纸浆与气体分离，残余的 O_3 被分解，纸浆送洗涤机洗涤。与高浓臭氧漂白相比，中浓臭氧漂白的投资较少，实施容易，因此，成为臭氧漂白的主要生产流程。

四、生物漂白

生物漂白过程就是以一些微生物产生的酶与纸浆中的某些成分作用，形成脱木素或有利于脱木素的状况，并改善纸浆的可漂性或提高纸浆白度的过程。生物漂白的目的，主要是节约化学漂剂的用量，改善纸浆的性能以及减少漂白污染。

研究表明：用微生物或木素水解酶处理纸浆，可以分解除去残余木素，达到漂白目的。在微生物作用过程中，产生的氧化酶对解聚木素起催化作用，氧化酶使木素部分氧化，增加了它的柔软性和亲水性。经微生物处理后，纸浆的可漂性增加，减少了后续漂白段的化学药品用量，从而减少了化学药品对环境的污染。

目前微生物漂白主要是用于对未漂浆进行预处理，以替代含氯漂白的氯化段，从而与含氧漂白剂组成新的漂白系统，这主要是因为微生物处理未漂浆时脱木素速率太慢。随着对生物漂白的深入研究，这种适应环保要求的新技术会得到广泛应用。

五、置换漂白与封闭循环漂白

（一）置换漂白

一般的漂白，浆与化学药品充分混合后一起运动，纤维和药液之间无相对运动，化学试剂必须通过扩散的方式穿过水层进入纸浆；反应生成的可溶性物质则以相反的方向进行扩散。这类漂白可以看作是一种静态漂白。

而置换漂白是一种动态漂白，纸浆是管状物，细胞壁有空隙，水、药液可以穿过这些空隙流动，置换漂白就是应用高浓漂剂通过一定厚度（约 10% 浆浓）的浆层，浆料与漂剂之间有相对运动，使纤维连续暴露在新鲜漂剂中，这样加快漂剂向浆料的扩散速度，漂白反应物也能加快扩散出来，从而提高漂白速度，缩短漂白时间。这种置换漂白由于每段浆浓不变，段间用扩散洗涤器代替传统洗浆机，从而简化了流程和操作。同时置换漂白同传统漂白相比，还具有废液排放少、蒸汽消耗低、电耗低、设备占地面积小、漂白时间短等优点，在环境保护和节约能源方面显示出明显的优越性。但其单位药品消耗高，漂白设备构造复杂。

置换漂白常在置换漂白塔内进行，目前工业上常用的有 3 种置换漂白塔：单塔式五段置换漂白、双塔式五段置换漂白和三塔式五段置换漂白。图 9 - 24 是一个置换漂白流程图。

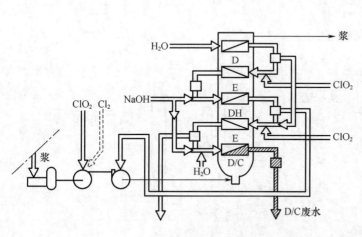

图 9 - 24　置换漂白的生产流程图

（二）封闭循环漂白

现代化学浆厂的一个重要要求就是实行无废水排放的生产。实现无废水排放的对策是：最大限度地降低纸浆厂用水量，洗涤和漂白废水循环使用（图 9 - 25），采用深化脱木素蒸煮和氧脱木素技术，尽可能降低进入漂白车间的纸浆卡伯值。选用不含氯的无污染漂白剂实行漂白，是实现零排放的最好途径。

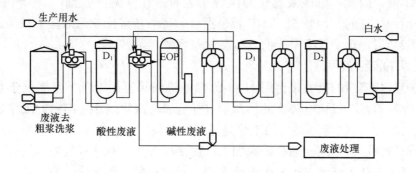

图 9 - 25　D(EOP)DD 漂白废液循环回用流程图

无废水排放并不是纸浆生产不用水，而是指纸浆厂不向外排放废水。实际上，世界上已经有一些纸浆厂实现无废水排放。例如，在瑞典和奥地利已有浆厂将所有漂白车间废水（当然量很少）送到回收锅炉，或漂白中的碱性废液用于粗浆洗涤，微酸性废液送至单独的蒸发系统浓缩后，与黑液混合，实现废水零排放。

第五节　纸浆返黄与白度稳定

一、纸浆返黄

（一）纸浆返黄的概念

经过漂白的纸浆在通常的环境或特定条件下放置一段时间后，会逐渐变黄，白度会有一定程度的降低，这种白度下降的现象称为返黄或回色。纸浆返黄造成白度损失，降低漂白纸浆的质量，直接影响到纸浆或纸张的使用价值。

纸浆返黄的程度可用 PC 值来表示：

$$PC\ 值=\left[\left(\frac{K}{S}\right)-\left(\frac{K_0}{S_0}\right)\right]\times100\% \tag{9-2}$$

式中，K_0、K 为返黄前后的光吸收系数，S_0、S 为返黄前后的光散射系数，而 $\frac{K}{S}$ 与白度之间的关系可用下式表示：

$$\frac{K}{S}=(1-R_\infty)^2/2R_\infty \tag{9-3}$$

式中，R_∞ 为纸浆的白度，这样 PC 值就可以用纸浆老化前后的白度值计算出：

$$PC\ 值=\left[\left(\frac{(1-R_\infty)^2}{2R_\infty}\right)-\left(\frac{(1-R_{\infty0})^2}{2R_{\infty0}}\right)\right]\times100\% \tag{9-4}$$

（二）影响纸浆返黄的主要因素

纸浆返黄必须在外界的光、热、氧及温度的作用下才会发生。影响纸浆返黄的主要内、外因素有：

1. 材种和制浆方法

不同原料的化学组成不同，生产的机械浆的热稳定性不同。针叶木中，雪松机械浆的热稳定性最好，香脂冷杉和云杉次之，落叶松和短叶松最差。桦木和杨木机械浆的热稳定性相近。短叶松芯材机械浆的返黄比其边材严重。树皮的带入也会降低机械浆的白度稳定性。

不同的制浆方法对返黄的影响不同。木素是导致机械浆返黄的主要因素，而机械浆基本保留了原料中的木素，因此，机械浆比化学浆容易返黄。在室温下放置，TMP 的返黄比 SWG 快。用亚硫酸钠预处理的 CTMP 比 TMP 容易返黄。硫酸盐浆比亚硫酸盐浆较易返黄。含半纤维素多的亚硫酸盐浆比含半纤维素少的亚硫酸盐浆容易返黄。

2. 漂白方法和漂白条件

用连二亚硫酸盐漂白的机械浆比用 H_2O_2 漂白的机械浆容易返黄。半漂化学浆木素含量较多，比全漂浆容易返黄。氧化电势高的漂白剂（如臭氧、次氯酸盐）漂白的纸浆比氧化电势低的漂白剂（如 ClO_2、H_2O_2 等）漂白的纸浆易返黄。单段漂白的纸浆比多段漂白的纸浆返黄严重。次氯酸盐单段漂白时，漂白剂是一次加入，用量也较多，漂液有效浓度较高，在木素氧化脱除的同时，纤维素和半纤维素也发生氧化作用，羟基和醛基可氧化成为羰基和羧基。当葡萄糖单元上出现醛基与羧基共存时，对纸浆返黄的影响比单个基团的影响大；当羰基、羧基和羟基存在于同一分子中时，返黄会更加严重。若次氯酸盐漂白的 pH 接近中性，则漂液中的 HClO 多，其氧化电势高，反应速度快，能将碳水化合物中的羟基氧化成醛基或酮基，会造成纸浆的严重返黄。因此，选用恰当的漂白剂并制定合适的漂白工艺条件对减轻纸浆返黄是非常重要的。

3. 金属离子、树脂与杂细胞

无论是机械浆还是化学浆，浆中都含有金属离子，其中铁、铜、锰等过渡金属离子，对漂白浆的返黄有严重的影响。特别是 Fe^{2+} 能氧化成 Fe^{3+}，生成有色无机物，并作为催化剂，加快返黄速度。

纸浆中的树脂，在含氯漂白时生成氯化碳氢化合物，这些物质不稳定，在存放中会分解出碳氢化合物而变成深暗色的树脂产物。

草浆中杂细胞含量对漂白浆的返黄有重要影响。这是因为杂细胞中木素和灰分含量均较高，其比表面积又大的缘故。实践证明，随着浆中杂细胞含量的增加，灰分和木素增加，纸浆的返黄值增大。

4. 纸浆的干燥、贮存与水分

使用蒸汽烘缸干燥浆板时，会使白度损失，浆板外层比内层变黄更明显。浆板打包贮存时会产生热和光诱导返黄，特别是浆板在高温下打包时返黄现象更明显。由于温度和湿度的影响，在室温下放置 3d 后，风干浆捆外层白度下降 2～3 个白度单位，而里面能下降 7 个白度单位左右。贮存温度的高低，对返黄也有影响。

贮存的漂白浆水分越大，老化后越容易返黄。这是因为纤维素分子的葡萄糖单元上羟基在湿状态容易被氧化。

二、稳定白度减少返黄的方法

根据目前对纸浆返黄机理的认识，虽尚未能完全防止纸浆的返黄，但可以采取一些措施，减少漂白后纸浆的返黄，提高白度的稳定性。

1. 合理选用漂白的方法

合理选用漂白方法是指根据浆料的特点和对纸浆漂白后的白度要求，来选用单段漂白或多段漂白以及漂白剂。

对白度要求高的纸浆，应采用多段漂白，使漂白的条件尽量缓和，减少漂白过程对纤维素和半纤维素的氧化降解，减少羰基的生成数量，从而稳定纸浆漂后的白度。

在多段漂白流程中，由于次氯酸盐对纸浆中残余木素氧化降解使之溶出的同时，不可避免地会使纤维素和半纤维素也发生一定的氧化降解作用。所以，要合理地选用漂白剂和将之正确地组合，做到先纯化纸浆，后脱色漂白。

在综合多段漂白的终漂段，如能采用二氧化氯或 H_2O_2 漂白，均可显著减少漂白后纸浆的返黄。

2. 合理控制漂白的工艺条件

（1）在次氯酸盐漂白中要控制好用氯量。若用氯量过大，漂后纸浆易返黄。特别要控制好 pH，漂白过程及漂白终点均不能在中性或接近中性的范围，否则会由于酮基的产生而造成严重的返黄。

（2）在多段漂白中，氯化段一般不会造成漂后浆的返黄。但如果混合不均匀造成局部"过氯化"或氯化不充分时，则会造成返黄。其他的漂白剂漂白也应按正确的漂白条件进行，以利于漂后纸浆的白度稳定。

（3）漂白终点浆中应保留少量的漂剂，这样有利于减少纸浆的返黄，但各段漂白后必须进行充分的洗涤以洗去残氯和漂白过程中生成的可溶性氧化物。此外，纸浆在漂白前也应充分地洗涤，否则蒸煮过程中碳水化合物降解的产物和硫化木素等带入漂白过程，也会使纸浆漂白后易产生返黄。

（4）杂细胞含量多的草浆，如稻草浆等在漂白前要加强除杂细胞，否则会造成纸浆易返黄。

（5）纸张在干燥过程要控制好干燥曲线，避免强干燥；干燥后的浆板经冷却后再打包，有助于减少返黄。

第六节　纸浆漂白实例

一、草类纤维原料化学浆漂白

草类化学浆的共同特点是木素含量少，纤维短，细小纤维多，纸浆较易漂白。化学草浆的漂白在规模小、白度要求不高生产中，常采用次氯酸盐单段漂白或是次氯酸盐两段漂白。对白度要求高，生产规模中等以上的企业，则一般采用三段及三段以上的多段漂白流程。这里主要列举化学草浆采用 CEH 三段漂白的几个实例见表 9－4。

表 9－4　　　　　　　　　　化学草浆采用 CEH 三段漂白实例

未漂浆硬度	漂白流程	段次	漂白剂用量/%	漂浆浓度/%	漂白温度/℃	漂白时间	终点 pH	漂后白度 G.E.
10～12（卡伯值）	CEH三段漂	C	2.5	3.0～3.5	50	0：45	1.75	75～80
		E	2	10	50	1：30～2：00	9～11	
		H	4	10	35～50	1：30～2：00	9	
8～10（卡伯值）	CEH三段漂	C	4	3	36	1：30	1.7～2.0	85
		E	0.9	8.3	38	2：00	10～11	
		H	2.3	5.9	38	4：40	9～10	

二、化学木浆漂白

化学木浆的漂白流程及漂白工艺条件因材种、制浆方法不一样，以及白度要求的不一样而有较大差别。硫酸盐木浆是比较难漂白的浆种，常采用各类组合的多段漂白，其中以 CEH 三段漂白最为常见。亚硫酸盐木浆相对硫酸盐木浆来讲比较容易漂白，所以可选择的漂白方法也略有不同（见表 9 - 5 至表 9 - 6）。

表 9 - 5   硫酸盐木浆 CEH 三段漂白示例

浆种及硬度	漂白流程	段次	漂剂用量/%	纸浆浓度/%	温度/℃	时间	终点 pH	漂后白度 G.E.
东北杂木 8~22 （高锰酸钾值）	CEH	C	6~7	2.5~2.8	室温	0：50 - 1：12	1.7~2.1	80~85
		E	6~7	6~7	40~60	2：00 - 3：00	8~9	
		H	3~5	6~7	40~45	1：30 - 2：00	7.5~8.5	
福建马尾松 20~25 （卡伯值）	CEH	C	<2.5	2.8~3.0	室温	0：40 - 0：50		75~80
		E	1.3~1.8	10~11	50~70			
		H	<4.5	9~10	35~45	2：30 - 3：30	7~10	
落叶松 25~30 （卡伯值）	CEH	C	7.2~7.8	2.0~2.5	室温	0：40 - 1：00	3~4	55~65
		E	1.5~2.5	5~6	50		8~9	
		H	4.8~5.2	5.5~6.0	36~40	2：30 - 3：00	8~9	

表 9 - 6   亚硫酸盐木浆漂白示例

浆种及硬度	漂白流程	段次	漂剂用量/%	纸浆浓度/%	温度/℃	时间	终点 pH	漂后白度 G.E
针叶木浆 14.5 （卡伯值）	H	H	5.9	6	室温	4：00		31~33
	HP	H	3~4	3	室温	1：00		
		P	1.0~1.5	5	50	3：00 - 4：00		
针叶木浆 10.0 （卡伯值）	CEH	C	2.5	3	室温	0：45 - 1：00	1.7~2.0	54
		E	1.5	8~10	60	1：00		
		H	0.5（Cl$_2$计） 0.3（NaOH计）	10	35~38	1：00	9	

三、机械浆漂白

机械木浆的漂白如前所述，主要采用双氧水漂白（P）或连二亚硫酸盐漂白（R），或是采用两者的组合漂白（PR）以获取更佳的漂白效果。

下面列举的是几个机械木浆 PR 两段漂的漂白工艺及效果实例，见表 9 - 7 至表 9 - 8。

表 9 - 7   PR 两段漂工艺条件

漂白处理		用量（对浆）/%	温度	时间	浓度/%	初始 pH	终点 pH
预处理	DTPA	0.2~0.4	常温	10min	1~5	4~8	4~8
	H$_2$SO$_4$	1.5	常温	5~10min	1~5	2~3	2~3

续表

漂白处理		用量（对浆）/%	温度	时间	浓度/%	初始 pH	终点 pH
漂白	P — H_2O_2	1~2	40~60	1~4h	3.0~3.5	10.5~11.0	>8.5
	P — NaOH	1~2					
	P — Na_2SiO_3	3~6					
	P — $MgSO_4 \cdot 7H_2O$	0.05					
	R — $Na_2S_2O_4$	0.5~1	60	1	3~5	6~7	6~7
	R — $Na_5P_3O_{10}$	0.5					

表 9 - 8   PR 两段漂漂白效果

木材种类	漂白处理方法	白度
杨木	原浆	67.5
	2.2% Na_2O_2	75.0
	1% NaS_2O_4	77.0
	2.2% Na_2O_2 + 1% NaS_2O_4	82.0
60% 云杉 + 40% 白杨	原浆	62.0
	1.8% Na_2O_2	70.5
	1% ZnS_2O_4	74.5
	1.8% Na_2O_2 + 1% ZnS_2O_4	77.5
南方松	原浆	56.3
	2% Na_2O_2	65.6
	1% NaS_2O_4	65.6
	2% Na_2O_2 + 1% NaS_2O_4	71.5
	1% NaS_2O_4 + 2% Na_2O_2	68.0

思 考 题

1. 纸浆漂白的目的是什么？常用的漂白方法有哪些？其主要特征是什么？

2. 纸浆漂白常用的漂白剂有哪些？

3. 次氯酸盐单段漂白的工艺条件如何？其主要设备在操作中注意什么？

4. 氯化、碱处理、二氧化氯等多段组合漂白的工艺流程、工艺条件如何？多段漂白设备操作注意什么？

5. 常用于高得率浆漂白的方法有哪些？其工艺流程、工艺条件如何？

6. 什么叫 ECF、TCF？现代纸浆漂白有哪些新发展？

7. 什么叫纸浆返黄？如何防止纸浆返黄？

第十章　蒸煮废液的回收

知识要点：了解蒸煮废液回收的意义及主要回收方法，掌握燃烧法黑液回收的原理、流程、主要工艺参数、主要设备的结构等。了解目前蒸煮废液回收的发展方向。

技能要求：能制定黑液碱回收的流程，并会选择相关设备；根据不同原料产生的黑液制定其工艺参数，掌握其中各设备的操作规程、了解其维护方法，并能对各设备进行简单维护。

第一节　概　　述

用化学药品蒸煮制浆后从浆料中洗涤出来的液体称为废液。碱法制浆蒸煮后所得废液，因其色黑，称为黑液。亚硫酸盐法制浆蒸煮后所得的废液，因其色红，称为红液。

碱回收是对碱法制浆的黑液，经过蒸发浓缩，再进行燃烧，以回收其热能和化学药品。实践证明，碱回收技术是成熟而可行的，是实现清洁生产的基础，可消除污染，回收资源，有着明显的经济效益。

亚硫酸盐红液的回收，除了与碱法黑液的碱回收一样，将废液浓缩后进行燃烧，回收热能和化学药品外，也可以对有机物进行综合利用。本章主要介绍碱法制浆黑液的回收。

一、碱回收是实现清洁生产的基础

在碱法制浆中，植物纤维原料的相当部分将溶入蒸煮液中，通过洗涤将这些溶出物和残余的蒸煮液提取出来即是黑液。每生产 1t 浆可提取黑液 $10 \sim 12 m^3$，其中含有大量的有机物和碱类、硫化物等，通过处理可以回收化学药品、热量，同时可以减少和防止其对环境的污染。所以碱回收不仅是环保的需要，同时也有较大的经济效益。

高的黑液提取率才有可能得到较高的碱回收率，只有高浓度、高温度的黑液才有可能减少能耗。只有碱回收率高，才能将污染物排放降低，实现清洁生产，其终级目标是达到零排放。

二、碱回收工艺过程

目前碱回收普遍采用黑液燃烧法工艺技术，即从洗涤蒸煮后的粗浆中提取黑液，送碱回收车间进行以燃烧为主的一系列化学处理。主要包括以下 4 个阶段：黑液的蒸发浓缩、黑液的燃烧（碱回收锅炉）、绿液苛化及白液澄清、石灰回收。整个硫酸盐法浆厂药液循环的总流程如图 10-1 所示。

蒸煮过程中物质转化包括 3 个方面：化学药品、原料、蒸汽。黑液的固形物中有 70%左右是有机物，30%左右为无机物。有机物主要以钠盐的形式存在，无机物主要是有机物中的钠，以及游离的氢氧化钠、碳酸钠、硫化钠、硫酸钠、亚硫酸钠、硫代硫酸钠、硅酸钠等。黑液的大致组成见图 10-2 所示。

（1）蒸发浓缩　硫酸盐法或碱法制浆过程中，纤维原料中约有 50%左右的有机物溶于蒸煮碱液中成为黑液。使黑液与浆料分离，提取出来的木浆稀黑液浓度为 13%～15%，草浆黑液浓度为 10%～12%，这么低浓度的黑液是无法直接燃烧的。蒸发浓缩工作的任务是将提取

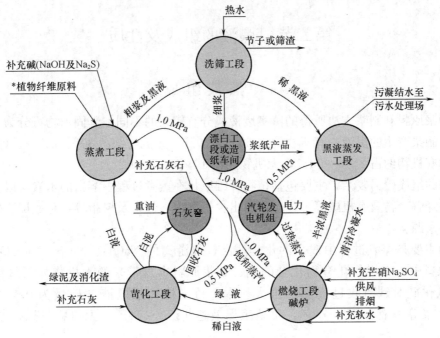

图 10-1　硫酸盐浆厂工艺流程图

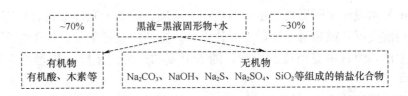

图 10-2　黑液组成

的稀黑液通过蒸发系统去掉大部分水分，根据不同的原料及碱炉要求，浓缩至45%～80%的浓度。

（2）黑液燃烧　将黑液中的有机物燃烧后回收热量，先将蒸发工段送来的黑液浓缩、加热到一定的程度后，通过黑液喷枪喷入碱回收锅炉（俗称黑液锅炉）炉膛内，黑液中有机物燃烧产生的热烟气与水冷壁、水冷屏或过热器、锅炉管束和省煤器等受热面进行间接热交换，产生蒸汽，用于发电和工艺过程供热。

黑液中的有机钠盐在炉内高温化学反应下转变为熔融物碳酸钠，同时把补充的芒硝（硫酸盐法）还原成硫化钠，熔融物从碱炉底部的溜槽排出，溶解于稀白液中，主要成分是碳酸钠和硫化钠，因含有少量铁离子等，故呈绿色，称为绿液。

（3）苛化　澄清绿液与石灰进行反应，绿液中的碳酸钠 Na_2CO_3 被苛化转变为 $NaOH$。

$$Ca（OH）_2 + Na_2CO_3 = 2NaOH + CaCO_3$$
$$或\ CaO + H_2O + Na_2CO_3 = 2NaOH + CaCO_3 \downarrow$$

苛化后澄清的液体称为白液，即成为重新用于制浆蒸煮的碱液。

（4）石灰回收　苛化后生成的白泥（$CaCO_3$），在高温下煅烧转化成生石灰（CaO）。回收石灰循环用于苛化过程。

草浆白泥硅含量高，不采用煅烧法回收石灰。

第二节　黑液的组成及性质

一、黑　液　组　成

不同制浆原料和制浆方法所得的蒸煮废液成分有较大的不同，其固形物可分为无机物和有机物。碱法制浆产生的黑液中有机物约占 65%～70%，无机物约占 30%～35%。（酸法制浆产生的红液中有机物约占 85%～90%，无机物约占 10%～15%）。

有机物的组成较为复杂，主要包括植物纤维原料在蒸煮过程中溶出的木素，以及半纤维素和纤维素的降解产物及有机酸等，还包括溶出少量淀粉、色素及树脂等，是燃烧法碱回收产生热能的主要来源。

无机物主要是蒸煮过程中残余的化学药品，如游离的 $NaOH$、Na_2S、Na_2CO_3、$NaSO_4$，以及制浆原料中的有机物化合物化合的钠、制浆原料本身带来的无机物如二氧化硅等。无机物中二氧化硅对碱回收过程影响很大。木、竹、棉秆浆黑液含硅量为 0.7%～2.0%，获苇、蔗渣浆等黑液为 5%～8%，稻草浆黑液达 15%～24%。无机物是燃烧法回收化学药品来源。

二、黑液的物理化学性质

1. 浓度

黑液的浓度表示黑液中固形物含量，可用相对密度、波美度和固形物含量等表示。相对密度、波美度可用波美度计或相对密度计即（比重计）方便地直接测定，便于生产人员及时掌握数据用于指导生产，但其值受温度的影响，随着温度的升高而下降；固形物含量测定结果准确，但测定时间长。

为便于对比，黑液波美度、相对密度与温度之间有以下的经验公式进行换算：

$$°Bé_t = °Bé_{15} - 0.052(t - 15);$$
$$d = 144.3/(144.3 - °Bé_{15});$$
$$w = 1.51°Bé_{15} - 0.9$$

式中，$°Bé_t$ 为 $t℃$ 时的波美度；$°Bé_{15}$ 为 15℃ 时的波美度；d 为相对密度；w 为固形物含量。

2. 黏度

黏度表示黑液流动性，对黑液流送及蒸发效率有很大影响。与木浆黑液比较，草浆黑液中半纤维素降解物含量高，二氧化硅较多，其黏度高于木浆黑液。

对黑液黏度影响最大的是黑液的浓度和温度。黑液浓度大，黏度高；温度升高，黏度则下降。

临界浓度：温度一定的情况下，每种原料的黑液的浓度超过一定值时，黏度急增，这一浓度值称临界浓度。草浆黑液具有较低的临界浓度。

黑液有效碱含量过低时，黏度增大；有效碱含量高，可降低高浓黑液黏度，改善草浆黑液的蒸发性能。有效碱含量对低浓度的黑液的黏度影响很小。

3. 沸点升高

黑液的沸点由于含有一定的无机盐成分，较水的沸点高出的温度称为黑液的沸点升高。它影响着黑液的蒸发效率。用碱量高，黑液中无机物多，沸点上升。黏度高的黑液其沸点升高小于黏度低的黑液。

4. 起泡性

制浆原料中的木素、脂肪以及树脂等在蒸煮过程中形成碱木素和皂化物存在于蒸煮废液中。碱木素和皂化物是较强的表面活性，黑液表面张力下降，当与空气接触一经搅拌等便混入空气，产生泡沫。黑液泡沫的形成影响生产操作并造成碱的流失。

黑液中有机物和皂化物越多，起泡性越强。松木浆黑液中的皂化物大大增强黑液的起泡性，新材黑液的起泡性比老材强，主要是由于树脂或皂化物含量较高。木浆黑液的表面张力小于草浆黑液，起泡性也强。草浆黑液中麦草浆的表面张力最小，稻草浆的表面张力最大。此外，硬浆黑液有机物含量比软浆黑液高，起泡性也比软浆黑液强。低浓黑液的起泡性比高浓黑液强。

5. 黑液比热容值

黑液的比热容值随温度提高而增大，随固形物含量增大而下降。可用下式近似计算黑液的比热值 C：

$$C = 0.98 - 0.0052 \times 黑液固形物含量（\%）$$

在 100℃ 以下，黑液的比热容值与温度变化较小。

6. 黑液的燃烧值

1kg 黑液固形物燃烧时的发热量称为黑液的燃烧值。固形物中有机物含量高，燃烧值大。软浆的黑液燃烧值比硬浆低，木浆黑液的燃烧值大于草浆黑液。

7. 腐蚀性

黑液在蒸发过程中产生的二次蒸汽及其冷凝水中含有挥发性的有机酸，如甲酸、醋酸及酸性的硫化物（硫化氢、硫醇、二甲硫醚）等，故硫化度较高的黑液的腐蚀性更为严重（红液一般对金属设备的酸性腐蚀较黑液强得多）。

8. 胶体性

当黑液中有效碱含量占固形物的 1.14% 以上时，碱木素完全溶解于黑液中，呈水胶体状，不沉淀。当有效碱含量占固形物的 0.71% 以下时，碱木素胶体稳定性大大降低，从黑液中沉淀出来。蒸发过程中，黑液浓度增大，失水发生盐析，胶体破坏，产生沉淀。

9. 易氧化性

黑液接触空气或氧时，容易被氧化。被氧化的物质主要是黑液中的无机硫化物和有机糖类等。黑液的氧化反应速度很快，主要是由于黑液含有催化作用很强的酚基。

第三节　黑液蒸发

一、黑液蒸发前的预处理

黑液蒸发前的预处理的目的是改善操作条件，减少硫的损失和环境污染，减少设备的腐蚀。

1. 黑液的过滤

滤出稀黑液中混杂有细小纤维和残渣，防止蒸发器加热管的纤维性结垢，避免堵塞，保证有高的蒸发效率（要求蒸发前含渣量低于 40～50mg/L），同时还可回收流失的浆料。常用圆网过滤机和斜筛，60～80 目网过滤黑液。如果是采用真空洗浆机提取黑液，纤维流失少，可不必过滤。

2. 黑液除皂

黑液除皂处理，分离出的皂化物作为有价值的副产品，可以用于其他工业部门，经过进一步的加工处理，可以得到脂肪酸和树脂酸（松香）等化工产品。黑液中皂化物的含量减少，有利于减少蒸发器加热管等的结垢，从而提高蒸发的效率。黑液除皂后，由于起泡性减轻，避免了跑黑水等不正常现象造成的黑液损失，也改善了操作条件。

黑液除皂主要采用静置法和充气法，而以静置法最为简单，适合于各种浓度的黑液的除皂处理。由于皂化物在不同浓度黑液中有不同的溶解度，除皂率有所差别。稀黑液除皂率约为20％，半浓黑液（固形物含量25％～35％）可达40％，浓黑液为20％，所以大多采用半浓黑液除皂。

3. 黑液氧化

黑液氧化的目的是为了减少黑液中硫的损失及其对环境的污染，降低黑液的腐蚀性。

黑液中的硫化物被氧化为硫代硫酸盐：

$$2Na_2S + 2O_2 + H_2O \longrightarrow Na_2S_2O_3 + 2NaOH$$

$$2NaHS + 2O_2 \longrightarrow Na_2S_2O_3 + H_2O$$

以硫代硫酸盐形式"稳定住"黑液中的硫，还可以防止析出带臭味的硫化氢：

$$2NaHS + CO_2 + H_2O \longrightarrow Na_2CO_3 + 2H_2S\uparrow$$

黑液经氧化放热，会降低黑液的燃烧值，且蒸发过程易于结垢，而且安装和运行黑液氧化系统是比较昂贵的，所以对于硫化度不高、在碱回收炉不采用直接接触蒸发器的，不需要氧化程序。

氧化作用通常借黑液与空气接触而完成。为此采用了各种设备，包括折流式氧化塔、四段平流式氧化塔、喷淋式氧化塔、泡罩塔和塔内喷雾环。

4. 黑液除硅

草类原料中的硅主要有两种基本形态。一种是由尘土、泥沙带入的非结合态硅，是浆料灰分的主要来源，少部分也成为黑液中泥沙的成分；另一种就是原料植物细胞结合态硅，随着蒸煮的进行，木素溶出，结合态硅形成黑液中较稳定的溶解态硅。在黑液中的二氧化硅含量约为总固形物的2％～12％。黑液中的硅含量高，易造成蒸发器加热管结垢，使传热系数下降，燃烧时黑液热值降低，熔融物熔点升高，纯度降低。在苛化时，由于硅酸钙沉淀在石灰粒上，使苛化率降低。澄清速度慢，如果白泥中硅积累过多，则失去白泥回收价值。

为了减少硅干扰，可采取以下的除硅方法：

（1）补加烧碱法，在碱回收运行中，保持一定的游离碱浓度，使黑液中的硅化物全部处于游离状态，有助于适当降低黑液黏度，在一定程度上减少对蒸发过程的影响。

（2）二氧化碳除硅法，在黑液中通入二氧化碳或烟道气（$Na_2SiO_3 + 2CO_2 + 2H_2O \rightarrow H_2SiO_3 + 2NaHCO_3$）。

（3）石灰除硅法，在稀黑液中加入石灰（$Na_2SiO_3 + CaO + H_2O \rightarrow CaSiO_3\downarrow + 2NaOH$）。

除此之外，除硅还可采用硫酸镁除硅法、铝土矿除硅法、抗垢剂除硅法、生物除硅法和蒸煮同步除硅、降黏工艺等。

二、黑 液 蒸 发

洗涤工段提取出来的稀黑液的固形物含量，一般木浆为13％～19％，草浆为8％～11％，为满足燃烧工段的需要，黑液应蒸发、浓缩到固形物含量在60％～80％。必须要将大量的水蒸发掉，以便在燃烧过程中最大限度地产生热能。

蒸发和浓缩一般分两个阶段完成。第一阶段都用多效真空蒸发，浓度不超过 50%～65%；第二阶段可用烟道气直接加热浓缩（也称直接蒸发），如采用圆盘蒸发器或文丘里-旋风分离器；也可用单效强制循环间接加热增浓器。

直接蒸发这部分工艺过程与燃烧过程的烟气除尘紧密联系，将在燃烧一节中介绍。以下就间接蒸发及其设备作介绍。

（一）多效蒸发流程

所谓效，是指废液经过不同压力的蒸汽（包括新鲜蒸汽和蒸发产生的二次蒸汽）蒸发的次数。多效蒸发器的蒸发效率随采用效数的增加而增加。

多效蒸发的工艺流程包括：蒸汽流程、黑液流程、冷凝水流程（清洁冷凝水和污冷凝水流程）、不凝气流程等。

1. 蒸汽流程

蒸汽流程：新鲜蒸汽送入Ⅰ效汽室，Ⅰ效液室产生的二次蒸汽进入Ⅱ效汽室，Ⅱ效液室产生的二次蒸汽进入Ⅲ效汽室……，最后一效液室的二次蒸汽进入冷凝系统。即Ⅰ效→Ⅱ效→Ⅲ效→Ⅳ效→Ⅴ效，蒸汽的流向都与各效的顺序相同。

2. 黑液流程

多效蒸发的废液流程有顺流式、逆流式和混流式，多以混流式为主，都是相对于蒸汽流程而言的。

（1）顺流式供液流程　黑液→预热器→Ⅰ→Ⅱ→Ⅲ→Ⅳ→Ⅴ

              ↑新蒸汽

最后一效（Ⅴ效）出来的黑液送浓黑液槽或半浓黑液槽。

（2）逆流式供液流程　逆流式供液流程：Ⅴ→Ⅳ→Ⅲ→Ⅱ→Ⅰ，与蒸汽流向相反。各效之间供液要经预热器预热后用泵进入。图 10-3 为六效逆流真空蒸发系统流程。

（3）混流式供液流程　目前普遍采用这一供液流程。它有顺流式和逆流式两种流程的大部分优点。对松木浆黑液的蒸发，这种流程还可分离皂化物。

以四效蒸发系统为例，有以下 3 种流程：

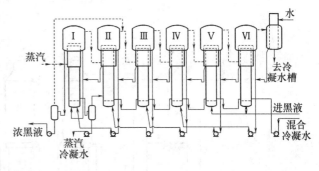

图 10-3　六效逆流真空蒸发流程

流程1：Ⅱ→Ⅲ→Ⅳ→皂化物分离槽→预热器→Ⅰ

流程2：Ⅲ→Ⅳ→皂化物分离槽→预热器→Ⅱ→Ⅰ

流程3：Ⅲ→Ⅳ→皂化物分离槽→预热器→Ⅰ→Ⅱ

分离器在外的升膜蒸发器组成的五效真空蒸发系统的工艺流程如图 10-4 所示。这个蒸发系统采用的黑液流程可以有上述的流程 2 和流程 3 两种情况。

外循环短管蒸发器四效真空蒸发流程见图 10-5（适用于蔗渣浆黑液的蒸发）。

采用混流方式Ⅲ→Ⅳ→Ⅰ→Ⅱ进液，出浓黑液，也可交替采用顺流式供液方式出半浓黑液，以及时冲刷混流时前两效形成的松软管垢，提高蒸发强度。这样较适于黏度大和结垢快的草类浆黑液的蒸发。

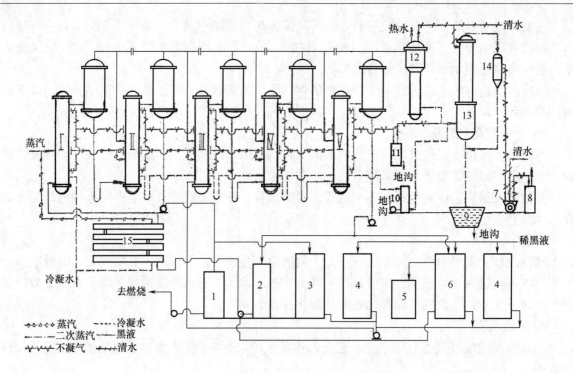

图 10-4　五效真空蒸发系统工艺流程

1—浓黑液槽　2—中间槽　3—高温半浓黑液槽　4—稀黑液槽　5—皂化物槽

6—皂化物分离槽　7—真空泵　8—气水分离器　9—水封槽（臭水池）

10—真空收集槽　11—不凝气罐　12—管式冷凝器

13—大气压冷凝器　14—捕集器　15—预热器

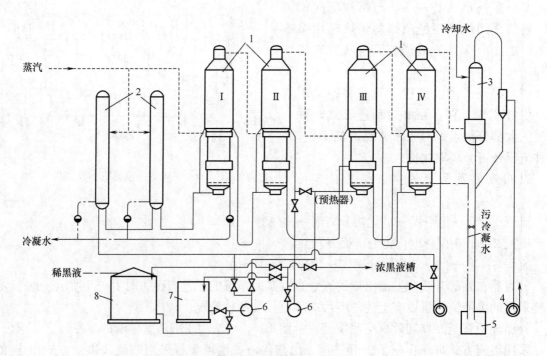

图 10-5　四效短管真空蒸发系统工艺流程

1—蒸发器　2—黑液预热器　3—大气压冷凝器　4—真空泵　5—水封槽

6—黑液泵　7—稀黑液槽　8—半浓黑液槽

3. 不凝气流程

从各效汽室分别引出，通过总管进入由冷凝器、真空泵组成的抽真空系统中排除。

排出系统中的不凝气体有利于真空的形成和稳定，有利用于提高蒸发的传热系数，减少加热管腐蚀。不凝气通常含有 H_2S、RSH 等，是臭味的来源之一，一般都要专门收集和处理。

4. 冷凝水流程

用新蒸汽加热的蒸发器和预热器排出的冷凝水，没有被污染，可分别经过阻汽排水器后，送锅炉回用。二次蒸汽冷凝水（污冷凝水）可进入下一效或是在急闪蒸发罐内回收热量然后用泵送出，对含有害物质较多的要进行必要处理方可排放。

（二）蒸发设备

多效真空蒸发系统由蒸发器、预热器、冷凝器、阻汽排水器、各种槽体、泵和测量控制仪表等组成。

1. 蒸发器

蒸发器的型式较多。按蒸发器的结构不同，可分为管式蒸发器和板式蒸发器，按黑液的流动形式分为升膜蒸发器和降膜蒸发器。蒸发器有长管升膜蒸发器、超长管升膜蒸发器、双程升膜蒸发器、降膜蒸发器、升降膜蒸发器（三程升膜蒸发器）、短管蒸发器、强制循环蒸发器、板式蒸发器等，有的还可以作为将黑液蒸发到高固形物含量的增浓器。

2. 辅助设备

蒸发的辅助设备主要有预热器（列管式预热器、螺旋式预热器、板式换热器等），冷凝器〔表面式冷凝器（立式列管式、螺旋式）和混合式冷凝器（大气压冷凝器）〕、真空泵（水环式真空泵、水环式喷射真空泵、蒸汽或水力喷射泵）、排汽阻水器（水封式、浮杯式、孔板式）、黑液输送泵、汽提塔与臭气处理等。

三、蒸 发 操 作

（一）正常操作条件

在蒸发工艺过程中，控制蒸发工艺操作条件，以充分发挥蒸发能力，从黑液中蒸发出更多的水，保证蒸发后达到燃烧要求的黑液浓度；同时要求在蒸发过程中蒸汽消耗量最小，生产操作调节简便和可靠，就必须随时掌握和控制影响蒸发能力的主要操作条件。

1. 黑液流动型式

黑液在加热管内受热时，由于压力、流速和蒸发强度的不同，在管内各部分出现不同的水汽两相流动型式。单相液体流动、泡状流动（连续液相内有分散的汽泡）、柱塞流动（汽塞和液塞在管内交替流动）、环状（膜状）流动（液相在管壁形成膜，汽相在中心下垂）等 4 种为正常蒸发时出现的流动型式；而雾状流动（液相呈雾状分散在汽相内）和单相汽体流动，传热系数小，黑液会干涸在加热管壁上，甚至造成塞管。

2. 加热蒸汽温度

一般来说，提高加热蒸汽温度，温度差增大，可大大提高蒸发能力。但过高的加热蒸汽温度，会使黑液在管壁上结垢程度增大。故一般不超过 0.2MPa（相当于饱和蒸汽温度 133℃）。蒸汽温度不应超过 140℃。当然，不同型式的蒸发设备和不同来源的黑液，以及供黑液量的大小、黑液蒸发后的浓度要求等，其加热蒸汽的温度会有所不同。

3. 供液流量

蒸发系统的正常运行与各效的供液量和供液稳定有密切关系。特别对于升膜蒸发器来说，适当的供液速率，即在一定时间内使单位断面流过的黑液量保持适当，可以缩短预热区，增大沸腾蒸发面积，充分发挥蒸发能力。在一定的热强度下，供液流量过大，预热区或液相区增大，沸腾区缩小，使静压温度损失增加，给热系数降低，同时有效蒸发面积减少，降低了蒸发系统的能力。反之，供液流量过小，不仅影响蒸发系统正常运行，而且容易结垢，造成加热管堵塞。适当的供液流量为 $29 \sim 35 \mathrm{kg/m^2 \cdot s}$。

在蒸发运行中供液波动过大，会造成运行工况不稳，降低蒸发强度，所以供液稳定也是一个重要方面。

4. 供液温度

黑液温度低，预热区延长，单液相流动距离增加，总传热系数减小。在低热强度下，供液温度低，温度差增大，可以增大局部给热系数。

提高供液温度，传热系数增大。但过热温度供液应有一定限度，否则会因脉动而造成严重跑黑水，并使液位降低，处理不及时，脉动无法调整，迫使蒸发系统停机。

5. 供液浓度

在一定的供液流量下，供液浓度一般根据出效浓度来确定。供液浓度过高时，由于传热条件较差，蒸发效率大大降低。对于起泡性强的黑液来说，供液浓度过低时，会产生大量泡沫，容易出现跑黑水现象。在这种情况下，需要利用浓黑液或半浓液提高进效浓度。新厂投入生产时，一般采用低压蒸发（新蒸汽压力不超过 0.1MPa），先生产出半浓黑液，供提高进效浓度使用。

6. 真空度

真空度是决定蒸发系统温差大小的主要因素之一。而温差作为蒸发黑液的主要推动力，直接影响蒸发系统的蒸发能力。

为了保证有较高的真空度，应在排除不凝性气体的同时，及时将末效的二次蒸汽冷凝下来，就要求冷却水量要充足。冷凝器排水温度越低，真空度越稳定。

真空度高时，虽然温差加大，但黑液温度降低，黏度增大，传热系数减小；同时二次蒸汽流速增加，在分离器能力不足时，二次蒸汽夹带黑液沫增多。所以，一般末效真空度不宜超过 686mmHg。

（二）开停机操作要点

1. 开机

开机前必须做好一切准备工作。检修后设备和容器内部应仔细检查并清理干净。煮沸器汽室应按规定进行定期水压试验，检查加热管有无断管或张口漏液现象。所有转动设备应进行空转试运，并保证各泵盘根密封良好。各效汽室及冷凝水管残存水必须彻底排净。

在正常情况下，最好先用水开机，待系统运行正常后，再根据具体情况转入黑液运行。开机前应联系有关部门使仪表正常运行。

在各效都有新蒸汽阀门的条件下，开机时应首先缓慢通汽预热各效汽室。各效预热后，冷凝器开始少量加水（不超过正常运转量的 1/2），启动真空泵和污冷凝水泵。最后一效汽室真空度达到约 200mmHg 以上时，各效之间开始形成一定的压力差，根据所采用供液流程，可启动黑液泵，将水或黑液投入系统。当黑液开始进入各效时，可适当供给新蒸汽，以保持达到正常沸腾，并逐渐增加冷凝器给水量，使排出水温达到正常要求。黑液流经各效并沸腾正常后，使系统尽快达到正常生产条件。系统正常后，新蒸汽冷凝水应加以回收利用。

2. 水洗

除用水开机时水洗外，为了改善蒸发传热条件，在正常生产中，一般采用定期水洗方法，即从黑液转入用水运行，水洗一定时间后，再从水转入用黑液正常运行。

3. 转换

水洗转用黑液时，关小进水阀门，按照所用供液流程，启动黑液泵。根据黑液泵出口压力或流量表指示大小，确信黑液进入首先进液的效内后，方可全部关闭水洗用水。

黑液转水洗时，必须先开温水，并确信效内进水后，再停止供给黑液。水洗初期必须保证水量充足，低浓黑液应加以回收，不许直接排入下水道。其他条件按水洗要求进行调节。

不论哪一种转换，都要求操作人员集中精力，细心操作，动作迅速，使转换后条件尽快稳定，特别要防止转换时发生断液或干罐事故。

4. 停机

停机时，应首先关闭新蒸汽阀门，全部停止加热（包括预热器），以防黑液量减少时温度过高造成液室加热管结垢，以及由于蒸汽消耗突然减少造成汽室超压。然后，分别停下真空泵、黑液泵，以及冷凝水泵，并打开真空泵和冷凝水泵放气阀，消除系统真空。

正常停机时，最好先转水洗，将系统内黑液全部顶出去后再停机，除因事故紧急停机外，一般应严禁采用带液停机方法，特别是停机时间较长或需要进行检修或酸洗除垢时，必须按规定进行彻底水洗。

（三）蒸发系统运行周期

影响蒸发能力的因素很多，而传热系数会因蒸发器加热管内外壁结垢而变小，将管壁结垢定期清除后，重新投入运行，蒸发能力也随之提高到原有水平，这就是蒸发系统的运行周期。

四、管垢及除垢方法

蒸发器加热管的内外管壁结垢时，因为管垢的导热系数很小，蒸发传热能力大大降低。结垢严重时，加热管缩小，甚至全部堵塞，造成蒸发系统停机。

（一）管垢的形成和分类

管垢主要有黑液垢、硫酸钠垢、碳酸钙垢、硅酸盐垢、皂化物垢、焦化垢、纤维垢、硫化物垢等。

上述各种管垢，实际上很少单独在管壁上存在，也不会在管壁上全部同时产生。根据各厂不同的生产条件，管垢的组成差别很大，各效的管垢也不相同。但是，一般管垢大多是由有机物和无机盐类组成，而按其水溶性质，又可分为水溶性管垢和水不溶性管垢两类。

（二）结垢的判断

蒸发器的加热管结垢，蒸发系统运行中的各种条件必然发生变化，在经过与正常条件对比分析之后，可以判断是那一效或几效结垢，比较简易的方法是对比各效温度和压力分配的变化。

（三）除垢方法

蒸发系统在长期运行中，采取各种预防管垢生成的措施，蒸发器加热管结垢程度虽可减轻，但不能完全避免，必须采取有效方法定期除垢：①定期水洗；②稀黑液冲洗管垢；③机械刷管除垢；④化学除垢。

主要采用定期碱洗、定期酸洗的方法。

另外还可在黑液中加入化学药剂预防管垢。在草浆黑液蒸发器中采用电磁防垢器，也有一定效果。

第四节　黑　液　燃　烧

黑液燃烧是碱回收生产的重要工序。它是将黑液中固形物中钠盐最大限度地转变成碳酸钠，将补加的芒硝还原成硫化钠的过程；同时也是黑液中有机物燃烧放出热量而产生蒸汽的过程。蒸汽供发电、蒸煮和抄纸用。

一、黑液燃烧的工艺流程

（一）喷射炉燃烧工艺流程

如图 10-6 所示，由蒸发工段送来的浓黑液，首先进入文丘里系统的旋风分路器 8（有的工厂直接送文丘里管），与烟气混合并吸收热量而蒸发，过滤后经循环泵 10，分别送入文丘里管 7 和浓黑液贮存槽 11。

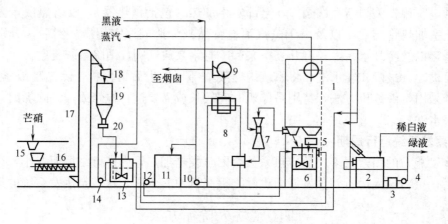

图 10-6　喷射炉燃烧黑液流程

1—喷射炉　2—溶解槽　3—过滤器　4—绿液泵　5—碱灰粉碎机　6—碱灰混合槽　7—文丘里管
8—旋风分离器　9—引风机　10—循环泵　11—浓黑液贮存槽　12—黑液泵
13—芒硝黑液混合器　14—供液泵　15—粉碎帆　16—螺旋输送器
17—斗式提升机　18—芒硝筛　19—芒硝仓　20—芒硝圆盘给料器

浓黑液贮存槽 11 内的浓黑液，经黑液泵 12 抽送至碱灰混合槽 6 与粉碎的碱灰混合后，通过碱灰混合槽过滤板，由溢流管流送至芒硝黑液混合器 13，混合芒硝后经供液泵 14 送至喷射炉 1，由喷枪喷入炉内作为炉子的燃料，多余的黑液又回流到芒硝黑液混合器。燃烧产生的熔融物顺溜槽流入溶解槽 2，由苛化工段送来的稀白液溶解而成绿液。当绿液的浓度达到 100～120g/L（Na_2O 计）时，通过过滤器 3 和绿液泵 4（或消音泵）送苛化工段苛化。

（二）除臭式碱回收燃烧工艺流程（图 10-7）

因直接蒸发热效率低，同时还会产生大量的臭气污染空气，所以除臭式碱回收燃烧工艺流程采用高效增浓的间接蒸发设备取代直接蒸发设备，并采用大面积（约为普通的 6 倍）的立管式高压省煤器，来回收烟气余热，降低排烟温度。进炉空气用省煤器本身的循环水预热至 149℃。蒸发送来的黑液与碱灰及芒硝混合后，浓度

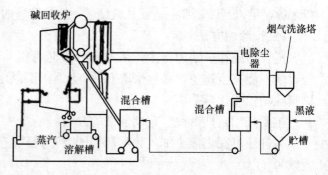

图 10-7　除臭式碱回收工艺流程

可达 65% 以上，经蒸汽加热送入喷射炉燃烧。降温后的烟气约 150℃，送入静电除尘器回收碱尘后排放。

二、碱回收炉

碱回收炉按运行方式可分为回转炉、喷射炉；也可按结构分为圆形炉和方形炉；按黑液的

喷入方式分为射壁式和悬浮式。回转炉产量很小，现已不采用。大型厂一般采用喷射炉，以下就方型喷射炉作介绍。

碱回收炉本体可分为碱炉和锅炉两部分。

（一）碱炉

碱炉的作用：黑液的蒸发干燥，可燃气体的完全燃烧，无机物的熔融和芒硝的还原。

碱炉分为干燥区、燃烧区（氧化区）和熔融区（还原区）。喷枪上下摆动的一段距离内称为干燥区，喷枪以下至一次风嘴为燃烧区，一次风附近及以下为熔融区。

1. 熔炉及燃烧室

方形喷射炉的碱炉，炉壁、炉顶和炉底都由水冷壁管组成，故称为全水冷壁碱炉。图 10 - 8 为典型的方型喷射炉。这种每根水冷壁管的两侧，各带有一条宽 25mm 的管翅（或称翼板），被称为翅片式水冷壁。为克服翅片式水冷壁的一些缺点，可采用膜式水冷壁。水冷壁管并排组成四壁及炉顶、炉底。

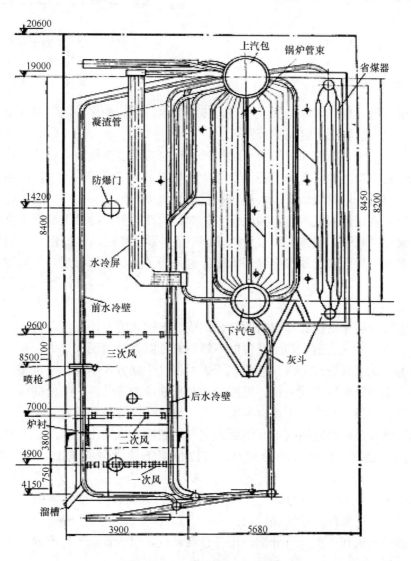

图 10 - 8　典型喷射炉示意图

炉底都是向溜槽侧倾斜的，有利于熔融物的流出。由水冷壁管组成的炉底，有平底及斜底两种。对于平底，为了使熔融物顺利流出，在炉底敷设炉衬时向溜槽方向有一定的坡度。

在熔炉（或二次风口以下）的内壁，因与高温燃烧的黑灰或熔融物接触，容易被腐蚀，所以在熔炉内侧要敷设塑性铬质炉衬，以保护水冷壁管。为了使炉衬更加牢固地固定在管壁上，在每根水冷壁管面上焊有长约 25mm 的销钉。销钉起到降低炉衬温度、保护炉衬的作用，而且由于冷却作用，使炉衬表面上的熔融物凝固，形成一层熔融物凝固层，这种凝固层也可以保护炉衬。图 10-9 是翅片式水冷壁断面示意图，图 10-10 是膜式水冷壁断面示意图。

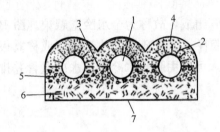

图 10-9　翅片式水冷壁断面

1—水冷壁管　2—销钉　3—翅板　4—炉衬
5—耐热混凝土　6—保温层　7—护板

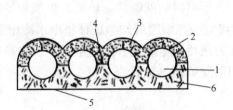

图 10-10　膜式水冷壁断面

1—水冷壁管　2—销钉　3—炉衬　4—翅片
5—护板　6—保温层

在碱炉炉壁外侧，翅式水冷壁要浇一层耐热混凝土，然后加保温层，最外是金属护板。膜式水冷壁外侧，只需保温层及金属护板即可。

碱炉在生产过程中，销钉和炉衬要一起损耗，销钉长度逐渐变短，要注意检查。

喷射炉在炉膛出口处的后水冷壁还设计了炉膛收缩部（常称象鼻子），作用是遮挡炉膛的辐射热，保护过热器，同时使烟气进入过热器管内分布更均匀。

前水冷壁管，直接进入上汽包，构成整个碱炉的顶部；后水冷管上部形成多组前后交错排列的凝渣管（又称挡灰帘，或称费斯通管），凝渣管上部直接进入上汽包。有的碱炉在凝渣管的前方与凝渣管平行排列着几片水冷屏，水冷屏也是为了降低烟气温度，也有取消凝渣管，只有水冷屏的。

2. 主要辅助设备

(1) 黑液喷枪　喷枪由枪杆和喷嘴两部分组成。摇摆式喷枪还有传动机构。枪杆由普通钢管或不锈钢管制成，喷嘴由耐热和耐腐蚀的不锈钢管或圆钢车制而成。

黑液干燥的方式有射壁式干燥、悬浮式干燥两种，干燥方式不同，喷枪不一样。

喷嘴孔径大小主要取决于喷液量、黑液粒度及喷液压力等条件。喷枪高度，要根据黑液干燥方式、风口布置、黑液性质、炉型、喷嘴形式、黑液粒度等条件确定。

(2) 风嘴　风嘴是供给碱回收炉燃烧所需空气的通道。风嘴由小风门、风嘴、风嘴头 3 部分组成。小风门上装有可以调节的分度盘，可以根据垫层燃烧的情况，调节各个风嘴的进风量。

根据工艺要求，风嘴将空气分区（分 2~3 层）送入炉内，每层风嘴的高度，一般应按干燥区、完全氧化区、还原区的位置确定。

送风系统的一次风和二次风可分别使用各自鼓风机，以节省动力，准确确定风量，有效地控制燃烧。

(3) 熔融物溜槽　碱炉内的垫层燃烧生成的熔融物从炉墙下部的溜槽流出。熔融物温度在900℃左右，并含有腐蚀性很强的硫化物，所以要求溜槽具有较好的抵抗高温腐蚀和机械冲刷的性能。

如图 10-11 所示为水冷夹套式溜槽。溜槽的上部（与熔融物接触面）采用耐腐蚀的不锈钢，溜槽的下部（不与熔融物接触的部分）采用普通碳钢。冷却水从溜槽的下部进入，从溜槽的上部流出，与熔融物流向相反进行逆流冷却。

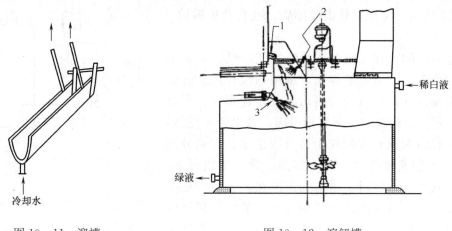

图 10-11　溜槽　　　　　　　　　图 10-12　溶解槽

（4）溶解槽　溶解槽由钢板焊制而成，搅拌器有立式和卧式两种。图 10-12 是带立式搅拌器的溶解槽，其直径与容积大小、炉子的大小有关。熔融物流经入口 1 进入溶解槽，采用消音泵消音喷嘴 2 喷射绿液或是蒸汽消音喷嘴 3 喷射蒸汽，吹散熔融物，达到消音的目的。

溶解槽绿液出口管不设在槽底，而在距槽底约 500mm 的位置上，以防止绿液被抽空。当绿液浓度达到 $100\sim120g/L$（Na_2O 计）时经过滤往苛化送液。

（二）锅炉

锅炉的作用是将碱炉燃烧黑液时放出的热传给水而产生蒸汽。要提高蒸汽产量，首先要使黑液的有机物在碱炉内完全燃烧，其次，将燃烧产生的热能完全传递给水。

碱回收炉配置的锅炉基本上与动力锅炉相似，但结构比较复杂，运行条件比较恶劣，比一般动力锅炉发生爆炸的危险性更大。它由上下汽包、锅炉管束、水冷壁管、水冷屏或凝渣管、过热器、省煤器、吹灰器等组成。

三、烟气的净化及黑液增浓

从碱回收炉出来的烟气，一般温度还有 250℃ 左右，每吨纸浆的烟气大约带出 40.5～90.0kg 的碳酸钠和硫酸钠，还带出约 15.5～22.5kg 具有恶臭气味的硫化物气体。如将其直接排入大气，不仅会造成化学药品及热量的损失，而且会对空气造成严重的污染。因此有效地对碱回收炉烟气的净化及化学药品、热能的回收，具有重要的意义。

目前有下面几种烟气净化及回收流程：

锅炉→文丘里系统→烟囱

锅炉→圆盘蒸发器→静电除尘器→烟囱

锅炉→静电除尘器→烟囱

前两种流程将直接接触蒸发器布置于碱炉省煤器管区下游的烟道内，利用烟气中的余热蒸发黑液中的水分进一步浓缩浓黑液。黑液与热烟气直接接触，使黑液捕集烟气夹带的尘粒，但直接蒸发会从黑液中析出含硫物质（如 R_2S、CH_3SH、HS_2 等恶臭气体）进入烟气。后一种流程即属于除臭式碱回收烟气净化系统，利用静电除尘器回收烟气中的碱尘，锅炉烟气中的热量则通过增大炉内省煤器面积使烟气温度降到150℃左右，再进入静电除尘器，可以把恶臭气体的浓度降到很低。

（一）文丘里系统

文丘里系统由文丘里管及旋风分离器两部分组成，如图10-13所示。文丘里管由收缩管、喉管及扩散管3部分组成。

文丘里系统的工作原理是：黑液在文丘里管喉部的高速气流的冲击下，使黑液雾化成细小的液粒，比表面积大，与高温高速的烟气充分混合，热传递很快，水分迅速蒸发；烟气中的碱尘与液粒相碰撞，碱尘亲水性强，容易被液粒黏附聚成较大的粒子被分离出来。旋风分离蒸发器是一个带锥底的立式圆筒容器。烟气切线进入，沿内壁螺旋状上升，黏附了碱尘的黑液在离心力作用下沿筒壁运动，在重力和由分离器顶部喷下的润壁黑液的作用下流向分离器底部，通过过滤器排出。烟气通过顶部风管逸出。

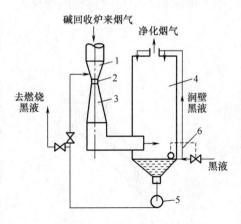

图10-13　文丘里管及旋风分离器
1—收缩管　2—喉管　3—扩散管
4—旋风分离器　5—循环泵　6—浮动阀

影响文丘里烟气降温除尘和黑液蒸浓的因素有黑液的黏度、烟气温度、烟气流速、液气比、喷液方式等。

（二）圆盘蒸发器

圆盘蒸发器是在转轴上的两端或中间装有圆盘，整个圆盘装在一个密闭的半圆形槽中。在圆盘之间与圆盘垂直方向装有许多短管，短管在圆盘面上排成许多同心圆。圆盘旋转时，短管依次地没入黑液和暴露到热烟气中。黑液黏附在管子上，当转出黑液液面时与通入的高温烟气接触，黑液吸收热而使水分蒸发，达到增浓的目的，碱尘也被黑液黏附而起到除尘作用。该装置可以并联或串联设置于烟道中。

圆盘蒸发器的蒸发效果不如文丘里系统高。但是，它操作简单，可以不要专人看管，动力消耗低。它可以单独使用，也可以与静电除尘器串联使用，而提高静电除尘效果。

（三）静电除尘器

静电除尘是含尘气体通过高压电场时，通过电晕放电使含尘气流中的尘粒带电，利用电场力使粉尘从气流中分离出来并沉积在电极上的过程。利用静电除尘的设备称为静电除尘器，简称电除尘器（ESP）。静电除尘器具有除尘效率高、气体处理量大、适用范围广、能耗低、运行费用少等优点，但有设备造价偏高、除尘效率受粉尘物理性质影响大、不适宜直接净化高浓度含尘气体、对制造及安装和运行要求比较严格、占地面积较大等缺点。静电除尘器一般作为尾部除尘设备，可回收烟气中的硫酸钠（Na_2SO_4）和碳酸钠（Na_2CO_3）等化学物质。

四、碱回收炉的辅助系统

1. 供排风系统

供排风系统由鼓风机、空气预热器组成。风量调节挡板可调节进风量的大小。

2. 燃油系统

喷射炉开停炉或燃烧不正常时要使用燃油系统，燃油系统一般用重油为燃料。

3. 芒硝系统

制浆和碱回收中碱和硫的损失，通常以补充芒硝来平衡。芒硝在黑液燃烧过程中还原成硫化钠，且芒硝价格便宜，资源丰富，比在蒸煮时加入硫化钠便宜。芒硝与浓黑液在混合器中经过充分混合后进碱炉：芒硝→螺旋输送机→斗式提升机→圆筛→芒硝仓→圆盘给料器→芒硝黑液混合器。

4. 锅炉水处理系统

锅炉给水要求严格，给水须经软化处理除掉水中的 Ca^{2+}、Mg^{2+}，同时对水进行除盐处理以除掉水中溶解的盐类（即阳离子和阴离子），目前国内常用离子交换法、电渗析法、反渗透法、蒸馏法等方法除盐。水中溶解的氧气和二氧化碳气体对热力设备有强烈的腐蚀作用，必须除去。

五、黑液燃烧过程及其影响因素

（一）黑液燃烧过程及化学反应

硫酸盐法制浆黑液的燃烧，可分为 3 个阶段。

第一，黑液的蒸发干燥阶段：我国目前各厂送入喷射炉的黑液浓度，草浆大约为 50%，木浆约为 60%～65%，须使其干燥成含水分约 10%～15% 的黑灰，才能燃烧。在黑液蒸发干燥的过程中，烟气中的二氧化硫、二氧化碳以及三氧化硫气体，与黑液中的活性碱及有机酸钠盐发生如下的化学反应：

$$2NaOH + CO_2 = Na_2CO_3 + H_2O \qquad 2NaOH + SO_2 = Na_2SO_3 + H_2O$$

$$2NaOH + SO_3 = Na_2SO_4 + H_2O \qquad Na_2S + CO_2 + H_2O = Na_2CO_3 + H_2S \uparrow$$

$$2Na_2S + SO_2 + O_2 = 2Na_2S_2O_3 \qquad Na_2S + SO_3 + H_2O = Na_2S_2O_3 + H_2S \uparrow$$

$$2RCOONa + SO_2 + H_2O = Na_2SO_3 + 2RCOOH \qquad 2RCOONa + SO_3 + H_2O = Na_2SO_4 + 2RCOOH$$

第二，黑液的热裂解及燃烧阶段：经过干燥的黑灰落在垫层上，随着剩余部分水分的逐渐蒸发，黑灰温度迅速提高，据测约为 400℃ 左右时，有机物的分解速度加快。热分解产物有机物气体在热分解区燃烧，继而放出的挥发性可燃气体与二次风及三次风混合后发生气相燃烧，放出大量的热。黑灰中的有机物热裂解后还有一部分发生炭化作用变成元素碳，可供硫酸钠还原成硫化钠。与有机物结合的钠化合物也发生热裂解反应生成碳酸钠，

$$2RCOONa + O_2 = Na_2O + CO_3 + H_2O \qquad Na_2O + CO_2 = Na_2CO_3$$

残存在无机物中的主要是碳酸钠及硫酸钠，部分有机结合的硫和钠变成为硫化钠、亚硫酸钠、硫代硫酸钠。这些化合物之间的比例，取决于温度、送入的空气量。

第三，无机物的熔融及芒硝还原阶段：有机物燃烧放出的热，要保证无机物的熔融及硫酸钠（包括燃烧过程转变的及补充损失加入的）还原的需要。温度一般控制在 950～1050℃。燃烧情况及温度由一次风量控制。芒硝的还原反应，一般有下列 3 种反应：

（1）$Na_2SO_4 + 2C = Na_2S + 2CO_2$

（2）$Na_2SO_4 + 4C = Na_2S + 2CO$

（3）$Na_2SO_4 + 4CO = Na_2S + 4CO_2$

在第三阶段的条件下，温度高达 1000℃ 以上，因还原或是升华造成碱的大量飞失，这些损失的钠及钠化合物随烟气进入锅炉，烟气温度降低后，部分冷凝沉积在受热面上，用吹灰枪吹下后可以回收。

（二）影响黑液燃烧的因素

1. 黑液的组成和性质

黑液固形物中有机物和无机物的比例、燃烧值、黏度、含硅量大小，会直接影响其燃烧性能。木浆黑液因木素含量高、硅含量低，其燃烧性能比草浆黑液要好。

2. 黑液浓度

黑液的浓度对燃烧及热效率的影响都很大。在燃烧过程中，黑液浓度高时有利于燃烧，但黑液浓度高对设备提出了更高的要求。

3. 喷液

入炉喷液量要合适和稳定，如果喷液量过多，炉子超负荷运行，不但不安全，燃烧也不完全，热效率低，硫的飞失增大。进烟气中臭气增加，造成硫损失和大气污染，还会造成锅炉中生成的熔融性积灰量增加及排烟温度过高。若喷液量过小，燃烧不稳定，降低碱回收率。造成喷液量不稳定的原因可能是黑液输送泵或管路不畅，以及由于温度过高而造成黑液沸腾，在输送管路中出现气喘现象等引起。

黑液粒度要适当。黑液粒度小，分散度高，水分容易蒸发，对干燥有利。但是液粒太小，第一，容易被气流带走，机械飞失增加，加重对过热器的腐蚀及锅炉管壁的积灰；第二，干燥过快，产生悬浮燃烧，也会增加管壁积灰及燃烧区延长的后果；第三，垫层太干，而且黑灰呈粉末状，很易烧掉，垫层不易保持应有的高度，炉温低，飞失也大。黑液粒度太小，烟气中产生的臭气多，加重对空气的污染。当然，黑液粒度太大，黑液难以快速干燥，会使燃烧垫层的水分过高，使黑液在垫层上燃烧不充分以致有时会产生死灰层，同样会影响燃烧过程。一般认为，较为合适的喷液颗粒直径为 4~5mm。喷液颗粒的大小可通过控制喷枪喷液压力及喷孔大小来实现。当喷液量及喷孔大小一定时，喷液压力越大，喷液颗粒越小。

4. 供风

总的供风量是根据黑液固形物元素分析中，可燃元素完全燃烧所需的氧气量，并折算成空气量。燃烧 1kg 绝干黑液固形物所需理论空气量 L_0 的计算式如下：

$$L_0 = 4.31 \times [2.67C + 8H + S - (O_固 + O_芒)] \tag{10-1}$$

式中　　　L_0——燃烧 1kg 黑液固形物所需要的理论空气量，kg

　　　　4.31——氧气换算成空气的换算系数

　　　2.67、8——完全燃烧 1kg 碳或氢需要的氧气量

C、H、S、$O_固$——4 种元素在黑液固形物中的含量

　　　　$O_芒$——加入芒硝因还原而释放的氧

实际生产过程中，为保证黑液固形物燃烧完全，需要一定的过剩空气量，空气的需要量为理论量的 1.05~1.10 倍，称为过剩空气系数。

生产上常用分析烟气组成的方法来判断碱回收炉运转正常与否。一般控制烟气中过剩氧含量在 3.0%~5.0%。

5. 炉温

为了使无机物熔融并顺利流出和使硫酸钠充分还原，熔融区温度保持在 950~1050℃。炉温一般用一次风量控制。一次风量大，炉温则高，有更多的氧使硫化物氧化，因此含硫气体少，但由于温度高，而增加了钠盐升华飞失。反之，会产生更多的含硫气体。炉温过低，无机物有凝固的危险，或黏度太大流动困难，使溜槽口堵塞，如熔融物不能及时排出，有可能被迫停止生产甚至水与熔融物爆炸。炉温低，芒硝还原速度慢，还原率低。

草浆黑液由于燃烧值低且含硅量较高，其无机熔融物熔点较高，所以在其燃烧过程中以不补充芒硝为好，以免降低炉温。

6. 垫层

垫层是由干燥后高温的多孔性黑灰组成，黑灰应含有水分约 10%~15%，如果太干，飞失大，而且垫层很难保持。

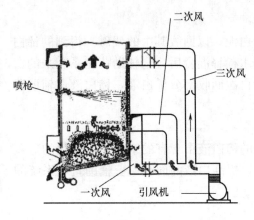

图 10-14 垫层及供风

垫层的形状应如图 10-14 所示，呈小丘形，而且不能偏于一边，否则容易堵死部分风嘴。

垫层的作用是使无机物不断的熔融，将芒硝还原成硫化钠，部分有机物热裂解气化并从垫层排出；部分有机物炭化生成元素碳供燃烧和还原硫酸钠之用。垫层蓄积大量的热，可以起到稳定炉温的作用。所以，要保持垫层有适当的高度，一般在 1.0～1.5m，不超过二次风口。太低起不到垫层的作用，太高影响空气的流动，燃烧不均匀。

开炉时，要起好垫层。不能产生死垫层，产生了死垫层。要烧掉重起。停炉时，要烧空垫层。

第五节 绿液苛化

黑液在碱回收炉燃烧后得到的熔融物溶于稀白液中得到的带绿色的液体称为绿液。硫酸盐法制浆黑液燃烧后主要成分为碳酸钠和硫化钠，烧碱法则为碳酸钠，苛化就是将绿液中的碳酸钠转化为氢氧化钠的过程。

苛化过程分两步进行：

石灰消化：$CaO + H_2O = Ca(OH)_2$

苛化：$Ca(OH)_2 + Na_2CO_3 \rightleftharpoons NaOH + CaCO_3 \downarrow$

综合反应式：$CaO + H_2O + Na_2CO_3 \rightleftharpoons NaOH + CaCO_3 \downarrow$

一、苛化工艺流程

苛化要使白液的浓度和澄清度满足蒸煮的要求，苛化度要高，碱损失要小。

苛化流程分为连续式苛化和间断式苛化两种。连续式苛化自动化程度高，产品质量稳定而且生产能力较大，因此被大多数工厂采用。

（一）连续苛化工艺流程

连续苛化工艺流程大致可分为绿液澄清、石灰消化和绿液苛化、白液澄清和过滤、绿泥和白泥洗涤、辅助苛化等部分。

1. 绿液澄清

从碱回收炉溶解槽来的绿液送入绿液澄清器，澄清器底部抽出的绿泥，带有较多的绿液，送到绿泥洗涤系统进行洗涤、沉淀等处理以回收绿泥中夹带的残碱。回收稀绿液送辅助苛化系统，洗后的绿泥送绿泥处理系统。

2. 石灰消化和绿液苛化

澄清的绿液泵入石灰消化器，并向石灰消化器内连续加入经粉碎成一定粒度的石灰进行消化。当绿液与石灰混合后，石灰不断消化的同时，苛化反应也开始进行，石灰消化后形成的初始苛化乳液经分离器分离未消化的石灰渣料后，送到苛化器苛化。为了保证苛化反应完全，一般由 3～4 台苛化器串联运行。

3. 白液澄清和过滤

由苛化器出来的乳液，送入白液澄清器，沉积在澄清器底部的白泥用膜泵抽出，送入辅助苛化器。澄清的白液经进一步的过滤处理后送浓白液槽，然后送到蒸煮工段。

4. 绿泥和白泥洗涤

在绿泥和白泥洗涤系统中采用热水稀释洗涤绿泥和白泥，以回收其中的残碱，得到的稀白液送辅助苛化系统。从白液过滤设备来的白泥一起经热水稀释混合后，与辅助苛化系统来的白泥一起送入离心机或预挂白泥过滤机等设备进行处理，再次回收部分稀白液，稀白液送辅助苛化系统，而白泥送白泥处理系统。

5. 辅助苛化

利用从白液澄清器来的白泥和白泥洗涤过滤系统来的稀白液中含有的未经充分苛化的氢氧化钙，与从绿泥中加收的稀绿液进一步进行苛化反应，以提高白液的回收率。辅助苛化系统的稀白液送到燃烧工段的熔融物溶解槽。

（二）间断苛化工艺流程

间断苛化工艺较为落后，生产能力小，生产效率较低，一般用于生产能力小的工厂。此工艺用叶片真空吸滤机代替庞大的澄清和洗渣设备，大大简化了流程，节约投资，对于含硅量高、沉淀澄清较困难的一些草浆黑液有较好的适应性。

将绿液和石灰送入间断苛化器，通过搅拌器混合，在一定温度下，发生石灰消化和苛化反应，苛化一定时间后停止搅拌器。在同一苛化器内进行浓白液的澄清，上层白液送浓白液槽。沉淀的白泥排入吸滤槽，用叶片真空吸滤机进行吸滤。滤出的浓白液与苛化器澄清的浓白液混合，供蒸煮使用。

二、苛化设备

（一）石灰消化器

1. 滚筒式石灰消化器

如图 10-15 所示，用钢板焊成圆筒形，水平放置，电机带动传动齿轮使圆筒水平转动。石灰及绿液由消化器一端进入，乳液及未消化的石灰渣由另一端排出。

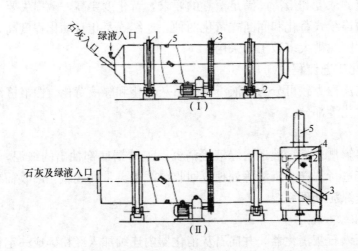

图 10-15　滚筒式石灰消化器

图（Ⅰ）中：1—轮箍　2—托轮　3—传动齿轮　4—减速机　5—角钢翘片
图（Ⅱ）中：1—筛板　2—轴向翘片　3—斜槽　4—排气罩　5—排气管

在圆筒内有角钢的翘片，沿螺旋形的位置焊在筒体内壳上，使石灰与绿液混合均匀。筒体两端作成锥形，使在筒体内可保持一定的液位，促进消化反应。

消化器Ⅱ在消化器Ⅰ基础上作了改进。即在消化器的出口部位，增加一段筛孔段（孔径15～20mm），消化后的乳液及较小的石灰渣通过筛孔流出。粗大的则由焊在筛板上的轴向翅片借转鼓的转动提至筒的上端落入斜槽而排出筒体外。出口端设排气罩排除消化产生的水汽。

2. 消化分离器

该设备将消化和除渣合在一起，消化部分为直立的圆筒，分为上下两层，上下两层均设有搅拌桨叶。上层加入绿液及石灰，消化后带有渣子的乳液从中间的圆孔流入下层。消化后的乳液和灰渣经过圆筒底部的开孔进入分离器。分离器为斜形槽，底部向上倾斜14°。内设有往复运动的耙齿，将沉集在斜槽底部的灰渣排出。斜槽上部设有溢流管，溢流管内设置有带筛孔的过滤板，以除去乳液中的漂浮物。乳液由此管口流出，用泵送入苛化器。

分离器也有用螺旋式的，其中螺旋式便于将分离器部分进行封闭，以保持消化温度和减少蒸汽蒸发。

（二）苛化器

1. 连续苛化器

在消化器内常常已经完成了大部分的苛化反应。但要使苛化反应完全，应设专门的苛化器。

一般采用3台苛化器串联，安装位置逐个降低。苛化器的总容积应保持乳液停留时间不少于90～100min。

常用的苛化器如图10-16所示，为一直立圆筒。内有倾斜桨的立式搅拌器（转速60r/min）、不锈钢蛇形加热管和隔板（搅拌时使乳液产生湍流，混合均匀，加速苛化反应），外包保温层。

为了避免3个苛化器串联时乳液从溢流口出入而产生短路，在苛化器出口或入口处设有垂直挡板。苛化器内壁衬一层耐碱混凝土。还有一种将消化、苛化及澄清过程在同一个设备中进行的消化苛化器，不详细介绍。

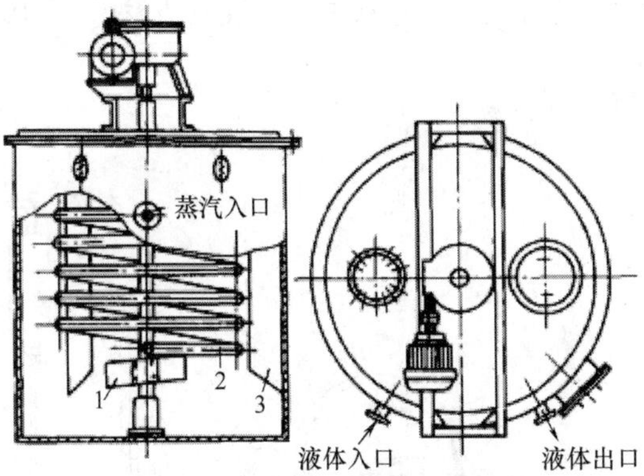

蒸汽入口

液体入口　　　　液体出口

图10-16　连续苛化器
1—搅拌器　2—蛇形加热管　3—隔板

2. 间断苛化器

间断苛化器也是直立圆筒状的结构，内设有蛇形管加热器、搅拌器和倾析器（或摇头管）等。间断苛化器通常消化、苛化及澄清在同一设备中进行。

（三）澄清器

从碱炉溶解槽送来的绿液中含有很多杂质（绿泥），在苛化前要澄清并分离出清液，绿泥再经洗涤，尽量洗除残留的碳酸钠后排掉。绿液经苛化后生成的乳液也要经澄清或过滤分出白液、白泥。白液送去蒸煮，白泥也要再经洗涤过滤，溶解出残碱并提高干度后送石灰回灰工段燃烧。上述过程均应采用澄清或过滤设备来完成。

澄清器分为间歇式和连续式。间歇式澄清器即间歇式苛化器，由于澄清效果及质量差，碱损失大，设备易出故障及沉渣清理困难等原因，目前已被淘汰。连续式澄清器又按圆筒内部分隔的层次分为多层澄清器和单层澄清器。多层澄清器有平行式进液（一般用于绿液、白液澄清及白泥洗涤）和逆流式进液（用于绿泥洗涤）两种。

（四）压力过滤器

白液过滤设备还可采用压力过滤器，它分A、B型两种结构。A型用于过滤苛化白液和白泥洗涤液，B型用于纯化已过滤的白液。与传统的白液澄清器相比较有如下优点：①可大大减少白液中碳酸钙等固形物含量而获得质量较高的白液，能减轻蒸煮及蒸发系统管线及设备结垢程度，提高热效率和纸浆质量；②占地面积小，仅为传统澄清器的7％左右；③设备重量可降低到相同能力澄清器重量的30％左右；④生产出的白液温度高，节约能源。

（五）白泥、绿泥洗涤器

结构与澄清器相似，只是供液和排液方式不同，洗涤热水由底层进入，逐层向上。绿泥、白泥由顶层依次进入底层。不同是设有排泥阻水器泥浆从上层加入向下依次通过各层，而洗涤热水从下层加入，由下而上逐层逆流洗涤。在各层之间使用一个排泥阻水器，使泥渣可以由上向下通过，而液体不能上下串通。

在间歇式苛化过程中，通常采用叶片真空吸滤机吸取混合液中的清液成分，该设备兼有澄清、洗涤、过滤的作用。

（六）白泥过滤机

白泥经澄清洗涤处理后尚含有一定的残碱有效成分，可通过过滤或离心分离设备加以回收。白泥过滤机有鼓式真空过滤机、带式过滤机和预挂式白泥过滤机。此外，还有采用离心机进行分离出白泥中的残碱液的方法。图10－17为白泥真空过滤机装置流程图。

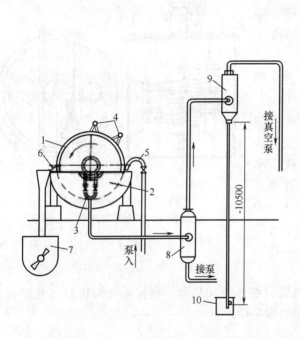

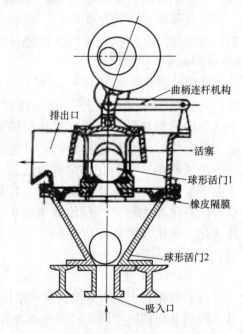

图 10－17　白泥真空过滤机装置流程

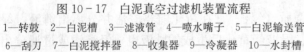

1—转鼓　2—白泥槽　3—滤液管　4—喷水嘴子　5—白泥输送管
6—刮刀　7—白泥搅拌器　8—收集器　9—冷凝器　10—水封槽

图 10－18　膜泵的结构

（七）膜泵

绿泥或白泥，相对密度较大，且易于沉淀，用离心泵输送，抽泥带出液体量多，碱的损失也大，所以白泥和绿泥不用离心泵而用膜泵输送。图10－18是膜泵的结构简图。

三、苛化原理及其影响因素

（一）苛化平衡与苛化度

苛化反应为可逆反应，可表示如下：

$$Ca(OH)_2 + Na_2CO_3 \Longrightarrow NaOH + CaCO_3 \downarrow$$

苛化反应进行的程度以苛化度表示:

苛化度 = NaOH/(NaOH + Na_2CO_3) × 100%(以 NaOH 或 Na_2O 计)

(二) 影响苛化的因素

1. 石灰质量与加入量

石灰中 CaO 含量越高,杂质含量越少,对苛化越有利。石灰中的 MgO 及硅酸盐等成分,对于苛化度的提高和白液的澄清有不利的影响。

2. 绿液浓度和组成

绿液的浓度通常以绿液中总碱含量或 Na_2CO_3 含量来表示。苛化时绿液总碱浓度100~110g/L(以 NaOH 计)为宜。绿液浓度高,所得到的白液浓度高,可多配加黑液蒸煮。所得的黑液浓度高,降低蒸发用汽量,节省循环的动力。但随着绿液浓度的增加,苛化度会出现下降趋势,其原因可能是由于随着绿液浓度的增加,有些因素如 OH⁻ 浓度增加,阻碍了苛化反应的进行。绿液中硫化钠水解,产生 OH⁻ 对苛化不利。

3. 消化温度

为了加速石灰消化,并使反应完全,消化时要求有较高的温度,通常绿液温度要求85~90℃。

4. 苛化温度

苛化温度影响反应的速度和苛化度。温度上升,因 CaCO_3 溶解度上升,Ca(OH)_2 溶解度下降,对苛化平衡不利,使苛化度降低。但温度高,苛化反应的速度要快得多。

5. 消化和苛化时间

石灰消化所需时间与石灰质量好坏有关,一般石灰在消化器内消化时间应在 20min 以上。苛化反应时间与温度的关系较大,当苛化温度在 100℃左右时,苛化时间为 90min 左右。

6. 搅拌速度

为保证苛化反应完全,苛化器应设有搅拌器,但搅拌速度不能太快,否则将使形成的 CaCO_3 颗粒过细给沉淀、过滤带来困难。在苛化器内也不能用直接蒸汽加热,因为直接蒸汽冲击,CaCO_3 颗粒细小,不利于澄清和过滤。

7. 澄清

沉淀颗粒越大,密度越大,越有利于澄清,碱液浓度增高,含硅量高,液体黏度增大,沉淀速度下降。

8. 白泥脱水助剂

为加速白泥沉降,可加入聚电解质作沉淀剂加速白泥沉淀。投加白泥助滤剂能够有效改善白泥的洗涤脱水性能,提高白泥的干度,有利于降低石灰回收炉的燃油消耗量,达到节能降耗的目的。

第六节　白泥回收

在苛化时生成的碳酸钙沉渣,称为白泥,呈暗绿色。生产 1t 纸浆所产生的黑液在碱回收过程中可产生 0.50~0.65t 的白泥。白泥经洗出残碱后,用于焙烧生成生石灰,这一过程就是石灰回收。这里主要介绍回转炉法白泥回收。

在回转炉内煅烧白泥主要包括干燥、预热和燃烧 3 个阶段。干燥:进入转炉的白泥在转炉中缓缓向热端滚动而形成颗粒,在干燥区,受炉头来的烟气作用而蒸发掉水分。预热:干燥后的白泥，受高温烟气预热到分解温度，当加热到 600℃时，$CaCO_3$ 开始分解。

燃烧：$CaCO_3$ 在 825℃时开始分解，生成 CaO，反应式如下（用重油或天然气作为燃料）。

$$CaCO_3 \rightarrow CaO + CO_2 \uparrow - 178.2kJ/mol$$

石灰回收有以下优点：

（1）减轻污染。白泥不用占地堆置。

（2）减少新石灰和石灰石的用量。运输费用降低。

（3）石灰价高的地方，能降低生产成本。

回转炉焙烧白泥。其工艺流程如图 10-19 所示。

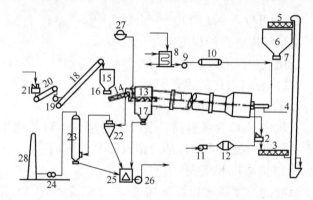

图 10-19　回转炉白泥回收流程

1—石灰回转炉　2、19、21—粉碎机　3、5、13、14—螺旋输送机
4—斗式提升机　6—石灰仓　7、16—圆盘给料机　8—油槽
9—油泵　10—加热器　11—鼓风机　12—预热器　15—石灰石仓
17—沉降室　18、20—皮带运输机　22—旋风除尘器
23—水膜除尘器　24—排烟机　25—砂罐　26—砂泵
27—真空洗渣机　28—烟囱

（一）回转炉的开停机

开机时应该缓慢，使炉内的耐火火砖逐渐受热，避免断裂和破碎。停炉应尽可能地长些，让回转炉慢慢冷却。

回转炉更换炉衬停机检修：停机前 2h 停止往炉内加料，并减少燃料加入量，使内大部分物料经焙烧后送入料仓，余下不符合质量要求的应排掉。当白泥供应不足时，应熄火临时闷炉。

如为机械检修或其他原因停机时，在灭火前 30min 停止加料，并减少燃料量，灭火后改辅助传动。

（二）工艺条件的控制

要用低的燃料消耗并生产质量好的石灰，必须尽量稳定工艺操作条件。回转炉运行处于平衡状态时，不要随便变动任一条件。任何干扰所引起的波动，往往在 8h 或更长的时间内都不能消除。

1. 焙烧温度

烧成区的温度控制在 1050～1250℃，保持物料发微亮白色，出挡料圈时呈暗红色。

2. 炉尾温度

炉尾温度（沉降室测的温度）一般控制在 150～205℃。

3. 抽力

炉尾出口处烟气为负压（10～15mmH_2O），以产生抽力将产生的水蒸气和分解产生的二氧化碳排除，否则影响炉内良好的焙烧，延缓碳酸钙的分解速度。

4. 空气的供给和过剩空气

一次风：燃烧需要量的 20%～40%；二次风：约为燃烧需要量的 70%。

实际供给空气比理论需要量多（过剩空气量：油 10%，天然气 5%），以烟气中一氧化碳含量的分析为准，一氧化碳的含量不超过 1.0%～1.5%。

生产中还可采用流化床沸腾炉、闪急炉等焙烧白泥。

第七节　黑液回收新技术方法

一、黑液热解气化

近年来，在碱法制浆黑液的处理方面，也出现了一些很有前途的技术，值得注意的是黑液气化技术，它是通过在气化室里气化有机物质，得到纯净、易燃、富含氢的裂解气体。裂解气体在燃烧炉内燃烧，热效率可提高 10％，黑液气化后作为发电和产汽用燃气轮机的燃料，其发电量比传统的碱回收多 2～3 倍，有望使制浆厂成为电力生产者和销售者。这种回收技术还有以下的优点：黑液气化也可作为进一步合成化学品的原料，如甲醇；降低投资；通过减少矿物燃料的用量来抵消 CO_2 的排放；有可能在气化室里直接还原化学物质，避免使用能源和资金高的石灰回收过程；还可减少熔融物遇水爆炸的危险；有可能实现不同硫化度的分段制浆，获得更高制浆得率。

北卡罗来纳州新伯尔尼的 Weyerhaeuser 厂采用 FERCO 流化床热解汽化技术处理碱法黑液的流程见图 10-20。

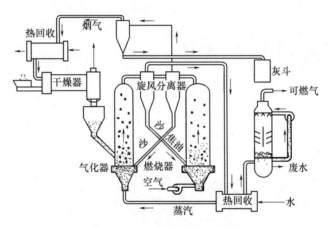

图 10-20　黑液气化流程图

二、液相氧化法

液相氧化有的译成湿空气氧化，简称 WAO。其原理是在一定温度和压力下，将空气或含氧气体通入黑液，使有机物充分氧化生成二氧化碳和水，氧化的最后结果和燃烧一样，故又有文献称为"湿燃烧"。氧化后与有机物结合的钠变成碳酸钠及碳酸氢钠。由于是充分氧化，不能使硫酸钠还原，故此法适于处理苛性钠法制浆黑液，被氧化的黑液为了防止无机物析出，浓度不宜太大，最经济的浓度是 8％～13％，不需要蒸发，所以用此法处理草浆黑液看来是比较理想的。

优点：黑液不需蒸发；热利用率高；药品损失小仅约 0.5％；没有空气污染；生成的 $Na_2CO_3 - NaHCO_3$ 溶液无色，生产流程及设备简单。

缺点：高温高压设备要求高；投资大；醋酸钠不能氧化。

三、其他方法

此外还有流化床燃烧法、热解法（液相热解法、固相热解法）等新技术用于碱回收。

思 考 题

1. 黑液除硅有哪些方法？其原理是什么？

2. 影响黑液黏度的因素有哪些？

3. 黑液除皂的目的是什么？

4. 黑液在蒸发器内形成的管垢，按其主要组成，大致分为哪几类？

5. 多效蒸发包括哪几大系统（流程）？

6. 黑液蒸发顺流式供液流程的优缺点有哪些？

7. 已知进入多效蒸发系统的黑液量为 $80m^3/h$，进效黑液密度为 $1000kg/m^3$。进效浓度为 14%，出效浓度为 60%，求该蒸发系统蒸发的水量是多少？

8. 黑液燃烧过程分哪几个阶段？各阶段的主要化学反应有哪些？

9. 碱回收炉燃烧通常采用三次供风，各次供风有哪些作用？

10. 为什么要对锅炉水软化和除氧和二氧化碳？简要介绍水的软化处理方法。

11. 影响绿液苛化的因素有哪些？

12. 在苛化工段中，设生产 1t 浆消耗活性碱 300kg （Na_2O 计），白液的硫化度为 15%，苛化度为 90%，石灰的过量系数为 1.05，石灰中有效氧化钙含量为 85%，求苛化用石灰量是多少？

13. 白泥回收回转炉有哪几个基本区域？

第十一章 废纸制浆

知识要点：了解废纸制浆的意义及目前流行的废纸分类方法，针对不同废纸类别和产品需求，掌握废纸制浆的流程、主要工艺参数、主要设备的结构原理等。了解目前废纸制浆的新技术、新设备。

技能要求：根据不同要求能制定废纸制浆的流程，并能选择合适设备；可制定废纸回收中碎解、筛分、净化、热融处理、脱墨、漂白等过程的工艺参数，并了解这些过程中各设备的工作原理、优缺点及操作要领，能对相关设备进行简单维护。

第一节 概 述

一、废纸制浆的意义

造纸工业中所指的废纸，是指使用完的纸或纸板、纸和纸板的切边等的总称。废纸纤维常被称为二次纤维，以区别于首次使用的植物纤维。将废纸进行一系列的加工处理，制成可抄造纸张或纸板的废纸浆的过程，称为废纸制浆。

随着人们对环境保护日益重视和世界性造纸原料的日趋短缺，废纸制浆得到迅速发展。实践证明，废纸制浆的意义体现在如下几个方面。

1. 节约纤维原料

生产 1t 化学草浆，通常需要 3t 左右的原料；生产 1t 本色化学木浆约需 $4m^3$ 多木材；1t 漂白化学木浆需 $5m^3$ 的木材；而生产 1t 纸或纸板只需要 1.3t 的废纸。因此，废纸回用可大大降低纤维原料的消耗，缓和或解决原料短缺的局面。

2. 降低成本

废纸制浆成本低于植物纤维原料的制浆主要反映在两方面：一方面每吨浆所需的原料费用较低；另一方面生产过程相对简单，生产成本降低。

3. 节约投资

由于生产流程相对简单，投资大约只有同等规模厂的 50%～70%。

4. 节约能源

废纸制浆，一般不需进行化学蒸煮和煮后洗涤等工序，因此降低了碱、水、电、汽的消耗。

5. 减轻污染

造纸是污染较严重的工业之一，废纸制浆过程由于没有或较少化学作用，所以基本上没有废气污染，没有黑液污染，废水污染程度也大大减少，且其废水较易处理。

二、废纸制浆的特点和基本过程

废纸制浆主要包括碎解与疏解、筛选净化、脱墨、洗涤浓缩、热熔胶处理和漂白等工序。其中碎解、净化、脱墨尤为重要。废纸制浆应遵循流程简化合理、设备工艺高效低耗、及早除去杂质、减少二次污染等基本原则。

（一）基本特点

1. 废纸组成特点

废纸的特点之一是组成上杂质特别多。它包括印刷油墨、印刷后加工的磨光油、覆膜，纸内部的黏结物、纸层间的热熔胶、纸表面的石蜡、沥青以及书刊中的订书钉、绳、黏结胶料、纸箱钉、泥沙，等等。这些非纤维性杂物要除去，除去的彻底程度取决于产品质量的要求。

2. 二次纤维特点

二次纤维已经经历了打浆、干燥的过程，纤维受到切断，因此废纸制浆应尽力保护纤维长度，在漂白、热分散、机械处理、打浆时应减轻对纤维的损伤。其次，由于二次纤维已经受干燥，一定程度上已发生角质化现象，使纤维不可能恢复到原来的分丝和润胀程度，导致纤维僵硬，交织力差，结合力差。减轻二次纤维的切断作用和角质化现象，是废纸制浆中要加以重视的问题，它们对废纸浆抄成纸的质量有重要的影响。

3. 二次纤维的成纸特性

废纸纤维的不断循环使用，必然带来废纸品质的劣化，这就是废纸再生中的劣化现象。它主要表现在贮存劣化、二次纤维劣化（卷曲指数下降、纤维长度下降和角质化现象）、再生过程劣化、杂物引起劣化等。

这些劣化现象随着二次纤维的回用次数增加而加大。这种劣化作用对于不打浆或轻度打浆的草浆二次纤维，相对没那么严重，甚至还可以出现某些"优化"现象。尤其是回用时不打浆或轻打浆的草浆，其角质化程度较低，往往细小纤维的流失这一因素占主导而使再生纸结合力增大，有关物理强度上升，而紧度也略有增加，透明度略有上升。

一般而言，草木浆回用时都打浆。角质化因素为主导，会导致纸强度劣化，紧度下降；打浆度越高，角质化程度越高；草浆杂细纤维多，易在回用过程中流失，而导致纤维长度增大，尤其是不打浆或低打浆度时，这一结果导致再生纸强度略有上升，紧度也略有增加；而纸浆细小纤维的流失相对较少，所以，纵然是草浆再生纸浆，主要还是由角质化因素为主导作用。

（二）基本过程

废纸制浆的基本过程一般为：碎解和疏解──→筛选净化──→脱墨──→脱胶──→漂白──→打浆。

在上述过程中，工序的先后次序归述如下：

（1）先浮选脱墨后净化洗涤，因净化洗涤会除去填料和细小纤维，而填料存在对浮选有利。

（2）筛选、净化、浮选洗涤浓缩安排在热分散系统前，因为这样可以充分利用前面的除杂功能，减轻分散系统的负荷。

（3）漂白在热分散之后，一是不用再浓缩；二是可以充分利用热量；三是这时浆料最干净，可以减少漂白剂用量和易提高白度。

三、废纸的分类与用途

（一）废纸来源

废纸主要存在于城市中，因此废纸有"城市森林"之称。废纸主要来源于：印刷厂的白纸边、纸花和报废印刷品，纸品加工厂的切边废料，纸箱厂的切边料；出版单位的废书籍报刊；

各商业、公司、机关办公等部门的办公废纸；各行各业中的废报纸、包装纸箱、包装纸盒、书刊、杂志；学校的学生作业练习本；家庭中的废报纸、书刊、杂志等。这些废纸可以通过个体废纸收集站、废旧公司收集站和通过进口废纸的渠道收集。

（二）分类与用途

废纸分类的目的是为了合理和分级使用。目前废纸的分类没有一个统一的标准，但大多是依据废纸的纤维特征、印刷特征、干净程度、使用要求等进行分类。联合国粮农组织将废纸分为5类：新闻废纸、书刊废纸、纸板箱废纸、高质量废纸和其他废纸。美国将废纸分为3大类：纸浆代用品、可净化废纸和普通废纸，从贸易的角度上分为47种。日本分为8类，英国分为10类，德国分为低级、中级、高级和保强废纸4大类，欧洲分为普通品种、中级品种、高级品种、牛皮包装纸品种、特殊品种5大类。我国废纸的回收和利用在改革开放后的近20几年才取得实质性的进展，于2007年6月1日开始实施国家标准GB/T 20881—2006，标准中废纸分为以下11类：

（1）混合废纸　由公众回收的未经分类的各类废纸。这类废纸成分复杂、杂质较多，是分选后剩下的未被分类的废纸，总体表现比较低级，各种废纸都有，但含量不定。主要用作白板纸芯层浆、低级包装纸、油毡原纸等低等纸板。

（2）废包装纸箱　由公众回收的无瓦楞的包装纸箱。这类废纸包括非瓦楞类纸板及纸箱等。可用于回抄相应的纸板。

（3）废瓦楞纸箱　由公众回收的废瓦楞纸箱。这类废纸包括瓦楞纸板及瓦楞纸箱，其回收量最大。一般可用于回抄瓦楞纸、箱纸板，木浆成分含量高或质量较好的可生产挂面纸板，或经脱墨脱胶漂白后生产一般文化用纸。

（4）特种废纸　由公众回收的含高强湿强剂、沥青、热熔胶等化学品的特种废纸。这类废纸经过特殊处理，机械碎解比较困难，热熔胶含量较高，利用处理过程不同于其他废纸，其用途可视成浆后的质量进行安排。

（5）废书刊杂志　由公众回收的废杂志、废书刊及类似印刷品。这类废纸主要包括各行业和家庭中的书刊杂志等废纸册，还包括出版部门和书店未发行的废纸册，它们不含或含有少量的机械浆。此类废纸经脱墨漂白制浆后可抄造一般文化、印刷用纸或卫生纸，也可以搭配在新闻纸中使用。

（6）废报纸　由公众回收的未受潮、未暴晒、未返黄的废报纸，不应含废杂志和空白纸张。这类废纸主要用于回抄新闻纸和白纸板的衬底浆或经脱墨后作为低档文化印刷用纸。

（7）废牛皮纸　由公众回收的废牛皮纸及纸袋纸，不含不可利用的衬纸。这类废纸包括水泥和白灰等包装袋废纸和所有的废旧牛皮纸。经拆线挑选后，主要用于回抄仿纸袋纸、再生条纹包装纸、箱纸板挂面浆，个别经漂白后作为漂白浆。

（8）纸箱切边　在纸箱和纸板生产过程中产生的边角料。这类废纸相对比较洁净，可用于生产纸箱和纸板。

（9）办公废纸　由公众回收的已使用过的办公废纸。这类废纸主要包括打印纸、复印纸、传真纸等办公用废纸，其数量在逐年增加。这类废纸的脱墨比较困难，可回用于抄造相应的文化印刷用纸。

（10）出版物白纸边　未印刷的出版物白纸边，不含印刷装订切边、有色纸及湿强纸。主要包括印刷和纸品加工厂的切边白纸边。这种废纸可以看成是纸浆的代用品，这类废纸经碎解和疏解后可不经打浆，便可作为相应的纸种的漂白浆，抄造文化、印刷用纸及卫生纸等。

（11）白报纸 未印刷的新闻纸纸页和切边，或其他类似的白色未涂布机械木浆纸。可用于生产再生新闻纸、文化印刷用纸。

标准中的11类废纸是根据我国造纸企业利用废纸的现状来划分的，基本上囊括了当前造纸企业所利用的各种废纸，由于分类是基于现状和使用的角度出发，有一定的合理性和科学性。上述分类中，各类废纸的主要来源和用途并非标准中的内容，只是编者的观点。标准中对禁物含量和不可利用物含量作了规定，但对胶黏物和油墨这两项内容未作具体规定。

四、废纸制浆的现状与发展趋势

废纸回收并不是一件单纯涉及造纸方面的问题，它关系到环境保护、卫生意识、社会效益、经济效益和废纸制浆技术设备等各个方面，废纸不能和劣质概念等同，因为废纸抄造的一万多种纸、纸板和纸制品中，各项指标均可与原始浆产品相媲美，其中的二次纤维含量从5%到80%不等，新闻纸和箱纸板等甚至可达100%。

作为世界经济大国的美国，在废纸回收和利用方面，按百分率算虽然未能排在世界榜首，但其做法堪称典范。其次是日本、韩国、德国、欧洲、芬兰、中国香港、中国台湾等国家和地区。我国造纸工业过去一些年呈现出非常迅猛的发展历程。我国造纸工业在废纸回收和利用方面也取得了骄人的成绩。2010年中国废纸回收率达34%，废纸浆利用率56%。但与世界先进国家仍有较大差距，截至2007年的统计，世界废纸的回收率就已达54%。美国是全球最大的纸和纸板生产国和消费国，美国废纸回收量一直为世界之冠，美国也是废纸出口大国，其中约有一半出口到中国。

国际上，对废纸制浆造纸技术及设备进行了不断的研究和开发，比较著名的造纸机械公司有Voith、Andritz、TBC、Metso、Beloit、日本相川Aikawa、中国台湾川佳、Kvaemer等，这些公司的废纸制浆技术、设备在世界上得到广泛的应用。我国在引进设备的基础上，不断地探索和研究，开发了自己的新产品，国内的一些造纸机械厂，在水力碎浆机、纤维分离机系列、脱墨设备系列、热熔胶分散系统、废纸浆筛选系统、净化设备、除砂磨浆机等方面开发了系列产品，使国内的废纸制浆技术设备由主要依赖进口，逐步走向国产化。

在废纸制浆工艺上，我国生产企业已积累了丰富的生产经验，结合研究部门及高校等的研究成果，以及国内外生产的高效废纸制浆助剂，在废纸脱墨、脱胶、漂白等主要环节上，都形成了一套卓有成效的生产方法。

第二节 废纸的碎解与疏解

废纸纤维的离解，以水力碎浆机等的机械碎解最为普遍，极个别用化学蒸煮碎解。

一、水力碎浆机碎解

（一）水力碎浆机转子的类型

现在各国都有各自生产的水力碎浆机，但其转子结构多数是以P.S.型伏克斯转子为原型改进而成的。图11-1为P.S.型伏克斯转子，适用于低浓碎解，一般浓度不超8%。如在伏克斯转子的上面装上一个双螺旋锥形转子，则为中浓透平式转子，如图11-2所示。这种转子的碎浆浓度可达10%。高浓转子是一种锥形三螺旋低摩擦力的转子，早期常见于日本相川公司的高浓水力碎浆机，如图11-3所示，其碎浆浓度可达18%，这种转子的高表面积使纸浆得到良好循环并产生纤维间的剪切作用，使纤维疏解而不会使杂物碎解。

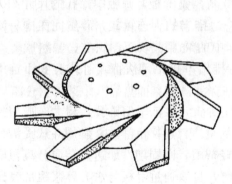

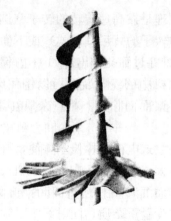

图 11-1　P.S. 型伏克斯转子　　　图 11-2　中浓透平式转子　　　图 11-3　高浓转子

另外较有特色的转子还有 D 型水力碎浆机中的"R"转子、适用于处理一些难碎解的高湿强度废纸的 S 型转子。

（二）水力碎浆机的作用

水力碎浆机在废纸碎解中主要起离解纤维的作用，同时有初步分离除去粗大杂质的作用。在碎解过程中，应尽量保持纤维的原有强度，使附于纤维的杂物分离出来，但又不要过分碎解杂物为碎片，以利以后工序除去。脱墨也可以从水力碎浆机开始，在水力碎浆机中添加脱墨剂，油墨连结料皂化，使油墨粒子从纤维表面充分而分散地脱离出来，这是水力碎浆机的另一作用。

（三）各类水力碎浆机的特点

水力碎浆机有立式和卧式、连续和间歇、高浓和低浓之分。它们的结构示意图如图 11-4 至图11-7所示。

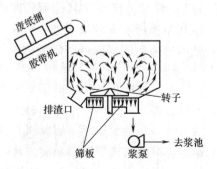

图 11-4　立式间歇式

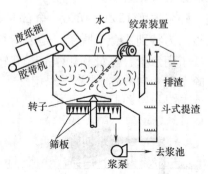

图 11-5　立式连续式

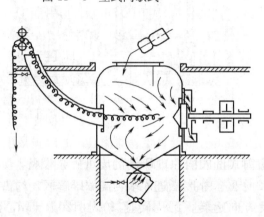

图 11-6　伏特式卧式（连续）

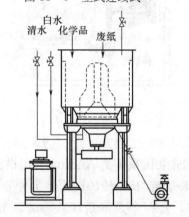

图 11-7　高浓水力碎浆机

水力碎浆机的作用原理是靠高速旋转的转子（圆周线速 900～1100m/min）所产生的水流剪切力作用使废纸碎解。转子的背后（卧式）或下面（立式）是筛板，筛板中筛孔的尺寸约为 $\phi4～25$mm，被分散的纤维穿过筛孔排出。如一边碎解一边排出的为连续式，碎解完集中一次排放浆料的称为间歇式。机中的绞索装置可以钩住废纸中的绳索、破布、铁丝、塑料膜等杂质，而将其拉出（绞车）浆面而除去。粗重杂质在重渣排出口排出，伏特式卧式有利于连续排渣。

立式机体较高，需要立式电机，检修不方便，排浆阻力大，浆渣易塞筛孔，粗大杂质聚集底部，对转子的磨损作用大。图 11-5 中的碎浆机底部的重渣口连接沉渣井，利用斗式提渣或抓斗定期排掉粗大杂质，而沉渣井中的水、纸片和部分轻杂质，则周期性地送入杂质分离机除去其中的大部分轻杂质和少量重杂质，同时纤维受到疏解，良浆通过筛板与水力碎浆机的良浆汇合，送下一处理工序。

卧式和立式碎解作用相同，它安装高度低，卧式的转子叶轮和筛板在侧面，而排渣口在下部，不相干扰，从这点来说，卧式较优。

上述是水力碎浆机的基本类型。国内外不同的生产厂家，有很多具体的品牌型号。

水力碎浆机系统是水力碎浆机碎浆和轻重杂质尽可能保持原状给予除去的装置组合。如图 11-8 所示是 Voith Sulzer 公司连续水力碎浆机系统的一种配置方式。水力碎浆机处理浓度 4％，通过碎浆机筛板的良浆送下工序，而相当于总浆量 30％纸浆则从碎浆机槽内直接送一重渣捕集器，重渣沉集间歇性除去，去除重渣后的浆料送往纤维分离机，受到进一步疏解的良浆通过纤维分离机的筛孔与水力碎浆机的良浆汇合，而筛余的轻重杂质送往一圆筒筛，筛出来的纸浆（含有部分杂质）重回水力碎浆机，而从圆筒筛另一端出来的杂物予以排弃处理。这一系统的良浆通过量大，省动力，可用于中等污染程度的废纸。图 11-9 是一种高浓间歇式水力碎浆机系统，碎浆浓度 15％～18％，全部浆料被稀释后进入纤维分离机，其他流程图中清晰可见。高浓被认为特别适合于脱墨，是因为纤维间的挤压和摩擦能够有效松脱油墨粒子，同时高浓碎浆节约了用水量、热量和化学品。其转子相对较低的转速可明显降低杂质的碎解。除杂系统包含了除杂机和圆筒筛。

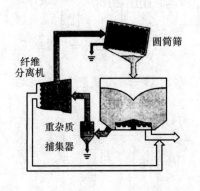

图 11-8 连续水力碎浆机系统

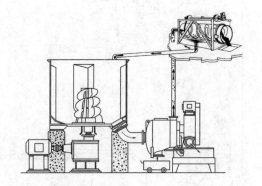

图 11-9 高浓间歇式水力碎浆机系统

鼓式碎浆机系统是 Andritz 公司根据滚筒式洗衣机原理研制的废纸碎浆设备，如图 11-10 所示。鼓式碎浆机系统的圆筒体部分分为 2 个区，靠废纸进入端为高浓碎解区，约占圆筒体长度的 2/3，另一个是筛选区，两者以相反方向运转，圆周转速 100～120m/min，圆筒直径 2.00～4.25m，长度 10～32m，生产能力 60～1700t/d。废纸经变速传输带进入高浓碎解区，

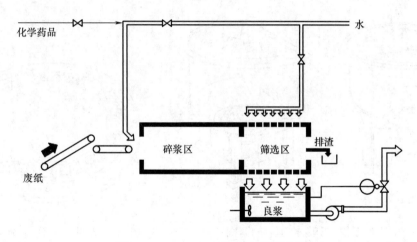

图 11 - 10 Andritz 鼓式碎浆机系统

进入高浓碎解区的废纸被水和化学品浸湿至 14%~18% 的浓度，这种操作易产生塞流效应，因此圆筒体安装时略带 1° 的向下倾角，便于物流流动。此区转鼓的内壁有几块 U 形开口交错排列的隔板，旋转时废纸往复地从高处摔落到坚硬的转鼓内底表面，如图 11 - 11 所示。可有效地将废纸摔散为纤维而不使杂质破碎，被碎解的浆料在旋转过程中通过 U 形挡板开口向前移动，约在 40℃下，经 20~30min 进入筛选区，在这一区域的浆料被转鼓上面的喷水管喷水稀释至 3%~4% 的浓度，喷水管的稀释在筛鼓区由外往里喷，还起到洗刷筛孔的作用。筛选区转鼓的表面被加工成多孔状，顺着浆流方向筛孔由小到大，约 φ6mm、φ7mm、φ9mm 构成 3 个分区，浆料通过筛孔流入下方的浆槽，而杂质则从转鼓末端开口排出。这种碎浆机系统具有如下的优点：①有优秀的除杂功能，废纸原料可不经分选就直接碎解，节省分选费用，因其碎解、筛选非常缓和，所以排放的粗大杂物不易被破碎，比较完整，且除杂率较高；②动力消耗低，其动力只消耗于圆筒体的旋转上，无需搅拌、切断纤维、破碎杂质等动力消耗，可比一般水力碎浆机节省动力高达 50%；③脱墨效果好，并可节省化学品 10%，蒸汽可节省 60%。一般的连续碎浆系统较易出现的浓度不稳定，脱墨剂加入量难准确控制的问题在这得到有效的克服，碎浆后的浆料一般需要一个 0.5~1h 停留时间的贮存熟化池；④因筛选很缓和，杂物通过筛孔混入良浆的机会甚低；⑤排放的杂物几乎不夹带纤维和水分，不需作浆水回收，设备的运作费用较低，维修保养容易，但设备投资很贵。

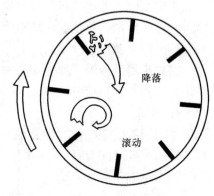

图 11 - 11 转鼓内物料运动示意图

　　其他水力碎浆机：D 形连续式水力碎浆机是对一般水力碎浆机的圆形槽体进行改进，D 形水力碎浆机将水力产生的涡流从中央移至直线边缘，并能使废纸迅速下沉为转子所破碎，如图 11 - 12 所示。它具有较高的浓度（4%~6%），浆流湍动大，与常规的圆形槽比，可提高 30% 的生产能力，降低电耗等优点。因此，已在使用的圆形槽可用挡板将其改成 D 形以提高生产能力，圆形槽内也可以设置三角挡板。另有如美国 Beloit 公司生产的一款 Barracuda 水力碎浆机，其作用类似高频疏解机，其叶轮和疏解定盘的构造如图 11 - 13 所示。

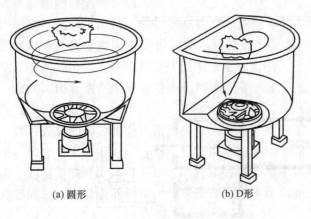

(a) 圆形　　　　　　　(b) D形

图 11-12　圆形槽、D形水力碎浆机比较

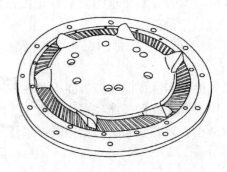

图 11-13　Beloit 公司 Barracuda 水力
碎浆机中叶轮和疏解定盘的构造

(四) 影响水力碎浆机碎解的因素

1. 温度

主要取决于脱墨、脱胶温度要求以及废纸的施胶状况，一般为 50～80℃，而夏天处理废旧瓦楞箱纸板时可不加热。温度高，不但有利于脱墨，还有利于纤维软化，有利于碎解。但应引起注意的是，去除废纸中的胶黏物的情况，如较高的碎解温度容易使废纸中的胶黏物过度软化和分散，因而不利于在后序常规的筛选和净化设备除去，所以希望较低的温度。因此碎解工艺正趋向于低温处理，如不脱墨处理的，通常采用常温。

2. 浓度

浆浓度由水力碎浆机类型决定，同一类型浆的浓度有一定的选择范围。浓度高一些，纤维之间的作用增加，单位电耗相对降低。

3. pH

需要脱墨的废纸一般需加烧碱对油墨的连结料进行皂化，不脱墨时加点烧碱有利于纤维的润胀，因而有利于疏解。但 pH 高也会存在着使胶黏物细化的倾向而不利于后工序去除。

4. 时间

这个因素应视机体容积大小和废纸性质而定，从 30min 至 3h，一般控制在废纸碎解度为 65％～75％ 的时间为宜。

5. 筛板筛孔

筛板筛孔的作用是让碎解后的废纸浆通过，堵截杂物。如无二级碎浆设备，筛孔直径宜小些；如有二级疏解设备，筛孔直径可大些。

6. 废纸种类

不同种类的废纸，其碎解作用是不同的。对湿强度高的废纸，要加热和化学处理，不然会难于碎解。废纸中杂质的种类和含量、是否脱墨都是影响碎解的因素。

7. 脱墨操作

应在水力碎浆机中先加入有关脱墨剂，然后再投入废纸，这样才能使脱墨比较均匀、充分和完全。

8. 其他

碎浆机类型、转子性能、转子转速（圆周线速），都对碎解产生较大的影响。

二、蒸煮碎解

蒸煮碎解是针对那些难于通过水力碎浆机碎解的废纸原料，或是对彩色墨量大和难脱墨的废纸，为提高脱墨效果而提出的。难碎解的废纸是一些高湿强度废纸，这类纸都不同程度地加入了湿强剂，经干燥成纸后形成不溶性的键合，导致机械碎解困难；彩色墨量大的如彩色广告、画报等。蒸煮的目的是为了脱除各种黏结剂、热熔胶，油墨，破坏高湿强度、碎解废纸等。

废纸蒸煮由于采用了化学药品和高温处理，其碎解、脱墨、脱胶效果较好。

蒸煮常用间歇性蒸球。蒸煮前废纸要进行撕碎或切碎打捆备料，以利装锅。蒸煮工艺大致有高温法和低温法，高温法压力为 $0.3\sim0.45MPa$，低温法蒸煮温度 $100℃$ 左右，用碱量一般 $3\%\sim6\%$，时间 $3\sim4h$。应防止长时间保温，避免脱出的细小油墨渗透到纤维内，造成后工序去除油墨粒子的困难。

和化学浆相比，废纸蒸煮的工艺特点是低温、低碱、短时间，以避免纤维的化学降解。实践证明，蒸煮出来的废纸料最好是略带小纸片，这样对纤维强度和避免油墨的反渗透都有好处，未充分离解的废纸料，可通过下一工序水力碎浆机或其他疏解设备疏解处理。

三、废纸的离解工艺

（一）二级碎浆工艺

如果采用水力碎浆机使废纸达到完全碎解，会消耗相当高的动力，且后期疏解度提高很慢，这是流程中没有后继的疏解设备不得已的做法。有资料证明，当碎解度达 75% 时，不宜继续采用水力碎浆机碎解，否则将使电耗加大，并将严重降低纤维强度，杂质过分碎解，不利于后工序除去。

因此，废纸的离解常采用二级碎浆工艺，第一级用水力碎浆机，达到基本碎解的程度。第二级用其他的疏解设备，使废纸浆最终完全离解为单根纤维。第二级的疏解设备通常一机多能，具疏解和除轻重杂质的作用。

在二级碎浆流程中，常在水力碎浆机后，二级疏解设备前安置高浓除渣器或重渣捕集器，以除去尺寸较大重杂质，对后工序设备起到保护作用。由于采用二级碎浆工艺，水力碎浆机筛板筛孔的直径可以适当放大，使部分未完全碎解的碎纸片通过，经二级疏解后，废纸碎解度达 90% 以上。另一种做法是水力碎浆机后的浆料先经筛选，筛出的尾浆再由二级疏解设备处理，由于尾浆量少，可减小二次疏解的负荷。

（二）疏解设备

二级碎解常称疏解，它是采用与水力碎浆机不同的设备对纸浆作进一步的碎解，疏解设备有如下几种。

1. 高频疏解机

高频疏解机是比较传统的疏解设备，通常由一高速回转的转盘和一个固定的定盘组成。废纸浆在转盘与定盘之间的间隙中受到强烈水力剪切作用、纤维间的摩擦作用甚至是机械剪切作用而疏解。根据转盘或定盘的特征形式，高频疏解机分为齿盘式、阶梯式、锥形、孔板式等。

（1）齿盘式：如图 11-14 所示，其疏解效果良好，但要求加工精度高，为避免齿环或齿盘受损，在前面应配置除渣设备。

（2）阶梯式：如图 11-15 所示，与齿盘式比，阶梯式有更长的疏解路程，因此，浆料通过间隙的时间较长，疏解性能良好。阶梯常设计为三级或四级。

（3）锥形：如图 11－16 所示，浆料通过间隙的形状结合了齿盘式和阶梯式，如大锥度阶梯高频疏解机属这一类。

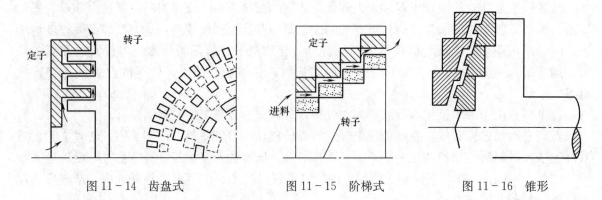

| 图 11－14　齿盘式 | 图 11－15　阶梯式 | 图 11－16　锥形 |

以上 3 种类型的高频疏解机，浆料都是在高速旋转的转子、定子之间的间隙通过，通过时受到离心力、水力、挤压力、摩擦力等作用而使纤维疏解。在疏解时，因受力情况复杂，难免出现纤维被切断的现象。近年来出现的一些高效高频疏解机，在如何加强纤维疏解和把对纤维的切断作用降至最低程度方面作了不少改进。如尚未得到推广的孔板式疏解机，其结构特点是由孔板磨盘构成，其最大特点就是高效疏解并对纤维的切断作用几乎为零。

2. 纤维分离机

纤维分离机作为二级疏解设备，其优点是电耗低、具有除轻杂质和除重渣的功能。国内纤维分离机主要型号是 ZDF 系列，现在生产的厂家众多，但其基本结构、工作原理、基本性能、外形基本一致。纤维分离机的结构原理示意图如图 11－17 所示。

（1）结构　主要结构由机壳、进出浆管、筛板、旋转叶片和疏解刀组成。

（2）工作原理　浆料从切线入口进入圆锥形机壳内，由于叶片的旋转作用，使浆料在机壳内部作旋转运动，重杂质在离心力作用下逐渐趋向圆周，并向大端集中，最后甩入重杂质出口而分离出去。相反，密度较小的轻杂质则逐渐趋于机壳内部的中心，沿轴向分离出去。一般杂质出口采用间歇排渣方式，每隔 10～40s 开放 2～5s，重渣约 2h 排放一次。良浆在纤维分离机中，在旋转叶片的强烈作用下，或在叶片疏解刀的撕碎、疏解作用下，可进一步得到疏解，过程中基本上对纤维不产生切断作用。疏解后的浆，经筛板 $\phi3～4mm$ 的筛孔从良浆口排出。纤维分离机工作原理示意图如图 11－18 所示。

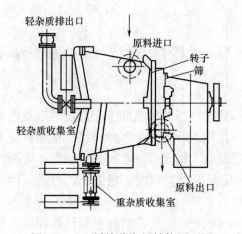

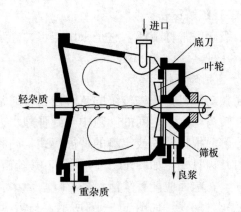

| 图 11－17　纤维分离机结构原理图 | 图 11－18　纤维分离机工作原理示意图 |

（3）工作因素

①浆浓度：一般为 3％～5％，这是本机最佳工作浓度范围。在此范围内，易分离的废纸，浓度可高些；长纤维废纸，浓度应选低些。

②进浆压力：通常为 0.21～0.3MPa。在这个范围内，应尽量选用较高压力。否则，机内浆流旋转的离心力不足，会降低对杂质的分离除去效果，并直接影响到废纸纤维的疏解效果。

③磨损：为减少磨损，通常浆料在进入纤维分离机前要先经过高浓除渣器。

④进浆用泵：一是扬程要达约 0.3MPa；二是能泵送 3.5％～5.0％浓度的浆料。

除此，纤维分离机良浆出口在安装时应先向上弯，高度超过机体本身，然后再向下弯，这样可以避免机内的浆流跑空，保持机内充满浆液。轻杂质排出的流体中，含有一定量的纤维浆量，应回收，一般是配置一个小型（或自制）的詹生筛。

国产的 ZDF 系列纤维分离机的单机产量 40～220t/d。

3. 复式纤维分离机

复式纤维分离机是在纤维分离机的基础上发展起来的，它比纤维分离机多了一个筛浆室，起精选作用，除渣方面又多了一个体外相联的高浓除渣器，显然比纤维分离机优胜一筹。复式纤维分离机的结构如图 11-19 所示。

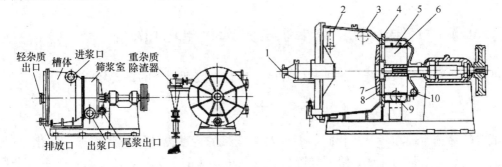

图 11-19　复式纤维分离机结构示意图

1—轻杂质出口　2—重杂质出口　3—进浆口　4—稀释水入口　5—缝筛鼓
6—转子　7—叶轮　8—孔筛板　9—良浆出口　10—浆渣出口

在大锥端附设有重杂质除渣器，重杂质受到离心力作用进入此高浓除渣器，重杂质可通过气动阀门从下方定时排出，而除渣器的良浆由上出口回收（回流至本机的进浆口）。在槽体内的浆料通过叶轮后面的筛板粗选后进入筛浆室内，筛浆室为本机的二级筛选，一般为外流筛，其筛孔或缝的尺寸比一级的要小，高速旋转的筛鼓还会对未完全分离的细小纸片进一步离解。能通过筛缝或筛孔的为良浆，被截留而排出的为尾浆（约 15％～20％），送粗筛作回收处理。从上可知，复式纤维分离机构造紧凑合理，集碎解、除轻重杂质、筛选功能于一体，疏解作用增强，排杂质强化，还具初步精选作用，是一种高效设备，可以简化废纸处理流程，还可以降低能耗。复式纤维分离机也称双效纤维分离机，相应一般的纤维分离机称为单效纤维分离机。

复式纤维分离机国产化后的主要系列有 ZDFF，单机产量 30～160t/d。

4. 其他的疏解设备

打浆设备中的盘磨机可以作为疏解机用，但因为盘磨机主要的作用是打浆，对纤维有强烈切断、润胀、细化作用，所以不是特别合适。近年来出现很多集疏解、打浆、除渣功能于一身的废纸疏解打浆设备，如完全离解除渣机、ZDLC 高效磨浆除渣机、CM 系列精浆除渣机及

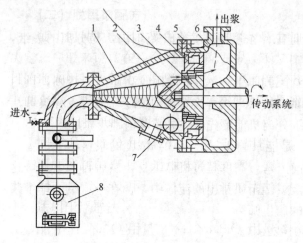

图 11-20 完全离解除渣机
1—除沙器 2—螺旋除沙帽 3—转子 4—锭子
5—支承体 6—壳体 7—进浆口 8—集沙罐

CLM 系列除渣离解磨浆机，这些设备的构造和原理基本相同，其机械作用基本上是疏解中偏向于打浆，处理后浆料的叩解度提高 3～5°SR，并同时具有除渣的功能，可替代打浆设备处理化学草浆，因而如果作为专用疏解设备，不甚合适。

以完全离解除渣机为例，其工作原理如图 11-20 所示。

除渣机中的螺旋除渣帽和转子以相同转速旋转，使浆料产生强力涡流，浆料中密度较大的杂质受离心力作用被抛向器壁并向锥体小端移动进入集渣罐定期排出，而良浆则在水力作用下进入离解区，离解区由一转子和定子的相对运动来实现纤维的离解，转子直径由小至大分 3 级，可减轻对纤维的损伤。

第三节 废纸浆的筛选、净化和浓缩

废纸浆杂质特别多，因此，废纸浆的筛选、净化是废纸制浆的重要环节。

一、筛 选

废纸浆的筛选原理和一般浆相同，但针对废纸浆的特性设计了一些筛选、净化专用设备，以提高适用性。废纸浆的筛选，除了要除去普通浆中常规的杂物外，还要附带除去轻杂质、粗大油墨、胶粒等。废纸浆筛选设备的趋向是高浓高效。

1. 詹生筛

在一般化学浆的筛选中已经讲过，这种筛沿用了几十年，一直被认为是构造简单、合理的粗选设备，在废纸浆生产中也常被用做粗筛设备，用于粗选或处理纤维分离机的轻杂质排出浆液和尾浆回收处理等。

2. 尾浆分选机

尾浆分选机结构如图 11-21 所示。转子为一空心转轴，其上交替焊有分配板（短）和扫浆板（长），扫浆板是在分配板的基础上用螺丝固定在分配板上，作用是搅拌浆料，把粗渣和杂质疏散、移开，以保护筛面清洁畅通。

转子转动半周后，扫浆板把尾渣浆推入涡流室，又再进入筛浆区。此时，尾渣由分配板将纤维均匀分布到下部带圆形安装的筛板上，筛孔直径为 φ2.2mm，扫浆板与筛板距离为 0.5～1.5mm。机内还有喷水管和一串导浆板，喷水作用和一般筛的相同，导浆板对进浆起到一个导流作用。粗渣浓度可达 10％以上。尾浆分选机主

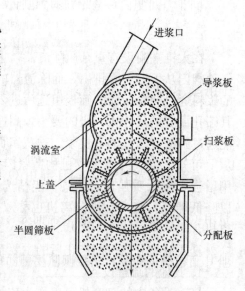

图 11-21 尾浆分选机

要用废纸浆筛选尾浆的回收处理。

　　和詹生筛比，其转子稳定，没有振动，噪声小；尾浆分选机密封，不会污染周围环境；对浆渣的分离作用较强。因此，是一种从理论上讲可以取代詹生筛的粗筛。目前此设备已国产化。

　　3. 粗渣分离器和旋转粗筛

　　由日本开发的赫特粗渣分离器结构如图 11 - 22 所示。它用于处理粗渣尾浆，可将尾浆中的好纤维淘洗后，再通过筛鼓回收。日本相川的旋转粗筛如图 11 - 23 所示，其孔径 $\phi 6 \sim 10\text{mm}$，除去粗大杂质的效果好，其作用和詹生筛相同。

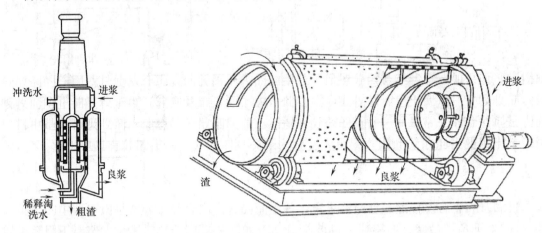

图 11 - 22　赫特粗渣分离器　　　　　　　　图 11 - 23　相川的旋转粗筛

　　4. 离心筛

　　离心筛的典型代表是 CX 筛，其结构、原理、工艺、操作等已在前面章节介绍。

　　5. 压力筛

　　压力筛种类很多，有代表性的设备除旋翼筛（前面章节已介绍）外，高浓压力筛近年得到较多应用。

　　因筛孔或排渣口不易堵塞，早期的筛选净化设备都是低浓的，但其产量低，单位产量电耗高。高浓压力筛目前的使用已相当普遍。如我国南方某厂进口的 OMNI 杂质筛分机，其结构如图 11 - 24 所示。实质上它是高浓粗浆的压力筛，进浆浓度 3%，筛孔 $\phi 1.6\text{mm}$，它对废纸浆的长条形、大面积扁薄杂质、大油墨粒子、黏胶状物、薄膜、泡沫等具有较好的筛选作用，效率达 70% 以上，渣浓度为 $4.0\% \sim 6.5\%$。OMNI 筛的结构特征是采用鼓泡型转子，它能给浆料提供一个较长的加压区和背压区。

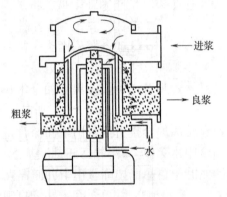
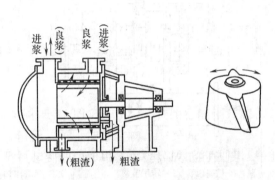

图 11 - 24　OMNI 杂质筛分机　　　　　　　图 11 - 25　日本相川的 CH 型高浓筛及转子

日本相川公司开发的 CH 型高浓筛，其结构和转子形式如图 11-25 所示。这种筛可孔可缝，可外流也可内流，在废纸浆处理流程配置中可安装在浮选前作为精选，也可用于碎浆后的第一级筛选。ADS 筛是 Lamort 公司在 CH 和 Diabolo 两种筛的基础上开发的，如图 11-26 所示。

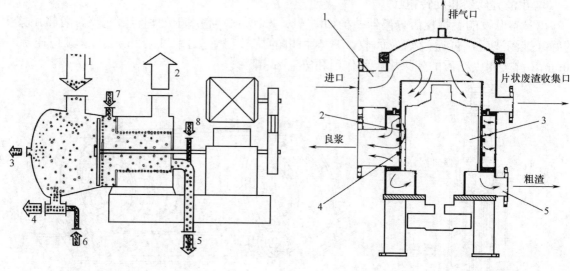

图 11-26 Lamort 的 ADS 筛

1—进浆 2—出浆 3—轻渣 4—重渣

5—浆渣 6～8—稀释水

图 11-27 Omnisorter 型压力筛

1—入口管 2—筛选区 3—转子

4—筛筐 5—筛渣出口

TBC 公司的 Ultra 压力筛和 Ultra-VC 纤维分级机也被引进使用，有不错的筛分效果。

Omnisorter 型压力筛是 Voith Sulzer 公司近年来在脱墨粗筛系统中应用最广的压力筛之一，如图 11-27 所示。在筛盖顶部设有一排气口，以消除筛体内空气，尤其是在开机初期，可尽快地从串水运行转换为浆料运行。根据浆料的杂质含量，调节粗渣阀门，控制尾浆量 15%～30%。

MZ 压力筛是 TBC 公司研制的一种结构独特的压力筛，如图 11-28 所示。MZ 多筛选区压力筛将整个筛选长度分为二段或三段的筛选区，这些筛选区有它们自己的进浆、良浆、粗渣出口，也就是说在一个筛鼓内有 2 个或 3 个筛。除此，日本早期为废纸筛选专门研制的 3F 筛，如图 11-29 所示。3F 筛似一个倒装的水力碎浆机，结合体外的二段涡旋净化器，它对废纸浆起到疏解、筛选、净化的作用，很受小厂的欢迎。

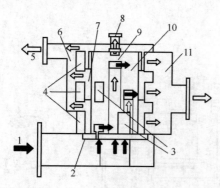

图 11-28 MZ 压力筛结构和工作原理

1—进浆 2—遮闭环 3—转子旋翼 4—筛鼓 5—筛渣出口

6—粗渣区 7—筛选区 8—出口 9—转筒上的进浆分配口

10—转子 11—良浆区

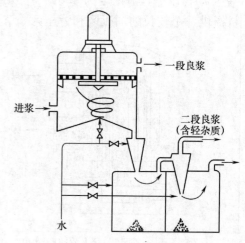

图 11-29 3F 筛

菲因克—赛克洛（Finckh－Cyclo）筛浆机，是一种有特色的高浓筛。筛选浓度在5%左右，其结构如图11-30所示。这是一种将旋翼筛和锥形除渣器组合的设备，兼具筛选和除砂功能。废纸浆料以0.015MPa的低压头从切线方向进浆，在旋翼作用下作高速圆周旋转运动，使浆线速提高至12m/s左右。重物则受到除渣器作用坠到下面的集渣室，而良浆向上流，受到上面的旋翼筛的作用而筛选。

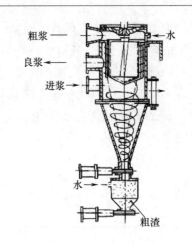

图11-30　菲因克—赛克洛（Finckh—Cyclo）筛浆机

二、净　化

废纸浆的净化，要除去一般浆中常规的重杂物，还要除去轻杂质。对于脱墨浆的净化和筛选，还要除去大尺寸的部分油墨粒子，以及除去轻质胶黏物粒子。

净化所用的设备主要是除渣器。当今的除渣器有了许多新的改进，各种轻、重杂质能除得更干净，除去的杂质直径更小，除去的杂质密度与水更接近，粗渣排放率更低。

1. 高浓除渣器

属粗选设备，常安置在水力碎浆机后处理浆料，对后工序的设备起到保护作用。高浓除渣器对除去比较粗大的重渣十分有效，对0.25～0.30mm以上重渣的除去率，大约在65%～95%。

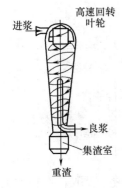

图11-31　ZSC21除渣器结构原理

（1）ZSC21型高浓除渣器　国内早期的旧式高浓除渣器，上部带有旋转叶轮，良浆在下方排出，除渣效率较低。ZSC21型高浓除渣器如图11-31所示。

这种除渣器的工作原理是离心分离，因此切线方向的进浆压力要足够大（0.15～0.25MPa）。上部高速旋转叶轮的作用就是加强离心力，一般低浓除渣器在进浆压力0.25～0.35MPa的情况下，不需此旋转叶轮。这种除渣器主要工作参数：浓度3.0%～4.5%，进浆压力0.15～0.25MPa。

（2）ZGC系列高浓除渣器　这类除渣器的工作原理和低浓锥形除渣器相同，也是涡流离心分离。高浓使其只能作为粗选净化设备。ZGC系列和ZSC21型相比，取消了上部旋转体设计，把锥体改为圆筒长体，它强调底部不断输入高压水，取消上部旋转体，用较高的进浆压力0.2～0.35MPa来弥补。把锥体改为圆筒长体，圆筒形虽不能弥补因压力损失而导致的离心力损失，但可增加分离长度和时间。下部高压平衡水流可使浆变稀，有利重杂物分离，又可增加浆流的离心力。其主要工作条件：进浆浓度3.5%～5%，进浆压力0.2～0.35MPa。这类除渣器一般采用间歇定期排渣，排渣方式有自动和手动两种形式。

高浓除渣器是废纸制浆流程的主要设备之一，其流程位置在水力碎浆机系统之后与筛选系统之前，随着废纸制浆系统筛浆机进浆浓度提高的发展趋势，筛浆前的高浓除砂技术日趋重要。目前制造的高浓除渣器仍然有装旋转叶轮与不装旋转叶轮两种产品，两者的性能有一定的差别。Voith公司的产品自称其进浆浓度可达6%，压力降仅为0.02MPa。国产有叶轮除渣器压力降为0.05～0.07MPa，无叶轮除渣器压力降为0.10～0.24MPa。

（3）几种进口的高浓除渣器　TBC公司的Liquid　Cyclone高浓除渣器有间歇排渣和连续排渣两种形式，如图11-32所示。它能有效的除去砂、砾、玻璃、订书钉等重杂物，在世界上广为应用。其良浆再循环回路使得排浆压力稳定，可直接送入压力筛处理。Liquid Cyclone 进浆浓度可达 5%，压降 35～105kPa，一般来说，浓度低些，压力降大些，其除渣效率高些。

Voith Sulzer 公司的 DR 型高浓除渣器被广泛用于废纸脱墨系统中碎解后的除渣，进浆浓度高达 4.5%，下体的尾渣捕集罐的上、下阀门的打开由气缸完成。瑞典 Cellwood 公司的 Grubbens 高浓除渣器有叶轮、无叶轮两种产品，Cellwood 的 G HDC 型为无叶轮高浓除渣器，如图 11-33 所示。

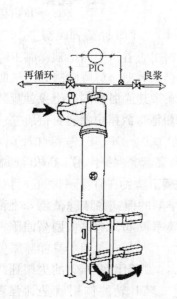

图 11-32　Liquid Cyclone 高浓除渣器

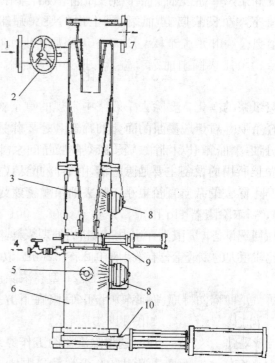

图 11-33　G HDC 型高浓除渣器

1—进浆　2—进浆控制阀　3—锥形玻璃管　4—密封淘洗水
5—视镜　6—沉渣罐　7—良浆　8—照明灯
9—启闭阀　10—排渣阀

（4）双锥高浓除渣器　ZSC 系列双锥高浓除渣器是早期国内某造纸机械厂吸取日本技术而开发的高效净化设备，其外形和结构如图 11-34 所示。

锥体的作用和普通除渣器一样。下锥体是收集上锥体的尾渣（一定意义上说是二段）在高压冲洗水的作用下，进一步离心分离净化，使浆向上锥体浮，重渣由下方收集箱排出。高压冲选水的作用是冲稀而有利分离和产生强的离心力，使下锥体具有良好的分离除渣效果。其主要工作参数如下：工作浓度 2.5%～3.5%，进浆压力 0.25～0.35MPa，冲洗水压力比进浆压力高 0.05MPa 左右。

2. 低浓除渣器

除渣器意为除重渣，低浓意味着精选，所以低浓除渣器是用于精选的除渣设备。通常是正向锥形除渣器，其原理及工艺控制如前章节所介绍。

瑞典的 Celleco-Hedemora AB 公司的 Cleanpac 700 除渣器是一种具有与小直径除渣器同样净化效率的大直径除渣器，这是靠它具有一种全新的进浆顶部、很长的锥形区、新式的排渣口设计来达到的。如图 11-35 所示，纸浆在顶部有两个入口进入上锥体部，与在顶部形成的加速流和较长的停留时间结合在一起，赋予除渣器很高的分离作用。高的分离率和排渣口的独

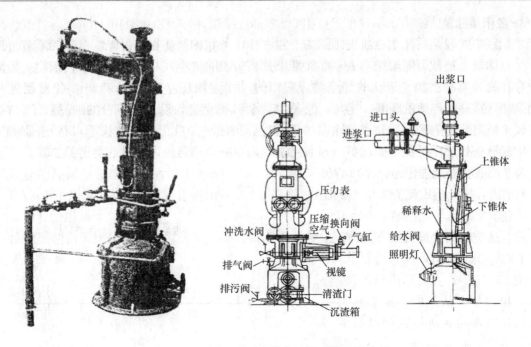

图 11-34　ZSC 系列双锥高浓除渣器及结构图

特设计，使其在低排渣率下运行性，且排渣口极少发生堵塞。Celleco - Hedemora AB 公司的 Cleanpac270 是一种小径的正向除渣器，如图 11-36 所示。其优点是这种除渣器具有大直径除渣器的运行性能好、能力大、排渣率低以及小直径除渣器净化效率高的结合特点。

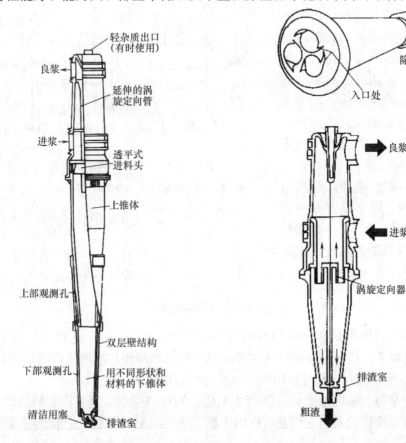

图 11-35　Cleanpac 700 除渣器　　　　　图 11-36　Cleanpac 270 除渣器

3. 轻杂质除渣器

废纸浆中的轻杂质比重杂质更难除去。粗大片、条状的杂质在水力碎浆机的绞索装置或水力碎浆机筛板上被截留随浆渣除去，继而纤维分离机能除去小片状、小条状的轻杂物。但废纸浆中存在另一类细小粒、片状的轻杂物，它们的尺寸大约在 $0.05 \sim 0.50$ mm，相对密度 $\leqslant 1$，主要是一些被高度碎解的塑料、泡沫，胶黏物、涂料填充物，以及大粒径的油墨粒子、粒片，这些轻杂质主要是靠轻杂质除渣器除去（或通过后工序热分散至极微细粒子），轻杂质除渣器是热熔胶冷法处理中最关键的设备，普通化学草浆中的杂细胞也可通过这类设备去除。

轻杂质的除去原理仍是涡流离心分离，利用离心旋转造成旋流体中心低压区，使轻杂质聚集在此区域，再将其引导排放。这类设备主要是锥形除渣器，其基本构造形式如图11-37所示的几种。

图 11-37 中①是三出口除渣器，在良浆出口处，从最中心处引出另一个出口，以排除聚集在这个区域的轻杂质，下出口是重渣排放门，兼具除轻重渣的功能，也称轻重杂质除渣器。②是逆向除渣器，逆向是相对于普遍的低浓正向除渣器而言的，逆向式的主要缺点是尾浆的浆水量相当大，需多段（3~4 段）处理。逆向除渣器的良浆出口要比正向除渣器的排渣口大得多，但其开口又不能大到使器内的涡旋变得不稳定，因此通常有较大的排渣量，且有较大的压力降，需要更高的进浆压力。③是端向式，也称通流式，它可以克服逆向除渣器压力降大和排渣量大的缺点。

除渣器的择用固然重要，除渣系统的设计也要合理，以下是国外一家纸厂主要用旧瓦楞纸（OCC）为原料做挂面纸板生产中的除渣系统，如图11-38所示。

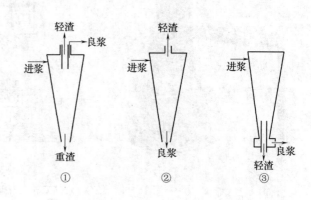

图 11-37　几种轻杂质除渣器

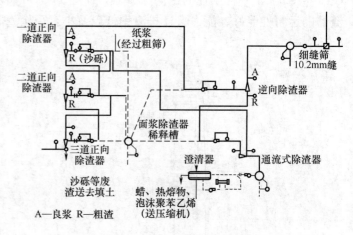

图 11-38　国外某家纸厂的除渣系统

三、浓　缩

传统的浓缩设备只起到低至中浓的浓缩效果，浓度 3%～12%。这对于一般的打浆、贮存、漂白等已满足要求。废纸中特殊杂质去除之热分散系统和现代高浓漂白则要求将纸浆浓缩至 25%～35% 的程度。因此，相应地出现了一些高浓浓缩设备。

前面我们已经学习过斜网浓缩机、圆网浓缩机、侧压浓缩机、真空洗浆机、螺旋挤浆机、双网压滤机等浓缩、洗涤设备，它们都可应用于废纸浆的浓缩。现将一些未介绍过的浓缩设备及其性能介绍如下。

1. 圆盘真空过滤机

现在圆盘真空过滤机这类设备的具体型号很多，因其圆盘是多盘结构，也叫多盘过滤机，过滤机有时又称浓缩机，所以可称多盘（或圆盘）浓缩机（或过滤机）。圆盘过滤机的主要构造为过滤转鼓和机槽，转鼓中的轴为空心主轴，通过轴端的分配阀和水腿产生真空抽吸过滤。与横向安装空心主轴的垂直方向上，安装有很多个平行排列的、表面包有滤网的过滤圆盘，圆盘部分侵入浆中，靠盘面浆位与滤液通道出口之间的水位差产生重力过滤，水腿则产生真空过滤。圆盘直径、数量决定了过滤面积。所用的网目大小决定了不同的过滤作用。图 11－39 是圆盘过滤机滤鼓和整机的外观图。

Celleco 公司生产了一种通过喷嘴喷淋上浆的圆盘过滤机，被称为喷淋式圆盘过滤机。圆盘过滤机也常用于白水中的纤维回收。

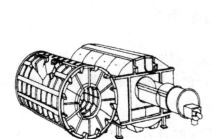

图 11－39　圆盘过滤机滤鼓和整机的外观图

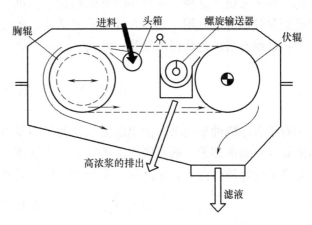

图 11－40　DNT 洗浆机

2. DNT 洗浆机

DNT 洗浆机是 TBC 公司设计的一种洗浆机，该公司称它为高速脱墨洗浆机。它的工作特点是分两步浓缩而不是一步浓缩。从图 11－40 可以看到，无端的循环网通过两个辊筒的带动而运行，不与任何固定的表面接触。纸浆悬浮物通过一头箱（流浆箱）被喷射到循环网内面与第一辊筒（称胸辊）的相交会处，并在经过表面有深沟纹的胸辊时被部分挤压脱水。纸浆部分脱水后，形成像纸幅一样的连续浆层，继续被循环网带到第二辊筒（称伏辊）进行第二次挤压脱水。被浓缩的纸浆被刮刀刮下再经过碎浆，然后通过一螺旋输送器排出。DNT 洗浆机有以下的优点：①能快速排除纸浆中的大部分水分，其中的沟纹胸辊是其构造的一大特色。进浆浓度 0.5%～3%，出浆浓度 10%～15%。②油墨的去除率高。③灰分去除率高。缺点是进浆浓度低，得率低（约 76%）。

3. 纸浆滚动洗浆机

纸浆滚动洗浆机是 Kvaerner－Hymac 公司设计的一种洗浆机，它由头箱、固定的塑料片状罩、套了合成网的转动圆鼓、喷水管、吸水箱和压辊（又作为引浆辊）、运送浆的螺旋输送器、真空用风机和气水分离器等部件组成。0.6% 浓度的纸浆通过头箱被送上转动的洗鼓和固定的弧形片状塑料罩之间，网鼓和罩之间的间隙随着纸浆的脱水而不断缩小，并借助于洗鼓内的低真空度（10～20kPa），浆料向洗鼓的中心方向不断脱水，直到 10%～15% 的纸浆浓度时，纸浆开始在网上成滚动状态，脱水一直延续到纸浆浓度 25%。此时纸浆已滚动成圆条状并从塑料罩开口处滚出落入螺旋输送器内。如需要更高的纸浆浓度时，纸浆滚动洗浆机可在纸浆圆条出口处增加一个压辊，以将纸浆浓度提高到30%～40%，如图 11-41 所示。

4. 其他

Vario Split 洗浆机是 Voith Sulzer 公司参照短程薄页纸机的结构和操作原理研制出来的一种压力扩散式洗浆机。这种洗浆机对油墨颗粒、细小纤维和灰分的去除能发挥很大作用，较高的网速较低的定量可以获得较高的去除率，尤其是对0～25μm 的油墨颗粒的去除效果最好。

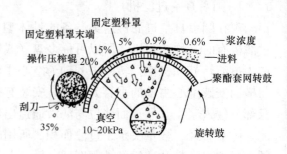

图 11-41　纸浆滚动洗浆机

流化鼓式洗浆机 FDW 是 Celleco 公司根据喷淋式圆盘过滤机等洗浆设备的优点而设计出来的一种洗浆机。这种洗浆机与喷淋式圆盘过滤机一样，既可用来浓缩纸浆，也可作为回收纤维或原浆纤维分选之用。它具有较大的灵活性，能有选择地去除油墨、填料和细小纤维，也能将中长纤维有目的地从任何纸浆中除去。

第四节　废纸浆的脱墨

对于含印刷油墨或书写油墨的废纸，为了制得白纸浆，要进行脱墨，因此脱墨是废纸生产白纸浆的重要的环节。通过脱墨，可以生产废纸漂白浆，它大大地拓展废纸浆的用途，体现了十分良好的经济效益，这正是脱墨浆生产发展迅猛的原因所在。

一、油墨的性质以及在废纸浆中的存在状态

（一）油墨的性质

油墨的主要组成是色料和连结料，以及为了达到更好印刷效果而添加的少量助剂。色料是产生油墨颜色的物质，而连结料则是色料的胶黏物，它黏结色料并牢固附于承印物上。色料主要是有机颜料、无机颜料或碳墨粒，其粒径约 0.1μm 左右。

从脱墨的角度上看，油墨可分为两类。第一类是普通的印刷油墨，即吸收性、氧化性、挥发性油墨，其连结料易被脱墨剂皂化，油墨易于变成细小粒子脱落；第二类是紫外光或红外光固油墨和静电、喷墨、激光印刷墨等，其连结料难于皂化，使油墨粒子难于从纤维中脱落，或脱落后成为片状，用常规的脱墨方法较难除去。但这类油墨的黏结料或墨粉具热塑性，可热分散处理，通常所称的办公废纸所含的主要就是这类油墨。

（二）油墨在废纸浆中的存在状态

油墨在浆中存在的形状、大小分布是决定油墨除去难易程度和除去方法的关键因素。而油墨的性质决定了它在浆中的形状和大小。

上述中的第一类油墨在脱墨剂和水力碎浆机的碎解作用下，易于从纤维上脱落成为 2～300μm 的颗粒，并主要集中在 30～150μm 的范围（见图 11-42），它和脱墨剂的皂化、分散效果有关，还和水力碎浆机类型有关，一般而言，高浓水力碎浆机对油墨粒子的分散效果比低浓的好。

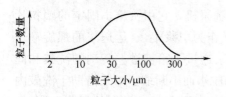

图 11-42　油墨粒子大小分布图

第二类油墨它难于皂化，因而难于从纤维中脱落，或脱落后的油墨成片状，大小约在 40～400μm，厚度不均，

这种片状油墨和这样的尺寸在后工序中较难除去。

二、脱墨原理和方法

脱墨原理和方法随油墨种类不同而异。对一般的普通印刷油墨的脱墨原理可分为 3 个过程：

（1）加脱墨剂向废纸渗透，使油墨连接料皂化和乳化，为进一步从纤维上分离脱落创造更好的条件。

（2）油墨粒子从纤维上脱落。

（3）从浆中除去油墨粒子。

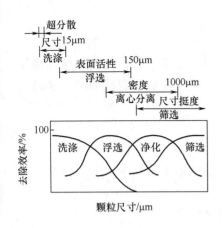

图 11-43　各种方法对油墨的去除率

上述中的（1）、（2）基本上是在水力碎浆机中完成，而常说的脱墨方法通常是指在过程（3）中所采取的具体的、专门的方法。生产过程中的筛选、净化、浓缩等操作都可以除去一部分的油墨粒子，但油墨粒子主要靠专门的脱墨方法和过程除去。脱墨最传统的、最主要的方法是浮选法和洗涤法，它们能有效除去浆中主要存在的 $10 \sim 200\mu m$ 的油墨粒子，其他的生产环节能辅助地除去较大粒径的油墨，$100 \sim 300\mu m$ 时可用除渣器净化除去，大于 $300\mu m$ 时可用一般的精筛设备捕集除去。生产过程中各个环节除去油墨粒子的情况如图 11-43 所示。

洗涤法脱墨要使分离的粒子高度分散，并且有亲水性，保持在水相中，粒子大小约为 $2 \sim 10\mu m$，很易通过洗涤将油墨粒子随洗涤水一起除去。

浮选的原理则可分为 3 个阶段：即空气泡与油墨粒子的碰撞、油墨粒子吸附于空气泡表面、油墨粒子与气泡结合体上浮至浆液表面分离除去。

目前脱墨浮选机所采用的充气装置主要有两种，即压缩空气和空气自吸式，产生的气泡直径为 $0.1 \sim 2mm$。Voith 浮选槽是目前世界上浮选脱墨用得最多并认为效果是较好的浮选设备，充气方式为自吸式，产生的气泡直径与油墨粒子大小的比值为 $5:1$，与理论上的要求较为吻合。

浮选的机理把油墨粒子区分为憎水性和亲水性两种。在憎水性油墨的浮选机理中，悬浮在浆料中的油墨粒子因被脱墨剂中的表面活性剂分子所覆盖而分散在水中，而存在于浆中的钙离子、钙皂絮片或钙皂小颗粒则在油墨颗粒上形成一个覆盖层，起到连接空气泡和油墨颗粒的作用，借此达到和空气泡一起上浮从而浮选油墨的目的，如图 11-44 所示，这种机理一般是基于体系中有钙离子存在，且表面活性剂为阴离子型。亲水性油墨的浮选机理与憎水性油墨的浮选机理有所不同，亲水性油墨粒子通过添加阳离子型的表面活性剂，使油墨颗粒表面发生憎水性变化，使之与气泡有效地吸

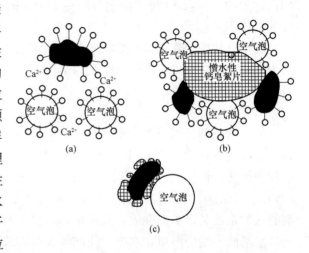

图 11-44　憎水性油墨浮选机理（a）～（c）

附,从而达到浮选的目的。

由此可见,浮选是气-液-固三相界面共同参与的脱墨方法,气泡的大小和稳定性、油墨对气泡的附着性会直接影响脱墨效果,可见表面活性剂和钙离子对浮选的重要性,除此,pH、浓度、时间、进气度等也对浮选产生一定的影响。

除此,还有蒸汽爆破脱墨、超声波脱墨、酶法脱墨、酶-超声波协同脱墨、溶剂法脱墨、中性脱墨等方法。

对第二类油墨的脱墨,原理和方法与第一类油墨的脱墨有所不同,这类油墨对浮选和洗涤来说,尺寸太大,但对筛选和净化来说又较小,去除效果差。因此对这类油墨的除去除选用专门适合的脱墨剂外,还可采用一些特殊处理使油墨粒子从纤维表面脱落、充分分散成细小粒状或凝聚成较大易除去的颗粒,特殊处理方法将在后面介绍。

三、脱墨剂的组成、作用和配方

脱墨剂的主要作用是对油墨皂化、润湿、分散、乳化、促集、附集、发色体的氧化还原作用等,因此脱墨剂组成是多种成分的,必须靠多种组分的协同作用。下面对脱墨剂的主要组成种类和其作用分述如下:

(一) 脱墨剂的组成和作用

1. 皂化剂

皂化剂的主要作用是使油墨连结料皂化而溶于水中,从而达到油墨从纤维上更充分脱落的目的,它是脱墨剂中不可少、最重要最基本的组分。

常用的皂化剂:$NaOH$、Na_2CO_3、Na_2O_2 等,是一类无机碱性物质。

$NaOH$ 对纤维有润胀作用,可促进油墨从纤维上脱落。H_2O_2 作为脱墨脱色剂时也需有 $NaOH$ 形成的碱性,但 $NaOH$ 会使机械木浆的废纸浆变黄变黑。因此,$NaOH$ 的加入量应平衡各种作用,做到适量。

2. 缓冲剂

缓冲剂最常用的是 Na_2SiO_3,可扩大 $NaOH$ 的用量范围,使 $NaOH$ 对机木浆的变黑返黄作用大为降低,白度增大。Na_2SiO_3 又是一种稳定剂,它能稳定 H_2O_2,使 H_2O_2 充分发挥其作用。

在洗涤法脱墨中,Na_2SiO_3 具有去污作用,它是通过润湿、分散,乳化在悬浮水中的固体物而达到的,Na_2SiO_3 能将油墨分散在水中并阻止其重新沉积在纤维表面上,起分散剂和抗沉淀剂的作用。

在浮选法中,在 H_2O_2 和脂肪酸加入的情况下,Na_2SiO_3 能稳定 H_2O_2 和提高白度。在浮选法中 Na_2SiO_3 在脂肪酸收集剂存在的情况下,还可以促进大粒子的形成,有利于采用浮选法。另 Na_2SiO_3 价格低廉,在生产中被广泛应用。

3. 表面活性剂

表面活性剂是脱墨剂中不可缺少的重要成分,在一定程度上决定了整个脱墨配方的优良与否。表面活性剂的主要作用为分散、润湿、渗透、浮选促集、起泡、抗再沉淀等。表面活性剂的种类繁多,性质也各有区别,但其分子结构都有共同的特点,即其分子都是由非极性的疏(憎)水(亲油)基和极性的亲水基两部分组成,而且这两种基团处于分子的两端。表面活性剂的这种亲油又亲水的性质,其疏水基团将会与油墨、油脂等脏物以及浮选时的气泡结合,而其亲水基的一端仍滞留在水中,使油墨等脏物或气泡首先具有亲水性而能分散在水中,为下一步的洗涤或浮选提供了前提条件。

脱墨时，疏水基团与油墨、油污等杂质连结，而亲水基团仍留在水中，形成一个胶束，如图 11-45 所示。此胶束由于表面张力的关系，倾向于聚集在水-空气界面，易被空气泡捕捉而上浮。在这个系统中加入二价钙离子，胶束表面亲水基团与钙结合，将更强地将油墨粒子凝结在一起，并牢固地粘附于空气泡表面随之上浮，这是浮选法中加入 $CaCl_2$ 的原因。另外，上述胶束中，使得油墨粒子被亲水基团包围起来，而赋予亲水性，使其在洗涤法时易于洗涤除去。

图 11-45 表面活性剂形成的胶束

4. 分散剂和吸收剂

分散剂的作用就是使从纤维表面脱落下来的油墨粒子保持分散悬浮状态。如果通过某物质对其吸收而防止油墨粒子再沉淀到纤维表面上去，此物质为吸收剂。皂土就是一种吸收剂，纸中的填料也是一种吸收剂。理想的分散剂应兼有润湿、分散的特性，而最常见的分散剂是表面活性剂，Na_2SiO_3 也具有分散作用。分散剂对洗涤来说尤为重要，因此分散剂主要用于洗涤法脱墨工艺中。

5. 促集剂

促集剂的主要作用是将碎解后分离出来的油墨粒子聚集在一起，然后适合于浮选除去。显然，促集剂用于浮选法，它是浮选法脱墨剂的核心化学药品。促集剂必须是不溶于水的物质，并且有形成憎水性表面的能力。理想的促集剂还应具有调节空气泡表面张力的能力，使携带油墨的气泡具有适当的表面张力，从浮选器内上升到浆液面过程中，气泡不易破裂，而到达溢流堰板时又能迅速破裂。促集剂可以在水力碎浆机中加入，也可以在浮选机前加入。

常用的促集剂是脂肪酸皂类物质，此外可以是合成物（共聚物和混合物）等。脂肪酸皂能和钙盐形成水不溶性，使促集后的油墨粒子具有疏水性，使具很好的浮选性。缺点是需要加钙，会在造纸车间造成积垢，在浮选中会增加纤维的流失，不过，两者的作用都相当的轻微。

6. 附集剂

这是一种较新的名称，是 20 世纪 90 年代发展起来的一种新型的脱墨剂。附集剂是用于激光、静电、光固油墨等这些第二类油墨的脱墨剂。附集剂能将这些片状油墨附集后变大，在后工序中通过筛选净化将其除去。附集剂通常在水力碎浆机中加入，附集剂的加入，通常要求温度为 60～70℃，混合作用时间为 45～60min。这个条件与多数情况下的水力碎浆机的条件基本吻合。

附集剂为难于脱除的第二类油墨的去除提供了一种简单方便的方法。

7. 脱色剂

这是一类漂白剂，如 $Ca(ClO)_2$、H_2O_2、$Na_2S_2O_4$ 等，在水力碎浆机中加 H_2O_2 是针对机械木浆含量较高（15％以上）的废纸浆，加 H_2O_2 平衡或破坏发色基团的生成，防止因碱性导致机械木浆的变黑和返黄。若机械木浆含量较小，漂白宜放在最后工序中。

8. 其他

螯合剂的作用是阻止重金属离子分解 H_2O_2，主要有 EDTA（乙二胺四乙酸钠）和 DTPA（二亚乙基三胺五乙酸钠），如废水中金属离子含量低，可不加螯合物。

清洁剂的作用是润湿油墨粒子和油污，对浆料起到洗净作用，可提高成纸的白度，一般是工业肥皂。

另还可添加脱墨助剂、脱黏剂等。

（二）脱墨剂配方

使用何种脱墨剂主要由废纸的种类、所含油墨的性质、油墨量、脱墨要求和脱墨的方法等决定。一般来说，在一个脱墨剂配方中，不是所有的脱墨剂组分都要添加，而是有选择地、有目的地采用其中的几种脱墨剂组分，并且确定各种组分的用量，从而构成一个脱墨剂的配方。下面介绍一些工厂中曾经使用或正在使用或是通过实验研究的脱墨剂配方。

1. 废旧报纸脱墨剂配方

配方1：Na_2O_2用量2%；Na_2SiO_3用量5%。

温度控制在55℃，适用洗涤法。

配方2：Na_2O_2用量2%；Na_2SiO_3用量4%～5%；发泡剂用量0.5%。

适用于浮选法。

配方3：Na_2O_2用量2%；Na_2SiO_3用量3%；10号硅藻土或高岭土用量3%；温度控制在55℃。

适用于洗涤法。

配方4：NaOH用量1.5%；H_2O_2用量1.5%；Na_2SiO_3用量2.0%～2.5%。工业皂用量：碎浆0.35%、前浮选0.1%。

2. 印刷废纸脱墨剂配方

这类废纸主要包括书刊、杂志、画册等。

配方1：NaOH用量4%；Na_2SiO_3用量5%；非离子型表面活性剂用量1%；温度60℃；碎解后在浮选机前加0.1%阴离子表面活性剂。

配方2：NaOH用量3%；Na_2SiO_3用量3%；H_2O_2用量1%；脱色剂用量1%。

配方3：NaOH用量2%；Na_2SiO_3用量7%；聚氧乙烯烷基酚醚（TX-10）用量0.5%。

配方4：NaOH用量2%；Na_2SiO_3用量3%；H_2O_2用量1%；AEO-10用量0.2%；AEO-35用量0.2%；十二烷基苯磺酸钠用量0.4%。此配方中，AEO为非离子型表面活性剂，十二烷基苯磺酸钠为阴离子型表面活性剂，两者复配起协同效应，相互弥补不足。

以上所述之脱墨剂均应比废纸先加入水力碎浆机中，否则脱墨效果差、白度低，下同。

3. 账簿纸、卡片纸和机械木浆含量低的废纸的脱墨配方

配方1：NaOH用量2%；Na_2SiO_3用量1%；Na_2CO_3用量3%。

配方2：NaOH用量3%；Na_2SiO_3用量2%。

配方3：Na_2O_2用量5%；NaOH用量0.8%；脂肪酸皂用量3%；$CaCl_2$用量1%；适用于浮选法脱墨。

4. 混合废纸脱墨配方

配方1：NaOH用量1.2%；H_2O_2用量1%；Na_2SiO_3用量4%；油酸用量0.8%；用于浮选。

配方2：NaOH用量1.8%；Na_2SiO_3用量4.5%；H_2O_2用量4%；用于浮选或洗涤法。

5. 白纸板脱墨配方

NaOH用量2%；Na_2SiO_3用量5%；油酸用量0.8%；表面活性剂用量0.2%；H_2O_2用量0.7%；$CaCl_2$用量1%；用于浮选法。

作用完整的脱墨剂可直接单独使用，而作用相对完整的脱墨剂则要按产品说明去掺配其他的脱墨剂成分一起使用。如：

1. Kedoo-Ⅱ型脱墨剂

该脱墨剂是以多种独特的阴离子及非离子表面活性剂反应配制而成，用于废旧新闻纸（ONP）、废旧杂志纸（OMG）及混合办公废纸（MOW）的浮选法、浮选加洗涤法脱墨。脱

墨参考条件：NaOH 用量 $0.8\%\sim1.5\%$；Na_2SiO_3 用量 $2.0\%\sim3.0\%$；DTPA 用量 0.2%；H_2O_2 用量 $2.0\%\sim3.0\%$；脱墨剂用量 $0.10\%\sim0.2\%$；温度 45℃以上；pH：$9.5\sim10.5$。

2. 脱墨剂 D 和脱墨剂 JP、脱墨剂 PA－101 和脱墨剂 PA－104

脱墨剂 D 为微黄色或白色透明液体的非离子表面活性剂，用量 $0.12\%\sim0.20\%$，温度 $50\sim60℃$。脱墨剂 JP 阴离子表面活性剂，脱墨温度 $80\sim90℃$，用量 $3\%\sim5\%$。脱墨剂 PA－101 适用于 ONP 浮选法脱墨，其工艺条件为：PA－101 用量 0.2%，氢氧化钠用量 1%，硅酸钠用量 3%，双氧水用量 2%，温度 $55\sim60℃$。脱墨剂 PA－104 是一种不含禁用化学成分，对环境友好的环保型脱墨剂，适用于 ONP（50%）和 MOW（50%）的洗涤法脱墨，工艺条件为：PA－104 用量 0.4%，氢氧化钠用量 3%，硅酸钠用量 3%，双氧水用量 2%，温度 60℃。

3. MT 脱墨剂

该脱墨剂由天津化学研究所研发，湖北黄石市龙骏化工科技有限公司生产的产品，使用条件见表 11－1。

表 11－1　　　　　　　　　　　　　　　MT 脱墨剂使用条件

助剂		纸种	
		新闻纸	其他废纸
脱墨剂	MT 型	0.5%	0.3%～0.7%
疏解助剂	氢氧化钠	1.0%～2.0%	1.0%～2.0%
	硅酸钠	2.0%～4.0%	2.0%～4.0%
	双氧水	1.5%～3.0%	1.5%～3.0%

4. 脱墨剂 WD－3、SD、FD－2X

脱墨剂 SD 主要用于 ONP（含 30%以下的 OMG）的浮选脱墨，使用条件 SD 用量 $0.2\%\sim0.5\%$，NaOH 用量 $1.0\%\sim3.0\%$，Na_2SiO_3（38～40°Bé）用量 $1.0\%\sim3.0\%$，H_2O_2 适量。WD－3 适用于废新闻报纸（可含少量旧杂志纸）的洗涤法脱墨，使用条件：WD－3 用量 $0.10\%\sim0.20\%$，NaOH 用量 $0.5\%\sim1.0\%$，Na_2SiO_3 用量 $1.0\%\sim2.5\%$，H_2O_2 适量。FD－2X 适用于 ONP 浮选脱墨，使用条件：FD－2X 用量 0.2%，NaOH 用量 1%，Na_2SiO_3 用量 2%，H_2O_2 用量 1%。

5. HD 系列废纸脱墨剂

该脱墨剂主要由非离子型表面活性剂复配而成，适用于书刊、废报纸、废铜版纸的浮选脱墨。主要有 HD－55、HD－7、HD－8 等多种产品。

6. "525" 脱墨剂

这种脱墨剂含多种表面活性剂和无机盐，对红色油墨粒子有较好脱除能力。"525" 脱墨剂使用时的工艺条件如表 11－2 所示。

11－2　　　　　　　　　　　　　　　　　"525" 脱墨剂使用工艺条件

废纸品种	书籍、杂志	报纸	彩印纸	废纸品种	书籍、杂志	报纸	彩印纸
碎解浓度/%	12	12	12	NaOH 用量/%	1.5～2	—	3
碎解温度/℃	90	60	90	Na_2SiO_3 用量/%	5	2.5	5
碎解时间/min	30～40	30	40	H_2O_2 用量/%	1	1	1～2
525 用量/%	1	0.5	0.5				

7. SDI 系列脱墨剂

SDI 系列脱墨剂是上海制皂有限公司研制的产品，用于新闻纸、书刊纸、杂志纸、账簿纸的浮选脱墨，脱墨效果可达 95% 以上，脱墨后白度较高。

8. HY8018 型脱墨

HY8018 型脱墨产品是水基型脱墨剂，以阴离子型高级脂肪酸表面活性剂为基本原料，复配非离子型表面活性剂（脂肪醇聚氧乙烯多元醚）及分散剂、捕集剂而成，脱墨效果很好。对新闻纸和杂志纸的使用工艺：HY8018 添加用量 0.2%～0.4%，添加点碎浆机、前浮选、后浮选，添加比例为（1.0:1.5）～（2.0:0.5），使用温度 40～80℃。对杂志纸和办公废纸的使用工艺：HY8018 添加用量 0.3%～0.5%，添加点碎浆机、浮选，添加比例为 1.0:2.5，使用温度 40～80℃。

9. 生物酶脱墨剂 LPK－CD05、JH－802

生物酶脱墨剂中，各种生物酶组分分工协作，作用于纤维表面的油墨、胶黏物中的连结剂及油墨、胶黏物颗粒，使纤维与油墨、胶黏物之间的结合力变弱，并直接分解油墨、胶黏物，使其颗粒更小，同时加强其亲水性。在机械力及助剂作用下，使油墨、胶黏物与纤维充分分离，并保持良好的分散性，有效地防止油墨及胶黏物的附聚及对纤维的二次污染，有利于在后续的工段中除去。LPK－CD05 的用量用法：100～300g/t 废纸，作用 pH 范围 7.5～9.0，作用温度 35～55℃，碎浆时间 15～35min。生物酶脱墨条件温和，化学品用量少，纤维损失小，保持良好的纤维特性，大幅度降低污水 COD 和 BOD，有利于环保，减轻污水处理负荷。

10. 某些进口脱墨剂

下面是国内某些以进口美废 ONP 为主，搭配国内 ONP 和 OMG 为原料的新闻纸厂使用进口脱墨剂的具体例子：

脱墨线 1：NaOH 用量 1.0%；H_2O_2 用量 1.5%；Na_2SiO_3 用量 2.0%～2.2%。脱墨剂：斯蒂芬森马来西亚产的脱墨皂 KSL－100 和江苏昆山中轩化学公司的化学表面活性剂 GOD1230。用量：碎浆时 KSL－100 用量 0.35%，GOD1230 用量 0.035%；前浮选时 KSL－100 用量 0.1%。

脱墨线 2：NaOH 用量 0.7%；H_2O_2 用量 0.5%；Na_2SiO_3 用量 1.8%。脱墨剂：汉高表面活性剂 3030。用量：前浮选 0.023%；后浮选 0.01%。

脱墨线 3：NaOH 用量 0.5%；H_2O_2 用量 0.5%；Na_2SiO_3 用量 1.0%。脱墨剂：斯蒂芬森马来西亚产的脱墨皂 KSL－100。用量：碎浆 0.15%；前浮选 0.05%。

随着废纸脱墨制浆的发展，对脱墨剂的研究和开发工作势将向纵深发展。一方面是研制新的脱墨剂用化学试剂，另一方面是研制更高效、环保、更有针对性和适用性的脱墨剂。

四、洗涤法和浮选法脱墨

结合水力碎浆机的碎解和脱墨剂的作用，洗涤法和浮选法是去除普通印刷油墨最主要的方法。

（一）洗涤法和浮选法的比较

洗涤法是最早、传统的方法，其原理是用洗涤设备将细小的、存在于浆水中的油墨粒子随着洗涤水一起排出。显然，洗涤的方法和洗涤设备对洗涤法脱墨效率有一定的影响，采用多段逆流洗涤和优良的洗涤设备将有利于提高洗涤脱墨效率。而浮选法则是靠对促集后油墨粒子和空气泡的碰撞，吸附于空气泡上，然后一起上浮到液面溢流排去或经刮刀刮走。浮选设备和浮选工艺合理及严格控制是取得浮选脱墨高效率的重要条件。

浮选法及洗涤法各有优缺点。从对油墨粒子能除去的百分率来讲，浮选法的效率高于洗涤法。洗涤法的优点是产品白度较高，浆中油墨碳粒除得较干净，浆中灰分含量小，一般在

2.5%左右，脱墨操作方便，工艺简单稳定，电耗低，设备投资一般较低；缺点是用水量大，纤维流失大，得率一般在75%左右，国内小型厂常用此法。浮选法的优点是纤维流失率低，浆得率高，用水少，污水少，污染少，药品用量稍少；缺点是白度低，比洗涤法低3%～4%，工艺条件控制严格，设备投资费用高，灰分含量高（可高达20%～30%），不适于抄薄页纸（灰分含量要低于2%），动力消耗大，占地面积稍大。

近年来，浮选法和洗涤法相结合使用成为发展趋势，获得了更佳的效果。

（二）洗涤、浮选设备

洗涤法所用的主要设备是洗浆机，前面已有详述，如真空洗浆机、压力洗浆机、侧压浓缩机、圆网浓缩机、螺旋挤浆机、双网压滤机、圆盘真空过滤机、DNT 洗浆机、纸浆滚动洗浆机、Vario Split 洗浆机、流化鼓式洗浆机 FDW 等洗涤浓缩设备。

浮选法所用的设备是专用的浮选槽、浮选塔或浮选机，所有的浮选设备的工作原理都相同，都是靠底部进入的细小空气泡将促集的油墨粒子带到液面而排走，而浆从底部排出。机体的结构、空气泡发生器是浮选设备中的重要部件，两者都有多样化的构造。浮选设备发展的方向是：①设备类型从纸浆的平流卧式型向纸浆的旋流立式型发展；②机体结构从槽体的方箱型向圆柱型发展，槽体从开启式向密闭式发展；③气泡形成形式从机械搅拌或压缩空气向文丘里抽气或更高效的专用气泡发生器的方向发展；④浮渣排除方式从自然溢流或机械刮板式向正压吹风或负压抽吸式方向发展。

下面有代表性地介绍其中的一些设备。

1. Beloit 浮选槽

Beloit 公司的 Lineacell 浮选槽又称书架式浮选槽，其结构和工作过程如图 11－46 所示。而 PDM 型压力浮选槽是 Beloit 公司根据压力制浆的总体概念于 1987 年和日本三菱公司合作研制的第二代压力脱墨槽。PDM 是针对常压下难于生成 $50\mu m$ 以下的微气泡、喷嘴易堵塞、气泡不稳定等问题而设计的一种脱墨机，压力浮选机的构造原理如图 11－47 所示。其构造分为空气溶解和气泡生成区、浆料的混合区以及吸附油墨和良浆分离的分离区。对于常压的浮选机，这些过程几乎是同时进行的。而压力浮选机使这些过程相对独立分开，有针对性地使各个阶段做得更好。

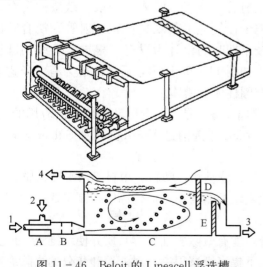

图 11－46　Beloit 的 Lineacell 浮选槽
1—进浆　2—进气　3—出浆　4—墨渣
A—充气区　B—混合区　C—分离区　D—良浆溢流　E—良浆区

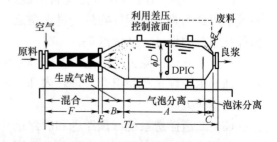

图 11－47　压力浮选机的构造原理

Beloit 公司随后又推出了 PDM 的改进产品称为 PDM－Ⅱ，如图 11－48 所示。PDM－Ⅱ与PDM 比，增设了浆流挡板、气浮物挡板，进行了二次浮选，油墨去除率更高，尾渣再循环提高了得率。国内也开发研制了与上述结构类似的压力浮选机。

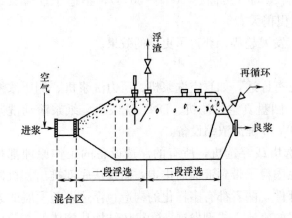

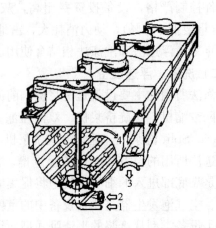

图 11－48　PDM－Ⅱ型浮选机　　　图 11－49　Voith 的封闭圆柱形浮选槽
　　　　　　　　　　　　　　　　1—空气　2—进浆　3—良浆　4—浮渣

2. Voith 浮选槽

Voith 公司早期的浮选槽是采用敞开式带叶轮搅拌器的方形槽体结构，在此基础上，

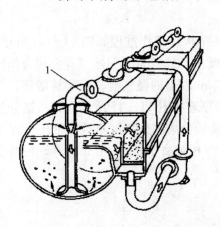

Voith 公司研制了密闭的圆柱形槽设计，如图 11－49 所示。此槽可重叠串联安装，它仍保留了原方形槽的搅拌结构并对分散器作了改进。由于槽体为圆柱形，浆流动状态得到改进。这种槽的搅拌器具有把浆料从一个槽泵送至另一个槽以及吸入空气和分散空气的作用，因而不需要外部浆泵、压缩空气和鼓风机。随后在 20 世纪 80 年代初，Voith 公司采取了泵送与分散分开的设计，根据文丘里原理专门设计了注射管。空气的吸入与分散，纸浆的混合以及油墨粒子在气泡上的聚集都在注射管和混合管内完成。较早期时的设计为只有一根进浆管线的圆柱形槽体，如图 11－50 所示，后来改进为有 3 条进浆管线的椭圆柱体形槽体。

图 11－50　Voith 的注射管式圆柱形浮选槽
1—进浆　2—良浆　3—浮渣

EcoCell 浮选槽是 Voith 公司目前最新型的浮选设备，是目前国际和国内广泛应用的设备，并被业界认为是效果很好的最先进设备之一。EcoCell 浮选槽是 Voith 公司和 Sulzer 公司浮选槽优化组合的设计，其优点是：

（1）能有效的除去广谱范围 $5\sim500\mu m$ 的油墨、胶黏物、塑料、填料等憎水性物质。

（2）由于浮选槽间组合合理，内部互通，使液位控制简单，液位高度控制可靠，生产能力变幅范围较大。

（3）二道浮选系统（预浮选和后浮选）组合，能有效除去油墨等杂质并使纤维流失最少。

（4）二段浮选在不牺牲白度和洁净度的前提下提高纸浆得率，对油墨和灰分的去除有高选择性。

EcoCell 浮选槽系统如图 11－51 所示。EcoCell 能广谱去除不同大小的杂质颗粒，主要靠新型紧凑式浮选槽的通气元件。这元件是一个多段微湍流发生器，它由一喷嘴片、阶梯扩散器、折流板混合器和分布扩散器组成，如图 11－52 所示。在喷嘴片内，浆流首先受到高度加速所产生的真空力吸进多达 60％的空气流。多段微湍流发生装置有不同的微湍流区以产生大小不同的空气泡以除去不同颗粒大小的杂质。此通气元件耗能较低，操作压力为 90kPa。

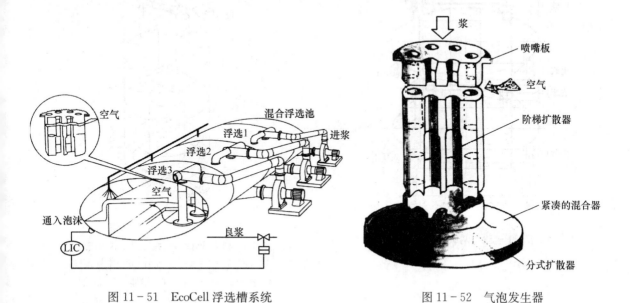

图 11－51　EcoCell 浮选槽系统　　　　　　　　图 11－52　气泡发生器

　　浮选槽体为椭圆形不锈钢板焊接而成，每个槽可分几个池（室），用隔板分开，隔板底部开口而使各室内部相通，每室底部有良浆出口，出口处有导流板，每个室有几个气泡发生器。槽内溢流堰板使浮选室和泡沫收集槽隔开，浮选室内液位通过溢流堰板来调节，泡沫收集槽的液位也可通过其出口阀门的开启程度来调节。

　　在 EcoCell 浮选槽系统中，约 1.2％浓度的浆料从混合浮选池底部泵送到 1 号浮选池，浆料经过气泡发生器时吸入空气产生广谱气泡并和浆料混合，从槽底部的分布扩散器排出，气体带着油墨浮至液面，满过溢流堰板进入泡沫收集槽。良浆从槽底泵出，经气泡发生器进入 2 号浮选池，如此重复直至浆料到达最后一个浮选池。各浮选池的泡沫进泡沫收集槽从泡沫出口泵送到二段浮选槽进行浮选处理。

　　两段浮选中，一段浮选的目的是为了改进纸浆白度和洁净度，二段浮选则是在不牺牲白度和洁净度的前提下提高纸浆的得率。一段的浮渣在进入二段前先经过一个分离器以除去空气，之后进入二段浮选。二段浮选选出来的纤维悬浮液分为两路，一路送回二段浮选前进行再循环，另一路则送一道浮选前进行再浮选，二段浮选的墨渣送污泥处理系统。在去除灰分方面，二段浮选起着重要的作用，它有高选择性，即在去除灰分的同时尽量减少细小纤维的损失。

　　为了提高纸浆的白度，常采用二道浮选，二道浮选实质上是二级浮选，也常称预（前）浮选和后浮选，每道浮选都为二段浮选。二道浮选以热分散为界定位置，预浮选在前，后浮选在热分散之后。绝大多数的油墨从前浮选除去，残留的油墨会使纸浆有一种不均匀或有斑点的外观，因此接下来的热分散将残留的附着于纤维表面的油墨予以分散，接着在第二道浮选中除去。为了减少占地面积，两级浮选槽可叠加安装，如图 11－53 所示。

EcoCell 浮选槽系统与其他浮选装置相比，在同等杂质去除率的前提下，可提高生产能力20%。在同等生产能力的前提下，对油墨、胶黏物有更高的去除率，能获得更高的白度，同时细小纤维的流失减少。

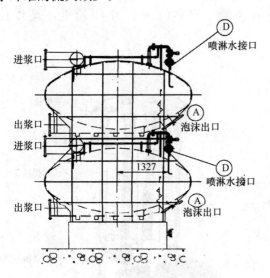

图 11－53　两级浮选槽叠加安装

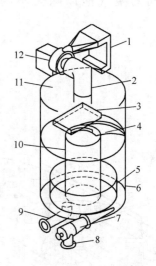

图 11－54　Swemac 浮选槽结构示意图
1—进气管　2—空气回流管　3—空气入口
4—撇渣器　5—挡板　6—槽体　7—混合室
8—进浆口　9—良浆出口　10—泡沫排出管
11—盖　12—鼓风机

3. Swemac（斯威马克）浮选槽（塔）

Swemac 浮选槽是一个密闭的立式中空的双圈圆筒形结构，属喷射旋流型浮选机，它是采用吹风撇沫的方式分离油墨粒子的。图 11－54 为其结构示意图。已碎解和初步筛选的废纸浆从底部以 1.0%～2.0% 的浓度泵进混合室，浆料和空气均匀混合后，从切线方向喷入槽底。槽内浆流沿环形通道绕中央的泡沫排出管作旋转运动，气泡吸附了油墨粒子涡旋地上升至浆面，涡旋延长气泡上升的路程和时间，提高脱墨效果。借助于浆料悬浮液本身的运动和从顶部切向气管吹向浆料悬浮液表面的空气，使漂浮在浆面的油墨泡沫向撇渣器聚拢，漫过溢流口流进槽中央的泡沫排出管从底部出口排走。而切向吹进的空气被分离并向上，沿内部的空气回流管返回鼓风机入口抽吸处，再循环使用。良浆则旋转翻过环形挡板，从良浆排出管排走。环形挡板是为防止入口浆料和良浆短路而设置的。这种装置是完全密闭的，圆筒形结构使它容易清洗，不会产生方形槽所具有的死角，它的操作浓度可达 2%，排出墨渣浓度为 3%～4%，废渣中几乎不带纤维。另外，用于吹走泡沫的空气亦可回收再用，因而该装置对周围环境的影响很小。这种浮选槽的动力消耗较低，且由于只有鼓风机而没有其他转动部件，因而维修费用也低，和普通的浮选槽相比，它可获得较高白度的纸浆，其成浆白度几乎可达到原纸的白度。

Swemac 浮选槽通常由两个或以上的单体槽垂直重叠安装，因而它也被称为浮选塔，每个单体槽组成一个工作单元，一个塔的工作相当于几个单体槽串联使用，这样，不仅可减少占地面积，还可降低建造成本，提高效率。

4. 新型紧凑式浮选槽

新型紧凑式浮选槽浮选槽（New Compact Flotation Cell）是 Sulzer 公司于 20 世纪 90 年

代推出的一种浮选槽 CF－Cell，这种新型紧凑式浮选槽是由两个单元组成，如图11-55所示。槽外的充气元件从密闭的槽内取得空气并使纸浆和空气在充气元件中得到充分的混合。充气后的纸浆以切线方向送入圆筒形的槽内，纸浆中的油墨吸附在空气泡上并上升到槽面形成泡沫并溢流入中央的泡沫收集管，脱去油墨的纸浆则从槽底排出。从泡沫释出的空气在泡沫槽内被回收并回送浮选槽从而形成空气的密闭循环。全封闭的浮选槽设置有一套可旋转的内部清洁装置，其中包括有用来清洁槽壁、泡沫中央管管壁的喷水管以及一个泡沫边刮板。除去大小油墨粒子主要靠 Sulzer 公司专门设计的一个起泡器来实现。起泡器的作用是吸入空气、产生大小适用的气泡、将油墨粒子吸附在空气泡上。起泡器如图 11-56 所示，由阶梯扩散器、紧密混合器和分布扩散器 3 个不同的微湍流发生器组成。目前市场所见的起泡器多数是对称的，而这种起泡器则是不对称的。由于它的不对称，产生了大范围的微湍流，并生成广谱大小非常不同的气泡，这对浮选大小不同颗粒范围的印刷油墨是十分合适的。EcoCell 浮选槽的气泡发生器采用的就是这种设计。

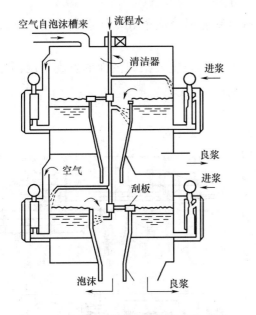

图 11-55　新型紧凑式浮选槽 CF-Cell

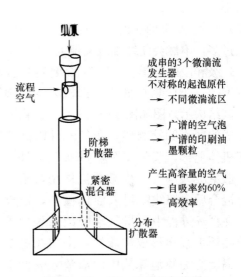

图 11-56　CF-Cell 的起泡器

CF－Cell 具有去除广谱和包括肉眼看不到的微小油墨颗粒（$5\sim500\mu m$）的能力，因而能用在一道浮选，也能用在热分散后的二道浮选。

5.其他进口浮选槽

Lamort 立式浮选槽、意大利 Maule 公司的 Coprinus 浮选脱墨槽、高空气通入量 HAR 浮选槽、OK 气管翻浆式浮选槽、Tekla 浮选槽、MAC Cell 浮选槽、Andritz Ahlstrom 公司研制的 AhlFloat OK 浮选槽、Metso Paper 公司的 OptiBright 浮选槽等在浆气混合、泡沫收集去除等方面各有特点，都有着不错的脱墨效果。

6.国产脱墨设备

国产脱墨设备较早期的有 Fx-1 型和 Fx-2 型脱墨机，它类似于 Voith 公司的注射管式浮选槽，该浮选机一般由 7～11 个浮选槽串联组成（一般为 7 个），单机浮选的槽数越多，浮选时间越长，脱墨后的纸浆洁净度越高，但槽数越多，耗电量也越大，基建投资费用和生产费用也相应增加，因此应根据生产需要选择恰当的槽数。

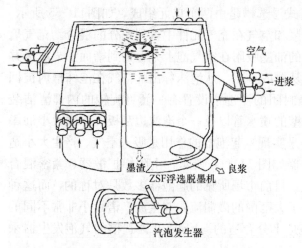

图 11-57　国产 ZSF 浮选机结构

稍后生产的有 S－Ⅴ 型浮选槽、ZSF 等系列脱墨机。ZSF 脱墨机结构原理如图 11-57 所示。ZSF 脱墨机在其圆筒的四周有 4 个多管束喷射器进浆口,空气靠文丘里的抽吸作用自吸入,而上浮的墨渣溢流至中央管流下排出。进浆处为阶梯扩散式构造,其结构有点类似于 E.W.(Escher-Wyss)的阶梯扩散器浮选槽,这种结构特征一直受到沿用。ZSF 可以两台重叠组成一组,两组即组成四级浮选流程,脱墨效率可达 90%～92%,进浆压力为 0.06～0.12MPa。

这类浮选机的主要工艺条件为以下几个方面:

(1) 浮选浓度,一般在 0.8%～1.0%。太高会使油墨分散不好,浮选阻力增大。太低生产能力小。

(2) 空气/浆量的比值,一般要求在 50%～60% 之间,主要根据液面的发泡情况而定。泡沫不宜过多,不然会使纤维流失偏大。

(3) 级和段的选择。一般为多级两段处理。

ZCF1-5 型阶梯扩散式浮选机为立式圆筒体结构,其结构示意图如图 11-58 所示。由两个用钢板制成的同心圆筒组成,布气元件沿圆周均匀设置于机体上部,浆料用泵送进布气元件,通过阶梯扩散室吸入空气产生微湍流作用,浆料和空气充分混合后,切线喷射入浮选槽中,形成浆料循环,在循环过程中大量气泡吸附油墨粒子、灰分后直接浮至浆面形成泡沫层,由切线进浆产生的槽内涡旋使油墨泡沫从中间溢流入内圆筒,从底部排出。气泡与良浆的分离从浆料进入浮选槽即开始,气泡上浮并吸附油墨,良浆向下,两者运动方向相反,有利于较好地分离油墨粒子与浆料。良浆从外圆筒底部排出,先进液位箱再外送。这样,良浆在液位箱的停留可将一部分溶解空气和游离空气排出,以保证浆泵的抽吸。ZCF1-5 型浮选机一般为 3～5 台串联使用,可以单台水平安装也可以多台重叠安装,在浆料、压力、流速

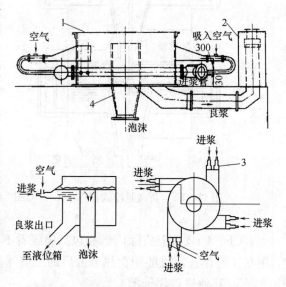

图 11-58　ZCF1-5 型浮选机
1—槽体　2—液位箱　3—布气元件　4—泡沫排出管

等主要工艺参数稳定的情况下,浮选槽内液位、气泡大小也是稳定的,因此操作安全可靠。这种设备结构简单,投资费用少,无需使用泡沫刮板和吸泡沫风机,生产能力大。使用该设备能将 10～150μm 的油墨粒子有效地去除,纤维流失较少。其进浆浓度可达 1.2%,进浆压力为 0.1～0.12MPa。

国产脱墨设备还有 ZCF11-15、ZFW、CTF、ZCQT、ZFT、ZFTB、ZFX 等系列,它们基本上是立式圆筒结构,个别为方形槽,采用文丘里或阶梯扩散器自吸气进气混合的方式。

（三）脱墨工艺技术

20 世纪 90 年代以来，废纸制浆的脱墨工艺技术的发展非常迅猛，主要表现在脱墨制浆的 3 个核心技术，它们是脱墨剂、浮选槽和工艺流程技术。工艺流程技术的发展主要有：

1. 二道浮选技术

当今，在浮选脱墨流程中，一道浮选已逐步为前浮选和后浮选的二道浮选技术所取代。尤其是在欧洲，目前欧洲几乎所有的新闻纸厂均采用了前、后两道浮选的方法，国内目前也有很多大型新闻纸厂采用了二道浮选的方法。

2. 短流程脱墨工艺

对油墨含量较少或脱墨要求不高的情形，仅利用水力碎浆机及一般的筛选、净化设备除去杂质，又称水力碎浆机脱墨工艺。

3. 中性、碱性双回路脱墨工艺

ONP 中有一般的胶印油墨，也有水性苯胺油墨。传统胶胶印油墨的废纸，用传统碱性条件下的脱墨是相当有效的，但对水性苯胺油墨的脱墨效果却不是很好。因此，对含有水性苯胺油墨的 ONP，先利用第一段中性或酸性条件下进行碎解，随后在中性或酸性条件下进行浮选，中性脱墨剂（如在水力碎浆机加的表面活性剂）使苯胺油墨脱离纤维并避免了苯胺油墨黏结料的溶解，这样油墨就易在第一段浮选中被除去，此称第一回路。接着进入第二回路的处理，经过第一回路的浆料经浓缩后，在浆料中加入常规的 $NaOH$、H_2O_2、Na_2SiO_3 和脱墨皂或非离子表面活性剂，在第二回路中，浆料的筛选、净化工序不应与第一回路的重复，可考虑加一道热分散，第二回路中的二道浮选的设置与作用和常规的脱墨方法相同。中性、碱性双回路脱墨流程如图 11－59 所示。

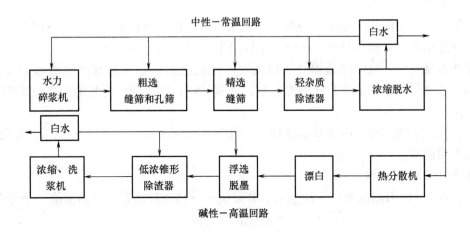

图 11－59　中性、碱性双回路脱墨流程

4. 预洗涤浮选法脱墨工艺（图 11－60）

在脱墨初始阶段，加入一段预洗涤，洗涤后的浆料再经一道或二道浮选除去油墨，此法对含有水性苯胺油墨的废纸的处理也相当有效。洗涤后的滤液和一道浮选的气浮物一起用浮选槽进行浮选处理，墨渣去除，白水用于一道浮选纸浆的稀释。

5. 冷热双回路脱墨工艺

第一低温回路在中性或酸性条件下、温度 30℃ 左右。主要工序有水力碎浆机、一般的筛选净化处理，最后加一道洗浆机或浮选作为第一回路脱墨之用。随后进入第二高温回路，在 95℃ 的高温下加 H_2O_2 和相关化学品于热搓揉机中进行漂白，之后可进行洗涤或浮选处理。这

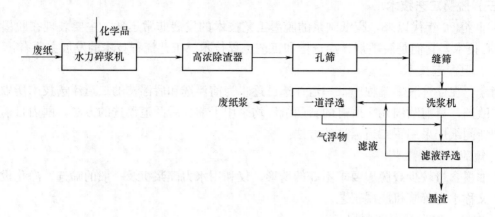

图 11－60　预洗涤浮选法脱墨流程

种脱墨工艺对水性苯胺油墨废纸的处理也相当有效。

（四）洗涤法、浮选法脱墨流程

脱墨流程没有一个绝对的标准，原则上，应在满足生产浆质量的前提下，尽量使流程简单化。流程多样化，每一种都有其特点和着重点。

1. 基本流程

（1）洗涤法基本流程　废纸、脱墨剂——→水力碎浆机——→高浓除渣器——→纤维分离机——→孔型筛——→缝型筛——→低浓除渣器——→多段逆流洗涤机——→细浆池

上述基本流程中，洗涤之所以放在筛选净化之后，是基于除杂从大到小、从粗到细、从易到难的基本道理。

（2）浮选法基本流程　废纸、脱墨剂——→水力碎浆机——→高浓除渣器——→纤维分离机——→孔型筛——→缝型筛——→多段浮选机——→低浓除渣器——→浓缩——→浆池

上述基本流程中，低浓除渣器之所以放在浮选机之后，是因为低浓除渣器会除去细小填料，而细小填料可以作为油墨粒子的吸收剂，尤其是钙，可以使已促集的油墨粒子起到斥水作用，利于浮选。

（3）浮选、洗涤法混合脱墨基本流程　一般是在浮选之后加洗涤设备，先浮选后洗涤，这样做浓度不用调节。

2. 脱墨生产流程实例

（1）实例1　废旧新闻纸——→高浓水力碎浆机——→高浓除渣器——→高浓筛——→浮选机——→
　　　　　　　　　　　　　　　　　　　↑脱墨化学药品

锥形除渣器——→压力筛——→洗浆机——→磨浆

这是浙江某造纸总厂白纸板衬纸浆脱墨流程，其主要工艺情况：

废纸　全为旧新闻纸，要求重彩印刷＜10％；

脱墨剂　NaOH、Na_2SiO_3、H_2O_2、工业皂；

离解熟化在 $8m^3$ 高浓水力碎浆机中进行，浓度 12％～14％，温度 60℃；

浮选　相川-拉莫浮选机，浮选后白度 49％～54％，脱墨浆得率 94％左右。

（2）实例2　印刷废纸——→高浓水力碎浆机——→低压除渣器——→詹生筛——→#1旋翼筛——→
　　　　　　　　　　　　　　　　　　　↑化学药品

浮选机（二段）——→606除渣器——→#2旋翼筛——→浓缩——→漂白（用途：卫生纸用浆）。

（3）实例3　热水、药品、旧报纸——→水力碎浆机——→振框筛——→高浓除渣器——→纤维疏

解机──→Cx 筛──→浮选机（多台串联）──→606 除渣器──→圆网浓缩机──→漂白机──→洗涤机（用于掺配抄凸版纸）。

（4）实例 4　混合废纸──→破碎──→蒸煮──→洗涤──→水力碎浆机──→侧压浓缩机──→高浓除渣器──→纤维分离机──→沉沙沟──→Cx 筛──→圆网浓缩机──→漂白机（进口和国产的混合废纸生产的 #2 有光纸）

（5）实例 5　废纸、脱墨剂──→高浓水力碎浆机──→圆筒筛──→压力筛──→4 级浮选机──→锥形除渣器──→洗浆机──→细浆（以 MOW、OMG 等为原料，抄造卫生纸、擦手纸）。

　　　　　　　　　　　　　　　↓脱墨剂

（6）实例 6　废纸──→鼓式碎浆机──→高浓除渣器──→3 段粗筛──→2 段前浮选──→4 段重质除渣器──→3 段精筛──→前多盘浓缩机──→双网压滤机──→破碎螺旋及加热螺旋──→热分散机──→漂白塔──→2 段后浮选──→后多盘浓缩机──→细浆（以 65%ONP、35%OMG 为原料，抄造新闻纸）。

（7）实例 7　旧报纸──→高浓水力碎浆机──→清渣机──→高浓除渣器──→粗筛──→浮选槽──→精筛──→除渣器──→多盘浓缩机──→贮浆塔（以 ONP 为主加少量 OMG，制取涂布白纸板衬浆）。

五、特殊油墨的处理

特殊油墨是指光固油墨，静电、激光、喷墨印刷、水性印刷油墨类的油墨以及印后在印品表面施加的光泽漆或覆膜。这类油墨或杂质总的来说，采用一般的脱墨剂处理，脱墨效果不大，难以使其从纤维表面均匀分散地脱落，纵然脱落，也成厚度不一的片状。

这类油墨的处理，可考虑采取如下的措施：

（1）采用蒸煮或高浓碎解。

（2）蒸汽爆破法脱墨处理。

（3）采用热分散方法　这种方法是将浆在较高的浓度（25%～35%）和加热情况（100℃左右）下，对浆中纤维兼之挤压、搓揉、摩擦的高强处理，以达到熔化分散油墨和胶黏物的热机械处理方法。热分散处理设备费用高、能耗高，浆得率高。热分散本身只是对油墨和胶黏物高度分散，并没除去。

对抄造文化印刷用纸，对纸的白度有一定要求的，热分散处理后应作进一步洗涤或浮选处理，洗涤能将这些分得极为细小的油墨粒子除去，热分散处理后若进行进一步的浮选处理，这便是之前所介绍的二道浮选工艺。

（4）采用搓揉处理　废纸的搓揉处理表面上看近似于热分散处理，但其中有一定的差别。搓揉一般采用搓揉机处理，搓揉机以前也曾称捏和机，主要有单辊式和双辊式两种结构。转子运转时，所产生的纤维与纤维间强烈的摩擦作用使所有难于脱落的油墨与纤维脱离，并将这些油墨分散至一般浮选、洗涤、除渣等后工序能除去的程度。

（5）采用压力浮选机　压力浮选机能产生广谱尺寸的气泡，其浮选能力比一般常压浮选机强，处理这类油墨可能会合适些，但此法并非完全理想，可考虑作为一种辅助手段。

（6）采用附集化学品　通过在碎浆机中加入附集化学品，可以将这类油墨的片状结构通过减少这些油墨粒子的斥力和降低其玻璃态转移温度，使其软化、变黏，彼此黏结在一起为球状，并迅速附集为较大的颗粒。当温度降下来时，这些附集的油墨变得刚硬，因尺寸较大，通常用筛选净化的方法除去。

（7）开发新型脱墨剂　在对静电复印废纸的脱墨研究中，发现非离子表面活性剂比阴离子表面活性剂的脱墨效果好，以脂肪酸酯系列的脱墨剂效果较好。另外，添加化学药品后加温和熟化也是相当重要的条件，温度应高于静电复印墨粉的软化温度（67℃左右），一般可选取 80℃，熟化时间约 2h。在对水性苯胺油墨的脱墨应用阳离子表面活性剂可以取得较好的脱墨效果。

（8）生物酶脱墨　酶法处理是用酶渗透油墨或纤维表面，其中的脂肪酶和酯酶降解油墨连结料，果胶酶、半纤维素酶、纤维素酶和木素降解酶则改变纤维表面或油墨颗粒附近的连接键，从而使油墨脱落，经洗涤或浮选除去。

（9）采用先进的脱墨工艺技术　前面已述的二道浮选技术、中性–碱性双回路脱墨工艺、预洗涤浮选法脱墨工艺、冷热双回路脱墨工艺对一般油墨的去除有较好的成效，对特殊油墨的去除有一定的针对性和适应性。

第五节　热熔胶的处理

一、热熔胶的来源与危害

在各种加工纸和纸制品生产中，都大量地使用热熔性胶黏物。如各种各样的涂布加工纸涂料中的胶黏剂，书刊装订的黏合胶黏剂，瓦楞纸箱中的层间黏胶剂，石蜡纸中的石蜡，用于生产层间黏合以及纸袋纸、纤维桶容器、牛皮纸货运袋中的防水汽、防潮层中的沥青等。

热熔胶的危害主要是反映在被碎解后，呈细小颗粒夹在纸浆中，经一般的筛选、净化、浓缩后未能彻底除去，在抄造时易堵塞网孔，黏辊、黏毯，干燥时高温熔化黏烘缸而造成断头等故障，且使成纸出现许多小斑点尘埃，影响外观质量。积聚在循环白水中，造成潜在的二次胶粘物形成的"阴离子垃圾"，从而影响阳离子型助剂的使用效果，也阻碍封闭循环用水。由此可见，热熔胶的存在对生产和质量都有不利的影响。

二、热熔胶的处理方法

我国较早期处理热熔胶的办法是蒸煮，强度和得率低，污染大。20 世纪 80 年代中后期，国内一些厂开始引进先进的热分散和冷法技术设备处理热熔胶，并取得良好效果。

热熔胶的处理方法主要有 3 种，一是冷法处理，在水力碎浆机中加热和机械处理的前提下，用缝型筛和逆向除渣器将之除去，逆向除渣器是此法的关键设备。二是热法处理，主要设备是热分散处理系统，它是将浆料中的热熔胶分散至极为细小（<2μm）的程度，借此消除热熔胶的危害，此法中，被高度分散的热熔胶可留可弃。三是搓揉处理，它是将胶黏物与纤维分离分散，然后用浮选或洗涤的方法将之除去。

除此，常规的浓缩、筛选、净化对胶黏物的去除也有一点作用，尤其是 0.1mm 筛缝的缝筛，对去除细小粒状的杂质有较好的作用。通常脱墨的浮选和洗涤对胶黏物的去除也有一定的作用。

（一）冷法处理

冷法处理采用不同功能的筛选和净化设备达到最大限度地除去热熔胶。主要分为 3 个过程：一是通过水力碎浆机加热使其熔解、软化，达到碎解的目的。二是利用几何尺寸不同，通过孔、缝形筛将其筛去。三是利用其相对密度较纤维小，通过轻质除渣器除去。

冷法处理的参考流程如下：

废纸──→水力碎浆机──→高浓除渣器──→纤维分离机──→粗筛──→孔型筛──→缝型筛──→轻质除渣器──→锥形除渣器（二段）──→浓缩机──→打浆

主要工艺情况如下：

水力碎浆机温度 55～60℃，中浓或高浓。

粗筛筛孔直径 1.6mm，以除去纤维分离机未筛去的杂质。

精筛中的孔和筛缝大小约在 0.1～0.3mm，以除去泡沫聚苯乙烯、压敏胶、石蜡等易分离的胶黏物。

轻质除渣器是最主要的设备，大部分热熔胶靠它除去，浓度 0.7%～0.9%，排渣率（体积）10%。二段处理，二段排渣率约占浆量（进一段）的 4% 左右，进浆压力 0.25MPa 左右，适当加温至 40～45℃，能提高净化效果。

（二）热法处理

热法处理的工艺流程在精筛前和冷法基本一致，精筛后进行热分散处理。从流程上看，热法处理就是用热分散系统取代冷法流程中的多段轻质除渣器处理。目前国内绝大多数厂都是热法处理。

热法处理参考流程如下：

（1）水力碎浆机──→高浓除渣器──→纤维分离机──→三段除渣器──→立式压力筛（二段）──→圆网（多盘）浓缩机──→夹网浓缩机──→倾斜螺旋──→预热螺旋──→热磨机──→盘磨机──→成浆池

（2）水力碎浆机──→高浓除渣器──→复式纤维分离机──→热分散系统──→三段压力筛──→圆网脱水机──→盘磨机──→成浆池

流程（1）中的热分散系统包括夹网浓缩机、倾斜螺旋、预热螺旋、热磨机，国际上，Vioth 公司等的技术属这种技术。流程（2）中的热分散系统为较多见的倾斜螺旋脱水机、螺旋压榨机和热分散机，日本相川-法国拉莫属这种技术，目前国内制造的热分散系统设备多属这种。流程（2）中因热分散系统的位置放在精筛之前，很多杂质未经筛选就受到热分散作用，给之后的精选带来困难，所以浆质量会比流程（1）的差。

热分散系统中基本上可分为两部分，即浆料的浓缩部分和热分散处理部分。浆料的浓缩采用夹网浓缩机、倾斜螺旋脱水机、螺旋压榨脱水机等设备（前已学习）。热分散处理的设备分为两种基本的类型，一种是盘磨式；另一种是辊式。不同浓缩设备和热分散器构成的热分散系统的处理效果基本近似，在性能和设备投入费用有一定的差别。

热分散系统中的主要工艺情况：

①夹网浓缩机　进浆浓度 3% 左右，出浆浓度 20%～25%，可高达 30%。

②预热螺旋，也称汽蒸管，在此通蒸汽加热，温度 90～110℃，浆料滞留时间为 2～4min。

③倾斜螺旋脱水机　进浆浓度 3% 左右，出浆浓度 10%～12%。

④螺旋压榨脱水机　入口浓度 10%～12%，出门浓度 28%～32%。

⑤热分散器　浓度 25%～32%，温度 90～110℃，时间 2～3min。

热分散的温度是一个重要的参数，温度 90～110℃，90℃称低温法，110℃称高温法。高温法纤维强度一般会下降 10% 左右。温度的确定从理论上应取决于热熔物的熔点高低。热熔胶中，沥青的熔点较高（138～143℃），因而如果废纸中热熔胶以沥青为主，应提高热分散温度。

下面是沥青热分散流程。

倾斜螺旋脱水机──→螺压机──→汽蒸管（140℃，3～4min）──→喷放──→旋浆分离机──→浆

　　　　　　　　　　　　　　　　　　　　　　　　　　　　　　　　　↓汽

沥青在汽蒸管内熔化，因喷放而分散为极细小颗料。

热分散设备：

辊（轴）式热分散器有单辊式和双辊式。其构造和之前介绍的搓揉机非常相似，国内的某些此类设备甚至在名称上都混淆。

图 11-61 是一种单辊式热分散机，该机沿长度方向分为 4 段：Ⅰ段进浆区，为不等距喂料螺旋。Ⅱ、Ⅲ段为热分散区，是全周具有 7 根与 9 根螺旋形叶片的破碎螺旋，其叶片排列顺序见其下方的断面图。Ⅳ段为出浆区，有 8 根拨料棒，出浆口偏心约 15°，底部对着进汽管处内焊有倾斜的圆弧形板，使蒸汽从底部扁缝内贴底向前喷汽，同时加热，并托着纸浆向前运动。其转速为 16～26r/min。单辊式热分散机主要是靠转子的刀牙与外壳内固定的刀环之间产生的机械摩擦、剪切力对浆料起到分散作用。转子形状各异，转速不同，构成了各种型号的单辊式热分散机。

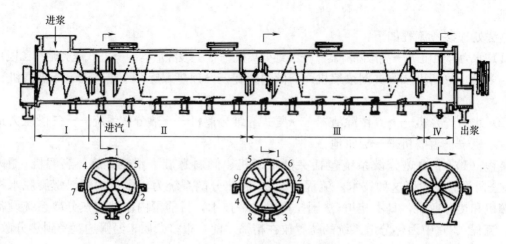

图 11-61 单辊式热分散机

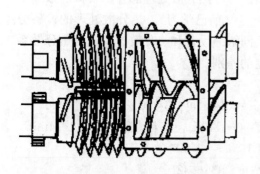

图 11-62 双辊式热分散机

双辊式热分散机如图 11-62 所示，它有两根以 700～1000r/min 速度回转并带有齿纹的轴，浆料在两轴间通过而受到搓揉，从而使热熔物分散。双辊式热分散机两轴的转向可以是同向的，也可以是反向的。

盘磨式热分散机有圆盘式和锥形盘式。Andritz-Voith Sulzer 的 HTD 型热分散机属圆盘式，其工作原理如图 11-63 所示，浆料在加热螺旋蒸汽加热后（温度最高高达 130℃，浓度大约 30%），通过进料溜槽落入热分散机的浆料喂入装置。喂料螺旋把浆料推入动盘和定盘磨盘之间的间隙，借推力及动盘旋转的离心力使浆料从内向外通过磨片，尘埃斑点和胶黏物被磨片分散，浆料从热分散机下的一个溜槽排出。

锥形盘式热分散机是日本相川在原来单辊式热分散器的基础上开发的产品，如图 11-64 所示。加热后的浆料通过喂料螺旋进入锥形齿区再经盘形齿区。锥形盘式热分散机是国内常用的产品之一。

（三）冷、热法处理的比较

热法处理的热分散系统投资大，对设备基础要求高，操作要求高，设备维修量大，电耗比

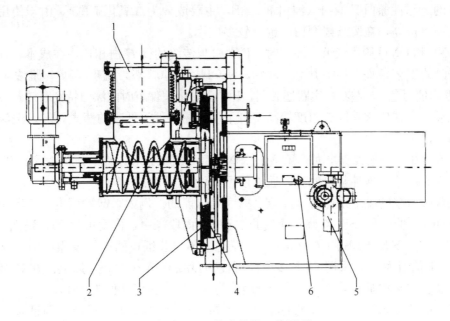

图 11 - 63　热分散机工作原理

1—浆料喂入　2—喂料螺旋　3—定盘磨片　4—动盘磨片　5—电动机械执行器　6—油位视镜

冷法的也大得多。因起到预打浆作用，可相应减轻后工序的打浆动力，可得到一些补偿。热法处理的最大优点是得率比冷法高 4％左右（因冷法中的逆向除渣器排渣率大），冷法处理的浆应比热法的好，一是排除了热熔胶，避免了在废纸的再生过程中的循环累积；二是没有热分散处理时对纤维的热机械损伤作用。

（四）搓揉处理

在对特殊油墨处理的内容里已对搓揉处理作了讲述。它一般放在流程的中部，能对普通油墨、特殊油墨、塑料等杂质进行分散处理，对热熔胶也能有效地分散，并在后续处理环节中的精选、浮选或洗涤中除去。

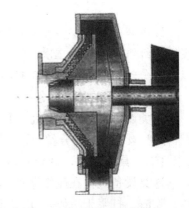

图 11 - 64　锥形盘式热分散机

第六节　废纸浆的漂白和打浆

一、漂　白

废纸浆漂白有如下 3 种方案：一是在水力碎浆机中加漂剂，这类漂剂往往是碱性的，如 H_2O_2、NaOH、NaClO，此时更多是为了平衡碱性条件下对纤维的变黑作用，尤其是对含机械浆的废纸；二是在水力碎浆机后，脱墨前漂白，这是属于过渡性和低白度要求的漂白；三是废纸经脱墨后漂白，此时浆料已经过一系列的筛选、净化和脱墨，漂白效果较好。生产中多采用第三种方案。

对于木素含量较高废纸浆，如旧报纸和纸袋纸：对 ONP，其终点白度要求不可能太高，一般是 60％～70％ISO 的范围，宜用木素保留式漂白，P 漂白是最常见的，Y 漂白也较为传统，近几年的还原性漂白 F 漂白（漂白剂 FAS，主要成分为二氧化硫脲），由于使用安全，无毒无味，还原电位高，在废纸浆漂白中也有较多应用。

用于 ONP 和 OMG 脱墨废纸浆漂白时，F 漂白与传统的 Y 漂白相比，在成本、环保上更有优势。F 漂白的工艺条件：FAS 用量 0.6%，NaOH 用量 0.3%，温度 70℃，浆浓 10%，时间 60min。白度增值可达 9% 左右。实践还表明，F 漂白对纸浆偏黄时的漂白特别有效。

对于纸袋纸，如要求其终点白度较高，可采用对原料低温低碱的蒸煮处理，洗涤后再用木素溶出式的多段组合漂白。

对于木素含量较低废纸浆，如 MOW 或 OMG：如机械浆和未漂纤维的含量低于 15%，大部分的纤维为漂白浆，这种浆料的漂白通常使用单段 H 漂白。

对于不含机械浆的废纸浆，将其漂至高白度是可能的。例如，起始白度为 56%ISO、卡伯值为 20 的彩色账簿废纸（SSL）浆，通过脱墨和 PF 两段漂白，白度可达 83%ISO。其中 P 段 H_2O_2 用量为 2%，F 段 FAS 用量为 0.6%。在对液体包装纸板的废纸浆漂白中，起始白度为 37.3%ISO、卡伯值为 40，采用 OPF 多段漂可使白度提高至 80%ISO 以上。在对 MOW 脱墨浆的 P 漂白实验结果中显示，最佳的 H_2O_2 用量为 0.6%，白度增值为 7.1%。

废纸浆的低氯和无氯漂白：传统的漂白方法如 CH、CHE、HD 虽能提高纸浆白度，但对环境污染大，也不适合处理机械浆含量超 10% 的废纸浆。无氯漂白的基本单元方法有 O、Z、P、Y、F、Eop（氧和过氧化氢的碱抽提）等，其特点是低污染。

二、打　浆

废纸浆的打浆，主要应减轻和避免对纤维的再切断作用，保护二次纤维的长度，保持原有废纸的纤维强度，对二次纤维进行适度的分丝以弥补纤维角质化而引起的强度损失，工艺上则以黏状分丝打浆为主。废纸打浆的常用设备有：

（一）常规的打浆设备

这类设备主要有盘磨机、锥形精浆机、圆柱精浆机等，以盘磨机最为常用。相对来说，这类设备同时具有较强的分丝和切断作用，它们将会在造纸技术的打浆内容上具体介绍。

（二）具有除重、轻杂质功能的废纸浆疏解磨浆设备

这类设备我们在废纸浆的疏解中已有学习，另外完全离解除渣机（有立式和卧式，集疏解、除渣、打浆于一体）、磨浆除渣机、国产的 ZSMS-1 型疏磨筛浆机、台湾出产的 NBR 锥形磨浆机等设备也有较多应用。

（三）一些用于废纸浆的磨浆设备

1. AW 双盘磨

日本相川制造的 AW 双盘磨构造如图 11-65 所示，其右边（靠传动边）的定盘是固定的，而左边的定盘则安装在由液压缸控制的可以轴向移动与加压的机架上。为使动盘（转子）两边磨区磨浆压力平衡，转子可以整体作轴向浮动。日本相川制造的 AWN 双盘磨则是将右边（靠传动端）的定盘制成可以轴向移

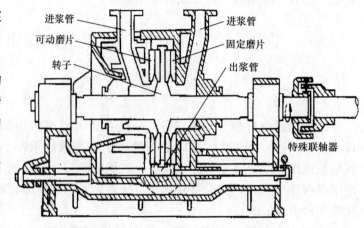

图 11-65　AW 双盘磨结构示意图

动的加压盘，而左边的定盘是固定的，装在可以打开的端盖上。

2. TwinFlo E 双盘磨

Voith Sulzer 公司的 TwinFlo E 双盘磨构造如图11-66所示。其动盘可在主轴的花键上作轴向自由移动，以保证动盘两侧磨区压力均匀并且使两定盘与动盘盘面有精确的平行度，定盘由电子装置控制的液压机构加压并使定盘轴向移动以调节磨齿间隙，同时调节电动机的负荷。这种加压机构加上随浆种而选用的磨齿宽度及磨齿单位长度负荷，可以获得预定而均匀的精浆质量，并能节省能耗。

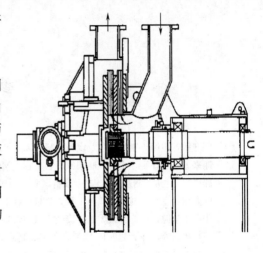

图 11-66　TwinFlo E 双盘磨

思 考 题

1. 废纸制浆有什么意义？

2. 废纸制浆一般流程是怎样的？

3. 废纸碎解的常用设备有哪些？各有什么优缺点？

4. 废纸浆筛选、净化常用哪些设备？纤维分离机的工作原理及优点是什么？

5. 废纸浆脱墨有什么意义？常用的脱墨方法有哪两大类？各用什么设备？

6. 废纸浆漂白有什么特点？常采用什么方法进行漂白？

7. 设计一个用废书刊杂志（或旧报纸）生产漂白浆配抄新闻纸的工艺流程，合理选用设备，并制定各阶段的工艺参数。

参 考 文 献

[1] 邝守敏，主编．制浆工艺及设备 [M]．北京：中国轻工业出版社，2006.

[2] 谢来苏，詹怀宇，主编．制浆原理与工程 [M]．2版．北京：中国轻工业出版社，2005.

[3] 郭广源，主编．制浆造纸工艺及设备（上册）[M]．北京：轻工业出版社，1982.

[4] 陈嘉翔，主编．制浆原理与工程．北京：轻工业出版社，1990.

[5] 华南工学院，等，合编．制浆造纸机械与设备（上册）[M]．北京：轻工业出版社，1981.

[6] 王菊华，等，译．美 J.P. 凯西，主编．制浆造纸化学工艺学 [M]．北京：轻工业出版社，1988.

[7] 制浆造纸手册编写组．制浆造纸手册 [M]．北京：轻工业出版社，1988.

[8] 潘福池，主编．制浆造纸工艺基本理论与应用 [M]．大连：大连理工大学出版社，1990.

[9] 陈国符，邬义明，主编．植物纤维化学 [M]．北京：轻工业出版社，1980.

[10] 杨淑蕙，主编．植物纤维化学 [M]．北京：中国轻工业出版社，2006.

[11] （加拿大）G.A. 斯穆克，著．曹邦威，译．制浆造纸工程大全 [M]．北京：中国轻工业出版社，2005.

[12] 中国造纸协会碱法草浆专业委员会．常用非木材纤维碱法制浆实用手册 [M]．北京：中国轻工业出版社，1993.

[13] 刘仁庆，编著．中国造纸史话 [M]．北京：轻工业出版社，1978.

[14] 张志诚，曹光锐，钟香驹，主编．造纸工业辞典 [M]．北京：轻工业出版社，1978.

[15] 王忠厚．制浆造纸工艺 [M]．2版．北京：中国轻工业出版社，2008.

[16] 刘秉钺，韩颖．再生纤维与废纸脱墨技术 [M]．北京：化学工业出版社，2005.

[17] 黄石茂，伍建东，编．制浆与废纸处理设备 [M]．北京：化学工业出版社，2002.

[18] 陈庆蔚，编著．当代废纸处理技术 [M]．北京：中国轻工业出版社，2001.

[19] 中国造纸二次纤维利用协作中心，福建省造纸学会，编．最新废纸处理设备手册 [M]．北京：人民交通出版社，2002.

[20] 高玉杰，主编．废纸再生实用技术 [M]．北京：化学工业出版社，2004.

[21] 窦正远，主编．制浆工艺学 [M]．北京：中国轻工业出版社，2000.

[22] 安郁琴，刘忠，主编．制浆造纸助剂 [M]．北京：中国轻工业出版社，2007.

[23] 国家环保总局科技标准司．草浆造纸工业废水污染防治技术指南 [M]．北京：中国环境科学出版社，2001.

[24] 武书彬．造纸工业水污染控制与治理技术 [M]．北京：化学工业出版社，2001.

[25] G.A. 斯穆克．制浆造纸工程大全 [M]．曹邦威，译．北京：中国轻工业出版社，2001.

[26] 黄石茂，伍健东．制浆与废纸处理设备 [M]．北京：化学工业出版社，2001.

[27] 天津轻工业学院化工系造纸教研室编．制浆造纸技术讲座 [M]．轻工业出版社，1980.

[28] 《造纸工业碱回收》编写组编．造纸工业碱回收 [M]．北京：轻工业出版社，1979.

[29] 许兴炜．工业锅炉水处理技术 [M]．北京：中国劳动社会保障出版社，2008.